21世纪微电子学专业规划教材

普通高等教育"十五"国家级规划教材

硅集成电路工艺基础（第二版）

Fundamentals of Silicon Integrated Circuit Technology

关旭东　编著

北京大学出版社
PEKING UNIVERSITY PRESS

内 容 提 要

本书系统地讲述了硅集成电路制造的基础工艺，重点放在工艺物理基础和基本原理上。全书共十一章，其中第一章简单地讲述了硅的晶体结构和非晶体结构及其特点，第二章到第九章分别讲述了硅集成电路制造中的基本单项工艺，包括氧化、扩散、离子注入、物理气相淀积、化学气相淀积、外延、光刻与刻蚀、金属化与多层互连，最后两章分别讲述的是工艺集成和薄膜晶体管的制装工艺。

本书可作为高等学校微电子专业本科生和研究生的教材或参考书，也可供从事集成电路制造的工艺技术人员阅读。

图书在版编目(CIP)数据

硅集成电路工艺基础/关旭东编著. —2版. —北京:北京大学出版社,2014.4
 (21世纪微电子学专业规划教材)
 ISBN 978-7-301-24109-7

Ⅰ.硅… Ⅱ.关… Ⅲ.①硅集成电路－高等学校－教材 Ⅳ.①TN4

中国版本图书馆 CIP 数据核字(2014)第 068183 号

书　　　名：	硅集成电路工艺基础(第二版)
著作责任者：	关旭东　编著
责 任 编 辑：	王　华
标 准 书 号：	ISBN 978-7-301-24109-7/TP · 1328
出 版 发 行：	北京大学出版社
地　　　址：	北京市海淀区成府路 205 号　100871
网　　　址：	http://www.pup.cn　新浪官方微博:@北京大学出版社
电子信箱：	zpup@pup.cn
电　　　话：	邮购部 62752015　发行部 62750672　编辑部 62765014　出版部 62754962
印 　刷 　者：	河北滦县鑫华书刊印刷厂
经 　销 　者：	新华书店
	787 毫米×980 毫米　16 开本　25.5 印张　546 千字
	2003 年 10 月第 1 版
	2014 年 4 月第 2 版　2024 年 7 月第 8 次印刷
定　　　价：	68.00 元

未经许可，不得以任何方式复制或抄袭本书之部分或全部内容。

版权所有，侵权必究

举报电话：010-62752024　电子信箱：fd@pup.pku.edu.cn

第二版前言

《硅集成电路工艺基础》于 2003 年 10 月出版，至今已经 10 年。几年前在翻阅时，感到某些地方讲述得还不够清楚，再加上近些年来一些新工艺的出现以及薄膜晶体管在平板显示中的应用，还有其他一些原因促使我产生了对原书内容进行一些修订，增加一些新的内容的念头。但是，近几年来国内已经出版了很多包括编著和翻译的有关集成电路工艺方面的著作，积极性又下降了。最终还是在北京大学教材建设委员会和北京大学出版社的支持和鼓励下，决定对原书内容进行一定的修订并增加一些内容。单从目录上看，新增的内容并不是很多，实际上很多章节的内容，特别是对一些概念、机理、模型的讲述比第一版可能更加清楚些，更有利于学习。

在本书修订过程中，王漪博士、刘晓彦博士、杜刚博士参加了部分章节的修订工作；康晋锋博士、孙雷博士、韩德栋博士、刘力锋博士、刘翔博士以及魏莉老师和张维老师，在此书的修订过程中，都给予了非常多的帮助和关心，在此一并表示衷心的感谢；还要特别感谢校友包英群博士给予的支持和帮助。

感谢北京大学教材建设委员会和北京大学出版社。北京大学出版社的王华老师和其他工作人员对本书的出版付出了辛勤劳动，在此表示诚挚的谢意，如果没有上述各方面和各位的支持和关心，本书将很难完成修订。

由于作者水平有限，难免存在错误和不妥之处，诚请读者批评指正。

关旭东
2013 年 10 月于北京大学

前　言

《硅集成电路工艺基础》一书是为微电子专业本科生所编写的、内容涉及硅集成电路制造工艺的教材，也可作为从事集成电路研发和生产的科技人员的参考书。本书是根据作者多年教学经验并结合当今集成电路制造中新技术及新工艺编写而成的。全书取材兼顾了基础知识和集成电路工艺技术的最新发展，在以集成电路制造工艺的物理基础和基本原理作为重点的同时，还注重介绍最新发展起来的包括铜互连在内的多种新工艺、新技术。

本书系统讲述了硅集成电路制造中的单项工艺，内容主要包括硅的晶体结构、氧化、扩散、离子注入、物理气相淀积、化学气相淀积、外延、光刻与刻蚀、金属化与多层互连。最后介绍了CMOS集成电路、双极集成电路以及BiCMOS集成电路的工艺集成。此外，对新工艺、新技术、集成电路工艺技术的发展趋势以及新结构器件对集成电路制造工艺提出的新要求等方面也作了介绍。近年来，集成电路工艺技术的发展非常迅猛，日新月异，作为教科书不可能囊括全部的新工艺、新技术。本书在着重阐述集成电路工艺的基本原理的基础上，尽可能完整地介绍了集成电路工艺及其最新技术的各个方面。同时还兼顾了部分集成电路发展早期的工艺如蒸发。其目的是为了对集成电路工艺及其发展作一个比较全面的介绍。

集成电路发展至今已进入甚大规模(ULSI)，但是大部分的单项工艺与集成电路的集成度没有直接的关系，而本书中介绍的工艺集成和金属化中的大部分内容则主要是面向UL-SI的。

特别感谢武国英教授，武国英教授不辞辛苦审阅了全书，对原稿提出了很多宝贵的修改意见。孙雷博士、杜刚博士参予了本书部分章节的编写工作，并协助进行了文字整理工作。刘晓彦博士、杨胜齐博士、王漪博士在本书编写过程中给予了许多帮助。罗文哲博士和贾霖博士帮助收集了许多资料。赵宝瑛教授、张天义教授在本书的编写过程中也给予了支持和帮助。翟霞云、韩德栋、王文平、陈剑鸣、郭德超、苏明、周晓君、杨红、盖博、史小蒙、王志远等完成了许多文字和图表的处理工作。在此一并表示深深的谢意。

北京大学出版社的沈承凤老师和其他工作人员对本书的出版付出了辛勤劳动，作者也一并致谢。如果没有上面各位的支持和帮助，本书将很难完成。

由于集成电路工艺技术的发展非常迅速，加上作者的水平所限，书中难免还存在一些错误和不妥之处，诚请读者批评指正。

关旭东

2003年6月于北京大学

目 录

第一章 硅晶体和非晶体 ·· (1)
　1.1 硅的晶体结构 ·· (1)
　　1.1.1 晶胞 ··· (1)
　　1.1.2 原子密度 ··· (2)
　　1.1.3 共价四面体 ··· (2)
　　1.1.4 晶体内部的空隙 ··· (3)
　1.2 晶向、晶面和堆积模型 ·· (3)
　　1.2.1 晶向 ··· (3)
　　1.2.2 晶面 ··· (5)
　　1.2.3 堆积模型 ··· (7)
　　1.2.4 双层密排面 ··· (9)
　1.3 硅晶体中的缺陷 ·· (9)
　　1.3.1 点缺陷 ··· (9)
　　1.3.2 线缺陷 ··· (11)
　　1.3.3 面缺陷 ··· (13)
　　1.3.4 体缺陷 ··· (13)
　1.4 硅中的杂质 ·· (13)
　1.5 杂质在硅晶体中的溶解度 ·· (16)
　1.6 非晶硅结构和特性 ·· (18)
　　1.6.1 非晶硅的结构 ··· (19)
　　1.6.2 非晶网络模型 ··· (20)
　　1.6.3 非晶态半导体的制备方法 ··· (21)
　　1.6.4 非晶硅半导体中的缺陷 ··· (21)
　　1.6.5 氢化非晶硅 ··· (22)
　　1.6.6 非晶硅半导体中的掺杂效应 ··· (23)
　参考文献 ·· (24)

第二章 氧化 ·· (26)
　2.1 SiO_2 的结构及性质 ··· (27)
　　2.1.1 结构 ··· (27)

2.1.2 SiO$_2$ 的主要性质 ………………………………………… (28)
2.2 SiO$_2$ 的掩蔽作用 ……………………………………………… (29)
　　2.2.1 杂质在 SiO$_2$ 中的存在形式 ……………………………… (29)
　　2.2.2 杂质在 SiO$_2$ 中的扩散系数 ……………………………… (31)
　　2.2.3 掩蔽层厚度的确定 ………………………………………… (31)
2.3 硅的热氧化生长动力学 ………………………………………… (33)
　　2.3.1 硅的热氧化 ………………………………………………… (33)
　　2.3.2 热氧化生长动力学 ………………………………………… (36)
　　2.3.3 热氧化 SiO$_2$ 生长速率 …………………………………… (38)
2.4 决定氧化速率常数和影响氧化速率的各种因素 ……………… (39)
　　2.4.1 决定氧化速率常数的各种因素 …………………………… (39)
　　2.4.2 影响氧化速率的其他因素 ………………………………… (41)
2.5 热氧化过程中的杂质再分布 …………………………………… (47)
　　2.5.1 杂质的再分布 ……………………………………………… (47)
　　2.5.2 再分布对硅表面杂质浓度的影响 ………………………… (49)
2.6 初始氧化及薄氧化层的制备 …………………………………… (51)
　　2.6.1 快速初始氧化阶段 ………………………………………… (51)
　　2.6.2 薄氧化层的制备 …………………………………………… (54)
2.7 Si-SiO$_2$ 界面特性 ……………………………………………… (57)
　　2.7.1 可动离子电荷 Q_m ………………………………………… (57)
　　2.7.2 界面陷阱(捕获)电荷 Q_{it} ………………………………… (59)
　　2.7.3 SiO$_2$ 中固定正电荷 Q_f …………………………………… (61)
　　2.7.4 氧化层陷阱电荷 Q_{ot} ……………………………………… (62)

参考文献 ……………………………………………………………… (63)

第三章　扩散 ………………………………………………………… (67)
3.1 杂质扩散机制 …………………………………………………… (67)
　　3.1.1 间隙式扩散 ………………………………………………… (67)
　　3.1.2 替位式扩散 ………………………………………………… (68)
3.2 扩散系数与扩散方程 …………………………………………… (70)
　　3.2.1 菲克第一定律 ……………………………………………… (70)
　　3.2.2 扩散系数 …………………………………………………… (70)
　　3.2.3 菲克第二定律(扩散方程) ………………………………… (71)
3.3 扩散杂质的分布 ………………………………………………… (72)
　　3.3.1 恒定表面源扩散 …………………………………………… (72)
　　3.3.2 有限表面源扩散 …………………………………………… (74)

####### 3.3.3 两步扩散 ·· (76)
3.4 影响扩散杂质分布的其他因素 ··· (76)
####### 3.4.1 硅晶体中的点缺陷 ·· (77)
####### 3.4.2 扩散系数与杂质浓度的关系 ······································· (80)
####### 3.4.3 氧化增强扩散 ·· (82)
####### 3.4.4 发射区推进效应 ··· (84)
####### 3.4.5 二维扩散 ··· (85)
3.5 扩散工艺 ··· (87)
####### 3.5.1 固态源扩散 ·· (87)
####### 3.5.2 液态源扩散 ·· (88)
####### 3.5.3 气态源扩散 ·· (89)
3.6 扩散工艺的发展 ··· (90)
####### 3 6 1 快速气相掺杂 ··· (90)
####### 3.6.2 气体浸没激光掺杂 ·· (91)
参考文献 ·· (92)

第四章 离子注入 ··· (94)
4.1 核碰撞和电子碰撞 ··· (95)
####### 4.1.1 核阻止本领 ·· (96)
####### 4.1.2 电子阻止本领 ··· (98)
####### 4.1.3 射程粗略估算 ··· (99)
4.2 注入离子在无定形靶中的分布 ··· (100)
####### 4.2.1 纵向分布 ··· (100)
####### 4.2.2 横向效应 ··· (103)
####### 4.2.3 沟道效应 ··· (104)
####### 4.2.4 浅结的形成 ·· (106)
4.3 注入损伤 ··· (107)
####### 4.3.1 级联碰撞 ··· (107)
####### 4.3.2 简单晶格损伤 ··· (109)
####### 4.3.3 非晶区的形成 ··· (110)
4.4 热退火 ·· (111)
####### 4.4.1 硅材料的热退火特性 ··· (112)
####### 4.4.2 硼的退火特性 ··· (113)
####### 4.4.3 磷的退火特性 ··· (114)
####### 4.4.4 热退火过程中的扩散效应 ··· (115)
####### 4.4.5 快速退火 ··· (116)

参考文献 ……………………………………………………………………………… (117)

第五章 物理气相淀积 …………………………………………………………… (120)

5.1 真空蒸镀法制备薄膜的基本原理 ………………………………………… (120)
5.1.1 真空蒸镀设备 ………………………………………………………… (121)
5.1.2 汽化热和蒸汽压 ……………………………………………………… (122)
5.1.3 真空度与分子的平均自由程 ………………………………………… (122)
5.1.4 蒸发速率 ……………………………………………………………… (123)
5.1.5 多组分薄膜的蒸镀方法 ……………………………………………… (123)

5.2 蒸发源 ………………………………………………………………………… (124)
5.2.1 电阻加热蒸发源 ……………………………………………………… (124)
5.2.2 电子束加热蒸发源 …………………………………………………… (125)
5.2.3 激光束加热蒸发源 …………………………………………………… (126)
5.2.4 高频感应加热蒸发源 ………………………………………………… (126)

5.3 气体辉光放电 ………………………………………………………………… (127)
5.3.1 直流辉光放电 ………………………………………………………… (127)
5.3.2 辉光放电中的碰撞过程 ……………………………………………… (131)
5.3.3 射频辉光放电 ………………………………………………………… (132)

5.4 溅射法制备薄膜的基本原理 ………………………………………………… (133)
5.4.1 溅射特性 ……………………………………………………………… (134)
5.4.2 溅射方法 ……………………………………………………………… (136)
5.4.3 接触孔中的薄膜淀积 ………………………………………………… (141)
5.4.4 长投准直溅射技术 …………………………………………………… (143)

参考文献 ……………………………………………………………………………… (143)

第六章 化学气相淀积 …………………………………………………………… (144)

6.1 CVD 模型 …………………………………………………………………… (144)
6.1.1 CVD 的基本过程 …………………………………………………… (144)
6.1.2 边界层理论 …………………………………………………………… (145)
6.1.3 Grove 模型 …………………………………………………………… (147)

6.2 CVD 系统 …………………………………………………………………… (152)
6.2.1 CVD 的气态源 ……………………………………………………… (152)
6.2.2 质量流量控制系统 …………………………………………………… (153)
6.2.3 CVD 的热源 ………………………………………………………… (153)
6.2.4 CVD 的其他能源 …………………………………………………… (154)
6.2.5 CVD 的分类 ………………………………………………………… (154)

6.3 CVD 多晶硅 ··· (159)
6.3.1 多晶硅薄膜的性质 ··· (159)
6.3.2 CVD 多晶硅 ··· (160)
6.3.3 淀积条件对多晶硅结构及淀积速率的影响 ································ (161)
6.3.4 多晶硅的掺杂工艺 ··· (162)

6.4 CVD 的 SiO_2 ··· (163)
6.4.1 CVD SiO_2 的工艺 ··· (163)
6.4.2 CVD SiO_2 的台阶覆盖 ··· (167)
6.4.3 CVD 掺杂 SiO_2 ··· (170)

6.5 CVD 氮化硅 ··· (172)

6.6 CVD 金属及硅化物薄膜 ··· (176)
6.6.1 CVD 钨 ··· (176)
6.6.2 CVD 硅化钨 ··· (180)
6.6.3 CVD TiN ··· (181)
6.6.4 CVD 铝 ··· (184)

参考文献 ··· (185)

第七章 外延 ··· (188)

7.1 硅气相外延的基本原理 ··· (189)
7.1.1 硅源 ··· (189)
7.1.2 外延层的生长模型 ··· (190)
7.1.3 化学反应 ··· (192)
7.1.4 生长速度与温度的关系 ··· (193)
7.1.5 生长速度与反应剂浓度的关系 ··· (195)
7.1.6 生长速度与气体流速的关系 ··· (196)
7.1.7 衬底晶向对生长速度的影响 ··· (196)

7.2 外延层中的杂质分布 ··· (196)
7.2.1 掺杂原理 ··· (197)
7.2.2 扩散效应 ··· (197)
7.2.3 自掺杂效应 ··· (199)

7.3 低压外延 ··· (201)
7.3.1 压力的影响 ··· (202)
7.3.2 温度的影响 ··· (202)

7.4 选择外延 ··· (202)

7.5 硅烷热分解法外延 ··· (205)

7.6 SOS 技术 ··· (206)

7.7 分子束外延 ··· (207)
7.8 层错、图形漂移及利用层错法测量厚度 ······························· (210)
    7.8.1 层错 ·· (210)
    7.8.2 层错法测量外延层的厚度 ··· (211)
    7.8.3 图形漂移和畸变 ··· (212)
7.9 外延层电阻率的测量 ··· (213)
参考文献 ··· (215)

第八章 光刻工艺 ··· (217)
8.1 光刻工艺流程 ··· (218)
    8.1.1 涂胶 ·· (219)
    8.1.2 前烘 ·· (221)
    8.1.3 曝光 ·· (222)
    8.1.4 显影 ·· (222)
    8.1.5 坚膜 ·· (224)
    8.1.6 刻(腐)蚀 ·· (224)
    8.1.7 去胶 ·· (224)
8.2 分辨率 ·· (225)
8.3 光刻胶的基本属性 ··· (227)
    8.3.1 对比度 ·· (228)
    8.3.2 光刻胶的膨胀 ··· (231)
    8.3.3 光敏度 ·· (231)
    8.3.4 抗刻(腐)蚀能力和热稳定性 ······································ (232)
    8.3.5 粘附力 ·· (232)
    8.3.6 溶解度和粘滞度 ··· (232)
    8.3.7 微粒数量和金属含量 ··· (232)
    8.3.8 存储寿命 ··· (233)
8.4 多层光刻胶工艺 ·· (233)
    8.4.1 光刻胶图形的硅化增强工艺 ····································· (233)
    8.4.2 对比增强层工艺 ··· (234)
    8.4.3 硅烷基化光刻胶表面成像工艺 ·································· (235)
8.5 抗反射涂层工艺 ·· (236)
    8.5.1 驻波效应 ··· (236)
    8.5.2 底层抗反射层工艺 ·· (237)
8.6 紫外线曝光 ·· (238)
    8.6.1 高压弧光灯 ·· (238)

        8.6.2 投影光源系统 …………………………………………………(239)
        8.6.3 准分子激光 DUV 光源 ………………………………………(239)
        8.6.4 接近式曝光 …………………………………………………(240)
        8.6.5 接触式曝光 …………………………………………………(242)
        8.6.6 投影式曝光 …………………………………………………(242)
        8.6.7 离轴照明 ……………………………………………………(243)
        8.6.8 扩大调焦范围曝光技术 ………………………………………(244)
        8.6.9 化学增强的深紫外光刻胶 ……………………………………(245)
   8.7 掩膜版的制造 …………………………………………………………(246)
        8.7.1 石英玻璃基板 …………………………………………………(246)
        8.7.2 铬层 ……………………………………………………………(246)
        8.7.3 掩膜版的保护膜 ………………………………………………(246)
        8.7.4 相移掩膜 ………………………………………………………(247)
   8.8 X 射线曝光 ……………………………………………………………(248)
        8.8.1 X 射线曝光系统 ………………………………………………(248)
        8.8.2 图形的畸变 ……………………………………………………(248)
        8.8.3 X 射线源 ………………………………………………………(250)
        8.8.4 X 射线曝光的掩膜版 …………………………………………(251)
        8.8.5 X 射线曝光的光刻胶 …………………………………………(252)
   8.9 电子束直写式曝光 ……………………………………………………(252)
        8.9.1 邻近效应 ………………………………………………………(253)
        8.9.2 电子束曝光系统 ………………………………………………(254)
        8.9.3 有限散射角投影式电子束曝光 ………………………………(254)
   8.10 光刻工艺对图形转移的要求 …………………………………………(255)
        8.10.1 图形转移的保真度 ……………………………………………(255)
        8.10.2 选择比 …………………………………………………………(256)
        8.10.3 均匀性 …………………………………………………………(256)
        8.10.4 刻蚀的清洁 ……………………………………………………(256)
   8.11 湿法腐蚀 ……………………………………………………………(257)
        8.11.1 Si 的湿法腐蚀 …………………………………………………(257)
        8.11.2 SiO_2 的湿法腐蚀 ……………………………………………(258)
        8.11.3 Si_3N_4 的湿法腐蚀 …………………………………………(258)
   8.12 干法刻蚀 ……………………………………………………………(259)
        8.12.1 干法刻蚀原理 …………………………………………………(259)
        8.12.2 SiO_2 和 Si 的干法刻蚀 ……………………………………(260)

    8.12.3 Si_3N_4 的干法刻蚀 ·· (263)
    8.12.4 多晶硅和金属硅化物的干法刻蚀 ································ (264)
    8.12.5 铝及铝合金的干法刻蚀 ·· (265)
    8.12.6 其他金属的干法刻蚀 ··· (266)
  8.13 干法刻蚀速率 ··· (266)
    8.13.1 离子能量和入射角 ·· (266)
    8.13.2 常用的刻蚀气体 ··· (268)
    8.13.3 气体流速 ··· (269)
    8.13.4 温度 ··· (270)
    8.13.5 压力、功率密度和频率 ··· (270)
    8.13.6 负载效应 ··· (270)
 参考文献 ··· (271)
第九章 金属化与多层互连 ··· (275)
  9.1 集成电路工艺对金属化材料特性的要求 ····························· (276)
    9.1.1 金属材料的晶体结构及制备工艺对金属化的影响 ········ (276)
    9.1.2 金属化对材料电学特性的要求 ··································· (277)
    9.1.3 金属化对材料的机械特性、热力学特性的要求 ··········· (277)
  9.2 铝在集成电路工艺中的应用 ··· (279)
    9.2.1 铝薄膜的制备方法 ··· (279)
    9.2.2 Al-Si 接触中的几个物理现象 ····································· (279)
    9.2.3 Al-Si 接触中的尖楔现象 ·· (280)
    9.2.4 Al-Si 接触的改进 ··· (282)
    9.2.5 电迁移现象及其改进方法 ··· (285)
  9.3 铜互连及低 K 介质 ·· (287)
    9.3.1 互连引线的延迟时间 ·· (287)
    9.3.2 Cu 互连的工艺流程 ·· (288)
    9.3.3 低 K 介质材料及淀积工艺 ······································ (289)
    9.3.4 势垒层 ·· (292)
    9.3.5 金属 Cu 的淀积工艺 ··· (293)
    9.3.6 低 K 介质和 Cu 互连集成技术中的可靠性问题 ······· (295)
  9.4 多晶硅及硅化物 ··· (296)
    9.4.1 多晶硅栅技术 ·· (296)
    9.4.2 多晶硅薄膜的制备方法 ·· (297)
    9.4.3 多晶硅互连及其局限性 ·· (298)
    9.4.4 多晶硅氧化工艺 ··· (299)

9.4.5 难熔金属硅化物及其应用 …………………………………………………… (301)
9.4.6 硅化物的制备方法 ………………………………………………………… (301)
9.4.7 硅化物的形成机制 ………………………………………………………… (302)
9.4.8 硅化物的结构 ……………………………………………………………… (303)
9.4.9 硅化物的电导率 …………………………………………………………… (303)
9.4.10 硅化物的氧化工艺 ………………………………………………………… (305)
9.4.11 硅化物肖特基势垒 ………………………………………………………… (306)
9.4.12 多晶硅/硅化物复合栅结构 ………………………………………………… (306)
9.5 集成电路中的多层互连 …………………………………………………………… (307)
9.5.1 多层金属互连技术的意义 ………………………………………………… (308)
9.5.2 多层金属互连技术对材料的要求 ………………………………………… (310)
9.5.3 多层互连的工艺流程 ……………………………………………………… (311)
9.5.4 平坦化 ……………………………………………………………………… (312)
9.5.5 CMP 工艺 …………………………………………………………………… (314)
9.5.6 接触孔及通孔的形成和填充 ……………………………………………… (318)
参考文献 ……………………………………………………………………………… (320)

第十章 工艺集成 …………………………………………………………………… (323)
10.1 集成电路中的隔离 ……………………………………………………………… (323)
10.1.1 MOS 集成电路中的隔离 ………………………………………………… (323)
10.1.2 双极集成电路中的隔离 …………………………………………………… (327)
10.2 CMOS 集成电路的工艺集成 …………………………………………………… (328)
10.2.1 CMOS 集成电路工艺的发展 ……………………………………………… (328)
10.2.2 CMOS 工艺中的基本模块及对器件性能的影响 ………………………… (330)
10.2.3 双阱 CMOS IC 工艺流程 ………………………………………………… (336)
10.2.4 纳米尺度 CMOS IC 新工艺 ……………………………………………… (340)
10.3 双极集成电路的工艺集成 ……………………………………………………… (344)
10.3.1 双极集成电路工艺的发展 ………………………………………………… (344)
10.3.2 标准埋层双极集成电路工艺流程(SBC) ………………………………… (344)
10.3.3 其他先进的双极集成电路工艺 …………………………………………… (347)
参考文献 ……………………………………………………………………………… (349)

第十一章 薄膜晶体管制造工艺 …………………………………………………… (352)
11.1 TFT 结构 ………………………………………………………………………… (355)
11.1.1 TFT 基本结构 ……………………………………………………………… (355)
11.1.2 a-Si：H TFT 的基本结构 ………………………………………………… (356)
11.1.3 LTPS TFT 的基本结构 …………………………………………………… (358)

- 11.2 a-Si：H 薄膜和 LTPS 薄膜的制备工艺 …………………………………… (361)
  - 11.2.1 a-Si：H 薄膜的制备工艺 ……………………………………………… (361)
  - 11.2.2 LTPS 薄膜的制备工艺 ………………………………………………… (362)
- 11.3 非晶硅 TFT 制造工艺 ………………………………………………………… (367)
- 11.4 低温多晶硅 TFT 制造工艺 …………………………………………………… (372)

参考文献 ………………………………………………………………………………… (381)

附 录 …………………………………………………………………………………… (384)
- 附录 1 常用金属元素材料及其电学特性 …………………………………… (384)
- 附录 2 金属硅化物、金属合金的电学特性 ………………………………… (384)
- 附录 3 常用的金属材料和合金的晶格结构参数 …………………………… (385)
- 附录 4 半导体材料的晶格结构参数 ………………………………………… (386)
- 附录 5 金属材料薄膜在硅衬底上的晶格常数失配因子 …………………… (386)
- 附录 6 常用的半导体和绝缘介质的电学特性 ……………………………… (387)
- 附录 7 铝、铜、金合金电阻率随杂质原子数比的变化率 ………………… (388)
- 附录 8 物理常数 ……………………………………………………………… (389)
- 附录 9 部分常用材料的性质 ………………………………………………… (390)
- 附录 10 硅片鉴别方法（SEMI 标准）……………………………………… (391)

第一章 硅晶体和非晶体

自然界中的固态物质,简称为固体,可分为晶体和非晶体两大类,晶体类包括单晶体和多晶体。晶体和非晶体在物理性质、内部结构等方面都存在着明显的差别。

集成电路和各种半导体器件制造中所用的材料,主要是硅、锗和砷化镓等单晶体,其中又以硅为最多。硅器件占世界上出售的所有半导体器件的 90% 以上。目前由于平板显示的发展,非晶硅薄膜晶体管和多晶硅薄膜晶体管在有源显示中已经得到了重要的应用。所以本章不但讲述硅晶体的有关特点,同时也讲述一些非晶硅的相关内容[1]。关于多晶硅的结构特点和相关内容将在第六章中讲述。

1.1 硅的晶体结构

1.1.1 晶胞

晶体的重要特点是组成晶体的原子、分子、离子是按一定规则周期排列着。任一晶体都可以看成是由质点(原子、分子、离子)在三维空间中按一定规则作周期重复性排列所构成的。晶体的这种周期性结构称为晶体格子,简称为晶格。立方晶系的简单立方、体心立方和面心立方晶格如图 1.1 所示。如果整个晶体是由单一的晶格连续组成,就称这种晶体为单晶体。如果一个晶体是由相同结构的很多小晶粒无规则地堆积而成,称为多晶体。

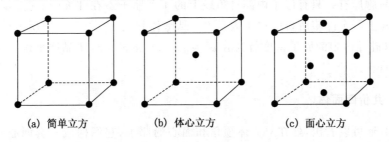

(a) 简单立方　　　(b) 体心立方　　　(c) 面心立方

图 1.1　三种立方晶体原胞

图 1.2 示意地表示硅晶体中原子排列情况。图中的立方体是反映硅晶体中原子排列基本特点的一个单元,整个晶体可以看成是由这个单元,沿立方体三个边的方向周期重复排列构成。这个单元不是最小的周期性重复单元,但是它能反映出晶体结构的立方对称性,因而在讨论晶体结构中常被采用。这种能够最大限度地反映晶体对称性质的最小单元,称为晶胞,图 1.2 所示的就是硅的晶胞。

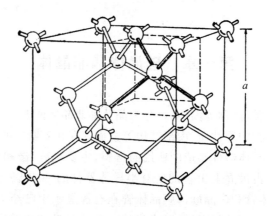

图 1.2 金刚石结构的立方晶胞

在图 1.1 所示的面心立方单元中心到顶角引八条对角线,在其中不相邻的四条中点各加一个原子,所得到的就是硅的晶胞结构,由这个晶胞所表示的晶格称为金刚石结构。金刚石、硅、锗具有相同的晶格结构,但它们的晶胞边长 a 不同。通过 x 射线结构分析,已确定在 300 K 时,硅的晶格常数 $a=5.4305$Å,锗的晶格常数 $a=5.6463$Å。

1.1.2 原子密度

知道了晶格常数,就可以计算出硅晶体中的原子密度。先由图 1.2 所示的立方体来分析一下每个晶胞中所含的原子数。因为晶格中相邻的晶胞都是邻面重合的,因此,顶角上虽然共有 8 个原子,但每个原子都是属于 8 个晶胞所有。面心上共有 6 个原子,但每个原子都是属于 2 个晶胞所有。只有位于内部对角线上的 4 个原子不在邻面上,完全属于该晶胞所有。所以实际上每个晶胞所含的原子数是 8。晶胞体积为 a^3,每个原子所占的空间体积就为 $a^3/8$,所以硅晶体中的原子密度就为 $8/a^3=5\times10^{22}/\text{cm}^3$。对锗晶体来说,其原子密度为 $4.42\times10^{22}/\text{cm}^3$。

1.1.3 共价四面体

由图 1.2 还可以看出,处在立方体顶角和面心的原子,它们构成一套面心立方格子,处在体对角线上的原子也构成一套面心立方格子。因此可以认为硅晶体是由两套面心立方格子沿体对角线位移四分之一长度套构而成的。

硅晶体虽然是由同一种化学元素硅组成,但其晶格原子所处的环境并不相同,在几何位置上是不等价的。仔细考查一下图 1.2 就会发现,两套面心立方格子的原子,它们近邻都有 4 个原子,这 4 个原子在空间的取向方位,对同一套面心立方上的原子是相同的,而对于不同套面心立方则是不同的。这说明硅晶体的晶格为复式晶格,因为晶格中有两种不等价原子。

在硅晶体中虽然不等价原子的环境不完全相同,但任一原子都有 4 个最近邻的原子,它们处于正四面体的顶点上,如图 1.3 所示。这是由共价键的性质所决定的,因为硅是周期表中第Ⅳ族元素,每个原子最外层轨道上有 4 个价电子,在形成晶体时,可以同 4 个近邻原子共有电子对,形成 4 个共价键。一个原子在正四面体的中心,另外 4 个同它共价的原子在正四面体的 4 个顶角上,这种四面体也称共价四面体。按这种规律分布的键,称为四面体的键。键之间的夹角为 $109°28'$。同时也可求出最小原子间距,即正四面体中心原子到顶角原子的距离,也就是晶胞体对角线线长的四分之一。如果以晶格常数 a 来表示这个距离,那么最小原子间距就为 $\sqrt{3}a/4$。

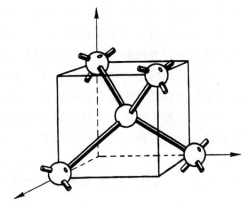

图 1.3　四面体结构示意图

1.1.4　晶体内部的空隙

金刚石结构的另一个特点是内部存在着相当大的"空隙"。正因如此,某些半径较小的原子,不但能存在于体内,而且在体内还能比较容易地运动,通过简单地计算就可以看到这一点。如果把每个原子都看成是一个个硬球,这样就可以根据硬球的半径计算出所有硬球(原子)所占晶体体积的百分比,即所谓"空间利用率"。晶体中最小的原子间距的二分之一定义为硬球半径,可直接求出硅原子(硬球)的半径 $r_{Si}=\sqrt{3}a/8\approx1.17\text{Å}$。

硬球的半径也称为共价半径,是金刚石结构特有的一个结构参数。球的体积为 $4\pi r_{Si}^3/3$,每个硅原子在晶体内所占的空间体积为 $a^3/8$,所以空间利用率等于

$$\frac{4\pi r_{Si}^3/3}{a^3/8}\approx 34\%$$

可见硅晶体内大部分是"空"的。另外,由图 1.2 中也可看出,在面心立方单元中心到顶角的八条对角线中,只有四条对角线的中点放有原子,而另外四条对角线的中点附近就对应有较大的空隙。正因如此,一些间隙杂质能很容易地在晶体内运动并存在于体内,同时对替位杂质的扩散运动也提供了足够的条件。

1.2　晶向、晶面和堆积模型

硅晶体中不同晶向和晶面上的原子排列情况是不相同的,不同的排列对器件的制造有着重要的影响。本节主要讲述晶向、晶面以及晶体的堆积模型。

1.2.1　晶向

对于任何一种晶体来说,晶格中的原子总可以被看做是处在一系列方向相同的平行直

线系上,这种直线系称为晶列。而同一晶体中存在许多取向不同的晶列,在不同取向的晶列上原子排列情况一般是不同的。晶体的许多性质都与晶列方向有关,所以,实际工作中就要求对不同晶列方向有所标记。通常用"晶向"来表示一族晶列所指的方向。

金刚石结构是由两个面心立方晶格套构而成的,面心立方晶格属于立方晶系,对于立方晶系实际上都是以简单立方晶格为基础,也可以说是以晶胞为基础来标志晶向的。

我们以简单立方晶格原胞的三个边作为基矢 x、y、z,并以任一格点作为原点,则其他所有格点的位置可由下面的矢量给出。

$$L = l_1 x + l_2 y + l_3 z \tag{1.1}$$

其中 l_1, l_2, l_3 为任意整数,而任何一个晶列的方向可由连接晶列中相邻格点的矢量

$$A = m_1 x + m_2 y + m_3 z \tag{1.2}$$

的方向来标记,其中 m_1, m_2, m_3 必为互质的整数,若 m_1, m_2, m_3 不为互质,那么这两个格点之间一定还包含有格点。对于任何一个确定的晶格来说 x, y, z 是确定的,实际上只用这三个互质的整数 m_1, m_2, m_3 来标记晶向,一般写作 $[m_1, m_2, m_3]$,称为晶向指数。

如图 1.4 所示,以这个简单立方晶格原胞共顶点 O 的三个边为矢量 x, y, z,OA 为连接晶列中相邻格点的矢量,它在 x, y, z 方向上的分量相等,都等于 a,所以 $m_1 = m_2 = m_3 = 1$,则这个晶列的晶向指数就为 $[111]$。实际上它就是体对角线的方向,共有八个等价的方向,可以用尖括号 $\langle 111 \rangle$ 来概括表示这些等价方向。对于 $\langle 110 \rangle$ 和 $\langle 100 \rangle$ 晶向可作类似的分析。

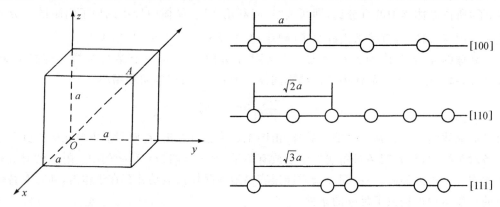

图 1.4 晶向的表示法　　图 1.5 硅常用晶向上的原子分布

硅晶体的不同晶向上,原子排列的情况是不相同的,仔细分析图 1.2 晶格结构,就可以得到各个晶向上原子分布情况,图 1.5 给出了几个主要晶向上的原子分布情况。我们可以很容易计算出这几个晶向上单位长度内的原子数目,即原子线密度,$\langle 110 \rangle$ 方向上的原子线密度最大。各方向上的原子线密度值如下

$$\langle 100 \rangle \qquad \frac{2 \times \frac{1}{2}}{a} = \frac{1}{a} \tag{1.3}$$

⟨110⟩ $$\frac{2\times\frac{1}{2}+1}{\sqrt{2}a}=\frac{2}{\sqrt{2}a}\approx\frac{1.4}{a} \tag{1.4}$$

⟨111⟩ $$\frac{1+2\times\frac{1}{2}}{\sqrt{3}a}=\frac{2}{\sqrt{3}a}\approx\frac{1.17}{a} \tag{1.5}$$

1.2.2 晶面

晶格中的所有原子不但可以看做是处于一系列方向相同的平行直线上,而且也可以看做是处于一系列彼此平行的平面系上,这种平面系称为晶面。通过任何一个晶列都存在许多取向不同的晶面,不同晶面上的原子排列情况一般是不相同的,因此,也应该对不同晶面作出标记。可以用相邻的两个平行晶面在矢量 x,y,z 上的截距来标记,它们总可以表示为 $x/h_1,y/h_2,z/h_3$。h_1,h_2,h_3 为整数或负整数,因为在任意两个格点之间所通过的平行晶面总是整数个,可以证明 h_1,h_2,h_3 是互质的。通常就用 h_1,h_2,h_3 标记晶面,记作 (h_1,h_2,h_3),并称它们为晶面指数(或密勒指数)。对于立方晶格,不难看出图 1.6 中阴影所表示的晶面分别为(100),(110)和(111)晶面。例如,对(111)晶面,即阴影所示的平面,不但与通过原点 O 的一个晶面平行,而且在 x,y,z 轴上的截距 a 也是相等的,所以 $h_1=h_2=h_3=1$,在互质的条件下,这个晶面就为(111)晶面。同时还可以看到⟨111⟩晶向是垂直于(111)晶面的。由于晶格的对称性,有些晶面是彼此等效的,例如(100),(010)等六种晶面等效,通常用花括号表示{100}该晶面族。

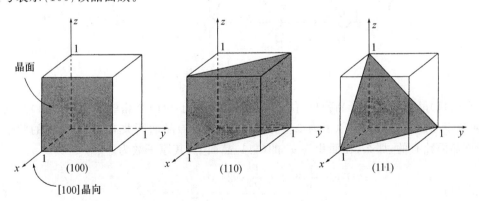

图 1.6 立方晶系的几种主要晶面

硅晶体不同晶面上的原子分布情况是不同的,图 1.7 所示的是几个主要晶面上原子分布情况。可以计算出这几个晶面上单位面积的原子数,即面密度。在(100)晶面上,每个晶胞里,位于晶面角上的每个原子是属于四个相邻晶胞的(100)晶面所共有,而位于面心上的原子为一个晶胞的(100)面所有,所以在面积为 a^2 的(100)晶面上,其原子数为

$$(100) \quad \frac{1+4\times\frac{1}{4}}{a^2}=\frac{2}{a^2} \quad (1.6)$$

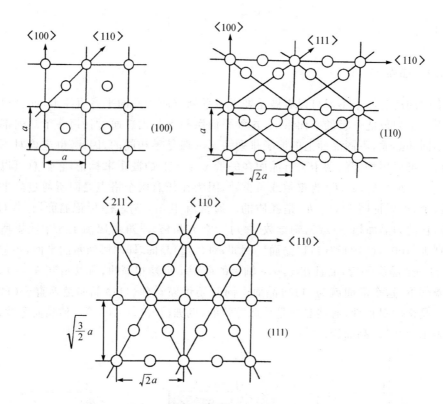

图 1.7 硅的常用晶面上的原子分布

在(111)晶面上的每个晶胞里,位于角上的每个原子为四个相邻晶胞的(111)晶面所共有,而位于晶面边上的每个原子为二个相邻晶胞的(111)晶面所共有,只有面内的两个原子才是该晶面独有的,那么,在面积为 a^2 的(111)晶面上,其原子数为

$$(111) \quad \frac{4\times\frac{1}{4}+2\times\frac{1}{2}+2}{\sqrt{\frac{3}{2}}a\times\sqrt{2}a}=\frac{4}{\sqrt{3}a^2}\approx\frac{2.3}{a^2} \quad (1.7)$$

在(110)晶面上的每个晶胞里,位于角上的每个原子为四个相邻晶胞的(110)晶面所共有,位于晶面边上的每个原子为二个相邻晶胞的(110)晶面所共有,只有面内的两个原子才是该晶面独有的。这样,在面积为 a^2 的(110)晶面上,原子数为

$$(110) \quad \frac{2+4\times\frac{1}{4}+2\times\frac{1}{2}}{\sqrt{2}a\times a}=\frac{4}{\sqrt{2}a^2}\approx\frac{2.8}{a^2} \tag{1.8}$$

通过上面的简单计算可以看到,(110)面上的原子密度最大,但原子分布是不均匀的。

1.2.3 堆积模型

硅晶体结构是金刚石型的,我们知道金刚石结构可由两套面心立方结构套构而成,面心立方晶格又称为立方密排晶格,先来讨论面心立方晶格的堆积模型。在平面上最紧密的排列方式如图1.8(a)所示,由图可以看出每个刚球(我们把每个粒子看作为一个刚球)的周围均匀对称地分布有六个球,每三个相切球的中心形成一个间隙,每个球周围有六个这样的间隙,这就是平面上最紧密的排列情况。第一层球的每个球体用A表示,每个球周围的六个间隙,分别用B和C表示,B和C是相间分布的。

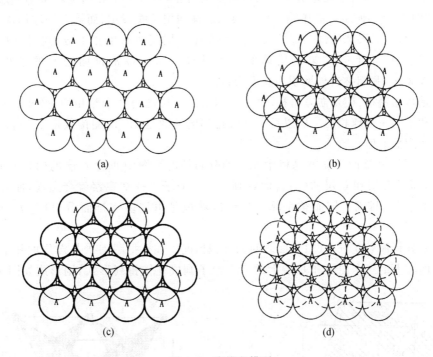

图1.8 密堆积模型

分析一下密排面与密排面之间是如何堆积的。第一层按密排面排好之后,第二层要在第一层上面排列,不论怎样排列,首先要保证第二层本身是密排面。如果把第二层的每个球放到第一层相间的空隙B的正上方,那么就保证了第二层本身是密排面,如图1.8(b)所示。第二层的每一个球不但与本层六个球相切,而且还与第一层的三个球相切,同时,第二层中的每个球周围同样也有六个间隙,而且其中三个不相邻的间隙刚好在第一层球的球心正上方。用 B 表示放在第一层空隙 B 上方的第二层球的每个球体。

下面再来看看第三层的排列情况。第三层在保证本层是密排面的前提下，与第二层之间有两种堆积方式。其一，可以把第三层球放到第二层三个相间的空隙上，并且使第三层的球恰好在第一层球的正上方，即在 A 的正上方。在这样的放法中，第二层的每个球周围的三个相间空隙同时被上下两层球占据，按这种放法的第三层球的每个球体也用 A 来表示。如果以第一层的球心所在平面为坐标平面，那么第三层和第一层所对应的球心在这个坐标平面上的位置完全一致。如此每两层为一组不断地堆积下去，这样的堆积方式可用…AB-AB…表示，我们称这种堆积为六角密积，如图 1.8(c)所示，图中的 A 球用实线画出，表示第一层和第三层球是重合的，这是第三层的第一种堆积方式。

第二种堆积方式同样是把第三层球放到第二层相间的空隙上，但不在第一层球的正上方，而是放在第一层的空隙 C 的正上方。如果以第二层上的某个球为中心，这个球周围的六个空隙中的三个相间空隙是被第一层球由下面占据，另外三个相间空隙被第三层球由上面占据，如图 1.8(d)所示。图中第一层和第二层球均用实线表示，而第三层球用虚线表示。在这种放法中，第三层球的每个球体实际上是在第一层间隙 C 的正上方，我们用 C 表示放在第一层空隙 C 正上方的第三层球的每个球体。那么各密排面之间的堆积次序就为…ABCABC…，我们称这种堆积为立方密积。

不论是六角密积，还是立方密积，每一个球在同一层内与六个球相切，另外还分别同上层三个球和下层三个球相切。所以每个球最近邻的球数是 12，即配位数是 12，这是晶体结构中的最大配位数值。

图 1.9 所示的是面心立方晶格中原子的分布情况。图中通过 A 层的(111)面只画出一个原子，通过 B 层和 C 层的(111)面各画出 6 个原子。仔细观察就会发现，面心立方晶格的(111)面是密排面。因而整个晶体就可以看成是由许多密排面沿[111]方向堆积而成的。

下面来分析面心立方的(111)面之间的堆积情况。如果把图 1.9 中 A 层的那个原子、B 层中处于面心上的三个原子和 C 层上的六个原子画成立体排列形式，则形成如图 1.10 所

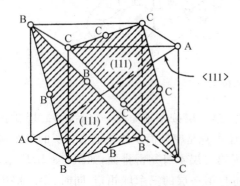

图 1.9 面心立方中的原子排列

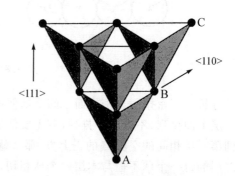

图 1.10 ABC 结构示意图

示的结构。仔细分析就可以看出,各层密排面之间的堆积情况同立方密堆积结构是一样的。所以面心立方晶体结构是立方密堆积,{111}面是密排面。

1.2.4 双层密排面

金刚石晶格是由两套面心立方晶格套构而成,所以它的{111}晶面也是原子密排面。如果把图 1.9 中各原子沿体对角线平移体对角线线长的 1/4 距离,刚好是由晶胞内所组成的面心立方原子所在的位置。设晶胞内原子所组成的面心立方晶格的{111}面之间堆积次序为 A′,B′,C′,那么,硅晶体原子密排面之间的堆积次序就为 … AA′BB′CC′…。所以,硅晶体的密排面都是双层的,如图 1.11 所示。通过简单计算可知,各双层密排面的面内距离为 $\sqrt{3}a/12$,各双层密排面之间的距离为 $\sqrt{3}a/4$。双层原子密排面的一个重要特点是:在晶

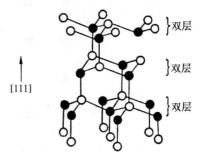

图 1.11 双层密排面结构示意图

面内原子结合力强,晶面与晶面之间的距离较大,结合薄弱。由图 1.11 可以看到,在双层密排面内,每层原子都有三个共价键与另一层相结合,所以双层密排面内结合很强。而在两个双层面之间,间距很大,而且共价键稀少,平均两个原子才有一个共价键,致使双层密排面之间结合脆弱。金刚石晶格的晶面,因有这样的特点而具有以下性质:

(1) 由于{111}双层密排面本身结合牢固,而双层密排面之间相互间结合脆弱,在外力作用下,晶体很容易沿着{111}晶面劈裂。晶体中这种易劈裂的晶面称为晶体的解理面。

(2) 由于{111}双层密排面结合牢固,化学腐蚀就比较困难和缓慢,所以腐蚀后容易暴露在表面上。

(3) 因{111}双层密排面之间距离很大,结合弱,晶格缺陷容易在这里形成和扩展。

(4) {111}双层密排面结合牢固,表明这样的晶面能量低。由于这个原因,在晶体生长中有一种使晶体表面为{111}晶面的趋势。

1.3 硅晶体中的缺陷

随着集成电路的发展,无位错单晶已经成为基本材料,但是在集成电路制造过程中必然会引进缺陷,使得原来没有缺陷的硅片变得不完整[2]。因此,了解缺陷的产生及对器件参数的影响也就显得十分重要。晶体中主要有以下几种缺陷:① 点缺陷,② 线缺陷,③ 面缺陷,④ 体缺陷[2~3]。

1.3.1 点缺陷

点缺陷在各个方向上都没有延伸,主要包括以下几种:自间隙原子、空位、肖特基缺陷、

弗伦克尔缺陷和外来原子(替位式或间隙式)等,如图 1.12 所示。自间隙原子和空位是本征缺陷,只要温度不是绝对零度时,就会出现本征缺陷。点缺陷在扩散和氧化的动力学中很重要,许多杂质的扩散依赖于缺陷浓度,硅的氧化速率也是如此。

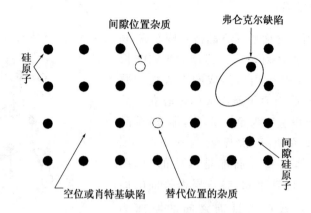

图 1.12　晶格中的点缺陷和类型

自间隙原子　自间隙原子是晶体中最简单的点缺陷,是指存在于硅晶格间隙中的硅原子。我们知道在室温下,晶格上的原子热振动平均能量仅是 0.026 eV,即使是在 2000 K 的高温下也只有 0.17 eV。对密堆积的晶体来说,格点位置上的原子,要跑到间隙中大约需要几个电子伏的能量(约 4.5 eV),所以晶格原子靠热振动或辐射所得到的平均能量是很难离开格点位置。但是,晶格振动的能量存在涨落,因而晶体中仍会有少量的原子能获得足够的能量,离开正常格点位置进入间隙之中。表面的原子也可能进入附近的晶格间隙,成为自间隙原子。另外,对于具有金刚石型结构的硅晶体来说,因为从中心到顶角的八条对角线中,只有四条的中点有原子,其余四条没有,这样就提供了容纳间隙原子的较大空间。因此对硅晶体来说,自间隙原子的形成和迁移所需要的激活能也就比较小。根据理论分析,在热平衡情况下,间隙原子的密度 n_i 为

$$n_i = N_i \mathrm{e}^{-E_i/kT} \tag{1.9}$$

其中 N_i 代表单位体积内的间隙数目,E_i 为晶体内形成一个间隙原子所需要的激活能。一般为几个电子伏。

空位　当晶格上的硅原子进入间隙,形成自间隙原子的同时,它们原来的晶格位子上就无原子占据,是空格点,即为空位。晶格位置上的原子可以从晶格热振动的涨落中获得足够能量,离开原位置,进入间隙或跑到晶体表面,在原位置形成了空位。如果一个晶格正常位置上的原子跑到表面,在体内产生一个晶格空位,这种缺陷称为肖特基缺陷。如果一个晶格原子进入间隙并产生一个空位,间隙原子和空位是同时产生的,这种缺陷称为弗伦克尔缺陷。空位的多少与温度有着密切的关系,在热平衡情况下,空位密度与温度关系如下:

$$n_v = N_v \mathrm{e}^{-E_v/kT} \tag{1.10}$$

其中 N_v 为单位体积内的格点数目(硅为 $5.00\times10^{22}\,\mathrm{cm}^{-3}$), E_v 为形成一个空位所需要的激活能,对硅材料来说为 $2.6\,\mathrm{eV}$ 量级, k 为玻尔兹曼常数。产生肖特基缺陷所需要的能量约为 $2.79\,\mathrm{eV}$,如果取激活能为 $2.8\,\mathrm{eV}$,则在 $1700\,\mathrm{K}$ 时的平衡肖特基缺陷浓度为 $3\times10^{14}\,\mathrm{cm}^{-3}$ 数量级。

实际晶体中的空位浓度与热力学平衡浓度不同,这是因为晶体中在高温下形成的大量空位来不及依靠扩散方式运动到晶体表面,就被"冻结"在体内,使实际浓度大于平衡浓度。另外,因空位可以与许多杂质原子形成复合体,这又会使实际浓度低于平衡浓度。

晶体中的空位有很高的迁移能力,它们可以形成空位对或者空位团,其迁移激活能一般为 $1\,\mathrm{eV}$ 左右。空位和间隙原子的产生都密切依赖于晶体温度,因此通常把空位和间隙原子称为热缺陷。硅晶体中的每个原子与四个最近邻的原子形成共价键,当空位形成时,四个共价键被断开,自由电子很容易与断开的键配对,形成能量较低的杂化键,所以晶体中的空位起受主作用。

外来原子 在晶体生长、加工和集成电路制造等过程中,不可避免地要沾污一些杂质,一般称为外来原子。这些杂质可以占据晶格的正常位置,也可能存在于间隙之中。外来原子破坏了晶格的完整性,引起点阵的畸变,对晶体的电学性质产生重要影响,在下一节中将具体讨论这方面的问题。

1.3.2 线缺陷

线缺陷只在某一方向上延伸,在延伸方向的尺寸很大,在另外两个方向的尺寸很小。位错是晶体中常见的线缺陷,它可以通过范性形变产生。在位错附近,原子排列偏离了严格的周期性,相对位置发生错乱,位错一般可分为刃位错和螺位错。

晶体中的位错可以设想是由滑移所形成的,滑移以后两部分晶体重新吻合。滑移的晶面中,在滑移部分和未滑移部分的交界处形成位错。滑移量的大小和方向可用滑移矢量 b (也称柏格斯矢量)来描述。当位错线与滑移矢量垂直时,这样的位错称为刃位错,如果位错线与滑移矢量平行,称为螺位错。

刃位错如同把半个额外晶面挤到规则晶体中的晶面之间,如图 1.13 所示。图中的 ABCD 表示挤入的半个晶面,畸变区集中在位错线 AD 周围。沿位错线多挤入的一行原子,各具有一个未成键的电子,常把这种状态称为悬挂键。悬挂键可以通过给出一个电子,或从晶体中接受一个电子而对晶体的电学性质产生影响。

位错线在应力作用下可以在滑移面上沿滑移方向运动,如图 1.14 所示。另外,位错还可以作攀移运动,晶体中的空位或间隙原子依靠热运动可移到位错处,使额外半平面边界的原子增加或减少,引起半平面扩展或收缩,这就是位错攀移运动,如图 1.15 所示。

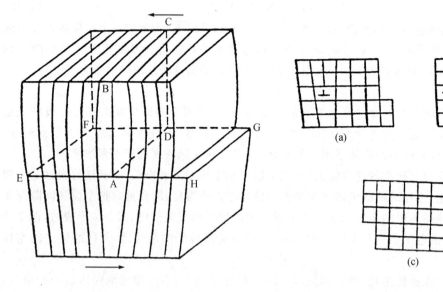

图 1.13　刃位错

图 1.14　刃位错的滑移和滑移面痕迹

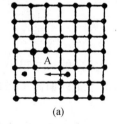 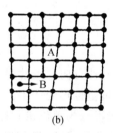 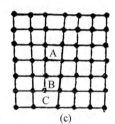

图 1.15　刃位错的攀移运动

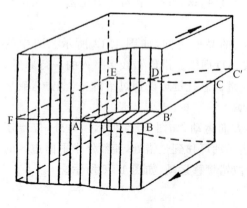

图 1.16　螺位错

螺位错的特点是位错线和滑移方向相互平行，图 1.16 示意地表明螺位错和滑移的关系。对螺位错的产生可作如下的设想，把晶体沿 ABCD 面切开，并使两边的晶体前后相对滑移一个原子间距，然后粘合起来，这样在 AD 线附近的局部区域内的原子排列位置就会发生错乱，形成所谓螺位错缺陷。

在晶体中，滑移区与未滑移区的交界线实际上往往是曲线，也就是说位错线是一曲线。整个位错线中的某些部分与滑移矢量是垂直的，形成刃位错，某些部分与滑移矢量是平行的,形成螺位错,位错线的某些部分可能与滑移矢量既不垂直也不平行,一般称为混合位错。

对一般晶体来说,沿某些晶面往往容易发生滑移,这样的晶面称为滑移面。构成滑移面的条件是该面上的原子面密度大,而晶面之间的原子价键密度小,且间距大。对硅晶体来说,{111}晶面中,双层密排面之间原子价键密度最小,结合最弱,因此滑移常沿{111}面发生,位错线也就常在{111}晶面之间。

除了由范性形变可以产生位错以外,晶格的失配也可引起位错[4]。替位杂质的共价半径不是大于就是小于硅的共价半径,当在同一硅晶体中,若某一部分掺入数量较多的外来原子,就会使晶格发生压缩或膨胀,晶格常数将有所改变。在这种情况下,在掺杂和未掺杂的两部分晶体界面上,将产生一定数量的位错,以减少因晶格失配所产生的应力。产生的应力取决于杂质原子的大小和浓度。因此,在需要进行局部掺杂的情况下,掺入和硅原子半径相近的杂质将有利于减少这种类型的缺陷。如果硅原子的四面体半径为 r_0,则杂质原子的四面体半径可以写成 $r_0(1\pm\varepsilon)$,这里 ε 定义为失配因子,表示由于引入这种杂质在晶格中产生应变程度,也表示能够在晶格中结合到电活性位置的掺杂剂的量[5]。

1.3.3 面缺陷

晶体中的面缺陷是二维缺陷,面缺陷在两个方向上的尺寸都很大,另外一个方向上的尺寸很小。多晶的晶粒间界就是最明显的面缺陷,晶粒间界是一个原子错排的过渡区。在密堆积的晶体结构中,由于堆积次序发生错乱,称为堆垛层错,简称层错。层错是一种区域性的缺陷,在层错以外及以内的原子都是规则排列的,只是在两部分交界面处原子排列才发生错乱,所以它是一种面缺陷。层错的产生及堆积情况将在第七章详细讨论。

1.3.4 体缺陷

杂质硼、磷、砷等在硅晶体中只能形成有限固溶体。当掺入的数量超过晶体可接受的浓度时,杂质将在晶体中沉积,形成体缺陷。晶体中的空隙也是一种体缺陷。杂质在硅晶体中的固溶度将在本章 1.5 中详细讨论。

1.4 硅中的杂质

半导体的电阻率与导体和绝缘体有所不同,导体的电阻率为 10^{-10} Ω·cm 左右,绝缘体的电阻率为 $10^8 \sim 10^{12}$ Ω·cm 左右,而半导体的电阻率大约在 $10^{-6} \sim 10$ Ω·cm 范围。半导体电阻率的高低与所含杂质浓度有着密切的关系。不含杂质,也就是纯净半导体的电阻率、即载流子浓度是由材料自身的本征性质所决定,称这种半导体为本征半导体。在本征半导体中,载流子只能是通过热激发产生的电子-空穴对,由此可知,载流子浓度是随带隙宽窄及温度高低而变化的。若把电子、空穴的浓度(单位体积的载流子数)设为 n, p,那么,对于本征半导体可用下式表示

$$n = p = n_i(T) \tag{1.11}$$

其中,n_i 称为本征载流子浓度。T[K]是绝对温度。图 1.17 给出了常见半导体 Si 和 GaAs

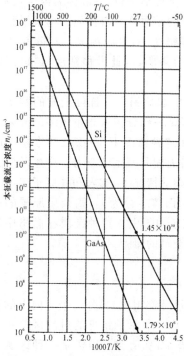

图 1.17 Si 和 GaAs 中本征载流子浓度与温度的关系

的 n_i 与温度的依赖关系。

在实际集成电路制造中所需要的绝大多数半导体材料，都人为地掺入一定数量的某种原子(杂质)，以便控制导电类型和导电能力。这种人为掺入杂质的半导体，就是通常所说的杂质半导体。掺入的杂质主要是ⅢA族元素和ⅤA族元素。这些杂质在硅晶体中一般是替代硅原子而占据晶格位置，并能在适当的温度下施放电子或空穴，控制和改变晶体的导电能力和导电类型。图 1.18 给出的是在 300 K 时，硅中电阻率与杂质浓度的关系[6]。

本征硅、具有施主杂质(磷)的 n 型硅和具有受主杂质(硼)的 p 型硅如图 1.19 所示。以一个Ⅴ族原子磷替代晶格上的硅原子，因为磷有五个价电子，它用四个电子同近邻的硅形成共价键，还"剩余"一个价电子，如图 1.19(b)所示。这个剩余价电子只受到磷原子实库仑势的吸引。这种吸引作用是相当微弱的，只要给这个剩余电子不大的能量就可使它脱离磷原子实的作用，而在晶体内自由运动，即成为导带电子。我们称这种处于晶格位置又能贡献电子的原子为施主杂质。它有向导带施放电子能力，而杂质本身由于施放电子而带正电，通常也称为施主中心。

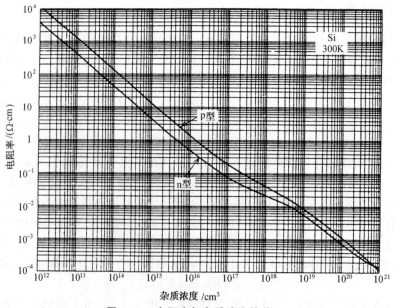

图 1.18 电阻率与杂质浓度的关系

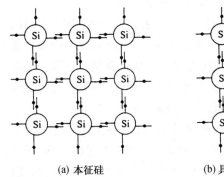 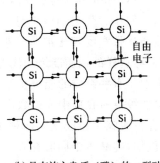 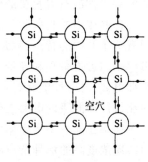

(a) 本征硅　　　　(b) 具有施主杂质（磷）的 n 型硅　　　　(c) 具有受主杂质（硼）的 p 型硅

图 1.19　硅晶体中的杂质

当剩余电子被束缚在施主中心时，其能量低于导带底的能量，相应的能级称为施主能级。这种杂质能级在能带图中一般用间断的横线表示，以此来说明它所代表的状态的局域性质。施主向导带释放电子所需的最小能量称为施主电离能，如果以 E_C 和 E_D 分别表示导带底和施主能级的位置，那么施主电离能 ε_D 为

$$\varepsilon_D = E_C - E_D \tag{1.12}$$

Ⅴ族施主杂质在硅中的电离能很小，一般在 0.01 eV 到 0.05 eV 的范围内，与室温下的 kT 相比，具有相同的数量级。因此，室温下施主杂质的绝大部分处于电离状态。我们知道硅的原子密度为 $5.00 \times 10^{22}/cm^3$，如果掺入 $10^{15}/cm^3$ 的杂质，这个杂质数只占硅原子总数的 10^{-7}。在室温下这些杂质基本全部电离，贡献的电子浓度就为 $10^{15}/cm^3$，这个数值同室温下的本征载流子浓度相比高 10^5 倍，所以在室温下施主所提供的电子将是主要的。此时硅的电阻率将由本征状态下的 $2 \times 10^5\, \Omega \cdot cm$，下降至 $3\, \Omega \cdot cm$。由此可见，硅晶体的导电能力很灵敏地受杂质浓度控制。我们称以电子导电为主的半导体为 n 型半导体。

下面再来讨论硅晶体中掺入Ⅲ族杂质对电学性质的影响。设想一个硼原子占据硅晶体中的格点位置，如图 1.19(c) 所示。因硼原子只有三个价电子，与近邻的四个硅原子形成四个共价键尚缺一个电子，即四个共价键中只有三个得到满足，而存在一个空键。在这种情况下，硼原子附近的硅（不是最近邻的硅）原子价键上的电子不需要太大的附加能量，就能相当容易地来填补硼原子周围价键的空缺，而在原先的价键上留下空穴，硼原子因接受一个电子而成为一个负电中心，这种能接受电子，即能向价带释放空穴而本身变为负电中心的杂质称为受主。在空穴能量较低时，负电中心将空穴束缚在自己的周围，形成空穴的束缚态。当空穴具备一定能量时就可以脱离这种束缚进入价带，所需要的能量就是受主电离能。受主杂质上的电子态的相应能级，被称为受主能级。如果以 E_V 和 E_A 分别表示价带顶和受主能级位置，则电离能 ε_A 为

$$\varepsilon_A = E_A - E_V \tag{1.13}$$

Ⅲ族受主杂质的电离能一般也是很小的，在室温下基本全部电离，与施主杂质一样，对硅晶

15

体的导电性能有着重要的作用。称空穴导电为主的半导体为 p 型半导体。

硅晶体中的Ⅲ族和Ⅴ族杂质,它们作为受主和施主时,其电离能的大小并不完全一样,但有一个共同的特点,就是电离能与禁带宽度相比都非常小。这些杂质所形成的能级在禁带中很靠近价带顶和导带底。我们称这样的杂质能级为浅能级。浅能级杂质在室温下基本全部电离,对电性能有着重要的影响。有些杂质的能级位于禁带中心附近,称这样的能级为深能级。深能级的电离能较大,深能级杂质在硅中大多数产生多重能级。

如果在同一块半导体中同时存在浅施主和浅受主两种杂质,这时半导体的导电类型要由杂质浓度高的那种杂质决定。例如,硅晶体中同时存在磷和硼,而磷的浓度高于硼,那么这块半导体就是 n 型的。不过要注意的是导带中的电子浓度并不等于电离的磷杂质浓度,因为电离的电子首先要填充受主,余下的才被激发到导带。这种不同类型杂质对导电能力相互抵消的现象,称为杂质补偿。因此在同一块半导体中同时存在两种不同类型的杂质,这块半导体的导电类型要由浓度高的那种杂质性质决定,而对导电能力有贡献的载流子浓度,则由两种杂质浓度差决定。正是由于有这样的性质,在集成电路和各种器件制造中,可以对 p 型硅掺入 n 型杂质,只要掺入的 n 型杂质浓度大于原有 p 型杂质的浓度,就可改变原来的 p 型为 n 型,其电导率的大小由两种杂质的浓度差所决定。

如果在同一块半导体中,一部分掺入 n 型杂质,另一部分掺入 p 型杂质,那么在两种杂质浓度相等处就形成 p-n 结。这个特性是制造各种器件和集成电路的重要基础。在集成电路制造中,除了掺入施主或受主杂质,改变或控制电阻率外,有时也根据需要掺入某些特殊的杂质,达到提高电路性能的目的。另外沾污杂质也会对器件性能产生不同的影响。

金在硅中是一种重要杂质,它的扩散速度很快,作为一种寿命控制杂质在工艺上颇为重要[7],例如,在高速电路中经常被用来减少寿命。金在硅中能级为两个,一个是在价带顶上 0.35 eV 处的施主能级,另一个是在离导带底 0.54 eV 处的受主能级。金在硅中的固溶度为 $2\times10^{17}/cm^3$。

碳在硅中的固态溶解度可达 $4\times10^{18}/cm^3$,通常是在硅的化学纯化过程中引入的,碳是非电活性的,并以微沉淀的形式生成硅-碳络合物,当碳浓度很高时,会导致 p-n 结过早击穿。碳还能与金属杂质形成复合体。

氧在硅晶体中含量的范围从 $10^{16}/cm^3 \sim 10^{18}/cm^3$,具体数量由晶体生长方法及工艺条件所决定。在刚生长好的晶体中,95%以上的氧原子占据晶格间隙位置[8]。其余的氧聚合成络合物,例如 SiO_4,这种组态起施主作用,能级位置在离导带底 0.16 eV 处,因此,能改变有意掺杂杂质所产生的电阻率。络合物是在生长晶体的冷却过程中形成的,如果对晶体或者晶片进行热处理并快速冷却,就可以使络合物的数量减少。

1.5 杂质在硅晶体中的溶解度

在工艺中不但关心各种杂质在硅晶体中的存在形式,而且也非常关心杂质在硅晶体中的溶解度,以及溶解度与那些因素有关。例如,在硅晶体中是否可以无限地掺入某种杂质,掺入大量杂质对晶体的结构、物理性质等将产生怎样的影响,各种杂质的掺入量与那些因素有关,杂质的扩散速度与溶解度有什么关系等,都是设计和制造工作中所关心的问题。

二元系统相图的研究表明,当把一种元素 B(溶质)引入到另一种元素 A(溶剂)的晶体中时,在达到一定浓度之前,不会有新相产生,而仍保持原来晶体 A(溶剂)的晶体结构,这样的晶体称为固溶体。在一定温度和平衡态下,元素 B(在没有形成分离态的情况下)能够溶解到晶体 A 内的最大浓度,称为这种杂质在晶体 A 内的固溶度,也就是杂质在晶体中的最大溶解度。

按照溶质在溶剂中的存在形式,固溶体主要可分为两类:① 替位式固溶体,② 间隙式固溶体。替位式固溶体的主要特点是:溶质(杂质)原子占据溶剂(原晶体)晶格格点上的正常位置,而且溶质原子在格点上的分布是无序的。间隙式固溶体的主要特点是:溶质原子存在于溶剂晶格的格点间隙中,其分布也是无规则的。

在半导体器件和集成电路制造中的施主和受主杂质,在晶体中都是以替位形式存在,从而起施主或受主作用,所以主要讨论替位式固溶体的性质。形成替位式固溶体的必要条件是溶质原子的大小接近溶剂原子的大小,实验证明,若溶剂原子和溶质原子半径相差大于 15%,则形成替位式固溶体的可能性极为有限。反之,原子半径相差小于 15%,这种情况也称"有利几何因素",此时溶质浓度很大时,还能形成替位式固溶体。能否形成固溶体,不仅需要遵守几何因素,而且也要考虑溶剂和溶质原子外部电子壳层结构的相似性和晶体结构的相似性,所有上述条件的有利结合,能导致连续(无限)固溶体的产生,也就是说一种物质可以无限地溶解于另一种物质之中。能够形成连续固溶体,必须是替位式固溶体,但替位式固溶体不一定都是连续固溶体。

若上述条件不能完全得到满足,只能形成有限固溶体,溶剂和溶质的差异愈大,形成的固溶体就愈有限。例如,常用的杂质原子磷和硼,在硅晶体中只能形成有限替位固溶体。测量掺磷或硼前后硅晶体的晶格常数,发现晶格常数随杂质浓度的增加而减小。硅、硼和磷的原子半径分别为 $1.17Å$、$0.89Å$ 和 $1.10Å$。上面的实验说明了硼和磷是替位式杂质,否则,对间隙式杂质来说,晶格常数随杂质浓度的增加而增大。

半导体物理和各种器件所最关心的是低杂质浓度对晶体性能的影响。这种情况下,溶于晶体中的杂质原子彼此离得很远,以至于在一般近似下可以忽略杂质之间的相互作用,而只考虑杂质原子同溶剂原子之间的相互作用。这样的固溶体称为稀释固溶体。形成稀释固溶体的杂质原子部分处于电离状态,部分处于中性状态,电离原子和中性原子的浓度比值依赖于温度,随着温度的上升,电离杂质的浓度增大。某些杂质在室温下基本全部电离,硼和磷就是这样的杂质。实验还发现,施主杂质的溶解度,将随晶体中的受主杂质含量的增加而增大,这是由于空穴和电子相互作用使溶解度增大所致。对于受主杂质也存在类似的关系。另外,在晶体中某种施主杂质的存在将降低其他施主杂质的溶解度,对于受主杂质也存在这种关系。

掌握各种杂质在晶体中的固溶度,是集成电路和各种器件生产中选择杂质的重要依据,要根据设计要求选择合适的掺杂杂质。杂质在硅晶体中的最大固溶度给杂质在硅中的扩散设置了表面浓度的上限。因此考虑某种元素是否能作为扩散杂质的一个重要标准,就是看这种杂质的最大固溶度是否大于所要求的表面浓度,如果扩散所需求的表面浓度大于杂质的最大固溶度,那么选用这种元素就无法获得所希望的杂质分布。

常用的几种重要杂质,在硅晶体中的固溶度随温度的关系曲线如图 1.20 所示[9,10]。由图可以看到,固溶度随温度的升高而增大,在某一温度达到最大,当接近硅的熔点时,固溶度迅速减小—固溶度的退化。由图还可以看到,在硅熔点以下的很宽的温度范围内,杂质的固溶度随温度的变化不大。杂质磷的固溶度较大,在 1000℃时为 $1.0×10^{21}/cm^3$,在 1200℃时为 $1.5×10^{21}/cm^3$。硼在硅中的固溶度,在 700℃时为 $1.6×10^{19}/cm^3$,在 1150℃时为 $2.4×10^{20}/cm^3$。

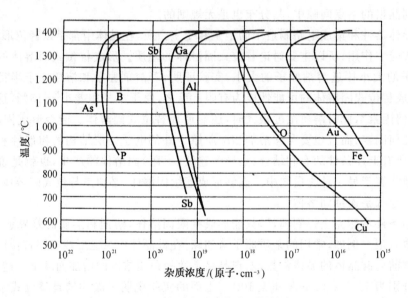

图 1.20 杂质在硅晶体中的固溶度

1.6 非晶硅结构和特性

本章的前几节讲述了目前最为重要的半导体材料硅的晶体结构、缺陷,杂质在硅晶体中的性质和溶解度等内容。硅晶体(c-Si)是目前最重要的半导体材料,非晶硅(a-Si, amorphous silicon)(或称无定形硅)和多晶硅(p-Si, poly silicon)同样具有半导体性质,并在器件制造中得到了应用。尤其是非晶硅薄膜晶体管(a-Si TFT, a-Si, thin-film transistor)和多晶硅薄膜晶体管(p-Si TFT, p-Si thin-film transistor)在有源显示中已经得到了重要的应用。有源显示主要是指目前的有源矩阵液晶显示（active matrix liquid crystal display，AM-LCD）和有源矩阵有机发光二极管（active matrix organic light emitting diode，AM-OLED）显示。

1.6.1 非晶硅的结构

晶体和非晶体都属于固态物质，晶体又分为单晶体和多晶体。分散的原子凝聚成为固体时是依赖于一定的结合力，许多半导体是以共价结合为主的，其中 Ge、Si 等属于纯共价结合，有一些化合物半导体是带有极性的共价结合。对于以共价结合的半导体来说，结合力主要是一种近程作用力。对于相同成分的晶体半导体和非晶体半导体，结合力应该是相同的，两者都应按照 8-N 定则形成共价键[11]。例如在晶体硅和非晶硅中，每个硅原子都在 sp^3 杂化轨道的基础上形成 4 个共价键，这就决定了两者在结构上的近程相似性。在理想硅晶体中，每个硅原子都以 4 个硅原子为最近邻，原子的排列都遵从正四面体的分布规律，键角为 $109°28'$，是固定的。每个等价原子的环境（包括近程和远程）都是完全相同的，即具有平衡对称性。但在非晶硅中，这种长程有序性不再保持，与此相适应，键长和键角也可能在一定范围内发生变化，其键角畸变范围通常约为 $±10°$，即非晶硅中的键角是在 $109°28'±10°$ 范围。而且键角和键长相对于晶体值的改变是随机的，这就破坏了整体的长程有序性。通常把近程范围内原子的空间排列的规律性称为短程序。但在硅晶体中，除了上述短程有序性以外，还具有长程有序性。

为了研究非晶材料的结构，通常引入一个称作原子径向分布函数，简写为 RDF（radial distribution function）

$$\text{RDF} = J(r) = 4\pi r^2 \rho(r) \tag{1.14}$$

式中 r 代表到任一参考原子的距离，$\rho(r)$ 为 r 处的平均原子密度。在半径为 r，厚度为 dr 的球形壳层内所包含的平均原子数由 $J(r)dr = 4\pi r^2 \rho(r)$ 给出，并被称为原子径向分布函数。

非晶材料的短程有序性可由 x 射线衍射、电子衍射和中子衍射等实验证实。非晶材料的 x 射线衍射图案表现为一系列强度交替变化的圆环。我们可以通过对测得的衍射波强度分布的分析求得原子径向分布函数，从而得到有关非晶材料的结构信息。图 1.21 给出的是用电子衍射法得到的晶体硅和非晶硅的原子径向分布函数[12]，由图可以看到 RDF 具有若干个峰，峰值较高的曲线对应于晶体硅。与峰值所对应的 r 值依次给出最近邻、次近邻、第三近邻的平均原子数，由图还可以看到，非晶硅的最近邻原子分布峰值位于距离为 2.35Å 处，次近邻峰值位于距离为 3.84Å 处，与晶体硅一致或相近。

比较非晶硅与晶体硅的原子径向分布函数，可以看到它们的第一个峰比较吻合，且峰下面积都是 4，这表明非晶硅中每一个原子周围的最近邻平均原子数仍然是 4，且距离也与晶体硅中相同。我们知道金刚石、Si、Ge 等ⅣB族元素都是共价晶体，它们都是金刚石晶格结构。金刚石结构的基本特点就在于每个原子有 4 个最近邻，它们处在四面体顶角方向，直接反映了共价键的要求，说明了非晶硅是短程有序的，其配位数也是 4。

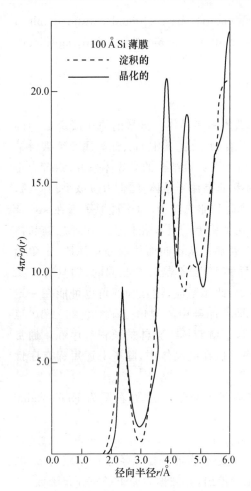

图 1.21　a-Si 和 c-Si 中的原子径向分布函数

非晶硅的第二峰下面的面积为 11.6 ± 0.5，它给出的是次近邻的平均原子数，与晶体硅也基本一致。但非晶硅的第二峰较晶体硅不但低得多，而且分布范围也比较宽，这表明在非晶硅中次近邻原子的距离分布比较分散，与晶体硅相比，已发生了比较大的偏离。

从曲线中还可以看到，随着 r 的增大，非晶硅的原子径向分布函数的峰值变得越来越不显著，说明原子的分布已经不具有晶体中的长程有序性，但最近邻和次近邻原子的分布，仍保留着单晶硅的短程有序性。非晶态半导体结构的基本特点就是短程有序长程无序，其结构的另一个特点是亚稳性。

1.6.2　非晶网络模型

通过对 RDF 的分析可以得到非晶态材料中任何一个原子的近邻、次近邻及配位数等重要的结构信息，它成为研究短程有序的一种重要方法。但上述信息只局限在对短程有序的初步认识上，并不能解决对非晶态材料原子网络整体形貌的了解，长程无序性如何具体表现，例如对于四面体配位的非晶硅来说，是如何以四面体结构为基本单元形成整个长程无序网络。对非晶网络，曾经提出不同的描述模型，主要有两种：微晶模型和连续无序网络模型。

在微晶模型中，假设构成整个非晶态材料的基本单元是微小晶粒，而且这些微小晶粒的取向是随机的，晶粒的线度约为几个纳米，微小晶粒内部的结构与单晶相同。由于晶粒的取向是随机的，因此在晶粒与晶粒之间存在间界区域，而靠近间界区域的原子价键情况与晶体内部原子是不同的，存在大量的未饱和键，也就是悬挂键。由于微晶的晶粒很小，且各个晶粒的取向又是随机的，悬挂键的密度应该很高。而实际情况并不是这样，悬挂键密度比由模型预测的要小得多，因此微晶模型不能很好得给出与实际情况较好吻合的结果，因此，微晶模型目前基本不被接受。

在连续无序网络（continuous random network，CRN）模型中，假设每个原子的成键要求，即 8-N 定则所要求的配位数仍得到满足。每一个原子周围的近邻原子数与同质晶体一样，仍然是确定的，但近邻原子间的距离、键角及二面角等与晶体相比都有一定程度的畸变，这些畸变的积累后果,就使网络失去了长程有序性。键长和键角允许在一定范围内发生畸变,从而由一个单元到另一个单元不存在固定位形上的联系,而是随机性地连接,构成非晶网络。

模型的正确性只能通过和实验比较加以判定。对于 a-Si 和 a-Ge,微晶模型与实验结果符合得较差,而连续无序网络模型和实验结果比较接近,但是"连续无序网络"本身也不是唯一确定的。限定不同的键角和键长的变化范围,各种原子环占不同的比例,将得到不同的径向分布函数。

1.6.3 非晶态半导体的制备方法

非晶态半导体的制备主要有两种方法:第一种方法是在较低温度下,通过气相淀积法完成制备。这种方法中主要包括真空蒸发、溅射、化学气相淀积和辉光放电分解等方法。这种方法适用于制备 a-Si、a-Ge、a-InSb 以及其他四配位的化合物非晶半导体,要指出的是用这种方法制备的通常是薄膜。第二种方法是由熔体迅速冷却得到非晶态半导体,这种方法主要适用于制备硫系非晶态半导体,并可以得到大块的非晶态材料,同时得到的往往又是玻璃态。不管上述哪种方法,得到的非晶态固体是处于非平衡状态,其自由能比平衡态晶体要高,平衡态晶体则是自由能最低的稳定状态。这是因为在低温的制备过程中,被淀积的原子实际上来不及充分调整自己的位置,也没有足够的能量调整自己的位置就被固定下来,堆积过程又具有一定的随机性。也正因为如此,在各种低温制备方法中,结构缺陷可能存在差异,其密度也可能不同[13,14]。

非平衡态不是最稳定的状态,称为亚稳态。在适当的较高温度下(晶化温度),非晶态可以向晶态过渡。在热激活或其他外来因素的作用下,如果还没有达到非晶态向晶态过渡的温度,即没有达到晶化温度,非晶态的结构也可能发生某些局部变化,同时伴以自由能的降低,这就是退火能使非晶态固体的性质发生某些变化的原因。从能量观点看,用上述第一类方法制备的非晶态薄膜是处于自由能较高的亚稳状态,而玻璃态则对应于自由能较低的状态,而且是比较稳定的亚稳状态,晶态则是自由能最低的稳定状态。

1.6.4 非晶硅半导体中的缺陷

非晶态材料中的缺陷可以定义为对于理想连续无序网络的偏离。在理想的 a-Si 连续无序网络中,假设每个硅原子都与周围 4 个最近邻的硅原子成键,只是键角和键长与晶体硅相比有不同程度的畸变。由于在制备过程中产生应变等原因,a-Si 连续无序网络内部总是存在各种缺陷。

在 a-Si 连续无序网络中,最通常的一种缺陷就是每个硅原子周围只有 3 个最近邻的硅原子,也就是硅原子的 4 个电子中只有 3 个成键,这个不成键的电子称为悬挂键缺陷,悬挂键是一种重要的结构性缺陷。当悬挂键缺陷释放其悬挂键上的电子后成为带正电荷的电离施主,也可以接受一个电子成为带负电荷的受主。在 a-Si 连续无序网络中,悬挂键可以单个出现,不一定和空位相联系。而且单空位和双空位并不限定和 4 个或 6 个悬挂键相联系。

21

在 a-Si 中,除了上述的悬挂键外,还有种种其他类型的缺陷以及更复杂的复合缺陷。例如,有的硅原子周围只有两个最近邻硅原子,形成两个共价键,硅原子中另两个价电子未成键。同样,这种缺陷失去电子或接受电子后可形成带正电或带负电的缺陷。

悬挂键中的电子是未配对的,存在自旋,因此,a-Si 中悬挂键缺陷的存在可由电子自旋共振实验得到证实。实验测得用蒸发和溅射法制备的 a-Si 中,其自旋态密度达 $10^{20}/cm^3$,表明悬挂键缺陷的浓度是相当高的,也就是说,在 a-Si 的带隙中形成了很高的隙态密度,使得无法实现通过掺杂法控制电导。1971 年,斯皮尔(Spear)等人用辉光放电法分解硅烷(SiH_4)制备了 a-Si:H(氢化非晶硅),由于 H 原子中的电子对悬挂键的饱和作用,使其中悬挂键缺陷浓度以及隙态密度大大降低。随后,在 1975 年,斯皮尔等又首次成功地实现了对 a-Si:H 的掺杂效应[15],获得了 n 型和 p 型材料,为 a-Si 用于器件制造打下了基础。

原则上说,出现在结构中的杂质亦应视为缺陷。但人们通常只着重考察那些在电学上具有活性的杂质,有些杂质,例如 a-Si:H 中的 H,由于 Si-H 键并不在禁带中引入电子能级,通常并不强调它们作为缺陷的作用。

1.6.5 氢化非晶硅

采用等离子体增强 CVD 分解硅烷(SiH_4)制备的非晶硅薄膜,其薄膜中含有相当数量的氢原子,这种含有相当数量氢原子的薄膜就是非晶硅-氢合金,常称为氢化非晶硅(a-Si:H)。a-Si:H 的密度低于单晶硅密度。氢原子对改善 a-Si 的性质起着重要作用,根源在于氢原子可以使悬挂键饱和,如图 1.22 所示。也就是说,氢原子的掺入可以降低非晶硅中的局域态密度,使 a-Si:H 中的载流子迁移率有所提高。

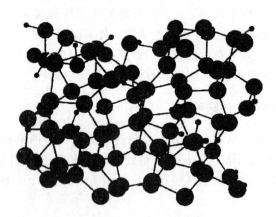

图 1.22　a-Si:H 结构示意图

虽然掺氢非晶硅中的载流子迁移率高于未掺氢的非晶硅,但总的说来,终究因为 a-Si:H 不是晶体,其中存在大量的缺陷,它的载流子迁移率还是很低的,特别是与单晶硅相比更是如此。由于非晶硅是低迁移率的半导体材料,所以在高速或高增益器件方面的应用受到一定的限制;但是,便于在低温下,在各种大面积衬底上淀积以及制作成本低廉,故在低速电子器件、平板显示领域、太阳电池、图像传感器等方面大有作为。

a-Si:H 的亚稳态特性是造成它的器件性能不稳定的重要原因。例如,对于 a-Si:H TFT,在长时间施加栅偏压以后,阈值电压以及亚阈值斜率将发生漂移,就是这种亚稳态特性的表现。又如,a-Si:H 太阳电池,在受到太阳光照射之后,其暗电导和光电导会随着光照时间的延长而不断下降,但若在 200°C 下退火几小时之后,又会恢复到原来的数值,这种现象往往称为 SW 效应(stabler-wronski effect)。也正是由于这个原因,采用 a-Si:H 制作的有源液晶显示器,不能在太阳光照射下长时间地工作。

1.6.6 非晶硅半导体中的掺杂效应

对非晶半导体研究的一项重要成果,就是在非晶半导体中可以实现替位掺杂[15]。我们知道,能够将半导体的不同部分分别掺杂为 n 型和 p 型,对于实现半导体器件来说是十分重要的。

长期以来人们只能获得高阻的 a-Si 材料,因此,实现掺杂这一成就为 a-Si 的实际应用开辟了前途。通过掺杂来控制半导体的导电类型和电导率的大小是通过控制费米能级的位置来实现的。为此,首先要有能够提供电子或空穴的浅施主或浅受主,在晶态 Ge、Si 中,V 族和 III 族杂质可分别起这种作用。实现掺杂效应的另一重要条件是具有较小的隙态密度,隙态的作用类似于晶态情况下反型杂质的补偿作用。例如,对于 n 型掺杂,浅施主提供的电子必需填充隙态才能使电子的能级占有水平(费米能级的位置)得到提高。在非晶半导体中,由于通常有连续分布的、较大的隙态密度,施主所提供的电子总是只有一部分,通常只是有很小的一部分能分配在导带扩展态中,

Spear 等首先在辉光放电法制备的 a-Si:H 中实现了掺杂。如果在辉光放电的 SiH_4 气氛中分别加入磷烷(PH_3)和硼烷(B_2H_6),则可分别得到 n 型或 p 型的 a-Si:H。图 1.23 给出了由上述方法制备的 a-Si:H 在室温下的导电率 σ_{RT} 随比值 N_{PH_3}/N_{SiH_4} 和 $N_{B_2H_6}/N_{SiH_4}$ 的变化。可以看到在上述两种情况下,电导率最高可达 $10^{-2}\ \Omega^{-1}\cdot cm^{-1}$。在辉光放电法制备 a-Si:H 的同时加入 P,同样可实现掺杂效应。也可在含有 H 气氛的溅射过程中实现气相掺杂。在用 CVD 法制备 a-Si:H 的同时也可进行掺杂。

Spear 等对掺杂效率进行了研究,对于辉光放电法制备的掺 P 的 a-Si:H,掺杂效率为 1/3,B 的效率可高些。对于辉光放过程中掺 P 及离子注入掺 P 两种情况下室温电导率随 P 的浓度 N_P 的变化情况示于图 1.24,可见离子注入情况下的掺杂效率更低。这些实验表明存在 a-Si:H 网络中的 P 确实有一部分不起施主作用。

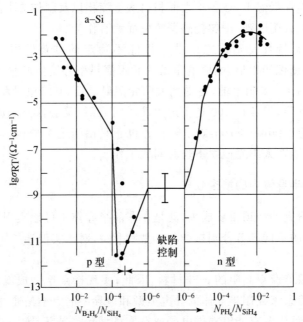

图 1.23 室温电导率 σ_{RT} 随掺杂条件(N_{PH_3}/N_{SiH_4} 和 $N_{B_2H_6}/N_{SiH_4}$)的变化

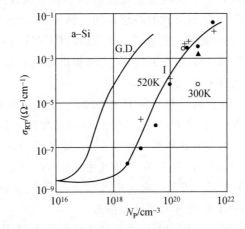

图 1.24 a-Si 室温电导率 σ_{RT} 随掺杂浓度的变化

曲线 1：离子注入的 p 注入时温度为 520k。曲线 G.D. 为气相掺杂情形

参 考 文 献

［1］ 叶良修. 半导体物理学(第二版)上册. 北京：高等教育出版社,2007

［2］ K V Ravi. Imperfections and Impurities in Semiconductor Silicon. New York：Wiley,1981

［3］ ［美］施敏. 超大规模集成电路技术. 北京：科学出版社,1987

〔4〕 马特瑞 H F. 半导体缺陷电子学. 北京：科学出版社，1987

〔5〕 [美]甘地 S K. 超大规模集成电路工艺原理－硅和砷化镓. 北京：电子工业出版社，1986

〔6〕 W R Thurber, R L Mattis, Y M Liu. Resistivity Dopant Density Relationship for Silicon. Semiconductor Characterization Techniques. Electrochem. Soc.. Pennington. New Jersey：1978：81

〔7〕 J H Brophy, R M Rose, J Whermo. Dynamics of Structure and Properties of Materials. Thermodynamics of Structure, vol. II. New York：Wiley，1964

〔8〕 Am. Soc. Test. ,Mater. ASTM Standard. Part 43：574

〔9〕 W Kohn. ShallowImpurityState in Silicon and Germanium. Solid StatePhysic, vol. 5，1957：257

〔10〕 G L Pearson, J Bardeen. Electrical Properties of Pure Silicon and Silicon Alloys Containing Boron and Phosphorus. Phy. Rev. , vol. 75，1949：865

〔11〕 叶良修. 半导体物理学（第二版）下册. 北京：高等教育出版社，2009

〔12〕 Moss S C, Graczyk In, Keller S P, Hensel J C, Stern F, Proc. 10th Int. Conf. On the Physics of Semiconductors. Cambridge. Mass. WashingtonD. C.：United States Atomic Energy Commission，1970：658

〔13〕 Sheveik N J, Paul W J. Non-Cryst. Solids, vol. 16，1974：55

〔14〕 Moss S C, Graczyk J F. Phys. Rev. Lett. , vol. 23(11)，1969：67

〔15〕 Spear W E, LeComber P G. SolidStateCommun. , vol. 17，1975：1193

第二章 氧　　化

在室温下硅一旦暴露在空气中,就会在表面上形成几个原子层厚的二氧化硅(SiO_2)薄膜。二氧化硅薄膜相当致密,能阻止更多的氧气或者水分子通过它继续氧化,所以在室温下这种天然形成的二氧化硅层很薄,但与硅衬底掺杂等情况有关,约为 1 nm 左右,一般不超过 2.5 nm。形成的二氧化硅不但能紧紧地依附在硅衬底表面上,而且具有良好的化学稳定性和电绝缘性。正因为二氧化硅具有这样的性质,根据不同需要,人们利用各种方法制备二氧化硅,用来作为 MOSFET 的栅氧化层、器件的保护层,以及电性能的隔离、绝缘材料和电容器的介质膜等。作为集成电路的一个例子,图 2.1 给出了由 MOS 晶体管和电容构成的动态存储器(dynamic random access memory,DRAM)的原理剖面图[1]。其中有作为电绝缘用的隔离 SiO_2 层(field-oxide,也称二氧化硅隔离墙),MOS 晶体管的栅极氧化膜(gate-oxide)以及形成存储电容介质膜的二氧化硅。

二氧化硅的另一个重要性质,就是对某些杂质能起到掩蔽作用,即某些杂质在二氧化硅中的扩散系数与在硅中的扩散系数相比非常小,从而可以实现选择扩散。也正是把二氧化硅制备与光刻和扩散的结合,才出现了平面工艺并推动集成电路的迅速发展。

目前制备二氧化硅的方法很多,而热氧化制备的二氧化硅性能好、掩蔽能力强,因此得到广泛地应有。本章主要讲述二氧化硅的性质、结构,生长动力学,制备方法等[2]。多晶硅氧化和硅化物的氧化将在第九章中讲述。

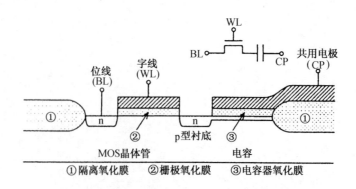

图 2.1　热生长 SiO_2 在动态存储器中的应用

2.1 SiO₂ 的结构及性质

2.1.1 结构

SiO₂是自然界广泛存在的一种物质,按结构特点可分为结晶形和非结晶形(无定形),方石英、鳞石英、水晶等都属于结晶形的SiO₂。在硅器件和集成电路制造中采用热氧化方法制备的SiO₂,是无定形的,它是一种透明的玻璃网络体。

无论是结晶形还是无定形SiO₂,都是由Si-O四面体组成的,如图2.2所示。Si-O四面体的中心是硅原子,四个顶角上是氧原子,顶角上的四个氧原子刚好满足了硅原子的化合价。从顶角上的氧到中心的硅,再到另一个顶角上的氧,称为O-Si-O键桥。O-Si-O键桥的键角为109.5°,是固定的。从四面体中心硅到顶角氧的距离,即Si-O距离为1.60Å,而O-O距离为2.27Å。相邻的Si-O四面体是靠Si-O-Si键桥连接着,对无定形SiO₂来说,Si-O-Si的角度是不固定的,一般分布在110°~180°之间,峰值在144°。这里要指出的是10 nm的栅氧化层,只有40~50个原子层厚。

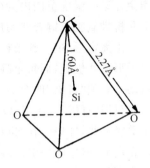

图 2.2 Si-O 四面体

结晶形SiO₂是由Si-O四面体在空间规则排列所构成。Si-O四面体的中心是硅原子,每个顶角上的氧原子都与相邻的两个Si-O四面体中心的硅形成共价键,氧原子的化合价也被满足,二维结构示意图如图2.3(a)所示[3~5]。无定形SiO₂虽然也是由Si-O四面体构成的,但是这些Si-O四面体在空间排列没有一定规律。无定形SiO₂中的大部分氧原子都是与相邻的两个Si-O四面体中心的硅原子形成共价键,但也有一部分氧原子只与它所在Si-O四面体中心的硅成价。与相邻的两个Si-O四面体中心硅形成共价键的氧称为桥键氧,只与它所在的Si-O四面体中心的硅形成共价键的氧称为非桥键氧,即没有

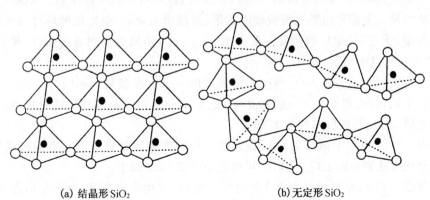

(a) 结晶形 SiO₂　　　　　(b) 无定形 SiO₂

图 2.3 SiO₂ 二维结构示意图

形成氧桥。无定形SiO_2中的氧大部分是桥键氧,整个无定形SiO_2就是依靠桥键氧把Si-O四面体无规则地连接起来,构成三维的玻璃网络体[6]。二维结构示意图如图2.3(b)所示。由图可以看到,网络是疏松的、不均匀、存在孔洞等。SiO_2分子只占无定形网络空间体积的43%左右,密度为$2.15\sim 2.25 \text{ g/cm}^3$,而结晶形$SiO_2$的密度为$2.65 \text{ g/cm}^3$。

无定形SiO_2网络的强度应该是桥键氧数目与非桥键氧数目之比的函数。桥键氧的数目越多,网络结合的就越紧密,否则就疏松。各种不同方法,甚至同一种方法制备的SiO_2,其桥键氧数与非桥键氧数之比也不完全相同。正因如此,无定形SiO_2没有固定的熔点,只能说在某一温度范围内为软化温度。因为要使一个桥键氧脱离键合状态所需要的能量与一个非桥键氧脱离键合状态所需要的能量不同。无定形SiO_2的熔点在1700℃以上。

由无定形SiO_2的结构可以看到,每个Si-O四面体中心的硅原子都与四个顶角上的氧原子形成共价键,而每个顶角上的氧原子最多与两个硅原子形成Si-O键。因此,硅原子要运动就必须"打破"四个Si-O键,但对桥键氧来说,只需"打破"两个Si-O键,而对非桥键氧来说只需"打破"一个Si-O键。相比之下,在无定形SiO_2网络中,氧原子的运动同硅原子相比更容易些,硅原子在SiO_2中的扩散系数比氧原子的扩散系数小几个数量级。正因这样,在无定形SiO_2网络中出现硅空位是相对困难的。在热氧化法制备SiO_2的过程中,是氧或水汽等氧化剂穿过SiO_2层,到达SiO_2-Si界面,与硅原子反应生成SiO_2,而不是硅原子向SiO_2表面运动、在表面与氧化剂反应生成SiO_2。

在室温下Si-O键以共价键为主,但也含有一定离子键的成分,随着温度的升高,离子键的成分所占比例增大。因为SiO_2中的氧离子是带负电的,氧空位就带正电。在热氧化过程中是氧化剂向SiO_2-Si界面扩散,并在界面处与硅原子反应生成SiO_2,因此在靠近界面附近的SiO_2中容易缺氧,因此,带正电的氧空位会对SiO_2层下面的硅表面势产生一定的影响,所以在SiO_2制备过程中应尽量减少氧空位。

2.1.2 SiO_2的主要性质

密度 密度是SiO_2致密程度的标志。密度高表示SiO_2致密程度高。SiO_2的密度可以用称量法测量。分别称出氧化前后硅的重量,再测出氧化后SiO_2层的厚度和面积,就可以计算出密度,无定形SiO_2的密度一般为2.20 g/cm^3,不同方法制备的SiO_2其值有所不同,但基本都接近这个值。

折射率 折射率是表征SiO_2薄膜光学性质的一个重要参数。不同方法制备的SiO_2,折射率有所不同,但差别不大。一般来说,密度高的SiO_2薄膜具有较大的折射率。波长为5500Å左右时,SiO_2的折射率约为1.46。

电阻率 SiO_2电阻率的高低与制备方法以及所含杂质数量等因素有着密切的关系。高温干氧氧化方法制备的SiO_2,电阻率可高达10^{16} Ω·cm以上。

介电强度 当SiO_2薄膜被用来作为绝缘介质时,常用介电强度,也就是用击穿电压参数来表示薄膜的耐压能力。介电强度的单位是V/cm,表示单位厚度的SiO_2薄膜所能承受的最小击穿电压。SiO_2 薄膜的介电强度的大小与致密程度、均匀性、杂质含量等因素有关，一般为 $10^6 \sim 10^7$ V/cm。

介电常数 介电常数是表征电容性能的一个重要参数。对于 MOS 电容器来说，其电容量与结构参数的关系可用下式表示

$$C = \varepsilon_0 \varepsilon_{SiO_2} \frac{S}{d} \tag{2.1}$$

其中 S 为金属电极的面积，d 为 SiO_2 层的厚度，ε_0 为真空介电常数，ε_{SiO_2} 为 SiO_2 的相对介电常数，SiO_2 的介电常数约为 3.9。

腐蚀 SiO_2 的化学性质非常稳定，只与氢氟酸发生化学反应，基本不与其他酸类发生反应。与氢氟酸反应的反应式如下

$$SiO_2 + 4HF \longrightarrow SiF_4 + 2H_2O$$

反应生成的四氟化硅能进一步与氢氟酸反应生成可溶于水的络合物——六氟硅酸，反应式为

$$SiF_4 + 2HF \longrightarrow H_2(SiF_6)$$

总反应式为

$$SiO_2 + 6HF \longrightarrow H_2(SiF_6) + 2H_2O \tag{2.2}$$

在集成电路工艺中利用 SiO_2 能与氢氟酸反应的性质，完成对 SiO_2 的腐蚀。SiO_2 腐蚀速率的快慢与氢氟酸的浓度、温度、SiO_2 的质量以及所含杂质的数量等情况有关。不同方法制备的 SiO_2，其腐蚀速率可能相差很大。

另外，SiO_2 可与强碱溶液发生极慢的化学反应，反应生成相应的硅酸盐。SiO_2 的能带宽度约 9 eV，在 25℃ 时 SiO_2 薄膜应力为压应力，其值为 $2 \sim 4 \times 10^4$ N。

SiO_2 的热膨胀系数与硅的热膨胀系数很接近。在高温氧化、对硅的扩散掺杂或其他一些高温工艺中，硅片要经历高低温过程，也就是要经过热胀冷缩过程，因为 SiO_2 的热膨胀系数和硅的热膨胀系数很接近，硅片不会产生弯曲，这是制造工艺中非常关心也是非常重要的问题。

2.2 SiO_2 的掩蔽作用

2.2.1 杂质在 SiO_2 中的存在形式

SiO_2 的性质与制备方法、所含杂质的种类、数量、缺陷的多少等因素都有着密切的关系[7]。不含杂质的 SiO_2 称为本征二氧化硅。一般来说，任何一种方法制备的 SiO_2 都会不同程度的沾污杂质，作为扩散掩蔽层的 SiO_2 中所含杂质的数量更高。含有杂质的 SiO_2 称为非本征二氧化硅。搞清楚各种杂质在 SiO_2 网络中的存在形式，以及对 SiO_2 性质的影响是十分重要的，各种类型的杂质在 SiO_2 网络中的存在形式如图 2.4 所示[8]。按杂质在网络中所处位置可分为两类：网络形成者和网络改变者。

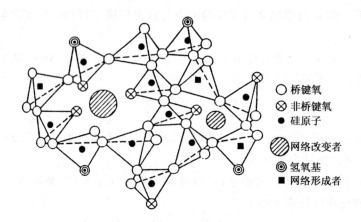

图 2.4 非本征 SiO_2 结构示意图

○ 桥键氧
⊗ 非桥键氧
● 硅原子
▨ 网络改变者
◉ 氢氧基
■ 网络形成者

1. 网络形成者

可以替代 SiO_2 网络中硅原子的杂质,也就是能代替 Si-O 四面体中心的硅原子、并能与氧原子形成网络的杂质,称为网络形成者。网络形成者的价键数通常与硅原子不同,一般是五价或三价的原子,其离子半径与硅原子接近,例如硼、磷等都是网络形成者。网络形成者本身也可以与氧原子形成无定形的网络结构(例如 B_2O_3,P_2O_5)。因网络形成者的化合价与硅原子不同,当它们替代 Si-O 四面体中心的硅之后,将对 SiO_2 的性质产生重要影响。当五价或三价的网络形成者替代四价的硅原子之后,同硅原子相比多一个价电子或少一个价电子。例如三价的硼同四价的硅相比,少一个价电子,当硼替代硅之后,顶角上的四个 O 只有三个 O 可以同硼形成共价键,剩余的一个 O 因无法与中心的硼形成共价键,而变成了非桥键 O,因此 SiO_2 网络中因非桥键 O 的增加,其强度下降[2]。当五价的网络形成者磷替代硅之后,情况刚好与硼相反,因为磷是五价的,替代硅之后,与原有的四个 O 形成共价键,还多余一个价电子,这个多余的价电子还可以与近邻的一个非桥键 O 形成桥键 O,因此增加了 SiO_2 网络的强度[2]。

2. 网络改变者

存在于 SiO_2 网络间隙中的杂质称为网络改变者。网络改变者一般是以离子形式存在网络中,因离子半径较大,替代硅原子的可能性很小。例如 Na、K、Pb、Ba 等都是网络改变者。Al 既是网络改变者又是网络形成者。网络改变者往往以氧化物形式进入 SiO_2 网络中,进入之后便离化,并把氧离子交给 SiO_2 网络,因氧离子的增加,使网络中非桥键氧的数量增加。在网络改变者中,特别要指出的是钠,因为钠普遍存在于环境中,尤其是人体的周围,它又是氧化炉耐火材料中的主要杂质,甚至存在于扩散和氧化用的石英管中。

以 Na_2O 为例来说明网络改变者在 SiO_2 中的反应过程

$$Na_2O + \equiv Si-O-Si \equiv \rightarrow \equiv Si-O^- + O^- - Si \equiv + 2Na^+ \tag{2.3}$$

网络中因氧离子的增加,结果使网络中非桥键氧的比例增大,SiO_2 网络的强度减弱,熔点降低。存在于网络间隙中的网络改变者容易运动,尤其是在外电场和温度作用下更是如此，对电路的稳定性和可靠性产生极坏影响。

水汽能以分子形式进入 SiO_2 网络中，并能和桥键氧反应生成非桥键氢氧基，其反应式为

$$H_2O + \equiv Si-O-Si \equiv \longrightarrow \equiv Si-OH + HO-Si \equiv \tag{2.4}$$

上述反应将使网络中桥键氧的数目减少，网络强度减弱和疏松，使杂质的扩散能力增强，故其行为与网络改变者或间隙杂质相似。

2.2.2 杂质在 SiO_2 中的扩散系数

SiO_2 在集成电路制造中的重要用途之一，就是作为选择扩散的掩蔽层。在各种器件制造中往往是通过硅表面某些特定区域向硅内掺入一定数量的某种杂质，其余区域不进行掺杂。为了完成上述目的，所采用的方法就是通常所说的选择扩散。选择扩散是根据某些杂质，在条件相同的情况下，在 SiO_2 中的扩散速度远小于在硅中扩散速度的性质来完成的，即利用 SiO_2 层对某些杂质起到"掩蔽"作用来达到的。实际上，掩蔽是相对的、有条件的，因为杂质在硅中扩散的同时，在 SiO_2 中也进行扩散，但因扩散系数相差几个数量级，扩散速度相差非常大。在相同条件下，杂质在硅中的扩散深度已达到要求时，而在 SiO_2 中的扩散深度还非常浅，没有扩透预先生长的 SiO_2 层，因而有 SiO_2 层保护的硅内没有杂质扩进，客观上就起到了掩蔽作用。

杂质在 SiO_2 中的扩散运动与在硅中一样，都服从扩散规律，扩散系数 D_{SiO_2} 与温度也是指数关系

$$D_{SiO_2} = D_0 \exp(-\Delta E/kT) \tag{2.5}$$

ΔE 为杂质在 SiO_2 中的扩散激活能，D_0 为表观扩散系数（有关扩散内容将在第三章讲述）。

硼、磷一类常用杂质在 SiO_2 中的扩散系数都很小[9]。SiO_2 层对这类杂质是一种很理想的扩散掩蔽层。而镓在 SiO_2 中的扩散系数却非常大，所以 SiO_2 层就不能掩蔽镓这类杂质。另外，某些碱性金属离子，例如钠离子，在 SiO_2 中的扩散系数非常大，迁移率也非常高，就是在很低的温度下也是如此。如果 SiO_2 层沾污钠这类离子，在很低的温度下，只需很短的时间就能扩散到整个 SiO_2 层中。另外，钠离子的来源又非常丰富，所以应该尽量避免钠一类离子的沾污。因为钠离子的沾污是造成双极器件和 MOS 器件性能不稳定的重要原因之一。

2.2.3 掩蔽层厚度的确定

硼、磷、砷等杂质在 SiO_2 中的扩散系数（D_{SiO_2}）都远小于在硅中的扩散系数（D_{Si}），此外，这些杂质源制备容易，纯度高，操作方便，所以它们都是经常被选用对硅进行掺杂的重要杂质。

为了保证 SiO_2 层能起到有效的掩蔽作用，不但要求杂质的 $D_{Si} \gg D_{SiO_2}$，而且还要求 SiO_2 层具有一定的厚度，这样才能保证由 SiO_2 掩蔽的硅中没有杂质扩进。要想准确知道 SiO_2 对扩散杂质能起到掩蔽作用的厚度，可以采用放射性示综技术等有关方法进行测量，确定所需 SiO_2 层的厚度。在实际生产中也可以通过计算和实践相结合的办法，也能比较准确地估算出所需 SiO_2 层的厚度。

既然杂质在硅中和在 SiO_2 中的运动都服从扩散规律,只是扩散系数不同,那么对恒定源和有限源两种扩散来说,杂质在 SiO_2 中也应该是按余误差分布和高斯分布(有关扩散的详细内容将在第三章讲述)。对余误差分布来说,浓度为 $C(x)$ 所对应的深度表达式为

$$x = 2\sqrt{D_{SiO_2} t}\ \text{erfc}^{-1} \frac{C(x)}{C_s} = A\sqrt{D_{SiO_2} t} \qquad (2.6)$$

其中

$$A = 2\text{erfc}^{-1} \frac{C(x)}{C_s} \qquad (2.7)$$

C_s 为扩散温度下杂质在 SiO_2 表面的浓度。SiO_2 掩蔽层下面的硅内,希望没有杂质扩进。但是,在确定所需 SiO_2 层的厚度时,往往假定 SiO_2 表面处的杂质浓度与 SiO_2-Si 界面处的杂质浓度之比为某一个值,假如为 10^3 时,就认为 SiO_2 层起到了掩蔽作用。根据这样的假设和杂质在 SiO_2 中的分布规律,就可以求出所需 SiO_2 层的最小厚度 x_{min}。对余误差分布,根据上面的假设和(2.6)式可求出

$$x_{min} = 4.6\sqrt{D_{SiO_2} t} \qquad (2.8)$$

t 为杂质在硅中达到扩散深度时所需要的时间,x_{min} 为所需 SiO_2 层的最小厚度。

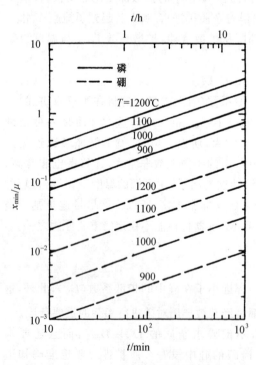

图 2.5 各种温度下能掩蔽磷和硼扩散所需 SiO_2 厚度与时间的关系

SiO_2 层的掩蔽效果不但与厚度、杂质在 SiO_2 中的扩散系数有关,而且还与 SiO_2 中以及硅中的杂质浓度、类型、杂质在硅中的扩散系数、以及杂质在 SiO_2-Si 系统中的分凝系数等因素有关。另外,不同方法制备的 SiO_2,质量可能相差很大,因而掩蔽效果也会有很大差别。图 2.5 给出的是用干氧氧化方法生长的 SiO_2 层,在不同温度下掩蔽气态 P_2O_5 和 B_2O_3 杂质源,扩散时间与所需最小 SiO_2 层厚度 x_m 的关系[10~12]。

下面以 P_2O_5 源为例来说明 SiO_2 的掩蔽过程。当 P_2O_5 与 SiO_2 接触时,SiO_2 就会变为含磷的玻璃体,含磷的玻璃体首先在 SiO_2 表面形成,随着扩散地进行,转变为含磷玻璃体的 SiO_2 层也就越来越厚。如果整个 SiO_2 层都转变为含磷的玻璃体,那么 P_2O_5 不但直接与硅接触,而且会与硅反应释放出元素磷,磷就可以直接向 SiO_2 层下面的硅中扩散,出现这种情况,SiO_2 层就失去了掩蔽作用。图 2.6 形象地说明了上述过程,其中图

(a)描述的是扩散刚刚开始,只有很薄的 SiO_2 表面层转变为含磷的玻璃体;图(b)描述的是大部分 SiO_2 层已转变为含磷的玻璃体;图(c)描述的是整个 SiO_2 层都转变为含磷的玻璃体;图(d)描述的是在 SiO_2 层完全转变为玻璃体后,又经过一定时间的情况,即有 SiO_2 层保护的硅中磷已经扩进一定深度。SiO_2 对硼和其他杂质的掩蔽过程与磷相似[12]。

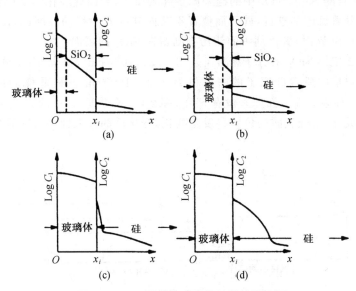

图 2.6 SiO_2 层掩蔽磷扩散过程的示意图

2.3 硅的热氧化生长动力学

2.3.1 硅的热氧化

制备 SiO_2 的方法很多,有热分解淀积法、溅射法、真空蒸发法、阳极氧化法、化学气相淀积法、热氧化法等[13~17]。每种方法都各有特点,可根据需要选择合适的制备方法。虽然 SiO_2 的制备方法很多,但热生长法制备的 SiO_2 质量最好。热生长法制备的 SiO_2 具有非常好的重复性和化学稳定性,其物理性质及化学性质不太受湿度和中等热处理温度的影响。另外,热生长 SiO_2 能够降低硅表面悬挂键从而使表面态密度减小(钝化作用),而且还能很好地控制 SiO_2-Si 界面陷阱电荷和 SiO_2 中固定正电荷,这些特点对 MOS 器件和其他器件都是至关重要的。

硅的热氧化法是指硅与氧或水汽等氧化剂,在高温下经化学反应生成 SiO_2。高压氧化也属于热氧化法。硅与氧化剂之间经化学反应生成具有四个 Si-O 键的 Si-O 四面体是热氧化的基本过程。如果硅表面没有 SiO_2 层,则氧或水汽等氧化剂直接与硅反应生成 SiO_2,SiO_2 的生长速率由表面化学反应的快慢所决定。当硅表面上生成(或者原有)一定厚度的

SiO$_2$层,氧化剂必须以扩散方式运动到SiO$_2$-Si界面,再与硅反应生成SiO$_2$[18,19]。因此,随着SiO$_2$厚度的增加,生长速率将逐渐下降。在这种情况下,生长速率将由氧化剂以扩散方式通过SiO$_2$层到达SiO$_2$-Si界面的扩散速度所决定。对于干氧氧化,当厚度超过40Å时;湿氧氧化,厚度超过1000Å时,生长过程将由表面化学反应控制转为扩散控制。

硅热氧化生长的SiO$_2$,SiO$_2$中的硅来源于硅表面,即表面硅经化学反应转变为SiO$_2$中的成分。这样,随着反应的进行,硅表面位置不断向硅内方向移动。因此,硅的热氧化将有一个洁净的SiO$_2$-Si界面,氧化剂中的沾污物则留在SiO$_2$的表面。

我们知道,无定形SiO$_2$的分子密度$C_{SiO_2}=2.2\times 10^{22}/cm^3$,每个SiO$_2$分子中含有一个硅原子。所以SiO$_2$中所含硅原子的密度也为$2.2\times 10^{22}/cm^3$。硅晶体的原子密度$C_{Si}=5.0\times 10^{22}/cm^3$。如果硅片表面原来没有SiO$_2$,那么,生长厚度为$x_o$的SiO$_2$层,由于表面硅转为SiO$_2$中的成分,则硅表面的位置将发生变化,变化后的硅表面位置在原位置下面x处,如图2.7所示。

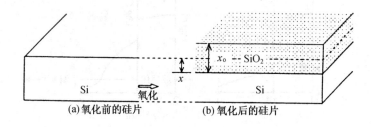

图2.7 SiO$_2$-Si界面位置随热氧化过程移动示意图

厚度为x_o,面积为一平方厘米的体内所含SiO$_2$的分子数为$C_{SiO_2}\cdot x_o$,而这个数值应该与转变到SiO$_2$中的硅原子数$C_{Si}\cdot x$相等,即

$$C_{Si}x = C_{SiO_2}x_o \tag{2.9}$$

氧化前后硅表面位置的变化量x就为

$$x = \frac{C_{SiO_2}}{C_{Si}}x_o \tag{2.10}$$

把C_{SiO_2}和C_{Si}的数值代入,则得

$$x = 0.44x_o \tag{2.11}$$

由上式可知,要生长一个单位厚度的SiO$_2$,就需要消耗0.44个单位厚度的硅层。

根据氧化剂的不同,热氧化可分为干氧氧化,水汽氧化和湿氧氧化。下面分别讲述这些方法的各自特点。

1. 干氧氧化

干氧氧化是指在高温下,氧气与硅反应生成SiO$_2$的过程,反应式为:

$$Si + O_2 \longrightarrow SiO_2 \tag{2.12}$$

氧化温度为900~1200℃,为了防止外部气体的沾污,氧化炉内的气体压力应比一个大气压稍高些,可通过气体流速来控制。

干氧氧化生成的 SiO_2，具有结构致密、干燥、均匀性和重复性好，掩蔽能力强，与光刻胶粘附性好等优点，而且也是一种很理想的钝化层。目前制备高质量 SiO_2 层基本上都是采用这种方法，例如 MOS 晶体管的栅氧化层。干氧氧化的生长速率慢，所以经常同湿氧氧化方法相结合生长 SiO_2。

2. 水汽氧化

水汽氧化指的是在高温下，硅与高纯水的蒸气反应生成 SiO_2 的过程。反应式为

$$Si + 2H_2O \longrightarrow SiO_2 + 2H_2 \uparrow 。 \tag{2.13}$$

由反应式可以看到，每生成一个 SiO_2 分子，需要两个 H_2O 分子，同时产生两个 H_2 分子。产生的 H_2 分子沿 SiO_2-Si 界面或者以扩散方式通过 SiO_2 层散离[20]。

3. 湿氧氧化

湿氧氧化的氧化剂是通过高纯水的氧气，高纯水一般被加热到 95℃ 左右。通过高纯水的氧气携带一定量的水蒸气，所以湿氧氧化的氧化剂既含有氧，又含有水汽。湿氧氧化具有较高的氧化速率，这是因为水比氧在 SiO_2 中有更高的扩散系数和大得多的溶解度。因此，SiO_2 的生长速率介于干氧和水汽氧化之间，具体情况与氧气流量，水汽的含量有着密切关系。水汽含量与水温和氧气流量有关。氧气流量越大，水温越高，则水汽含量就越大。如果水汽含量很少，SiO_2 的生长速率和质量就越接近于干氧氧化的情况，反之，就越接近水汽氧化情况。

另外也可以用惰性气体（如氮气或氩气）携带水汽进行氧化，在这种情况下的氧化完全由水汽与硅反应完成的。另外，也可以采用高温合成技术进行水汽氧化。在这种氧化系统中，氧化剂是由纯氢和纯氧直接反应生成的水汽。这种方法可在很宽的范围内变化水汽的压力，并能减少污染。

在集成电路制造中，根据要求选择干氧氧化、水汽氧化或湿氧氧化。对于制备较厚的 SiO_2 层来说，往往采用的是干氧—湿氧—干氧相结合的氧化方式。这种氧化方式既保证了 SiO_2 表面和 SiO_2-Si 界面的质量，又解决了生长效率的问题。干氧氧化和水汽氧化的氧化层厚度与氧化时间的关系如图 2.8 所示。

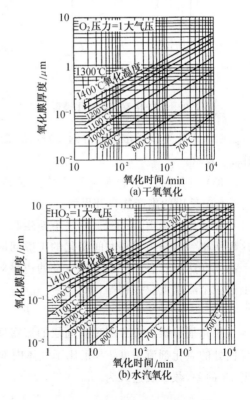

图 2.8 氧化层厚度与氧化时间的关系

2.3.2 热氧化生长动力学

已经知道在热氧化过程中,氧或者水汽等氧化剂穿过 SiO_2 层到达 SiO_2-Si 界面,并与表面 Si 发生化学反应生成 SiO_2。用放射性示踪原子技术或其他方法可以证明这样的氧化过程。下面根据迪尔(Deal)-格罗夫(Grove)的氧化动力学模型,简称 D-G 模型,讨论热氧化的具体过程[21]。迪尔-格罗夫模型对温度在 $700 \sim 1300$℃ 范围内,压力从 2×10^4 Pa 到 1.01×10^5 Pa,氧化层厚度在 $300 \sim 20\,000$Å 之间的氧气氧化和水汽氧化都是适用的。

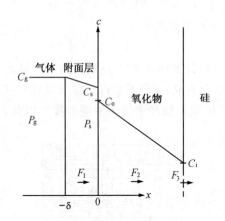

图 2.9 迪尔-格罗夫热氧化模型

图 2.9 示意地给出了在热氧化过程中,附面层内、气体-SiO_2 界面处,SiO_2 表面处以及 SiO_2-Si 界面处氧化剂的浓度以及相对应的压力。在 SiO_2 表面附近存在一个气体的附面层或滞流层(附面层的形成机理将在第六章讲述),附面层的厚度与气体流速、气体成分、温度以及 SiO_2 表面等情况有关。

热氧化过程的完成,必须经历以下几个连续步骤:

(1) 氧化剂从气体内部以扩散方式穿过附面层运动到气体-SiO_2 界面处,其流密度用 F_1 表示。流密度定义为单位时间通过单位面积的氧化剂分子数。

(2) 氧化剂以扩散方式穿过 SiO_2 层(忽略漂移的影响),到达 SiO_2-Si 界面处,其流密度用 F_2 表示。

(3) 氧化剂在 Si 表面与 Si 反应生成 SiO_2,流密度用 F_3 表示。

(4) 反应的副产物离开界面。

在氧化过程中,由于 SiO_2 层不断生长,所以 SiO_2-Si 界面也就不断向 Si 内移动,因此,这里所碰到的是边界随时间变化的扩散问题。可以采用准静态近似,即假定所有反应实际上都立即达到稳态条件,这样,变动的边界对扩散过程的影响可以忽略。在准静态近似下,上述三个流密度应该相等,则有

$$F_1 = F_2 = F_3 \tag{2.14}$$

氧化剂以扩散方式穿过附面层的流密度取线性近似,即气体通过附面层到达气体-SiO_2 界面处的氧化剂流密度 F_1,正比于气体内部氧化剂浓度 C_g 与气体-SiO_2 界面处的氧化剂浓度 C_s 的差,数学表达式为

$$F_1 = h_g(C_g - C_s) \tag{2.15}$$

其中 h_g 是气相质量输运(转移)系数。

假定在所讨论的热氧化过程中,亨利定律是成立的:即认为在平衡条件下,固体中某种

物质的浓度正比于该物质在固体周围气体中的分压[22]。于是 SiO_2 表面处的氧化剂浓度 C_0 正比于气体-SiO_2 界面处的氧化剂的分压 p_s,则有

$$C_0 = Hp_s \tag{2.16}$$

H 为亨利定律常数。在平衡情况下,SiO_2 中氧化剂的浓度 C^* 应与气体内部的氧化剂分压 p_g 成正比,即有

$$C^* = Hp_g \tag{2.17}$$

由理想气体定律可以得到

$$C_g = \frac{p_g}{kT} \tag{2.18}$$

$$C_s = \frac{p_s}{kT} \tag{2.19}$$

把式(2.16)~(2.19)代入式(2.15)中,则得

$$F_1 = h(C^* - C_0) \tag{2.20}$$

$$h = \frac{h_g}{HkT} \tag{2.21}$$

其中 h 是用固体中氧化剂的浓度表示的气相质量输运(转移)系数,而式(2.20)是用固体中氧化剂的浓度表示的附面层中的流密度。

通过 SiO_2 层的流密度 F_2,就是扩散流密度,数学表达式为

$$F_2 = D_{SiO_2} \frac{C_0 - C_i}{x_o} \tag{2.22}$$

D_{SiO_2} 为氧化剂在 SiO_2 中的扩散系数,C_0 和 C_i 分别表示 SiO_2 表面处和 SiO_2-Si 界面处的氧化剂浓度,x_o 为 SiO_2 的厚度。

如果假设氧化剂与 Si 反应生成 SiO_2 的速率正比于 SiO_2-Si 界面处氧化剂的浓度 C_i,于是有

$$F_3 = k_s C_i \tag{2.23}$$

k_s 为氧化剂与 Si 反应的化学反应常数。

根据稳态条件 $F_1 = F_2 = F_3$,再经过一定的数学运算,可得到 C_i 和 C_0 的具体表达式

$$C_i = \frac{C^*}{1 + k_s/h + k_s x_o/D_{SiO_2}} \tag{2.24}$$

$$C_o = \frac{(1 + k_s x_o/D_{SiO_2})C^*}{1 + k_s/h + k_s x_o/D_{SiO_2}} \tag{2.25}$$

由上面两式可以看到,硅的热氧化过程存在两种极限情况。第一种极限情况是当氧化剂在 SiO_2 中的扩散系数 D_{SiO_2} 很小时($D_{SiO_2} \ll k_s x_o$),则得 $C_i \to 0$,$C_0 \to C^*$。在这种极限情况下,氧化剂以扩散方式通过 SiO_2 层运动到 SiO_2-Si 界面处的数量极少,以至于到达界面处的氧化剂与 Si 立即发生反应生成 SiO_2,在界面处没有氧化剂的堆积,浓度趋于零。因扩散速度太慢,大量氧化剂堆积在 SiO_2 的表面处,浓度趋于与气体内部的氧化剂分压 p_g 相平衡时

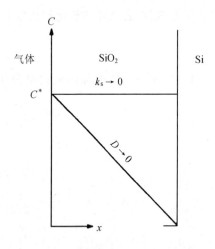

图 2.10 热氧化过程中两种极限情况下 SiO_2 中氧化剂浓度的分布情况

的浓度 C^*。由此可知,在这种情况下,SiO_2 的生长速率主要由氧化剂在 SiO_2 中的扩散速度所决定,称这种极限情况为扩散速率控制。

第二种极限情况,如果扩散系数 D_{SiO_2} 很大,则 $C_i = C_0 = C^*(1 + k_s/h)$。在这种情况下,进入 SiO_2 中的氧化剂快速扩散到 SiO_2-Si 界面处。相比之下,在界面处氧化剂与 Si 反应生成 SiO_2 的速率很慢,结果造成氧化剂在 SiO_2-Si 界面处堆积,并趋向于 SiO_2 表面处的浓度。因此,SiO_2 生长速率由氧化剂与表面 Si 进行化学反应速度所控制,称这种极限情况为表面化学反应速率控制。

在上述两种极限情况下,SiO_2 中的氧化剂浓度分布如图 2.10 所示。这里要指出的是,在上面的讨论中,假设了 $h \gg k_s$,后面将讨论这种假设是与实际情况相符合的。

2.3.3 热氧化 SiO_2 生长速率

下面计算 SiO_2 的生长速率。氧化剂与 Si 反应生成 SiO_2,每生长一个单位体积的 SiO_2 所需氧化剂的分子个数用 N_1 表示。每立方厘米 SiO_2 的分子数为 2.2×10^{22} 个,每生成一个 SiO_2 分子需要一个氧分子,或者两个水分子。这样,对氧气氧化来说,N_1 为 $2.2 \times 10^{22}/cm^3$,对水汽氧化来说,N_1 为 $4.4 \times 10^{22}/cm^3$。

随着 SiO_2 的不断生长,靠近 Si-SiO_2 界面处的 Si 也就不断转化为 SiO_2 中的成分,流密度定义为单位时间通过单位面积的氧化剂分子数,因此,Si 表面处的流密度 F_3 也可表示为

$$F_3 = N_1 \frac{dx_o}{dt} \tag{2.26}$$

把(2.24)式代入到(2.23)式中,并与上式联立,则得到 SiO_2 层的生长厚度与生长时间的微分方程

$$N_1 \frac{dx_o}{dt} = F_3 = \frac{k_s C^*}{1 + k_s/h + k_s x_o/D_{SiO_2}} \tag{2.27}$$

这个微分方程的初始条件是 $x_o(0) = x_i$,x_i 代表氧化前硅片上原有的 SiO_2 厚度,这样的初始条件适合两次或多次连续氧化的实际情况。微分方程(2.27)的解给出了 SiO_2 的生长厚度与生长时间的普遍关系式

$$x_o^2 + A x_o = B(t + \tau) \tag{2.28}$$

其中

$$A \equiv 2 D_{SiO_2} (1/k_s + 1/h) \tag{2.29}$$

$$B \equiv 2D_{SiO_2}C^*/N_1 \tag{2.30}$$

$$\tau \equiv (x_i^2 + Ax_i)/B \tag{2.31}$$

A 和 B 都是速率常数。方程(2.28)的解为

$$x_o = \frac{A}{2}\left(\sqrt{1+\frac{t+\tau}{A^2/4B}}-1\right) \tag{2.32}$$

在氧化过程中,首先是氧化剂由气体内部通过附面层扩散到气体-SiO_2 界面处,因为氧化剂在气相中的扩散速度要比在固相中大得多,所以扩散到气体-SiO_2 界面处的氧化剂是充足的,也就是说 SiO_2 的生长速率不会受到氧化剂在气相中输运(转移)速度的影响。因此,SiO_2 生长的快慢,将由氧化剂在 SiO_2 中的扩散速度以及氧化剂在 SiO_2-Si 界面处与 Si 反应生成 SiO_2 速度中较慢的一个因素所决定,即存在上面讲到的扩散控制和表面化学反应控制两种极限情况。

从 SiO_2 生长厚度与生长时间的普遍关系式(2.32)中也可以得到上述两种极限情况。当氧化时间很长,即 $t \gg \tau$ 和 $t \gg A^2/4B$ 时,也就是 SiO_2 很厚时,则 SiO_2 的生长厚度与生长时间的关系可简化为

$$x_o^2 = B(t+\tau) \tag{2.33}$$

这种情况下的氧化规律称抛物型规律,B 为抛物型速率常数。由(2.30)式可以看到,B 与 D_{SiO_2} 成正比,所以 SiO_2 的生长速率主要由氧化剂在 SiO_2 中的扩散快慢所决定,即为扩散控制。

当氧化时间很短,即 $(t+\tau) \ll A^2/4B$,则 SiO_2 的生长厚度与生长时间的关系可简化为

$$x_o = \frac{B}{A}(t+\tau) \tag{2.34}$$

这种极限情况下的氧化规律称线性规律,B/A 为线性速率常数,具体表达式为

$$\frac{B}{A} = \frac{k_s h}{k_s + h} \cdot \frac{C^*}{N_1} \tag{2.35}$$

对于绝大多数的氧化情况,气相质量输运(转移)系数 h 大约是化学反应常数 k_s 的 10^3 倍,因此,在氧化规律为线性时,SiO_2 的生长速率主要由表面化学反应速率常数 k_s 决定,即表面化学反应控制。另外,对于上面所讨论的两种情况,氧化层的生长速率对氧化剂在 SiO_2 中的溶解度(正比于氧化剂的分压)也是十分敏感的。

2.4 决定氧化速率常数和影响氧化速率的各种因素

2.4.1 决定氧化速率常数的各种因素

迪尔-格罗夫通过一个简单模型从理论上推导出硅热氧化的一般规律,同时又在各种不同条件下,做了大量实验工作与理论模型进行比较。他们的实验工作包括干氧氧化、水汽氧化和湿氧氧化。氧化温度在 700~1200℃ 之间,控制精度为 ±1℃。氧化层的厚度是用多光束干涉法测量的。湿氧氧化时,是让氧气冒泡通过温度为 95℃ 的高纯水,得到的水汽压力

为 8.5×10^4 Pa。

由理论模型推导出的热氧化规律和大量实验结果,以及氧化层生长的两种极限情况示于图 2.11 中。由图可以看到,在很宽广的范围内,由简单模型得到的结果与实验结果符合得很好[21]。下面讨论决定氧化速率常数的各种因素。

1. 氧化剂分压

因为 $C^* = Hp_g$,而 $B = 2D_{SiO_2}C^*/N_1$,所以气体中的氧化剂分压 p_g 是通过 C^* 对 B 产生影响,即 B 也与 p_g 成正比关系。A 与氧化剂分压无关,因此 B/A 与 p_g 的关系就由 B 决定,也是线性关系。温度在 1000~1200℃ 范围内,压力在 0.1~1 个大气压之间的水汽氧化和干氧氧化时,B 和 A 与氧化剂分压 p_g 的关系如图 2.12 所示[22]。由图可以看到,B 随氧化剂压力线性变化关系是正确的。也正因为 B 是与 p_g 成正比,那么在一定氧化条件下,通过改变氧化剂分压可达到改变 SiO_2 生长速率的目的,由此而出现了高压氧化和低压氧化技术。

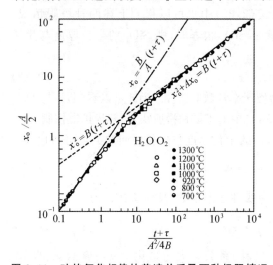 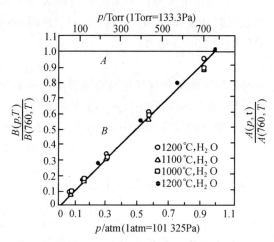

图 2.11 硅热氧化规律的普遍关系及两种极限情况   图 2.12 A 和 B 与氧化剂压力之间的关系

2. 氧化温度

图 2.13 给出的是抛物型速率常数 B 与温度之间函数关系的实验结果。温度对抛物型速率常数 B 的影响是通过氧化剂在 SiO_2 中扩散系数 D_{SiO_2} 产生的。由 $B \equiv 2D_{SiO_2}C^*/N_1$ 可知,B 与温度之间也是指数关系。从图 2.13 可以看到,干氧氧化时,B 的激活能是 1.24 eV,这个值很接近氧在熔融硅石(类似于热氧化二氧化硅的结构)中的扩散系数的激活能 1.17 eV[23]。湿氧氧化激活能为 0.71 eV,这个值同水汽在熔融硅石中的扩散系数的激活能 0.80 eV 基本一致。

线性速率常数 B/A 与温度的关系如图 2.14 所示,对于干氧氧化和湿氧氧化都是指数关系,激活能分别为 2.00 eV 和 1.96 eV,其值接近 Si-Si 键断裂所需要的 1.83 eV 的能量值,说明决定线性速率常数 B/A 的主要因素是化学反应常数 k_s。k_s 与温度的关系为

$$k_s = k_{so}\exp(-E_a/kT) \tag{2.36}$$

其中 k_{so} 为实验常数,它与硅的可用键密度成正比,E_a 为化学反应激活能。

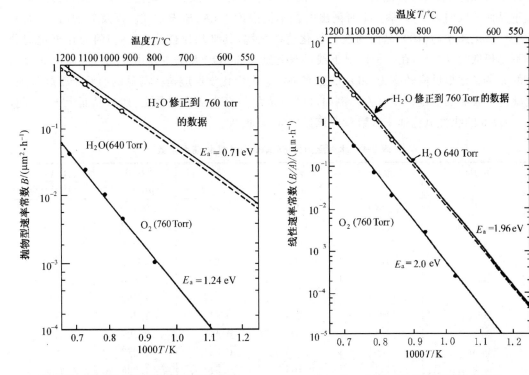

图 2.13 温度对抛物型速率常数的影响 　　　图 2.14 温度对线性速率常数的影响

虽然 B/A 与 k_s 和 h 均有关系,但在一个大气压下,气相质量输运(转移)系数 h 是非常大的,它对氧化速率不起主要作用。由方程(2.35)也可以看出,是 k_s 和 h 中较小的一个决定 B/A 的大小,因 k_s 小于 h,所以就由它决定 B/A 的值,即由表面化学反应的快慢决定氧化速率,并与温度呈指数关系,激活能约为两个电子伏,与氧化剂无关。只有当氧化剂在气相中的压力低于 13.3 Pa 时,氧化速率才由气相质量转移系数 h 控制。

2.4.2 影响氧化速率的其他因素

下面主要讨论迪尔-格罗夫氧化模型无法考虑到的影响氧化速率的其他因素,例如,硅表面取向、硅中所含杂质等因素对氧化速率的影响。

1. 硅表面晶向对氧化速率的影响

在集成电路制造中虽然绝大多数都是选用(100)晶面的硅片作为基片,但是,讨论其他晶面也是非常重要的。因为其他晶面的氧化也经常在工艺中遇到,例如,沟槽的侧墙通常就不是(100)晶面,所以应该清楚不同晶面的氧化特点。

实验发现抛物型氧化速率常数 B 与硅衬底晶向无关。这是因为在氧化剂压力一定的条件下,B 的大小只与氧化剂在 SiO_2 中的扩散速度有关,但线性氧化速率常数则强烈地依赖于晶面的取向[24~27]。表 2-1 所列出的是不同温度下,A、B、B/A 值,以及硅的(111)晶面的线性氧化速率与(100)晶面的线性氧化速率之比,其平均比值为 1.68。因为在氧化剂分压不是很低时,$h \gg k_s$,在这种情况下线性氧化速率常数的大小主要由 k_s 决定,即由硅表面处的原子经化学反应转变为 SiO_2 的速率决定。表面化学反应速率与硅的面原子密度有关,也就是与表面的价键密度有关。例如,(111)晶面上的硅原子密度比(100)晶面上大,因此,(111)晶面的线性氧化速率常数就应该比(100)晶面大。

表 2-1 水汽压力为 85 KPa 时的氧化速率常数

氧化温度 /℃	晶向	A /μm	B /($\mu m^2 \cdot h^{-1}$)	B/A /($\mu m \cdot h^{-1}$)	$\dfrac{(B/A)_{(111)}}{(B/A)_{(100)}}$
900	(100)	0.95	0.143	0.150	
	(111)	0.60	0.151	0.252	1.68
950	(100)	0.74	0.231	0.311	
	(111)	0.44	0.231	0.525	1.68
1000	(100)	0.48	0.314	0.664	
	(111)	0.27	0.314	1.163	1.75
1050	(100)	0.295	0.413	1.400	
	(111)	0.18	0.415	2.307	1.65
1100	(100)	0.175	0.521	2.977	
	(111)	0.105	0.517	4.926	1.65

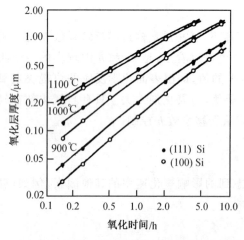

图 2.15 硅在 640 Torr 的水汽氧化时氧化层厚度与氧化时间的关系

图 2.15 给出的是压力为 640 Torr 的水汽氧化时、硅的(111)和(100)两个晶面的氧化层生长厚度与氧化时间的关系。由图可以看到,当氧化温度升高时,晶面取向对线性氧化速率的影响在减小,甚至完全消失。这是因为随着温度的升高,表面化学反应速度也随之加快,当温度高到一定时,因表面化学反应速度非常快,氧化速率受到抛物型氧化速率常数控制。也就是说扩散到硅表面的氧化剂数量低于任何晶面在该温度下进行化学反应所需要的氧化剂数量,即使是氧化时间很短、SiO_2 层很薄时也是如此。由图还可以看到,如果氧化时间很长,也就是

说当氧化层很厚时,氧化速率受抛物型氧化速率常数控制,在这种情况下,氧化剂通过 SiO_2 层扩散到硅表面的数量,低于任何晶面在该温度下进行化学反应所需要的氧化剂数量,因此,晶面取向对线性氧化速率的影响也就根本不起作用。

不同晶面的线性氧化速率不同,是因为不同晶面的键密度不同所引起的,硅(111)晶面的键密度为 $1.568\times10^{15}/cm^2$,(100)晶面的键密度为 $1.355\times10^{15}/cm^2$,其比值为 1.157,而两个晶面的线性氧化速率的平均比值为 1.68,由此可知线性氧化速率又不是简单地与硅表面的 Si-Si 键密度成正比,即不是简单地与硅的面原子密度成正比。

在 SiO_2-Si 的界面上,任何时刻并不是处于任何位置的所有硅原子对氧化反应来说都是等效的,由于 Si-Si 键具有一定方向性,因此反应的有效位置是与价键相对于表面的角度有关,倾角越小,就越容易发生反应生成 SiO_2。还应考虑到,下一层晶面中的 Si 原子部分地被上层晶面相邻的 Si 原子所屏蔽。另外,水分子与硅原子相比是很大的,当水分子与某些角度的 Si-Si 键反应时,就可能挡住邻近的 Si-Si 键同其他水分子反应。上述和其他一些几何效应被称为位阻现象,位阻现象使氧化激活能增大。

2. 杂质对氧化速率的影响

线性和抛物型氧化速率常数对存在于氧化剂中或者存在于硅衬底中的杂质、水汽、钠、氯、氯化物等物质都是非常敏感的。

硼、磷 掺有高浓度杂质的硅,其氧化速率明显变大,但是,杂质类型及分凝系数不同(分凝系数在下节讲述),对氧化速率影响的机制并不相同。在热氧化过程中,原存在硅中的杂质将在 Si-SiO_2 界面两边重新分布。对于在 SiO_2 中慢扩散(扩散系数很小)、而且分凝系数小于 1 的硼,在分凝过程中将有大量的硼从硅进入 SiO_2 中,硼又是慢扩散的杂质,通过 SiO_2 表面跑到气体中的数量很少,所以大量的硼存在 SiO_2 中。其后果是使 SiO_2 中非桥键氧的数目增加,从而降低了 SiO_2 的结构强度,氧化剂不但容易进入 SiO_2 中、而且在 SiO_2 中的扩散能力也会增强,因此,抛物型速率常数明显增大,但对线性速率常数没有明显的影响。图 2.16 给出的是硼浓度和温度不同时硅的湿氧氧化曲线,我们可以看到,在硼的浓度 $C_B >1\times10^{20}/cm^3$ 时,对于任何温度,氧化速率都增大[28]。这种行为与 SiO_2 中硼的增加有关。

对于那些分凝系数虽然也小于 1,但在 SiO_2 中是快扩散(扩散系数很大)的杂质,对氧化速率的影响与轻掺杂情况相似。这是因为大量的杂质通过 SiO_2 表面跑到气体中去,对硅氧键的结合强度影响不大。

对于重掺磷的硅也可以观察到氧化速率增大现象,但其机制与硼不同。当掺磷的硅被氧化时,因为磷的分凝系数大于 1,所以在分凝过程中,只有少量的磷被分凝到 SiO_2 中,因而抛物型速率常数只表现出适度的增加,这是因为分凝进入 SiO_2 中的磷量很少,氧化剂在 SiO_2 中的扩散能力增加不大。大部分磷因分凝而集中在靠近 Si-SiO_2 界面处的硅中,结果使线性氧化速率常数明显变大。

图 2.17 给出的是磷浓度和温度不同时硅的湿氧氧化曲线[2]。由图可以看到,低温时氧化速率的增加非常明显,而随着温度的升高,氧化速率的增加逐渐消失。出现这种现象是因

为线性氧化速率常数主要是在低温和起始氧化时起主导作用。

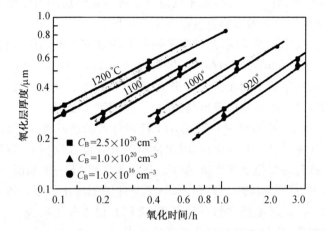

图 2.16 硼浓度不同时硅的湿氧(水温 95℃)氧化厚度与温度和浓度的关系

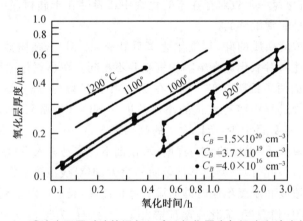

图 2.17 磷浓度不同时硅的湿氧(95℃)氧化厚度与温度和浓度的关系

图 2.18 给出的是抛物型和线性速率常数与磷浓度的关系[29]。由图可以看到,当磷的浓度很高时($>10^{20}$ cm^{-3}),B/A 常数迅速增加,而 B 只表现出适度的增加,人们提出了一个模型解释这个行为。这个模型是建立在表面高浓度磷会使费米能级移动,从而使硅表面空位浓度增加[30]。空位浓度的增加为氧化剂与硅的反应提供额外的位置,从而增加了反应速率。但目前对于掺杂高浓度磷的硅,其氧化过程中所形成的缺陷是空位还是间隙仍有争论。在氧化过程中,在氧化条件相同的情况下,对同一个硅片来说,重掺杂区域,其氧化层厚度可能比轻掺杂区域厚得多。在设计时,必须要考虑因掺杂浓度不同而使氧化层厚度不同对刻蚀工艺的影响。

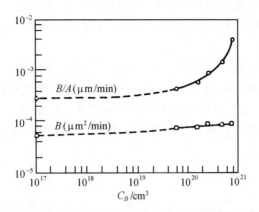

图 2.18 900℃干氧氧化速率常数与磷浓度的关系

水汽 实验发现,在干氧氧化的气氛中,只要存在极少量的水汽,就会对氧化速率产生明显的影响[31,32]。对于硅的(100)晶面,在 800℃的温度下进行干氧氧化时,当干氧氧化剂的气氛中水汽含量小于 1 ppm 时,氧化 700 分钟,氧化层厚度为 300Å。在同样条件下,水汽含量为 25 ppm 时,氧化层厚度为 370Å。在上述实验中,为了准确控制水汽含量,氧气源是液态的。为了防止高温下水汽通过石英管壁进入氧化炉内,氧化石英管是双层的,并在两层中间通有高纯氮或氩,这样可以把通过外层石英管进入到夹层中的水汽及时排除。

对于干氧氧化来说,水汽应该被看做是此工艺过程中的杂质,而且会增加 SiO_2 中的陷阱密度。尽管如此,在实际中要想排除所有水气是非常困难的。氧化过程中的水汽来源主要是:① 硅片吸附的水;② 氧气中含有的水;③ 碳氢化合物中的氢元素与氧发生反应生成的水;④ 从外界扩散到氧化炉中的水汽;⑤ 在含氯氧化时氢与氧发生反应生成的水。

钠 实验发现,当氧化层中如果含有高浓度钠,则线性和抛物型氧化速率都明显变大。这是因为钠往往以氧化物形式进入 SiO_2 网络中,网络中氧的数量增加,一些 Si-O-Si 键受到破坏,非桥键氧数目增多[31]。这样,氧化剂不但容易进入 SiO_2 中,而且在 SiO_2 中的浓度和扩散能力都会增大。含有大约 $10^{20} cm^{-3}$ 钠的 SiO_2 中,在 900~1200℃的温度范围内氧化,实验发现线性氧化速率和抛物型氧化速率均增大一倍或更高。在上述实验中,为了排除水汽对氧化速率的影响,水汽含量控制在 0.1 ppm 以下。

氯 在集成电路制造中,为了改善 SiO_2 和 $Si-SiO_2$ 界面性质,在氧化的全过程或者在部分氧化工艺中,在氧化剂的气氛中加入一定数量的氯[32]。在氧化气氛中加入氯可以使 SiO_2 的特性得到明显改善,主要包括:① 钝化可动离子,尤其是钠离子;② 增加硅中少数载流子的寿命;③ 减少 SiO_2 中的缺陷,可提高氧化层的抗击穿能力;④ 降低界面态密度和表面固定电荷密度;⑤ 减少硅中由于氧化导致的堆积层错。

在 SiO_2 的生长过程中氯可与硅中的金属杂质反应,生成易挥发的金属氯化物而被排除,这对提高 SiO_2 质量是很重要的。我们知道沾了钠,对器件的稳定性会产生不良的影响。

而过渡金属（如铁）会降低栅氧化层的附着力，也会降低少数载流子的寿命。但应该指出的是，在氧化气氛中不加入氯，只要注意清洗工艺和选择理想的器具，也可以获得质量很高的栅氧化层。

在栅氧化过程中可以选择掺氯工艺，也可选择不加氯的工艺[33]。但采用掺氯工艺在保证和提高氧化质量方面是有好处的，所以大部分氧化炉都具有在氧化过程中加氯的功能，即便在氧化过程中不加氯，需要时也可用来对氧化炉管进行氯处理。但是，直接将氯气引入氧化炉管中并不是一个理想的掺氯方法。实验发现在干氧氧化的气氛中加氯，氧化速率常数明显变大，如图 2.19 所示。

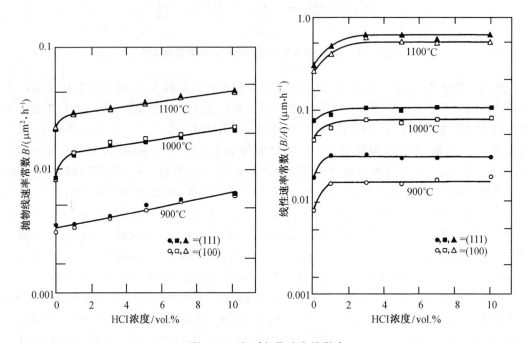

图 2.19 氯对氧化速率的影响

在氧化气氛中加入氯的方法很多，历史上最早的方法是直接使用氯气，但是由于氯容易对容器或者不锈钢管道造成腐蚀，在实际应用中存在许多严重的问题，而且若氧化炉管有很小的裂缝将导致氯气泄漏，很可能对周围一些昂贵的工艺设备造成损坏。实际上 HCl 却是一直被人们使用的氯源。但氯化氢与单质氯不同，因氯化氢含氢，在氧化过程中与氧反应生成水和氯气。在干氧氧化的气氛中含有 HCl 时，则发生如下的可逆化学反应

$$4HCl + O_2 \longleftrightarrow 2H_2O + 2Cl_2, \quad (2.37)$$

反应生成的水汽加快了氧化速率[34]。在上述加氯的氧化工艺中，一定要提供足够的氧气，否则硅片表面可能会被未完全反应的氯化氢腐蚀，若硅表面变得不平整，可能会降低栅氧化层的质量。与氯气一样，氯化氢在有水蒸气存在的情况下，可以与不锈钢管道发生反应，污

染硅的表面。另外,有时也用三氯乙烯(TCE)和三氯乙烷(TCA)作为氯源,它们的腐蚀性比 HCl 小。但使用这两种物质作为氯源,必须采取严格的安全预防措施,因为 TCE 可能致癌,TCA 在高温下能够形成光气($COCl_2$),这是一种高毒物质。

2.5 热氧化过程中的杂质再分布

掺有杂质的硅在热氧化过程中,靠近 Si-SiO_2 界面处的硅中杂质,将在界面两边的 Si 和 SiO_2 中发生再分布。决定杂质再分布的主要因素有以下几方面:① 杂质的分凝现象;② 杂质通过 SiO_2 表面逸散;③ 氧化速率的快慢;④ 杂质在 SiO_2 中的扩散速度。杂质的再分布也是工艺中所关心的一个重要问题。

2.5.1 杂质的再分布

任何一种杂质在不同相中的溶解度是不相同的。硅在热氧化过程中,Si-SiO_2 界面随着热氧化的进行不断向硅内推进,原存在硅中的杂质将在界面两边发生再分布,直至达到在界面两边的化学势相同,这种现象称为分凝现象,平衡时的比例常数称为分凝系数。掺有杂质的硅在热氧化过程中,杂质在 Si-SiO_2 界面两边平衡时的浓度之比定义为分凝系数 m

$$m = \frac{杂质在硅中的平衡浓度}{杂质在二氧化硅中的平衡浓度}$$

不同杂质在 Si-SiO_2 系统中的分凝系数是不相同的。磷、砷、锑等杂质的分凝系数为 10 左右,镓大约为 20。镓在 SiO_2 中的扩散速度非常快,使分布情况变得更为复杂。

硼在 Si-SiO_2 系统中的分凝系数随温度上升而增大,而且还与 Si 的晶面取向有关,(100)晶面的分凝系数在 0.1~1 之间,在特殊情况下也可能大于 1。少量的水汽可能对硼的分凝系数产生很大的影响,所以要严格控制氧化条件。当含有 20 ppm 水汽时,干氧氧化的分凝系数接近湿氧值。如果对干氧气氛没有特殊的干燥措施,这种情况下的分凝系数几乎和湿氧氧化一样。图 2.20 给出的是氧化方法不同时,硼的分凝系数[35~37]。图中的"接近干氧"是指没有经过特殊除水处理的干氧氧化。

由分凝系数 m 的定义可知,对于 $m<1$ 的杂质,经热氧化之后,杂质在靠近 Si-SiO_2 界面处的 SiO_2 中的浓度高于靠近界面处硅中的浓度。对于 $m>1$ 的杂质,经热氧化之后,靠近界面处的硅中杂质浓度将高于靠近界面处 SiO_2 中的浓度。对上述的每一种情况,按杂质在 SiO_2 中快扩散和慢扩散又可分为两种类型。如果假设氧化前硅中原有杂质的分布是均匀的,而且氧化气氛中又不含有任何杂质,则再分布有四种可能,如图 2.21 所示[38]。

(1) $m<1$,在 SiO_2 中是慢扩散的杂质。也就是说在分凝过程中杂质通过 SiO_2 表面损失的很少,硼就是属于这种类型。再分布之后靠近界面处的 SiO_2 中,杂质浓度比靠近界面处 Si 中的杂质浓度高,Si 表面附近的浓度下降,如图 2.21(a)所示。

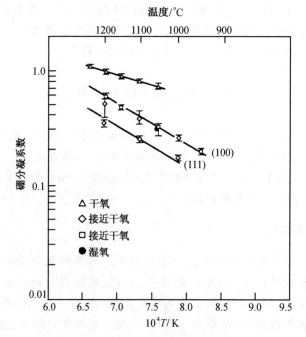

图 2.20 氧化方法不同时硼在硅中的分凝系数与温度的关系

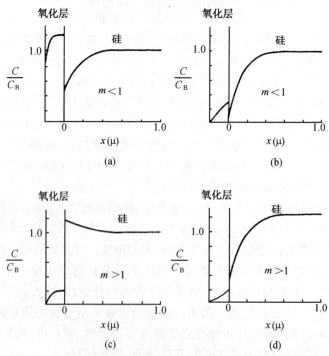

图 2.21 热氧化过程中 Si 中杂质在 Si-SiO$_2$ 系统中的分凝现象

(2) $m<1$，在 SiO_2 中是快扩散的杂质。因分凝导致 Si 中大量杂质进入 SiO_2 中，但大量杂质又通过 SiO_2 表面跑到气体中，杂质损失非常厉害，使 SiO_2 中的实际杂质浓度很低，但又要保证 Si-SiO_2 界面两边的杂质浓度比小于1，Si 表面的杂质浓度就几乎降到零，如图 2.21(b)所示，在 H_2 气氛中的硼就属于这种情况。

(3) $m>1$，在 SiO_2 中慢扩散的杂质。随 Si 氧化进入 SiO_2 中的杂质，在 SiO_2 中是慢扩散，通过 SiO_2 表面损失很少，这样，因分凝导致 SiO_2 中的部分杂质又会回到 Si 中，再分布之后 Si 表面附近的杂质浓度升高，如图 2.21(c)所示，磷就属于这种杂质。

(4) $m>1$，在 SiO_2 中快扩散的杂质。在这种情况下，虽然分凝系数大于1，但因分凝进入 SiO_2 中的大量杂质通过 SiO_2 表面进入气体中而损失，Si 中杂质只能不断地进入 SiO_2 中，才能保持 Si-SiO_2 界面两边杂质浓度比等于分凝系数，最终使 Si 表面附近的杂质浓度比体内还要低，如图图 2.21(d)所示，镓就是属于这种类型的杂质。

(5) $m=1$，并假设没有杂质从 SiO_2 表面逸散的情况，热氧化过程也会使 Si 表面杂质浓度降低。这是因为一个体积的 Si 经过热氧化之后转变为两个多体积的 SiO_2，因此，要使界面两边具有相等的杂质浓度($m=1$)，那么杂质必定要从高浓度 Si 中向低浓度 SiO_2 中扩散，也就是说，Si 中要消耗一定数量的杂质，以补偿因 SiO_2 体积增加所需要的杂质。

2.5.2 再分布对硅表面杂质浓度的影响

Si-SiO_2 界面两侧的杂质浓度之比与氧化时间无关，这是因为氧化层的生长速率和杂质的扩散速率均与时间的平方根成正比。再分布后，Si 表面附近的杂质浓度只与：① 杂质的分凝系数；② 杂质在 SiO_2 中的扩散系数与在 Si 中扩散系数之比；③ 氧化速率与杂质的扩散速率之比三个因素有关。前两个因素对再分布的影响已经在图 2.21 中说明了。这里主要讨论氧化速率与扩散速率之比对再分布的影响。图 2.22 给出的是均匀掺磷的 Si 片，经无掺杂的干氧和水汽氧化后，Si 表面杂质浓度 C_S 与 Si 内浓度 C_B 之比随氧化温度变化关系的计算结果，磷的分凝系数按 10 计算。由图可以看到，在相同温度下，快速的水汽氧化比慢速的干氧氧化所引起的 Si 表面杂质浓度增加的更大，也就是说，快速的水汽氧化比慢速的干氧氧化所引起的再分布程度更明显，即水汽氧化的 C_S/C_B 值比干氧氧化大。这是因为氧化速率越快，在相同时间内加入分凝的杂质数量就越多，磷在 SiO_2 中又是慢扩散杂质，损失很少，所以快速的水汽氧化导致磷在 Si 表面的浓度增加比慢速的干氧氧更为明显。同时还可以看到，在同一氧化气氛中，随氧化温度的升高，C_S/C_B 值下降，表面浓度 C_S 趋于 C_B，这是因为温度越高，磷向 Si 内扩散的速度就越快，因而减小了磷在 Si 表面的堆积。

图 2.23 给出的是均匀掺硼的硅片，经无掺杂干氧和水汽氧化之后，硅表面浓度 C_S 与硅内浓度 C_B 之比随氧化温度变化关系的计算结果，其中硼的分凝系数按 0.3 计算。由图可以看到，在相同温度下，快速的水汽氧化所引起的再分布程度高于干氧氧化，即水汽氧化的 C_S/C_B 值小于干氧氧化。同样也可以看到，不论是水汽氧化，还是干氧氧化，C_S/C_B 值都随温度的升高而增大，这是因为当温度升高时，硼由 Si 内向 Si 表面的扩散速度增加，从而加

快了对硅表面杂质损失的补偿。

另外,再分布也使由硅表面到硅内一定范围内的杂质分布受到影响,受影响的程度和深度与被扰动的范围有关。被扰动范围的大小近似地等于杂质扩散长度 $2\sqrt{Dt}$。图 2.24 给出的是由计算得到的、在不同温度下氧化后硅中硼的分布曲线。每次氧化厚度均控制在 $0.2\ \mu m$。

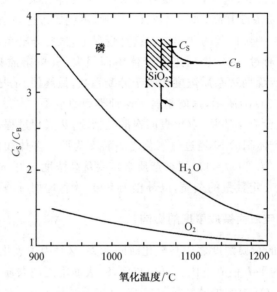

图 2.22 硅表面与硅内磷浓度之比与氧化温度的关系

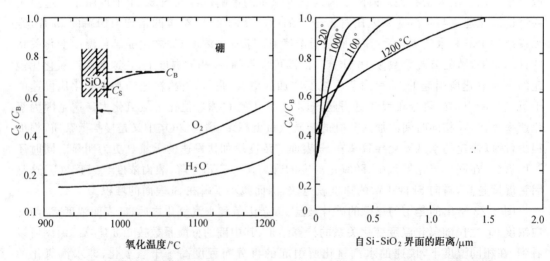

图 2.23 硅表面与硅内硼浓度之比与氧化温度的关系

图 2.24 计算得到的不同氧化温度氧化后硅中硼的浓度曲线

上面讨论的是均匀掺杂的硅片经热氧化后的杂质再分布情形,而实际情况并不是均匀掺杂,因此再分布之后的情况变得更加复杂。

2.6 初始氧化及薄氧化层的制备

2.6.1 快速初始氧化阶段

目前在 ULSI 工艺中,栅氧化层厚度通常小于 30 nm,而迪尔-格罗夫模型给出的对于厚度小于 30 nm 的干氧氧化规律是不准确的。D-G 模型对于干氧氧化的氧化速率估计偏低,却能精确地预计水汽氧化的生长速率。在 700℃ 的温度下进行干氧氧化时,x_0 与 t 之间的实验结果示于图 2.25 中[39]。由图可以看到,开始是一个快速氧化阶段,之后才是线性生长区。由线性部分外推到 $t=0$ 时所对应的氧化层厚度为 230 ± 30Å,而且这个值对于氧化温度在 700~1200℃ 的范围是不随温度变化的。因而对干氧氧化,必须对(2.28)式假设一个 $x_i=230$Å 的初始条件,才能使由模型计算的结果与实验一致。相应的 τ 值也可以估算出来,利用 x_0 与 t 之间的关系曲线,由线性部分外推,通过 $x_0=230$Å 处到 $t<0$ 的轴上,所对应的截距就等于 τ 值。利用这种外推法估算的 τ 值,在氧化温度较低时是准确的。

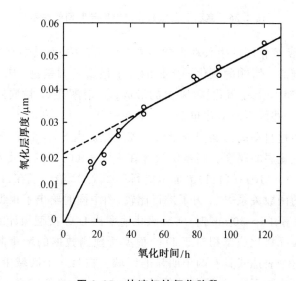

图 2.25 快速初始氧化阶段

虽然经过几十年的研究,初始氧化阶段的氧化机制仍然是一个存在争论的问题。幸运的是,对起始快速氧化,已经总结出了经验公式,并提出了修正项。尽管对其机制不是很清楚,当把这些修正项加到 D-G 模型上,对氧化层厚度的估算与实验结果符合的很好。

我们知道,刚刚清洗过的 Si 片放置在室温下,其表面会生长一层自然氧化物。并观察到此氧化层不是连续生长的,而是阶段性生长的。对于轻度掺杂的Si,通常此氧化层厚度在0.8 nm左右;而对于重掺杂的Si,这个厚度约为1.3 nm。自然氧化层的生长如图2.26所示[33,40]。人们相信,这种阶段性的生长与单原子层有关。重掺杂Si的自然氧化层生长快,可能与重掺杂的增强氧化有关。

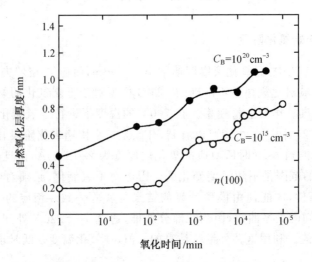

图 2.26 室温下自然氧化层厚度与时间的关系

通过实验发现,薄氧化层的生长动力学与许多因素有关,而其中有一些因素对较厚氧化层的生长是没有影响的。影响薄氧化层生长的几个最重要因素是:① 氧化之前对Si片进行化学清洗情况;② 表面上亚氧化层(SiO)的形成;③ 溶解在Si衬底间隙中氧的数量。当然,前面提到的其他一些因素对氧化也会产生影响[41,42]。

Massoud等人通过自动高温椭偏测量仪监控氧化炉内SiO_2的生长速率,因此可以在生长过程中及时检测氧化层的厚度。测量实验是在800~1000℃的温度范围,压力在0.01~1.0 atm,以及在(100)、(110)和(111)晶面上进行。图2.27给出了在(100)晶面上干氧氧化速率与氧化层厚度的函数关系[43]。为了进行比较,图中同时给出了根据D-G模型作出的曲线(实线)。在厚度小于25~30 nm时,实际氧化速率比D-G模型预计的要大。

他们还作出了实际氧化速率相对于D-G模型所预测数据的增量曲线。发现此曲线与一个表达式符合。这个表达式具有两个明显的区域。在第一个区域中,氧化速率的增量随着氧化层厚度增加而指数下降,下降的特征长度约为5 nm;在第二个区域中,依然符合一个指数下降关系,只是特征长度约为7 nm。我们可以将实验数据拟合到下面这个解析式中

$$\frac{dx_o}{dt} = \frac{B}{2x_o + A} + C_1 e^{-x_o/L_1} + C_2 e^{-x_o/L_2} \tag{2.38}$$

方程右边的第一项就是D-G模型对时间的微分,其余两项与增量速率有关。通过深入地分析可以发现,第一个指数项可以忽略,因为对初始氧化的5~10 nm厚度,只有5%左右的误

差。此外,他们还发现 C_2 和 L_2 有如下依赖:

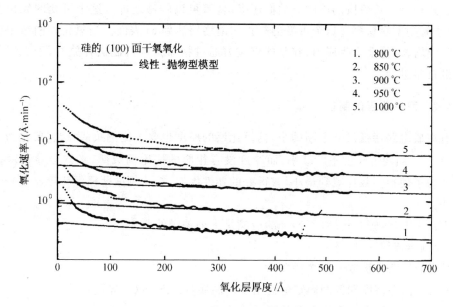

图 2.27 硅的(100)晶面干氧氧化速率与氧化层厚度的关系

(1) 在 800~1000℃,特征长度 L_2 与温度无关,对于(100),(110),(111)晶面,其值分别为 6.9,7.8 和 6.0 nm。

(2) 常数 C_2 服从阿列尼乌斯(Arrhenius)温度依赖关系,对于(100)和(111)晶面,其激活能分别为 2.37 eV 和 2.32 eV,对于(110)晶面,激活能为 1.80 eV。

根据以上实验数据,Massoud 等人提出了一个新的模型,认为 Si 中存在附加的氧化位置(sites),这种附加氧化位置的浓度从 Si 表面向体内按指数递减,衰减长度约为 3 nm。SiO_2 生长初期的增强氧化与这种附加的氧化位置有关。一旦氧化层的厚度达到了 Si 中存在有附加氧化位置的深度时,也就是附加有氧化位置的厚度被耗尽时,氧化行为将符合 D-G 模型的描述。这个 3 nm 的特征长度是从增强氧化生长的特征长度(经测量为 7 nm)计算得出的,因为生长厚度为 7 nm 的 SiO_2,要消耗厚度为 3 nm 的 Si。

Massoud 在此后的一篇论文中提出[44],氧化的初始阶段,在 SiO_2-Si 界面处存在一个由 SiO 构成的阻止层,SiO 层将会阻碍氧化剂向 Si 表面扩散,从而阻碍 SiO_2 的生成。随着氧化剂的不断到达,阻止层上的氧化剂浓度不断增加,最终达到生成 SiO_2 所需要的浓度。达到这一浓度之后,Si 和 SiO 都将快速地转化为 SiO_2。这个快速的转化过程导致 SiO_2 的高速率生长。

Mott 等人则提出了另一种模型,解释快速初始生长[41]。他们认为,初始阶段的氧化速率并没有提高,反而下降了。他们推测,所有氧化过程都受氧化剂扩散限制,实际上并不受 D-G 模型认为的表面化学反应机制的限制。在氧化的初始阶段,Si 表面存在一个可变的氧化物网络层。在湿法氧化中,这个氧化物网络层可能太薄,这就是为什么在湿法氧化中没有观察到快速初始生长阶段的原因。他们还提出,氧可以轻易地进入这个可变的氧化物网络中,但分子氧则不容易穿过这个可变的氧化物网络层达到 Si 表面。当氧化物网络中分子氧的浓度持续增长,将会产生应力,在某些点应力通过粘滞弹性机制被释放时,于是氧化过程则按扩散机制进行。

2.6.2 薄氧化层的制备

随着集成电路特征尺寸不断缩小,栅氧化层的厚度也要按比例减薄,这主要是为了防止短沟效应[45]。当沟道长度不断减小,而厚度没有相应的按比例减薄,必然会导致阈值电压不稳定。为了使短沟效应减到最小,获得好的器件性能,按比例减薄栅氧化层厚度是十分有效的方法。

在 ULSI 中,薄栅氧化层(<10 nm)应满足下列关键的要求:

(1) 低缺陷密度;
(2) 好的抗杂质扩散的势垒特性;
(3) 低界面态密度和低的固定电荷密度的高质量的 Si-SiO_2 界面;
(4) 在热载流子应力和辐射条件下的高稳定性;
(5) 低的热预算(热开销)(thermal budget)工艺。

低缺陷密度的氧化层可降低在低电场下突然性失效的次数。改进势垒特性对 p^+ 多晶硅栅的 p-MOSFET 是特别重要的,低的界面态密度可保证 MOSFET 有理想的开关特性。当 MOSFET 按比例减小时,沟道横向的高电场会使沟道载流子获得高能量,并产生热载流子效应,例如氧化层电荷陷阱和界面态。在某些工艺技术中,氧化层暴露于高能等离子体和辐射中(如反应离子刻蚀、X 射线光刻),等离子体和辐射会降低氧化层质量,因此,还要提高薄栅氧化层抗辐照的能力。

近几年来栅介质研究工作主要集中在上述所提到的一些问题。为了解决这些问题中的一个或几个,已提出许多方法,这些方法可分为四大类。第一类方法包括各种氧化清洁工艺,第二类方法包括各种氧化工艺,第三类方法是近年来受到极大关注的化学方法改善栅氧化层工艺,最后一类方法是淀积氧化层或者用叠层作为栅介质层。

1. 氧化前的清洗工艺

清洗工艺的基本准则是消除硅表面有机物、过渡金属和碱性离子和颗粒等。如果在氧化前不将这些沾污除尽,必将影响栅氧化层的质量。由 Kern 和 Puotinen 提出的 RCA 清洗工艺目前仍被广泛采用,其中包括原来的配比或略作很小改变的配比[46]。清洗工艺由两步组成,第一步除去硅表面的有机物沾污,第二步先通过形成金属络合物再除去这些金属沾污。为了除去在第一步清洗中生成的氧化硅,常常增加一个中间步骤,用稀释的 HF 酸漂洗。

2. 栅氧化层质量与氧化工艺的关系

栅氧化温度对栅氧化层质量有着重要的影响,例如,在早期的工作中,Deal 等(1967)曾报道了氧化层中固定正电荷随氧化温度增加近线性地减少。界面原子台阶和电特性之间有密切关系,测量粗糙度可衡量原子台阶,其结论是高温氧化可得到具有较少界面态和较少固定电荷的更光滑的界面。Fukuda 等(1992)也指出高温(1200℃)快速热处理(RTP)氧化层与低温(800℃)氧化炉生长的氧化层相比,前者可得到优良的栅氧化层,界面态密度更低[47]。氧化层电子陷阱密度随氧化温度上升而减少(从 800℃ 上升到 1000℃ 时)。MOSFET的栅氧化层如果是在高温下生长的,不但可以提高电子和空穴迁移率,并能增强抗辐射和热载流子效应的能力,改善可靠性[48]。迁移率提高是由于高温下可形成光滑的界面,可靠性改进是由于在温度高于 960℃ 时,氧化硅的粘性流动使界面应力消除。这些结果说明,为使栅氧化层有良好的特性和可靠性,应采用高温氧化,而高温快速热氧化更适用于 ULSI 中的 MOS 器件的栅氧化层生长工艺。

3. 化学方法改善栅氧化层工艺

利用化学方法改善栅氧化层质量已取得大量成果。化学改善的主要途径是引入数量可控的杂质(譬如常用的主要方法是在 Si-SiO_2 界面引入氮或氟),借以改善界面的特性,这些特性对 SiO_2 的性能和可靠性是至关重要的。Si-SiO_2 界面区由非理想配比的单原子层和 10~40Å 厚的应变 SiO_2 层组成,非理想配比的单原子层起因于不完全氧化,应变区起因于 Si 和 SiO_2 之间的晶格的失配,这种失配在界面处的 SiO_2 中引起压应力[49]。为了改善在电或辐射应力下 MOS 器件的可靠性,Si-SiO_2 界面本征应力的弛豫是一个重要技术。众所周知,张应力存在于 Si_3N_4-Si 系统的 Si_3N_4 中,这样就产生一个方法,即将少量的氮加入到界面区以抵消压应力[50]。这种氮氧化硅层中的应力弛豫多半是由于形成了 Si_2N_2O。Si_2N_2O 中三角形平面键允许硅的四面体键更平滑地向非晶 SiO_2 过渡。因为 Si-N 键强度比 Si-H 键大得多,所以可抑制热载流子和电离辐射所产生的缺陷。引入氮到 SiO_2 的另一重要优点是改善了硼穿透扩散势垒特性,这一点对于 p^+ 多晶硅表面沟道 p-MOSFET 来讲是极重要的要求[51]。加氟到 Si-SiO_2 界面是改善 MOS 系统性质的另一方法,建议用氟去填补 Si-SiO_2 界面的某些悬键。在常规工艺中是用氢填补悬键,因为 Si-F 键强度(5.73 eV)高于 Si-H 键(3.17 eV),因此可抑制热载流子和电离辐射产生的缺陷,而且引入氟可使界面应力弛豫。

对用化学方法改善薄氧化层的质量进行了大量的研究,已报道栅氧化层在 NH_3 中退火,借此可得到所希望的杂质扩散特性和耐热载流子应力特性[52,53]。快速热氮化(RTN)是值得关注的方法,由于它只要求短时间加热以及能很好控制氮分布,建议用再氧化或惰性气体退火去减少在氮氧化硅中的电子陷阱和固定电荷密度,并保持 Si-SiO_2 界面的富氮层[54,55]。但是用再氧化或退火不能完全消除由剩余氮化诱生的电子陷阱,这样会使 p 沟 MOSFET 可靠性变坏,常规氧化生长后用快速热工艺制作了再氧化氮氧化硅,结果证明再氧化氮氧化硅栅在许多方面优于纯的氧化硅,但是由于存在剩余氮化而诱生的电子陷阱是这种介质的缺点,使这种 p-MOSFET 的可靠性比常规栅氧化物的 MOSFET 要坏。用稀 NH_3 氮化能克服这个缺点,但轻的氮化不足以防止硼透入沟道区。与 NH_3 基工艺相比, N_2O 基工艺有重要优点,除了工艺简单外,还可在处理期间消除任何含氢物质,因此可避免与氢有关的缺陷。热处理温度和时间根据实际情况而定,已开发了几种采用 N_2O 处理的工艺,这些工艺是:

(1) 在纯 N_2O 中硅的氧化[51];
(2) 在 N_2O 中氮化热生长 SiO_2[56];
(3) 在 N_2O 中致密和氮化 CVD SiO_2[57];
(4) 在 NH_3 中氮化 N_2O 氧化硅,用于 P^+ 多晶硅栅的 p-MOSFET[58]。

与 O_2 氧化相比, N_2O 氧化工艺生长的超薄氧化层具有极好的厚度可控性。这种工艺不仅简单,而且无氢,易于集成到现代 ULSI 工艺中。因为在 N_2O 氧化期间,氮加入到 Si-SiO_2 界面,所形成的氮氧化硅与氧化硅相比具有较低的空穴陷阱密度,并且在高场应力下可减少电子陷阱的产生,以及在 x 射线辐照下可减少界面态和中性陷阱产生。

4. CVD 和叠层氧化硅

为了减少氧化硅薄膜的缺陷密度,与直接在硅表面上热生长氧化硅相比,淀积氧化硅是一种更好的工艺,因为淀积氧化硅几乎不受 Si 衬底缺陷的影响。这种技术的另一个优点是低温工艺,这对加热有严格要求的 ULSIMOS 工艺来讲是很有吸引力的。已经研究了各种 CVD 氧化物(例如 TEOS、HTO 和 LTO)。Ahn 等研究了在 N_2 中退火,厚度约 65Å 的 LPCVD 栅氧化层(硅烷和氧反应)的 MOSFET 热载流子的稳定性[57]。观察到淀积后退火的氧化层压应力小于常规的热氧化层,认为这是改进电流驱动能力和热载流子稳定性的原因。最近报道,为了在 Si-SiO_2 界面加入少量的氮,采用淀积后用 N_2O 退火代替常规 N_2 退火,这种薄膜与硅热生长氧化硅相比具有更优良的热载流子稳定性,这是因为氮处于 Si-SiO_2 界面以及由于采用淀积氧化物可得到低的缺陷密度的缘故。

氧化叠层是由一个氧化硅垫层及其顶上的 CVD 氧化硅组成,在这个叠层中观察到的缺陷密度明显减少,这是因为叠层中的各层缺陷不重合的缘故。各层之间的应力的补偿使得 Si-SiO_2 界面的应力接近于零[59]。叠层的性能可与热氧化膜相比。Tseng 等将 140Å 左右的叠层 CVD 氧化硅(40Å 热氧化和 100Å LPCVD/TEOS 氧化硅)用于 $0.5\ \mu m$ CMOS 工艺。它具有几个优点:首先,低场击穿的数目大大地小于常规的热氧化硅;另外,由于 Si-SiO_2 界面具有较小应力,观察到的工艺诱生损伤大为减少,为了得到更长的击穿时间和更低的缺陷密度,要优化底部热氧化层厚度与顶部 CVD 氧化层厚度之比,优化比率是两层本征缺陷密度和失配机理之间折衷的结果。

用氧化硅和 Si_3N_4 构成栅介质叠层[ON(氧化硅/氮化硅)或者 ONO(氧化硅/氮化硅/氧化硅)]能够产生两个优点,第一,像 CVD 氧化硅和热氧化叠层那样,各层中微孔的不重合可看成是一层有效地封住另一层的微孔,以防早期栅介质的失效[60];第二点,采用 Si_3N_4 增加薄膜的有效介电常数和提高抗硼透入的能力。Iwai 等研究了用叠层 ON 栅介质构成的 MOSFET 的抗热载流子特性。观察到顶部氮化硅厚度减少到 30Å 左右,叠层中电荷陷阱能明显减少,这种层叠层可与常规热氧化膜相比。Dori 等在双栅工艺中采用 ON 介质,并指出顶部氮化硅层能有效的抗硼透入,容易制作 P$^+$ 多晶硅栅的 p-MOSFET。Iwai 等还报道了减少顶部氮化硅层厚度可减少电子陷阱[61]。

2.7 Si-SiO$_2$ 界面特性

在 SiO$_2$ 内和在 Si-SiO$_2$ 的界面处存在着各种电荷和陷阱,这些电荷和陷阱对器件特性有着重要的影响。在这一节里将分析存在于 SiO$_2$ 内和 Si-SiO$_2$ 界面处的电荷和陷阱的类型,以及它们对器件特性和可靠性的影响。

在 SiO$_2$ 内和 Si-SiO$_2$ 界面处有四种类型的电荷,如图 2.28 所示。各种不同类型的电荷符号和定义如下[62]:

(1) 单位面积里可动离子电荷:Q_m(C/cm^2);
(2) 单位面积里氧化层固定电荷:Q_f(C/cm^2);
(3) 单位面积里界面陷阱电荷:Q_{it}(C/cm^2);
(4) 单位面积里氧化层陷阱电荷:Q_{ot}(C/cm^2)。

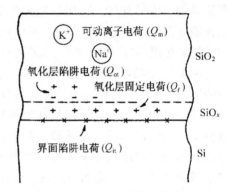

图 2.28 Si-SiO$_2$ 系统中的电荷

2.7.1 可动离子电荷 Q_m

SiO$_2$ 中最重要的可动离子电荷主要是以网络改变者形式存在、并荷正电的碱金属离子,而且可以存在于 SiO$_2$ 中的任何区域。这些离子在 SiO$_2$ 中的扩散系数和迁移率与原子半径成反比,Li 原子半径最小,其离子在 SiO$_2$ 中的迁移率最大,但它在周围环境中很稀少,因而不是重要的污染源;Rb$^+$、Cs$^+$ 在 SiO$_2$ 中几乎是不动的,而且在周围环境中含量又非常小,因此可以不考虑;K$^+$ 在 SiO$_2$ 中的迁移率远比 Na$^+$ 低,激活能也高得多,因此它对器件性能的影响远比 Na$^+$ 小,只是在高温时才对器件性能产生影响;而 Na$^+$ 由于它大量存在于环境中,因此是主要污染源,是 SiO$_2$ 中最重要的可动离子电荷。

存在于 SiO$_2$ 中的 Na$^+$,即使在温度低于 200℃ 时,也具有很高的扩散和迁移能力。同时由于 Na 以离子形态存在,其迁移能力因氧化层中存在电场而显著提高。因为存在于 MOS 器件绝缘层上的电场强度很高,Na$^+$ 在强电场作用下,迁移能力极强,将对器件特性产生严重影响。对于 MOS 器件来说,最主要的影响是引起 MOS 晶体管阈值电压 V_T 的不稳定。另外,可动 Na$^+$ 在 Si-SiO$_2$ 界面分布的不均匀性还会引起局部电场的加强,从而引起 MOS 晶体管栅极的局部击穿。基于 SiO$_2$ 中可动正电荷在电场作用下的移对集成电路稳定性的严重影响,因此,SiO$_2$ 中的 Na$^+$ 含量就成为 SiO$_2$ 工艺质量的重要标志,如何减少和钝化可动 Na$^+$ 自然就成为一个重要的课题。

SiO₂ 中 Na⁺ 的数量依赖于氧化工艺和制造设备的清洁度。以今天的工艺,已经能很好地把 Na⁺ 沾污控制在一个很低的水平上($Q_m \leq 10^{10}/cm^2$),使 MOS 晶体管阈值电压 V_T 的不稳定现象不会发生。当 Q_m 值小于 $10^{10}/cm^2$,MOS 器件的栅氧化层厚度为 100nm 时,阈值电压的漂移只有几十毫伏,然而当 Q_m 值在 $10^{12}/cm^2$ 的量级以上时,阈值电压的漂移可达几伏。

为了降低 Na⁺ 的沾污,我们可以在工艺过程中采取一些预防措施,包括:① 使用含氯的氧化工艺;② 用氯周期性地清洗管道、炉管和相关的容器;③ 使用超纯净的化学物质;④ 保证气体及气体传输过程的清洁。另外保证栅电极材料(通常是多晶硅)不受沾污也是很重要的。使用 BPSG 和 PSG 玻璃钝化可动离子,可以降低可动离子的影响,因为这些玻璃体能捕获可动离子。可用等离子淀积的氮化硅来封闭已经完成的器件,因为氮化硅可起阻挡层的作用,可以防止 Na⁺、水汽等有害物的渗透。

SiO₂ 中和栅电极材料中的可动离子数量可以用 C-V 技术来测量,称为偏温测试(B-T)。过程如下:首先对 MOS 电容进行一次 C-V 测试,然后在栅极上加一个大约 1 MV/cm 的正向偏压同时把器件加热到 200~300℃。当达到预定温度时,栅电极电压再维持 10~30 分钟,确保可动离子都到达了 SiO₂-Si 界面。然后保持偏压,同时冷却器件至室温。这时再次测量 C-V 特性。两次测试(加温加压前和加温加压后)平带电压的变化 ΔV_{FB} 就等于 N_m/qC_{ox} 或 $N_m x_{ox}/q\varepsilon_{ox}\varepsilon_o$,其中 N_m(个/cm²)为单位面积里可移动离子电荷数。图 2.29 显示了在一个沾污比较重的器件上进行的 B-T 测试的结果[63]。当正电荷逐渐被电场驱动至硅表面时,C-V 曲线就逐渐地向负方向移动,如图 2.29 所示。如果在栅电极上加上一个负电压,然后再进行一次 B-T 测试,C-V 就可能会回到原来的位置。然而有时候可能只会恢复一部分,这是因为在进行第一次 B-T 测试时电荷注入和电荷被陷的原因。

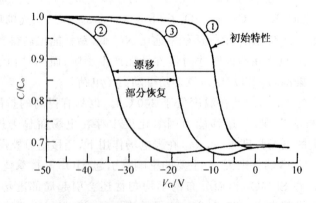

图 2.29 B-T 作用下的高频 C-V 曲线

E. You 等利用中子活化分析技术和逐层去氧化层的方法相结合,分析了 Na⁺ 在 SiO₂

中的分布情况,其结果是 Na^+ 主要分布在 SiO_2-M(金属)和 SiO_2-Si 二个界面上。造成这种分布的原因是与 SiO_2-M 和 SiO_2-Si 两个界面存在 Na^+ 的陷阱有关。

2.7.2 界面陷阱(捕获)电荷 Q_{it}

界面陷阱(捕获)电荷或称界面态 Q_{it} 是指存在于 SiO_2 中但非常接近 Si-SiO_2 界面、能量处于硅禁带中、可以与价带或导带方便交换电荷的那些陷阱能级或电荷态。早在 1933 年和 1939 年塔姆和肖克莱就预言,由于晶体表面晶格周期性的中断,可能有表面能级存在于禁带中间,1948 年肖克莱和 G. L. Person 利用表面电导测量,首先从实验上证实了它的存在。Q_{it} 是因不完全氧化的硅原子所产生的,也就是没有被完全氧化的硅原子的未饱和键或悬挂键所产生的。

这些界面陷阱电荷 Q_{it} 的能级分布在整个硅的禁带之中,定义每单位能量上的界面陷阱密度为 D_{it},单位是个/cm^2 eV,这对我们的分析是很有必要的。图 2.30 表示,在禁带中 D_{it} 随能量变化的两组曲线[65]。D_{it} 的曲线是 U 字形,最低的地方在禁带的中间,最高处则在禁带的两边。我们一般用处于禁带中间的陷阱能带密度来表征陷阱浓度。能带中间 D_{it} 值对于(100)面的硅来说,大约是 $2\sim3\times10^{10}$/cm^2 eV,然后快速增长,到达能带边缘时可增加到 10^{13}/cm^2 eV 左右,(111)面硅在能带中间的陷阱密度大约比(100)面硅要高 5 倍。

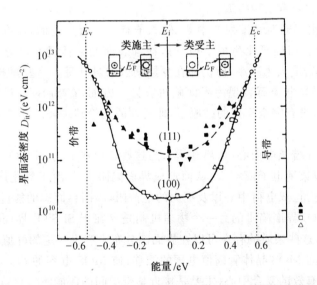

图 2.30 硅(100)和(111)晶面热氧化 SiO_2 与 Si 的界面态密度

高于禁带中间能级的界面陷阱,具有类受主的特性,当充满电子时呈负电,空的时候呈中性。低于能带中间能级的界面陷阱,具有类施主的特性,当充满电子时,呈中性,空的时候,呈正电性。界面陷阱的电荷类型依赖于 MOS 电容的偏置条件(费米能级)。而由界面陷阱引起的阈值电压的改变 ΔV_T，可以用公式 2.39 来表示。阈值电压的漂移依赖于 Q_{it} 的值和表面势 Φ_{surf}，这些都依赖于所加的电压。对于较薄的氧化层，界面陷阱密度值又是中等的情况下，阈值电压的漂移是很小的。

$$\Delta V_T = - Q_{it} \Phi_{surf} C_{ox} \tag{2.39}$$

更主要的是，大量的界面陷阱电荷会显著降低晶体管沟道迁移率，从而严重影响器件性能。在(100)面的硅上进行干氧氧化后，D_{it} 的值大约是 $10^{11} \sim 10^{12}/cm^2\ eV$，而且会随着氧化温度的升高而减少。另一方面，在惰性气体的环境下进行退火并不能显著降低 D_{it}。但在金属化后进行退火(PMA)可以把 D_{it} 的值降低到一个可以接收的程度($3 \sim 5 \times 10^{10}/cm^2\ eV$)。PMA 是指在器件用铝进行金属化后所进行的退火，具体工艺是在氢环境里，气体比例如 $95\% N_2 \sim 5\% H_2$，或是更纯的氢气中，对一个已经做好的器件在 $400 \sim 450℃$ 的温度下退火 5—30 分钟。在这个过程里，氢原子可以扩散到 Si-SiO$_2$ 界面，和那些悬挂键(假定是界面态的起源)相结合，使这些键钝化，从而减少界面态。但留在界面处的氢会引起另一个可靠性的问题，如热载流子的不稳定性。最新研究结果显示，使用氘(氢的同位素)作为 PMA 退火的气体，在钝化悬挂键的同时也可以很好的抑制热载流子的影响[66]。

我们知道在氧化层与硅衬底之间存在一个过渡区，这个过渡区可能只有 1 nm 厚，在这个过渡区因晶格周期性受到破坏，因而会对界面的电学性质产生显著的影响。对解释界面态的物理机制目前主要有三种模型：

(1) 在硅表面由于周期性排列的中断，硅原子有一个键是空的，没有形成共价键，称为悬挂键或未饱和键。当硅氧化生成 SiO$_2$ 时，在硅表面的悬挂键大部分与氧结合，因而使 Si-SiO$_2$ 界面悬挂键密度大大减小，但仍存在少量剩余的悬挂键。这些悬挂键上有一个未配对的电子，因可以得失电子而表现为界面陷阱。另一方面，在 Si-SiO$_2$ 过渡区中，硅原子的氧化状态很不相同，没有完全氧化的硅原子，即所谓的三价硅($\equiv$Si·)也是界面陷阱的重要来源。

(2) SiO$_2$ 中存在着核电中心(电离杂质)，当这些核电中心与 Si-SiO$_2$ 界面距离足够近，由于库仑作用，可以束缚电子或空穴，从而形成界面陷阱[67]。由于氧化层中电荷分布的不均匀性，可以有单电荷、双电荷中心以及更大的电荷团，因而界面态的能量是一个连续分布。

(3) 形成 Si-SiO$_2$ 界面陷阱的另一个物理机制是存在于 Si-SiO$_2$ 界面附近的化学杂质，例如 Cu、Fe、Be 等，这些杂质的存在可以在界面态分布中产生一定的峰值[68]。

界面陷阱会引起 MOS 晶体管阈值电压的漂移；使 MOS 电容的 C-V 曲线发生畸变；界面陷阱还可以成为有效的复合中心(主要是接近禁带中间的深能级)，导致漏电流的增加；并减小 MOS 器件沟道的载流子迁移率，使沟道电导率下降。

界面陷阱密度与衬底晶向、氧化层生长条件和退火条件密切有关。在相同的工艺条件下，(111)晶向的硅衬底产生的界面陷阱密度最高，(100)晶向的最低，这就是为什么一般 MOS 集成电路多采用(100)晶向硅片的原因。在低温、惰性气体中退火可以大大降低界面陷阱密度。测量 D_{it} 值的方法已有很多种，如电导方法；低频 C-V 测量；电荷电压方法等。

2.7.3 SiO$_2$ 中固定正电荷 Q_f

SiO$_2$ 中的固定电荷 Q_f 是存在于非常接近 SiO$_2$-Si 界面处的正电荷,它们形成一层很薄的正电荷层。在器件正常工作情况下,其电荷态并不变化,所以称为固定电荷。Q_f 的存在可能与 Si 到 SiO$_2$ 过渡区的结构变化有关,对 Q_f 的物理解释是,它是由没有完全氧化的带有净正电荷的 Si 原子引起的。在比较薄的氧化层中这些电荷大约位于距界面处 3 nm 的地方,然而在超薄氧化层中(<3 nm),电荷离界面更近,或者是分布于整个氧化层之中。固定氧化层电荷的能级在硅的禁带以外,但在 SiO$_2$ 禁带中,如图 2.31 所示。

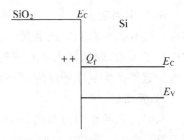

图 2.31 平带条件下 Q_f 能级示意图

SiO$_2$ 中固定正电荷 Q_f 具有下列几个特点:

(1) 固定正电荷密度 Q_f 不随表面势变化而变化,表面势在 0.7 V 范围内改变,Q_f 保持不变,这表明固定正电荷与硅的导带和价带不发生电荷交换。

(2) 在偏压-温度应力试验中,在 MOS 结构上加偏压,温度增加到 150℃左右时,处理上千小时,此时 Na$^+$ 早已重新排列,但 Q_f 不变。只是在温度增加到 300~450℃,加负偏压且 SiO$_2$ 中电场强度≥1×10^6 V/cm 时,Q_f 才有所增加,其增加值正比于原来的 Q_f 和所加负偏压的电场强度。

(3) 它的密度具有很好的重复性。1200℃、干氧氧化,(111)晶面,$Q_f \approx 2 \times 10^{11}/cm^2$。$Q_f$ 大小与氧化层厚度、硅衬底掺杂类型和浓度关系不大,但与氧化层生长条件密切相关,而且可以被其后的退火处理重复地改变。这种依赖关系由 B. E. Deal 总结为著名的"干氧氧化三角形",如图 2.32 所示[69]。

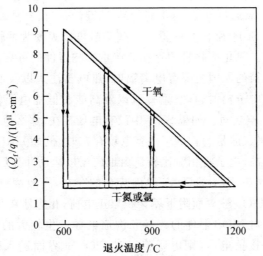

图 2.32 固定正电荷 Q_f 与氧化温度和氧化条件的关系

(4) 图 2.32 的数据是针对(111)晶面 p 型硅而言的,但 n 型硅情况相似。(100)晶面硅材料的实验结果也相类同,只是 Q_f 的数值减小 2~3 倍。不同晶面硅材料的固定电荷密度有下列关系:$Q_f(111) > Q_f(110) > Q_f(100)$,其比值为 3∶2∶1。这大致与氧化线性率常数 B/A 的比值相同。

SiO_2 中固定正电荷对氧化、退火条件和衬底晶向都十分敏感,因为 Q_f 与热氧化过程的本征特性有关。对固定正电荷产生的机理,目前较为普遍的解释是由 B. E. Deal 提出的过剩硅离子模型,即从氧化动力学观点来看,在氧化过程中应有大量过剩 Si^+ 存在于 $Si-SiO_2$ 界面附近等待与氧原子反应,当氧化停止时,这些 Si 离子就留在了氧化层中,并非常靠近 SiO_2-Si 界面处。

与界面态的作用相类似,SiO_2 中固定正电荷的存在也将影响 MOS 器件的阈值电压。因为是正电荷,所以它将使 p 沟道 MOS 器件的阈值增加,n 沟道 MOS 器件的阈值降低。特别是 Q_f 数值的变化将引起阈值的不稳定。同样,固定正电荷也将减小沟道载流子迁移率,从而影响 MOS 器件跨导,这种由于固定正电荷对载流子的散射使迁移率降低的现象,在低温下更为明显。

硅衬底晶向、氧化条件和退火温度的适当选择,可以使固定正电荷控制在较低的密度,同时降低氧化时氧的分压,也可减小过剩 Si^+ 的数量,有助于减小固定正电荷密度,另外,含氯氧化工艺也能降低固定正电荷的密度。

2.7.4 氧化层陷阱电荷 Q_{ot}

我们最后要讨论的是氧化层陷阱电荷 Q_{ot},它位于 SiO_2 中和 SiO_2-Si 界面附近,这种陷阱俘获电子或空穴后分别荷负电或正电。

在氧化层中有些缺陷能产生陷阱,这些缺陷有:① 悬挂键;② 界面陷阱;③ 硅-硅键的伸展;④ 断键的氧原子(氧的悬挂键);⑤ 弱的硅-硅键(它们很容易破裂,而表现电学特性);⑥ strain 的硅-氧键;⑦ Si-H 和 Si-OH 键。一些陷阱可以表现为两性。因此它们既可以俘获电子也可以俘获空穴。氧化层陷阱的存在会严重影响器件的可靠性。

产生氧化层陷阱电荷的原因主要有电离辐射,热电子注入以及制造过程中的某些工艺等。当 γ 射线、X 射线、中子辐射、真空紫外线以及高能和低能电子辐射时,将打破 Si-O-Si 键,在 SiO_2 中产生电子-空穴对。如果 SiO_2 中没有电场存在,那么电子-空穴对将重新复合,在 SiO_2 中没有电荷积累。但是,当 SiO_2 中有电场存在时,例如 nMOS 栅极接正电压,由于电子的迁移率远比空穴高,电子将相对比较自由地向栅极运动并在那里复合掉,空穴由于迁移率比较低,将被陷阱俘获,因为 SiO_2-Si 界面势垒的存在,一般情况下电子不能从 Si 衬底中进入到 SiO_2,因而在 SiO_2-Si 界面附近就会积累正电荷,相应地在 Si 衬底表面感生出负电荷。由于 Q_{ot} 的存在,将对 MOS 器件的跨导和沟道电导产生较大的影响,并使阈值电压向负方向移动。如果栅极接负电压,则电子将经过 SiO_2-Si 界面进入硅衬底,然后与阳极复合,而空穴被陷阱俘获后将在 M(金属)-SiO_2 界面附近建立起正的空间电荷区,这时对硅衬底表面的影响就比较小。

近些年来,由于器件尺寸不断缩小,Q_{ot} 呈现出升高的趋势,这是因为在等比例缩小的器件中存在着高电场,高电场可以产生高能或"热"载流子,这些载流子具有很高的能量,足以注入到 MOS 器件的栅氧化层中,如果氧化层中存在陷阱或高能载流子自身产生的陷阱,就可以发生电荷捕获,这将导致器件开启电压随时间漂移,器件的可靠性也会因此受到影响。

减少电离辐射陷阱电荷的主要方法有三种:

(1) 选择适当的氧化工艺条件以改善 SiO_2 结构,使 Si-O-Si 键不易被打破。一般称之为抗辐照氧化的最佳工艺条件,是 1000℃ 的干氧氧化。

(2) 在惰性气体中进行低温退火(150~400℃)可以减少电离辐射陷阱,高温退火也可以使断裂键自行修复。

(3) 采用对辐照不灵敏的钝化层,例如 Al_2O_3、Si_3N_4 等[70]。

参 考 文 献

[1] 荒井英辅. 集成电路 A. 北京:科学出版社,2000

[2] S Wolf, R N Tauber. Silicon Processing for 1 VLSI Ers LATTCE PRESS. 第二版

[3] R B Sosman. The Phases of Silicon. Rutgers University Press. New Brunawick, N. J., 1965

[4] H Rawson. Inorganic Glass—Forming Systems. Academic, New York:1967

[5] W Eitel. Silicate. vol., Academic, New York:1965

[6] J M Stevels, A Kats. The Systematics of Imperfections in Silicon-Oxygen Networks. Philips Research Repts., vol. 11,1956:103

[7] J M Stevels. New Light on the Structure of Glass. Philips Tech. Rev., vol. 22, 1960/61:300

[8] A G Revesz. The Defects Structure of Grown Silicon Dioxide Films. IEEE Trans. Electron Devices, vol. ED-12,1965:97

[9] C Y Bartholomew. Private Communication

[10] H F Wolfe. Silicon Semiconductor Data, Pergamon. New York:1969:601

[11] C T Sah, H Sello, J. Tremere. Phys. Chem. Solids, vol. 11, 1959:288

[12] S Horiuchi, J. Yamaguchi. Japanese J. Applied Physics, vol. 1, 1962:314

[13] E L Jordan. Electrochem. Soc., vol. 108, 1961:478

[14] J R Ligenza. Applied Physics, vol. 36,1965:2703

[15] J R Ligenza, M Kuhn. Solid-State Technology, vol. 13, 1970:33

[16] P F Schmidt, W Michel. Electrochem. Soc., vol. 104, 1957:230

[17] M M Atalla. in Properties of Elemental and Compound Semiconductors, vol. 5, H Gatos, Ed., Wiley-Interscience, New York:1960:163-181

[18] M M Atalla. Semiconductor Surfaces and Films, the Si—SiO_2 System. Properties of Elemental and

Compound Semiconductors. H. Gstos. Ed. , Interscience, vol. 5, New York: 163~181

[19] J R Ligenza, W G Spitzer. The Mechanisms for Silicon Oxidation in Steam and Oxygem. J. Applied Physics, Chem. Solids, vol. 14, 1960: 131

[20] B G Revesz. The Role of Hydrogen in SiO_2 Films on Silicon. J. Electrochem. Soc. , vol. 126, 1979: 122

[21] B E Deal, A S Grove. General Relationship for the Thermal Oxidation of Silicon. J. Applied Physics, vol. 36, 1965: 3770

[22] L D Landau, E M Lifshitz. Statistical Physics. Pergamon: 1958: 280

[23] F J Norton. Transaction of the Eighth Vacuum Symposium and Second International Congress. Pergamon, New York: 1962: 8~16

[24] M Hirayama, H Miyoshi, N Tsubouhi, H Abe. High Pressure Oxidation for Thin Gate Insulator Process. IEEE Transaction Electron Devices, vol. ED-28, 1982: 503

[25] J R Ligenza. Effect of Crystal Orientation on Oxidation Rates in High Pressure Steam. Phys. Chem. , vol. 65, 1961: 2011

[26] W A Pliskin. Separation of the Linear and Parabolic Terms in the Steam Oxidation of Si. IBM J. Res. Dev. , vol. 10, 1966: 198

[27] E A Irene. The Effects of Trace Amounts of Water of the Thermal Oxidation of Si in Oxygen. J. Electrochem. Soc. , vol. 121, 1974: 1613

[28] B E Deal, M Sklar. Thermal Oxidation of Heavily Doped Silicon. J. Elecrochem. Soc. , vol. 112, 1965: 430

[29] C P Ho. Thermal Oxidation of Heavily Phosphorus Doped Silicon. J. Elecrochem. Soc. , vol. 125, 1978: 665

[30] C P Ho, J D Plummer. Si-SiO_2 Interface Oxidation Kinetuce: A Physical Model for the Influence of High Substrate Doping Levels Ⅰ. Theory. J. Electrochem. Soc. , vol. 126, 1979: 1516

[31] A G Revesz, R J Evans. Phys. Chem. Solids, vol. 30, 1969: 551

[32] R S Ronen, P H Robinson. Hydrogen Chloride and Chlorine Gettering: An Effective Technique for Improving Performance of Silicon Devices. J. Electrochem. Soc. , vol. 119, 1972: 747

[33] T Hori. Gate Dielectrics and MOS ULSI, Springer-Verlag, Heidelberg, 1997: 155

[34] D W Hess, B Deal. Kinetics of the Thermal Oxidation of Silicon in O_2/HCl Mixtures. J. Electrochem. Soc. , vol. 124, 1977: 735

[35] J W Colby, L E Katz. Boron Segregation at Si—SiO_2 Interface as a Function of Temperature and Orientation. J. Ⅰ. , vol. 123, 1976: 409

[36] R B Fair, J C C Tsai. Theory and Direct Measurement of Boron Segregation in SiO_2 during Dry, Near Dry and Wet O_2 Oxidation. J. Electrochem. Soc. , vol. 125, 1978: 2050

[37] S P Muraka. Diffusion and Segregation of Ion-Implanted Boron in Silicon in Dry Oxygen Ambients. Phys. Rev. B. , vol. 12, 1975: 2502

[38] A S Grove, O Leistiko, C T Sah. Redistribution of Acceptor and Donor Impurities During Thermal Oxidation of Silicon. J. Applied Physics, vol. 35, 1964: 2629

[39] B E Deal, A S Grove. J. Applied Physics, vol. 36, 1965: 3770

[40] M Morita, T Ohmi, E Hasegawa, M Kawakami. Applied Physics Letters, vol. 55, 1989: 562

[41] N F Mott, S Rogo, F Rochet, A M Stoneham. Oxidation of Silicon. Phil. Mag. B, vol. 60, 1989: 189

[42] S J Sofield, A M Stoneham. Oxidation of Silicon: the VLSI Gate Dielectric? Semicond. Sci, Technol, vol. 10, 1995: 215

[43] H Z Massoud, J D Plummer, E A Irene. Thermal Oxidation of Silicon in Dry Oxidation: Growth Rate Enhacement in the Thin Regime. Ⅰ. Experimental Results, Ⅱ. Physical Mechanims. J. Electrochem. Soc., vol. 132, 1985: 2685

[44] H Z Massoud. Extend Abstract of the 22nd Internatl Conference, on Solid State Devices and Materals, Sendai: 1990: 1083.

[45] Y Taur, et al. IEDM Technology Digest. New York: 1993: 127

[46] W Kern, D A Puotinen. RCA Review, vol. 31, 1970: 187

[47] H Fukuda, T Arakawa, Y Odake. IEEE Trans. Electron. Devices, vol. 39, 19982: 127

[48] A B Joshi, D L Kwong. IEEE Trans. Electronics Devices, vol. 39, 1992: 2099

[49] F J Grunthaner, J Maserjian. The Physics of SiO_2 and its Interfaces, Pantelides. S. (ED). Elmsford, NY: Pergamon Press: 1978

[50] R P Vasquez, A Madhukar. Applied Physics Letters, vol. 47, 1985: 998

[51] G Q Lo, D L Kwong. IEEE Electronics Device Letters, vol. 12, 1991: 75

[52] T Ito, T Nakamura, H Ishiwaka. IEEE Transaction Electronics Devices, vol. 29, 1982: 498

[53] S K Lai, J Lee, V K Dham. IEDM Technical Digest. NewYork: 1983: 190

[54] G J Dunn, S A Scott. IEEE Trans. Electron Devices, vol. 37, 1990: 1719

[55] A B Joshi, G Q Lo, D K Shih, D L Kwong. IEEE Transaction Electron Devices, vol. 39, 1992: 883

[56] J Ahn, W Ting, D L Kwong. IEEE Electron. Device Letters, vol. 13, 1992a: 117

[57] J Ahn, W Ting, D L Kwong. IEEE Electron. Device Letters, vol. 13, 1992b: 186

[58] G W Yoon, A B Joshi, J Kim, D L Kwong. IEEE Electron action Device Letters, vol. 14, 1993b: 179

[59] G H Kawamoto, G R Magyar, L D Yau. IEEE Transaction Electron Devices, vol. 34, 1987: 2450

[60] P K ROY, RH Doklan, E P martin, S F shive, A K Sinha. IEDM Technology Digest. New York: 1988: 714

[61] H Iwai, H S Momose, T Morimoto, Y Ozawa, K Yamabe. IEDM Technology Digest. New York: 1990: 235.

[62] B E Deal. Standardized Terminology for Oxide Charges with Thermally Oxidized Silicon. IEEE Trans. Electron Devices, vol. ED-27, 1980: 606

[63] E H Snow, A S Grove, B E Deal, C T Sah. Ion Transport Phenomena In Insulating Films. J. Applied Physics, vol. 36, 1965: 1664

[64] E Yov, H Ko, A B Kuper. IEEE Transaction Electron Devices, vol. ED-13, 1966: 276

[65] T Hori. Gate Dielectrics and MOS ULSIs. Springer-Verlag, Heidelberg: 1997: 41

[66] Z Chen et al. Deuterium Process of CMOS Devices: New Phenomenon and Dramatic Improvement. Proc Symposium on VLSI Tech. , paper T18-3, June,1998: 9-11

[67] A Goetzberger, V Heine, E H Nicollian. Applied Physics Letters, vol. 12,1968: 95

[68] A Goetzber. International Conference: Technolong and Application of charged Coupled Device: 47 (CCD 74)

[69] B E Deal, M Sklar, A S Grove, E H Snow. J. Electrochem. Soc. , vol. 144,1967: 266

[70] K H Zaininger, A S Waxman. IEEE Transaction Electronics Devices, vol. ED-16(No. 4),1969: 333

第三章 扩 散

扩散是微观粒子(原子、分子等)的一种极为普遍的热运动形式,运动结果使浓度分布趋于均匀。集成电路制造中的固态扩散工艺,简称扩散,就是将一定数量的某种原子掺入到晶体或非晶体等半导体材料中,以改变半导体材料的电学性质,并使掺入的原子数量、分布形式和深度等都满足要求[1,2]。我们把掺入到半导体材料中的原子称为杂质,存在于晶格间隙位置上的杂质称为间隙式杂质,存在于晶格位置上的杂质称为替位式杂质。

扩散是向半导体材料中掺入杂质的重要方法之一,也是集成电路制造中的重要工艺。应用扩散方法改变硅和锗的导电类型的想法,首先由 Pfann 在 1952 年提出的[3]。目前扩散方法已经广泛用来形成晶体管的基极、发射极、收集极,双极器件中的电阻,在 MOS 制造中形成源和漏、互连引线,对多晶硅的掺杂等。

本章主要内容包括:原子的扩散机构,推导扩散方程和扩散系数的表达式,扩散后的杂质分布情况,各种因素对杂质分布的影响,常用和特殊的扩散方法等。

3.1 杂质扩散机制

杂质在晶体内的具体扩散机制如何、与哪些因素有关、扩散后杂质的分布形式等都是集成电路制造中所关心的问题。杂质在硅晶体中的扩散机制主要有两种:① 间隙式扩散,② 替位式扩散[4]。

3.1.1 间隙式扩散

存在于硅晶体晶格间隙位置上的非硅原子称为间隙式杂质。间隙式杂质从一个间隙位置到另一个间隙位置的运动称为间隙式扩散。实验结果表明,以间隙形式存在于硅晶体中的杂质,主要是那些半径较小、并且不容易和硅原子键合的原子,它们在硅晶体中的扩散运动主要是以间隙方式进行的,如图 3.1 所示。图中黑点代表间隙杂质,圆圈代表晶格位置上的硅原子。O、Au、Fe、Cu、Ni、Zn、Mg 等主要都是以间隙杂质存在于硅晶体中。

对间隙杂质来说,在间隙位置上的势能相对较小,在相邻的两个间隙之间存在一个势能极大位置,也就是说间隙杂质要从一个间隙位置运动到相邻的间隙位置上,必须要越过一个势垒,如图 3.1 所示,势垒高度 W_i 一般为 0.6~1.2 eV。

间隙杂质一般情况下只能围绕势能极小位置作热振动,振动频率 $\nu_0 \approx 10^{12} \sim 10^{13}/s$,平均振动能 $\approx kT$,在室温下只有 0.026 eV,就是在 1200℃ 的高温下也只有 0.13 eV。因此,间隙杂质只能依靠热涨落才能获得大于 W_i 的能量,越过势垒跳到近邻的间隙位置上。

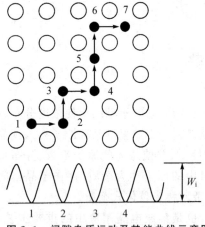

图 3.1　间隙杂质运动及势能曲线示意图

按照玻尔兹曼统计规律,获得大于能量 W_i 的几率正比于 $\exp(W_i/kT)$,k 为玻尔兹曼常数。既然间隙杂质围绕势能极小位置作热振动,那么每振动一次都可以看作是越过势垒的一次尝试,但是,只有当它恰好由热涨落而获得的能量大于 W_i 时,才能成功地跳到近邻间隙位置上。由振动频率和涨落几率,可得到每秒的跳跃次数称为跳跃率 P_i:

$$P_i = \nu_0 e^{-W_i/kT} \tag{3.1}$$

这个结果具体表达了间隙杂质运动对温度的依赖关系。当温度升高时,P_i 指数地增加。在室温下,间隙杂质的跳跃率大约是每分钟一次,而在扩散温度下(700～1200℃),其跳跃率就很高了。

3.1.2　替位式扩散

占据硅晶体中晶格位置的非硅原子称为替位杂质,P、B、As、Al、Ga、Sb、Ge 等主要都是以替位杂质存在于硅晶体中。替位杂质从一个晶格位置运动到另一个晶格位置称为替位式扩散。如果替位杂质的近邻没有空位,则替位杂质要运动到近邻晶格位置上,就必须通过互相换位才能实现。这种换位会引起周围晶格发生很大的畸变,即需要相当大的能量,因此,这样的过程是难以实现的,只有当替位杂质的近邻晶格上出现空位,替位杂质才能比较容易地运动到近邻空位上,如图 3.2 所示。

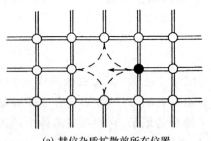

(a) 替位杂质扩散前所在位置

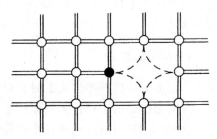

(b) 替位杂质扩散后所在位置

图 3.2　替位杂质运动示意图

对替位杂质来说,在晶格位置上的势能相对最小,而在间隙位置上其势能相对最大,如图 3.3 所示。根据对称性原理,替位杂质要从一个晶格位置运动到近邻晶格上,并不需要消耗能量,然而这种运动必须要越过一个势垒。势垒高度为 W_s,这一点是和间隙杂质相同,但势能高低位置两者刚好相反。

我们知道空位可以通过不同方式产生。尽管产生空位的具体方式可以不同,但在一定

宏观条件下,达到统计平衡时的数目是一定的。平衡时单位体积的空位数为 n

$$n = Ne^{-W_v/kT} \tag{3.2}$$

N 是单位体积晶体内所含的晶格数,W_v 代表形成一个空位所需要的能量。这里 W_v 指的是将晶格位置上的一个硅原子放到晶体表面上去所需要的能量,而不是把一个在晶格位置上的原子从晶体中拿走所需要的能量。每个晶格上出现空位的几率就为

$$\frac{n}{N} = e^{-W_v/kT} \tag{3.3}$$

根据玻尔兹曼统计规律,替位杂质依靠热涨落跳过势垒高度为 W_s 的几率为

$$\nu_0 \exp(-W_s/kT) \tag{3.4}$$

替位杂质的跳跃率 p_v 应该是近邻出现空位的几率乘上跳入该空位的几率,即为

$$P_v = \exp(-W_v/kT)\nu_0 \exp(-W_s/kT)$$
$$= \nu_0 \exp[-(W_v + W_s)/kT] \tag{3.5}$$

由此可见,替位杂质的运动同间隙杂质相比,一般来说更为困难,这是因为,首先要在近邻晶格位置上出现空位,同时还要依靠热涨落获得大于势垒高度 W_s 的能量才能实现替位运动。也就是说,一般情况下,因为 W_v+W_s 比 W_i 大得多,因而 p_v 比 p_i 要小得多。由(3.5)式可以看到,替位杂质的运动同样是与温度密切有关地。

在上面的讨论中,W_v 指的是晶体中出现一个硅空位所需要的能量,但是,在替位杂质近邻的晶格位置上出现一个硅空位所需能量要比 W_v 小些,这是因为替位杂质的大小与硅原子不同,当它们替代晶格上的硅原子之后,就会引起周围晶格的畸变。例如,当替位杂质比硅原子小时(如硼、磷),围绕替位杂质的原子空间将"膨胀"。相反,如果替位杂质比硅原子大时(如锑),围绕替位杂质的原子空间将"收缩"。与硅原子半径相差越大的替位杂质,引起畸变的程度就越严重。由于同样原因,对替位杂质所要越过的势垒高度也会产生一定影响。实验指出,在通常情况下,对硅晶体中的替位杂质来说,W_v+W_s 约为 3~4 eV,而硅原子自身扩散运动的激活能比杂质扩散的激活能大 1 eV 左右,为 5.13 eV。3~4 eV 这个值约为硅禁带宽度的 3~4 倍,刚好与替位杂质近邻出现空位时所需要的能量相近,因为出现一个空位需要打破 3~4 个共价键。

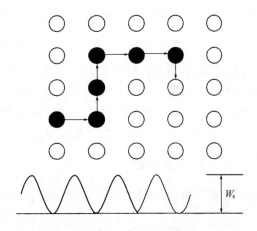

图 3.3 替位杂质运动及势能曲线示意图

3.2 扩散系数与扩散方程

扩散是指随机跳动产生的原子运动,如果存在杂质浓度梯度时则将导致杂质的净扩散流。浓度差、温度的高低、粒子的大小、晶体结构、缺陷浓度以及粒子运动方式都是决定扩散运动的重要因素。扩散运动的结果将使粒子浓度趋于均匀。

气体、液体和固体中都存在着扩散运动。不过在常温下,由于固体是凝聚态,粒子之间相互作用很强,扩散运动很慢。因此,要加速固体中的扩散运动,往往需要在高温下进行。

本节主要内容是推导扩散方程和扩散系数的表达式。

3.2.1 菲克第一定律

1855年菲克(Fick)提出描述物质扩散的第一定律[5]。菲克第一定律认为,如果在一个有限的基体中存在杂质浓度梯度 $\partial C/\partial x$,则杂质将会产生扩散运动,而且杂质的扩散方向是使杂质浓度梯度变小。在扩散过程中,t 时刻在 x 点的杂质浓度用 $C(x,t)$ 表示,即浓度是空间位置和时间的函数。如果扩散时间足够长,则杂质分布逐渐变得均匀。菲克第一定律可以表述为:杂质的扩散流密度 J 正比于杂质浓度梯度 $\partial C/\partial x$,比例系数 D 定义为杂质在基体中的扩散系数。流密度的一维表达式为

$$J = -D\frac{\partial C(x,t)}{\partial x} \tag{3.6}$$

(3.6)式说明,当浓度梯度变小时,扩散减缓。扩散流密度 J 定义为单位时间通过单位面积的杂质(粒子)数。D 是扩散系数,x 是由表面算起的垂直距离(cm),t 是扩散时间(s),D 的单位为 cm^2/s。扩散系数 D 依赖于扩散温度、扩散杂质的类型、扩散机制以及杂质浓度等,其他因素如扩散气氛以及物质基体中其他杂质的存在等也都会影响扩散系数 D。

3.2.2 扩散系数

扩散系数(扩散率)的大小与哪些因素有关是扩散工艺中最为关心的问题之一,下面讨论扩散系数的具体表达式。我们在图 3.4 所示的替位杂质的势能曲线和一维扩散模型的基础上,来推导扩散粒子流密度 $J(x,t)$ 的表达式。设晶格常数为 a,t 时刻在 $x-a/2$ 位置处,单位面积上替位原子(杂质)数为 $C(x-a/2,t)a$;在 $x+a/2$ 位置处,单位面积上替位原子数为 $C(x+a/2,t)a$。在单位时间内,替位原子从 $x-a/2$ 处的单位面积上跳到 $x+a/2$ 处的粒子数(杂质)目为

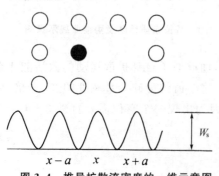

图 3.4 推导扩散流密度的一维示意图

$$C\left(x-\frac{a}{2},t\right)P_v a$$

而替位原子由 $x+a/2$ 处的单位面积上跳到 $x-a/2$ 处的粒子数目为

$$C\left(x+\frac{a}{2},t\right)P_v a$$

在 t 时刻,通过 x 处单位面积的净粒子数目,即粒子流密度为:

$$J(x,t) = C\left(x-\frac{a}{2},t\right)P_v a - C\left(x+\frac{a}{2},t\right)P_v a$$

$$= -a^2 P_v \frac{\partial C(x,t)}{\partial x} \tag{3.7}$$

此式同菲克第一定律比较,可得

$$D = a^2 P_v \tag{3.8}$$

把跳跃率 P_v 的表达式(3.5)代入上式,则得

$$D = a^2 \nu_0 \exp[-(W_s + W_v)/kT] = D_0 \exp(-\Delta E/kT) \tag{3.9}$$

其中 $D_0 = a^2 \nu_0$,称为表观扩散系数,ΔE 为扩散激活能,对于替位式杂质扩散来说,一般为 $3 \sim 4$ eV。D_0、ΔE 以及温度 T 是决定扩散系数的基本量。对于间隙杂质,可做类似推导。

3.2.3 菲克第二定律(扩散方程)

我们分析在一维情况下,沿扩散方向,从 x 到 $x+\Delta x$,面积为 Δs 的一个小体积元内的杂质数量随时间的变化情况。在图 3.5 所示的体积中,Δx 和 Δs 都非常小,因此体积 $\Delta V = \Delta x \Delta s$ 也非常小,我们就可以设想在这样的小体积元内的杂质分布是均匀的。在 t 时刻,设体积元内的杂质浓度为 $C(x,t)$,在 $t+\Delta t$ 时刻为 $C(x,t+\Delta t)$。经过 Δt 时间,该体积元内杂质变化量为

$$C(x,t)\Delta s \Delta x - C(x,t+\Delta t)\Delta s \Delta x = -[C(x,t+\Delta t) - C(x,t)]\Delta s \Delta x \tag{3.10}$$

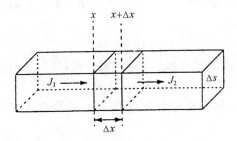

图 3.5 推导扩散方程的体积元

体积元内杂质的变化,是由于在 Δt 时间内,通过 x 处和 $x+\Delta x$ 处的两个截面的流量差所引起的。如果假设在 Δt 时间内,通过 x 处和 $x+\Delta x$ 处的流量不变,则流量差为

$$J(x+\Delta x,t)\Delta s \Delta t - J(x,t)\Delta s \Delta t = [J(x+\Delta x,t) - J(x,t)]\Delta s \Delta t \tag{3.11}$$

如果假设体积元内的杂质不产生也不消失,那么(3.10)式和(3.11)式应相等。经过简单的运算可得到

$$-\frac{\partial C(x,t)}{\partial t} = \frac{\partial J(x,t)}{\partial x} \tag{3.12}$$

把(3.6)式代入上式,则得一维扩散方程

$$\frac{\partial C(x,t)}{\partial t} = \frac{\partial}{\partial x}\left(D\frac{\partial C(x,t)}{\partial x}\right) \tag{3.13}$$

此方程就是菲克第二定律的最普遍表达式,也就是扩散方程。

如果假设扩散系数 D 为常数,这种假设在低浓度情况下是正确的,则得

$$\frac{\partial C(x,t)}{\partial t} = D\frac{\partial^2 C(x,t)}{\partial x^2} \tag{3.14}$$

在 3.3 节中我们先根据方程(3.14),即低浓度情况下,求解扩散杂质的分布与扩散时间 t 和位置 x 之间的关系。将在本章 3.4 节中讨论高浓度杂质情况下的扩散系数 D 以及缺陷对杂质扩散系数 D 的影响。

3.3 扩散杂质的分布

根据扩散方程以及边界条件和初始条件,就可以求出各种扩散情况下的杂质分布形式[6,7]。目前在集成电路制造中,扩散方法主要有两种:① 恒定表面源扩散,② 有限表面源扩散。由于两者的扩散条件不同,扩散方程的解也就不相同,杂质分布情况也就不一样。下面分别讨论这两种扩散方法以及各自的特点。

3.3.1 恒定表面源扩散

如果在整个扩散过程中,硅片表面的杂质浓度始终不变,这种类型的扩散就称为恒定表面源扩散。在恒定表面源扩散过程中,虽然杂质不断向硅内扩散,但表面浓度 C_s 始终保持恒定,因此有边界条件

$$C(0,t) = C_s \tag{3.15}$$

假定杂质在硅内要扩散的深度远小于硅片的厚度,则另一个边界条件为

$$C(\infty,t) = 0 \tag{3.16}$$

在扩散开始时,除了硅片表面与杂质源相接触,其浓度为 C_s 外,硅片内部没有杂质扩进,则初始条件应为

$$C(x,0) = 0, \quad x > 0 \tag{3.17}$$

根据上述的边界条件和初始条件,可求出扩散方程(3.14)的解,即得到恒定表面源扩散的杂质分布情况

$$C(x,t) = C_s\left(1 - \text{erf}\frac{x}{2\sqrt{Dt}}\right) = C_s\,\text{erf}\left(\frac{x}{2\sqrt{Dt}}\right) \quad t > 0 \tag{3.18}$$

其中 C_S 为表面杂质的恒定浓度（原子/cm^3），D 是扩散系数（cm^2/s），x 是由表面算起的垂直距离(cm)，t 是扩散时间(s)，erfc 是余误差函数。方程的具体解法可查阅有关资料[8]。

恒定表面源扩散的主要特点可总结如下：

1. 杂质分布情况

恒定表面源扩散的杂质分布情况如图3.6所示。由图可以看到，在表面浓度 C_S 一定的情况下，扩散时间越长，杂质扩散的就越深，扩到硅内的杂质数量也就越多。图中各条曲线下面所围的面积，可直接反映扩散到硅内的杂质数量。如果扩散时间为 t，那么通过单位表面积扩散到硅片内部的杂质数量 $Q(t)$，可通过对 $C(x,t)$ 积分求出（或者通过流密度的表达式求出）

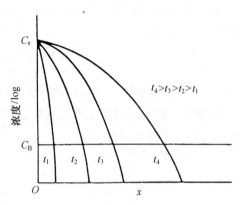

图 3.6 恒定源扩散的杂质分布情况

$$Q(t) = \int_0^\infty C(x,t)dx = \int_0^\infty C_S \text{erfc}\left(\frac{x}{2\sqrt{Dt}}\right)dx = \frac{2}{\sqrt{\pi}}C_S\sqrt{Dt} \tag{3.19}$$

恒定源扩散，其表面杂质浓度 C_S 由该杂质在扩散温度（900～1200℃）下在硅中的固溶度所决定。而在900～1200℃的温度范围内，杂质在硅中的固溶度随温度变化不大，可见恒定表面源扩散，很难通过改变温度来达到控制表面浓度 C_S 的目的，这也是该扩散方法的不足之处。

2. 结深

如果扩散杂质与硅衬底原有杂质的导电类型不同，并假设 $C_S > C_B$，C_B 为硅衬底原有的杂质浓度，则在两种杂质浓度相等处形成 p-n 结。其结的位置 x_j 可根据 $C(x_j, t) = C_B$ 由(3.18)式求出

$$x_j = 2\sqrt{Dt}\,\text{erfc}^{-1}\frac{C_B}{C_S} = A\sqrt{Dt} \tag{3.20}$$

A 是仅与比值 C_S/C_B 有关的常数，A 与 C_S/C_B 之间的关系如图3.7所示。

结深是工艺中的一个重要参数。由(3.20)式可以看到，x_j 与扩散系数 D 和扩散时间 t 的平方根成正比。D 与温度 T 是指数关系，所以在扩散过程中，温度通过 D 对扩散深度和杂质分布情况的影响，与时间 t 相比更为重要。

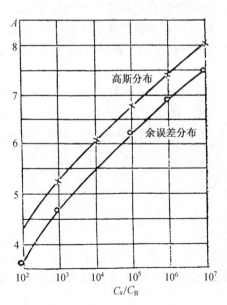

图 3.7 A 值与 C_s/C_B 关系曲线

3. 杂质浓度梯度

扩散后各处的杂质浓度梯度也是一个重要工艺参数。如果杂质按余误差函数分布,可求得梯度为

$$\frac{\partial C(x,t)}{\partial x}\bigg|_{x,t} = -\frac{C_S}{\sqrt{\pi Dt}} e^{-\frac{x^2}{4Dt}} \tag{3.21}$$

由上式可知,梯度受 C_S、t 和 D(即温度 T)的影响。在实际生产中,可以改变其中某个量,使杂质浓度分布的梯度满足要求。例如,在其他量不变的情况下,可选用固溶度大的杂质,即通过提高 C_S 来增大梯度。

在 p-n 结处的梯度为

$$\frac{\partial C(x,t)}{\partial x}\bigg|_{x_j} = -\frac{2C_S}{\sqrt{\pi}} \frac{1}{x_j} \exp\left(-\operatorname{erfc}^{-2}\frac{C_B}{C_S}\right) \times \operatorname{erfc}^{-1}\frac{C_B}{C_S} \tag{3.22}$$

由上式可以看出,在 C_S 和 C_B 一定的情况下,p-n 结越深,在 p-n 结处的杂质浓度梯度就越小。

3.3.2 有限表面源扩散

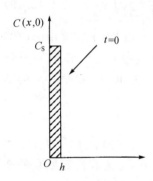

图 3.8 有限表面源扩散的初始条件

如果扩散之前在硅片表面先淀积一层杂质,在整个扩散过程中这层杂质作为扩散的杂质源,不再有新源补充,这种扩散方式称为有限表面源扩散。假设扩散之前在硅片表面上所淀积的杂质是均匀地分布在一薄层 h 内,每单位面积上的杂质数量为 Q,如图 3.8 所示。如果杂质在硅内要扩散的深度远大于 h,则预先淀积的杂质分布可按 δ 函数考虑。还假设杂质不蒸发以及硅片厚度远大于杂质要扩散的深度,则有如下的初始条件和边界条件

$$C(x,0) = 0, \quad x > h \tag{3.23}$$

$$C(\infty,t) = 0 \tag{3.24}$$

$$C(x,0) = C_S(0) = Q/h, \quad 0 \leqslant x \leqslant h \tag{3.25}$$

(3.25)式也可以用下式代替

$$\int_0^\infty C(x,t)\mathrm{d}x = Q$$

满足上述条件,扩散方程(3.14)的解为

$$C(x,t) = \frac{Q}{\sqrt{\pi Dt}} e^{-x^2/4Dt} \tag{3.26}$$

这就是有限表面源扩散杂质分布的表达式,$e^{-\frac{x^2}{4Dt}}$ 为高斯函数。有限表面源扩散的特点可总结如下:

1. 杂质分布情况

对于有限表面源扩散,当温度相同时,杂质的分布情况随扩散时间的变化如图 3.9 所示。由图可以看到,扩散时间越长,杂质扩散的就越深,表面浓度就越低。当扩散时间相同时,扩散温度越高,杂质扩散的就越深,表面浓度下降的也就越多。

有限表面源扩散的杂质是预先淀积的,在整个扩散过程中杂质数量保持不变,图 3.9 中各条分布曲线下面所包围的面积能直接反映出预先淀积的杂质数量,各条曲线下面的面积应该相等。有限表面源扩散的表面杂质浓度是可以控制的,这种扩散方法有利于制作低表面浓度的器件或电路。

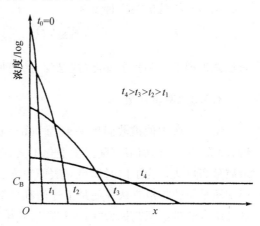

图 3.9 有限源扩散的杂质分布情况

如果以 $x=0$ 代入式(3.26)中就可求出任何时刻 t 的表面浓度

$$C_S(t) = C(0,t) = \frac{Q}{\sqrt{\pi Dt}} \tag{3.27}$$

因而有限表面源扩散的杂质分布形式也可以写为

$$C(x,t) = C_S(t) e^{-x^2/4Dt} \tag{3.28}$$

2. 结深

如果硅衬底中原有杂质与扩散的杂质具有不同的导电类型,并假设 $C_S > C_B$,则在两种杂质浓度相等处形成 p-n 结,结深可由下式求出

$$C_B = C(x_j, t) = C_S e^{-x_j^2/4Dt} \tag{3.29}$$

其中 C_B 为硅衬底中原有的杂质浓度,x_j 为结深,表达式为

$$x_j = 2\sqrt{Dt}\sqrt{\ln\left(\frac{C_S}{C_B}\right)} \tag{3.30}$$

也可写为

$$x_j = A\sqrt{Dt} \tag{3.31}$$

A 与比值 C_S/C_B 有关,但因为 C_S 是随时间变化的,所以 A 也将随时间变化,这与恒定源扩散情况是不相同的。A 与 C_S/C_B 之间的关系如图 3.7 所示。对于有限源扩散来说,扩散时间较短时,结深 x_j 将随 $Dt^{1/2}$ 的增加而增加。另外,由图 3.9 可以看出 C_B 对结深的影响,在杂质分布形式相同的情况下,C_B 越大,结深越浅。

3. 杂质浓度梯度

将式(3.26)对 x 微分,可求出任意位置上的杂质浓度梯度

$$\left.\frac{\partial C(x,t)}{\partial x}\right|_{(x,t)} = -\frac{x}{2Dt}C(x,t) \qquad (3.32)$$

在 p-n 结处的杂质梯度为

$$\left.\frac{\partial C(x,t)}{\partial x}\right|_{x_j} = -\frac{2C_S}{x_j} \cdot \frac{\ln(C_S/C_B)}{C_S/C_B} \qquad (3.33)$$

杂质浓度梯度将随扩散深度(或结深)的增加而减小。

3.3.3 两步扩散

实际生产中的扩散温度一般为 900～1200℃，在这样的温度范围内，常用杂质，如硼、磷、砷等在硅中的固溶度随温度变化不大，因而采用恒定表面源扩散很难得到低表面浓度的杂质分布形式。为了同时满足对表面浓度、杂质数量、结深以及梯度等方面的要求，实际生产中所采用的扩散方法往往是上述两种扩散方式的结合，也就是将扩散过程分为两步完成，这种结合的扩散工艺称为"两步扩散"，其中第一步称为预扩散或者预淀积，第二步称为主扩散或者再分布。

预扩散是在较低温度下，采用恒定表面源扩散方式，在硅片表面扩散一层数量一定，按余误差函数形式分布的杂质。由于温度较低，且时间较短，杂质扩散的很浅，可认为杂质是均匀分布在一薄层内。通常也称这一步工艺为预淀积，其目的是为了控制扩散杂质的数量。

主扩散是将由预扩散引入的杂质作为扩散源，在较高温度下进行扩散，扩散的同时也往往进行氧化。主扩散的目的是为了控制表面浓度和扩散深度，在这一步扩散中，因为杂质数量一定，只是在较高温度下重新分布，所以也称再分布。

经过两步扩散之后的杂质最终分布形式，将由具体情况决定。如果用脚码"1"表示与预扩散有关的参数，"2"表示与主扩散有关的参数。当 $D_1 t_1 \gg D_2 t_2$ 时，在这种情况下，预扩散起决定作用，杂质基本上按余误差函数形式分布；当 $D_1 t_1 \ll D_2 t_2$ 时，此种情况下主扩散起决定作用，杂质基本按高斯函数分布。如果实际扩散不属于上述两种极限情况，那么经过两步扩散之后的最终杂质分布形式可查阅有关资料[9]。

3.4 影响扩散杂质分布的其他因素

在上一节中，由扩散方程以及不同的初始和边界条件，求解出扩散后的杂质分别按余误差函数形式或高斯函数形式分布。这两种分布形式都能较好地反映实际情况，对设计和生产均能起到积极的指导作用。但是，在理论推导过程中，对某些情况作了理想化的假设，影响杂质扩散的各种因素又未能全部考虑，所以理论分布还是与实际分布存在一定的差异。另外，随着超高频晶体管的发展，尤其是集成电路已进入深亚微米级加工水平，电路中各种器件的密度越来越高，几何图形的尺寸越来越小，要求杂质扩散的深度也越来越浅，因此，对影响杂质分布的各种主要因素都应该考虑到。下面就几个主要方面进行讨论。

实验发现硅中掺杂原子的扩散,除了与空位有关外,还与硅中其他类型的点缺陷有着密切的关系。对这一点,最早认识是因为发现掺杂原子的扩散系数并没有像菲克定律所预言的那样,而是表现出受到其他一些因素的影响。菲克定律不能解释的第一个反常现象是在 npn 窄基区晶体管制造中,如果基区和发射区分别扩硼和扩磷,则发现在发射区正下方的基区(内基区)要比不在发射区正下方的基区(外基区)深,也就是说在发射区正下方硼的扩散有了明显的增强,这个现象叫做发射区推进效应。菲克定律不能解释的第二个反常现象是在热氧化过程中,原存在硅晶体内的某些掺杂原子显现出更高的扩散性,称这种现象为氧化增强扩散(oxidation enlanced diffusion,OED),还发现其他一些反常现象。这些反常现象,可用硅晶体中存在其他类型的点缺陷对杂质扩散的影响来解释[10,11]。下面就讨论硅晶体中点缺陷与掺杂原子之间的相互作用及其对杂质扩散的影响。

3.4.1 硅晶体中的点缺陷

在第一章中已经讲到,硅晶体中可能存在各种类型的点缺陷,首先要考虑的点缺陷是指存在于硅晶体中晶格位置上的其他原子(杂质原子)所产生的缺陷。一个存在晶格位置上的杂质原子,被称为替位杂质,我们用 A 表示。存在于晶格上的替位质杂,一定会对晶格的周期性产生局域扰动,任何对晶格周期性产生扰动都被称为"缺陷"。大多数常见的掺杂原子(B、P、As、Sb、In、Ga)在硅晶体中主要以替位形式存在,即替代硅原子存在于晶格位子上,因此,它们的存在必定会对晶格周期性产生扰动。

在扩散温度下,可能出现的点缺陷还有空位类和间隙类缺陷。空位类缺陷是指晶格上缺失一个硅原子或是一个空的晶格。间隙类缺陷主要有:① 间隙原子,② 间隙原子团。空位类缺陷和间隙类缺陷统一用 X 表示,X 或者是指空位类缺陷,或者是指间隙类缺陷,其中空位类缺陷用 V 表示,间隙类缺陷用 I 表示。

在硅集成电路制造中,常用的掺杂原子主要以替位形式存在于硅晶体中,而且是浅能级杂质,因此在室温下基本会全部电离,也就是说或者向导带贡献一个电子,或者向价带贡献一个空穴。既然掺杂原子在室温下基本全部电离,并以离子形式存在,那么它们一定会与其他荷电体(如晶格点缺陷、自由载流子)相互作用,也必然会对扩散产生影响。

我们知道,硅晶格点阵上的每个原子都必须同周围最近邻的四个原子形成共价键,以满足价电子层的需要。如果存在一个中性空位时,这个中性空位的四个最近邻原子的价电子层就没有饱和。如果这个空位缺陷捕捉一个或两个电子(或空穴),就可使这个空位近邻的一个原子或两个原子的价电子层饱和,而原为中性的空位也就变成荷电体。如果这个空位没有捕捉到电子或空穴,仍然保持中性。通过电子顺磁共振等研究手段已经确定,硅中的荷电空位类缺陷主要有四种:

(1) 中性空位,用 V^0 表示。

(2) 带一个负电荷的空位(捕捉到一个电子),用 V^{-1} 表示。

(3) 带两个负电荷的空位(捕捉到两个电子),用 V^{-2} 表示。

(4) 带一个正电荷的空位(捕捉到一个空穴)，用 V^+ 表示。

图 3.10(a_1)、3.10(a_2)和 3.10(a_3)显示了这些不饱和键如何重组以形成硅晶格上的不同缺陷。

对于间隙类点缺陷来说，首先要考虑的是自间隙缺陷，也就是由存在于硅晶体间隙位置上的硅原子所产生的缺陷，自间隙缺陷用 I 表示。"自间隙"这个词是用来区别那些由间隙杂质所产生的缺陷。图 3.10(b_1)和图 3.10(b_2)分别显示了在四面体和六面体中间隙附近的键合情况。

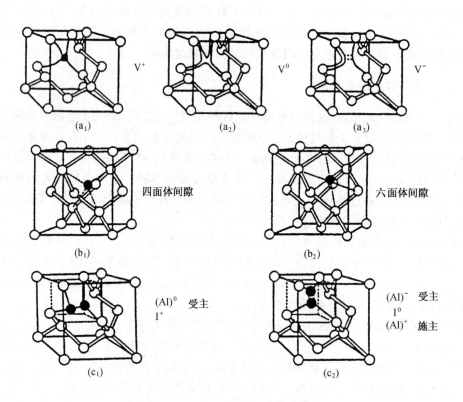

图 3.10 硅晶格上的各种缺陷结构

第二类要考虑的间隙类点缺陷被称为间隙原子团，这种缺陷并不是经常能被辨认出来，间隙原子团同样用 I 表示。间隙原子团缺陷与间隙原子缺陷的不同之处在于：间隙原子团缺陷是由两个或两个以上、存在于晶格附近的非替位原子所形成的缺陷。组成间隙原子团的两个原子可以都是硅原子(I 缺陷)；或者是一个硅原子和一个掺杂原子(AI 缺陷)。间隙原子团缺陷既可以保持中性，也可以带电，有如下组成方式：

(1) 两个间隙硅原子构成的中性间隙原子团，用 I^0 表示。

(2) 两个间隙硅原子构成的带一个正电荷的间隙原子团，用 I^{+1} 表示。

(3) 由一个掺杂原子和一个间隙硅结合形成的中性间隙原子团,用 $(AI)^0$ 表示。这类缺陷起受主作用。

(4) 由一个掺杂原子和一个间隙硅结合形成的带一个负电荷的间隙原子团,用 $(AI)^{-1}$ 表示。这类缺陷同样起受主作用。

(5) 由一个掺杂原子和多个间隙硅原子结合形成的带一个正电荷的间隙原子团,用 $(AI)^{+1}$ 表示。这类缺陷起施主的作用。

图 $3.10(c_1)$ 和 $3.10(c_2)$ 给出的是间隙原子团缺陷的结构示意图。由于很难通过实验区分间隙原子和间隙原子团,所以通常并不强调二者的区别,这两种缺陷被统称为间隙类缺陷。

上面已经讲述了三种缺陷(替位杂质缺陷 A,空位类缺陷 V 和间隙类缺陷 I),下面讨论这些缺陷之间的相互作用对扩散的影响。

掺杂原子在晶体中可形成下面几种缺陷:
(1) 晶格上的一个掺杂原子(A);
(2) 空位附近的一个掺杂原子(AV);
(3) 间隙原子团中的一个掺杂原子(AI);
(4) 间隙位置上的一个掺杂原子(Ai)。

在扩散过程中,掺杂原子与缺陷之间的结合方式为:AV、AI、Ai,并可用以下反应来描述,而且所有反应都是可逆的,同时,质量作用定律适用于这些反应。

$$I+A \leftrightarrow AI \quad (3.34a)$$

或者

$$I+A \leftrightarrow Ai \quad (3.34b)$$
$$V+A \leftrightarrow AV \quad (3.35)$$
$$I+AV \leftrightarrow Ai \quad (3.36)$$
$$V+AI \leftrightarrow A \quad 或 \quad V+Ai \leftrightarrow A \quad (3.37)$$

另外,还可以通过 Frenkel 缺陷产生空位和间隙,或者空位和间隙的复合

$$0 \leftrightarrow V+I \quad (3.38)$$

上述反应都是可逆的,也就是说 I 和 V 的浓度可受其他因素(即由其他原因所产生点缺陷)的影响,这些反应可能倾向于正向或逆向。例如,如果氧化时产生了大量的间隙原子,那么(3.34)式则倾向于正向,AI 的浓度增加,AI 浓度的增加将导致杂质扩散能力的加强。

下面对(3.34)式至(3.38)式作简要的讨论。(3.34)式中的反应描述的是一个替位杂质 A 和间隙原子(团)I 之间的相互作用,被称为"碰撞"或者"踢出"(kick-out)反应。间隙硅原子把处在晶格位置上的替位杂质从替位位置上撞出,而这个间隙硅原子进入晶格位置,并形成 AI 对,这种推填机制也是硅中杂质一种重要的扩散方式。(3.35)式所描述的是杂质与空位反应,也就是替位杂质的扩散机制。但替位杂质并不是一定要运动到它的近邻空位上,也有可能从替位进入间隙,成为间隙杂质,如(3.36)式所描述的。(3.36)式和(3.38)式中的

反应描述的是 I、V 之间的相互作用。(3.37)式描述的是离解反应,由于人们认为这种机制发生的可能性很小,对扩散运动的影响并不重要。最后,(3.38)式的正向反应描述的是 Frenkel 缺陷的形成(产生空位和间隙),正如在第一章中讲到的那样。

过去一直认为杂质在硅中的扩散运动只有通过空位机制才能实现,但通过大量的研究已经确定间隙(I)机制同空位(V)机制一样,也可促成杂质的扩散运动[12]。而且大多数常用杂质的扩散运动,两种机制往往都起着作用。图 3.11 表示的是一个间隙硅原子把一个处在晶格位置上的替位杂质"踢出",使这个杂质处在间隙位置上,而这个硅原子却占据了晶格位置。被"踢出"的杂质以间隙方式进行扩散运动,当它遇到空位时又可进入空位,又成为替位杂质;另外,这个以间隙方式进行扩散运动的杂质,在运动过程中也可能"踢出"晶格位置上的硅原子而它本身进入晶格位置,成为替位杂质,被"踢出"的硅原子变为间隙原子[13],如图 3.12 所示。原来认为硼和磷等只能靠空位机制才能实现扩散运动的杂质,实际扩散运动往往是靠两种机制同时进行的,在某些情况下间隙机制可能占主导地位,具体哪一种扩散机制占主要地位将取决于具体情况。

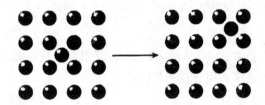

图 3.11 硅原子"踢出"晶格位置上杂质原子的示意图　　图 3.12 "踢出"与间隙机制扩散示意图

3.4.2　扩散系数与杂质浓度的关系

前面所讨论的恒定源和有限源扩散时,都假定了扩散系数是与杂质浓度无关的常数,扩散后的杂质分别按余误差或高斯函数分布,而且也可以通过对杂质分布情况的测量求出扩散系数。实验发现扩散系数与杂质浓度是有关的,只有当杂质浓度比扩散温度下的本征载流子浓度 $n_i(T)$ 低时,才可认为扩散系数是与掺杂浓度无关,通常把这种情况的扩散系数叫做本征扩散系数,用 D_i 表示。把依赖于掺杂(包括衬底杂质和扩散杂质)浓度的扩散系数称为非本征扩散系数,用 D_e 表示。

III、V 族元素在硅中扩散运动的理论是建立在杂质与空位相互作用的基础上,即杂质原子通过跳入邻近的空位实现扩散运动,因此,扩散系数和空位浓度成正比[14]。而扩散系数依赖于杂质浓度的一种可能的解释是:掺入的施主或受主杂质诱导出大量荷电态空位,由于空位浓度的增加,因而扩散系数增大。通过电子顺磁共振等研究手段已经确认,硅中的荷电态空位主要有四种:V^0,V^+,V^-,V^{2-}。其中 V^0 表示中性空位;V^+,V^-,V^{2-} 表示荷电态的空位,右上角表示荷电类型和电荷数[15]。例如,V^+ 表示单正电荷空位,V^- 表示单负电荷空位，V^{2-} 表示双负电荷空位。这些空位的能带图示于图 3.13 中[16]。

中性空位 V^0 的浓度不依赖于掺杂浓度，因此，非本征材料中的中性空位浓度等于本征材料中的中性空位浓度，该浓度仅是温度的函数。而 V^+、V^- 和 V^{2-} 的浓度与掺杂浓度有关，例如，高掺杂施主可使 V^- 和 V^{2-} 的浓度增加。

硅中各种空位的实际浓度是非常低的，因此可认为各种荷电空位之间不发生相互作用。同时各种空位又以不同方式与离化的杂质相互作用，因此，杂质与每种空位相互作用的跳跃统

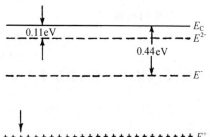

图 3.13 硅中空位的能带图

计学并不相同，从而具有不同的激活能和扩散系数。那么，总的扩散系数就应该是这些单独跳跃过程所贡献的扩散系数之和。在低掺杂情况，则有

$$D_i = D_i^0 + D_i^+ + D_i^- + D_i^{2-} \tag{3.39}$$

其中 $D_i^0, D_i^+, D_i^-, D_i^{2-}$ 分别表示杂质通过与 V^0, V^+, V^-, V^{2-} 空位作用的扩散系数。在本征情况下，硅中的空位主要是 V^0，所以有 $D_i \approx D_i^0$。

在高掺杂情况下，非本征扩散系数也可以看成是杂质与各种荷电空位相互作用所贡献的扩散系数的总和，差别仅在于各种荷电空位对扩散系数的相对贡献发生了变化。下面将要证明，在高掺杂情况下的扩散系数为[17]

$$D_e = D_i^0 + D_i^+ \left(\frac{p}{n_i}\right) + D_i^- \left(\frac{n}{n_i}\right) + D_i^{2-} \left(\frac{n}{n_i}\right)^2 \tag{3.40}$$

其中 n_i 为本征载流子浓度，p, n 分别为空穴和电子浓度。对于可认为是本征情况的低掺杂时，有 $n=p=n_i$，则(3.40)式就变成(3.39)式。对于高掺杂情况，若是 P 型，有 $p \gg n_i \gg n$，则(3.40)式中第二项的贡献变大；若是 N 型，有 $n \gg n_i \gg p$，则(3.40)式中第三项和第四项贡献变大。

以 V^+ 项为例来证明(3.40)式。带正电的 V^+ 空位的形成可以看成是中性空位 V^0 俘获一个空穴(释放一个电子)的结果

$$V^0 + h \longleftrightarrow V^+ \tag{3.41}$$

根据质量作用定律

$$K = \frac{N(V^+)}{pN(V^0)} \tag{3.42a}$$

其中 K 为浓度平衡常数，仅与温度有关，与掺杂情况无关。$N(V^+)$ 和 $N(V^0)$ 分别表示 V^+ 和 V^0 空位的浓度。在本征条件下，$p=n_i$，因此有：

$$K = \frac{N_i(V^+)}{n_i N_i(V^0)} \tag{3.42b}$$

其中 $N_i(V^+)$，$N_i(V^0)$ 表示在本征情况下的 V^+ 和 V^0 空位的浓度。由（3.42a）式和（3.42b）式我们可得到

$$\frac{N(V^+)}{pN(V^0)} = \frac{N_i(V^+)}{n_i N_i(V^0)} \tag{3.43}$$

因中性空位的浓度并不因掺杂浓度而变化，即 $N(V^0) \equiv N_i(V^0)$，则有

$$\frac{N(V^+)}{N_i(V^+)} = \frac{p}{n_i} \tag{3.44}$$

这表明在高掺杂的 P 型材料中，荷正电空位的浓度将会增加。我们知道扩散系数是与空位浓度成正比的，因此 $D_i^+ \propto N_i(V^+)$，$D_e^+ \propto N_e(V^+)$，D_i^+ 和 D_e^+ 分别表示低掺杂和高掺杂时，杂质与单正电荷空位相互作用所贡献的扩散系数，这样由式（3.44）可得到在高掺杂 P 型材料中，杂质与单正电荷相互作用的扩散系数的表达式

$$D_e^+ = D_i^+ \frac{p}{n_i} \tag{3.45}$$

这就是（3.40）式中的第二项，同理，单负电荷受主空位的反应方程式为

$$V^0 + e \longleftrightarrow V^- \tag{3.46}$$

扩散系数为

$$D_e^- = D_i^- \frac{n}{n_i} \tag{3.47}$$

D_e^- 是在高掺杂时杂质与单负电荷空位相互作用所贡献的扩散系数。对于双负电荷受主空位的反应方程式为

$$V^0 + 2e \longleftrightarrow V^{2-} \tag{3.48}$$

反应平衡常数为

$$K(V^{2-}) = \frac{N(V^{2-})}{n^2 N(V^0)} \tag{3.49}$$

则有

$$D_e^{2-} = D_i^{2-} \left(\frac{n}{n_i}\right)^2 \tag{3.50}$$

D_e^{2-} 是在高掺杂时杂质与双负电荷空位相互作用所贡献的扩散系数。这样，我们就证明了表示高掺杂情况下，扩散系数与杂质浓度的关系式（3.40）。

3.4.3 氧化增强扩散

实验发现，影响扩散运动的因素除了缺陷和高浓度掺杂效应之外，还与其他因素有关。其中，硼、磷和砷在氧化气氛中的扩散问题得到了广泛的研究[16]。实验结果表明，与中性气氛相比，杂质硼在氧化气氛中的扩散存在明显的增强。这种现象被称为氧化增强扩散。杂质硼和磷的增强现象最为明显，杂质砷也有一定程度的增强，而锑在氧化气氛中的扩散却被阻滞[18~20]。

在研究氧化增强扩散时,为了排除高浓度掺杂等因素对扩散的影响,实验样片的杂质浓度低于 n_i。通过化学或离子注入方法引入杂质并形成低掺杂的预扩散层,扩散结果就可以由不依赖杂质浓度的扩散系数来描述。为了得到准确的实验结果,在低温下先在样片表面生长一层薄氧化层,用以保护硅表面,然后在其上淀积一层氮化硅层,通过光刻去掉部分区域的氮化硅和二氧化硅层,露出硅片表面。这样,在硅片表面上就形成了裸露区和氮化硅覆盖区。然后选择不同晶向和不同气氛进行实验。通过测量杂质扩散的结深和杂质剖面分布情况,可以判断杂质的扩散是被增强还是被阻滞。

由图 3.14(a)中可以看到,在氧化区下方硼的扩散结深大于由氮化硅保护区下方的结深,这说明在氧化过程中,硼的扩散被增强。通过对杂质硼的氧化增强扩散现象的分析,人们提出了双扩散机制,即在氧化过程中,硼的扩散运动是通过空位和间隙两种机制实现的,而间隙机制可能起到更为重要的作用。

硅氧化时,在 Si-SiO$_2$ 界面附近产生了大量的间隙硅原子,这些过剩的间隙硅原子在向硅内扩散的同时,不断与空位复合,使这些过剩间隙硅原子的浓度随深度的增加而降低。但在表面附近,过剩间隙硅原子的浓度很高,它们在和替位硼相互作用时,使替位硼变为间隙硼,如(3.34)式所示。当间隙硼的近邻晶格没有空位时,间隙硼就以间隙方式运动;如果间隙硼的近邻晶格出现空位时,间隙硼又可以进入空位变为替位硼。这样,杂质硼就以替位-间隙交替的方式运动,其扩散速度比单纯由替位到替位要快得多。而由氮化硅保护的硅不发生氧化,也就不存在大量的间隙硅,这个区域中硼的扩散只能通过空位机制进行,所以氧化区正下方硼的扩散深度(结深)大于由氮化硅保护区域的扩散深度(结深)。磷在氧化气氛中的扩散也被增强,其机制与硼相同。

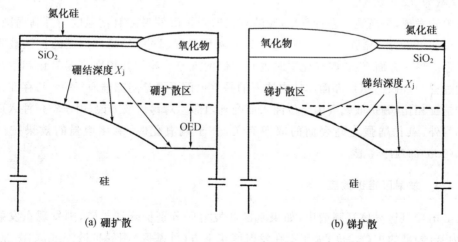

图 3.14 氧化增强扩散示意图

用锑代替硼的实验表明,氧化区正下方锑的扩散深度(结深)小于在氮化硅保护区下方的扩散深度(结深),如图 3.14(b)所示,说明在氧化过程中锑的扩散被阻滞。这是因为控制锑扩散运动的主要机制是空位。在氧化过程中,所产生的过剩间隙硅在向硅内扩散的同时,不断地与空位复合,使空位浓度减小,从而降低了锑的扩散速度,因为锑主要依靠空位机制完成扩散运动。

砷在硅中的扩散是通过空位和间隙两种机制进行的,而且两种机制都很重要。砷在硅中与空位作用进行扩散的同时,也可通过间隙机制进行扩散,这与硼和磷是又不完全相同。对硼和磷来说,只有当硅中存在大量的间隙硅时,硼或磷与间隙硅相互作用对扩散的贡献才明显增强,甚至超过与空位作用对扩散的贡献。因此,在氧化条件相同的情况下,砷的扩散速度变化没有硼和磷那么明显,其扩散增强的程度要低于硼和磷。

如果只在中性气氛中进行热处理(如氮化过程),不发生氧化过程,可以观察到硼和磷的扩散被阻滞,而锑的扩散却被增强。对锑扩散来说主要是空位机制,在中性气氛中进行热处理的过程并不生成二氧化硅,也就不会产生过剩的间隙硅,因此硼或磷只能依靠空位机制进行扩散运动,不存在间隙扩散机制,与在氧化气氛中相比,硼和磷扩散就被阻滞。相反,由于没有过剩的间隙硅与空位复合,对于主要依靠空位机制扩散的锑,其扩散速度与在氧化气氛中相比就被增强了。

在氧化过程中过剩间隙硅原子的浓度是由氧化速率和复合速率所决定,所以在氧化过程中的扩散系数是氧化速率的函数。我们用 ΔD 来表示因氧化引起的增强扩散系数,实验结果表明,ΔD 与氧化速率的关系式为

$$\Delta D \propto (\mathrm{d}x_{ox}/\mathrm{d}t)^n \tag{3.51}$$

其中,ΔD 为增强扩散系数,$\mathrm{d}x_{ox}/\mathrm{d}t$ 为氧化速率,n 为经验参数,其典型值在 $0.2 \sim 0.3$ 之间(有的文献为 $0.3 \sim 0.6$)。

实验还发现,在高温下进行氧化,硼的氧化增强扩散效果随氧化温度的升高而减弱,而锑的扩散却可以得到增强。对于硼来说,如果氧化温度超过 1150℃ 时,硼的扩散被阻滞而不是增强。另一方面,生长厚氧化层时也有类似的现象。我们知道在高温氧化和生长厚氧化层的过程中,由 Si-SiO$_2$ 界面向硅内注入的是空位而不再是间隙硅原子[21],与存在大量间隙硅的情况相比,硼扩散就会因空位注入而受到阻滞。对锑扩散来说,由于空位注入而得到增强。另外,氧化增强与硅表面的取向有关,在干氧氧化时,氧化增强的效果按(111),(110),(100)的顺序递减。

3.4.4 发射区推进效应

在 npn 窄基区晶体管制造中,如果基区和发射区分别扩硼和扩磷,则发现在发射区正下方(内基区)硼的扩散深度,大于不在发射区正下方(外基区)硼的扩散深度,如图 3.15 所示。这个现象被称为发射区推进效应,或称发射区下陷效应。

发射区正下方硼扩散的增强,是因为磷与空位相互作用形成的 PV 对发生分解所带来的复合效应[22]。硼附近 PV 对的分解会增加空位的浓度,因而加快了硼的扩散速度。另一

方面,试验结果显示,在磷的扩散区的正下方,由于 PV 的分解,存在着过饱的间隙硅原子,这些过剩的间隙硅原子与硼相互作用也会增强硼的扩散[23~26]。

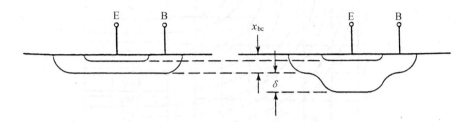

图 3.15 发射区推进效应示意图

3.4.5 二维扩散

扩散往往是在硅片表面特定区域进行的,而不是在整个硅片表面,即称为选择扩散。为了完成选择扩散,通常采用的方法是在扩散之前,先在硅片表面生长一定厚度,质量较好的二氧化硅,在需要扩散的区域用光刻或者其他方法把二氧化硅去掉,形成扩散窗口。由于某些杂质在二氧化硅中的扩散速度远比硅中慢,客观上二氧化硅对扩散杂质起到了掩蔽作用。这样,杂质在硅内的扩散深度达到要求时,而处于二氧化硅保护下的硅内没有杂质扩进,达到了选择扩散的目的。

在实际扩散过程中,杂质通过窗口以垂直硅表面扩散的同时,也将在窗口边缘附近的硅内进行平行表面的横向扩散。横向扩散和纵向扩散虽然是同时进行,但两者的扩散条件并不完全相同,因此,纵向扩散距离和横向扩散距离就会不同。如果考虑横向扩散,想要求出实际杂质分布情况,就需要解二维或三维的扩散方程[27]。如果只考虑二维扩散,并假定扩散系数与杂质浓度无关,也就是低浓度扩散情况,横向扩散与纵向扩散都近似以同样方式进行,如果衬底中杂质浓度是均匀的,对于恒定源扩散和有限源扩散两种情况下,杂质的等浓度线如图 3.16 所示。图中各条曲线是以硅内杂质浓度与表面浓度的比值为变量。由图中曲线可以看到,硅内浓度比表面浓度低两个数量级以上时,横向扩散的距离约为纵向扩散距离的 75%～85%,这说明横向结的距离要比垂直结的距离小[28]。如果是高浓度扩散情况,横向扩散的距离约为纵向扩散距离的 65%～70%[27]。由于横向扩散的存在,实际扩散区域要比二氧化硅窗口的尺寸大,其后果是硅内扩散区域之间的实际距离比由光刻版所确定的尺寸小,如图 3.17 所示。图中 L 表示由光刻工艺所决定的两个区域之间的距离,L' 表示实际距离,这种效应直接影响 ULSI 的集成度。另外,由于扩散区域的变大,对结电容也将产生一定的影响。

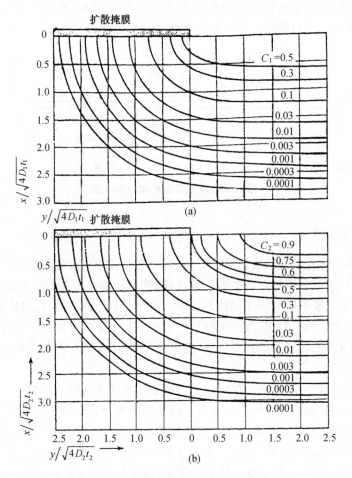

图 3.16 窗口边缘的扩散杂质等浓度曲线

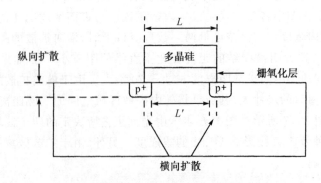

图 3.17 横向扩散对沟道长度的影响

3.5 扩散工艺

在硅集成电路制造中,扩散的目的就是向半导体(晶体、多晶体、非晶体)中掺入一定数量的某种杂质,并且希望掺入的杂质按要求分布。随着集成电路制造工艺的发展,杂质源的种类越来越多,每种杂质源的性质又不完全相同,在室温下又以不同相态存在,因而采用的扩散方法和扩散系统也就存在很大的区别。如果按原始杂质源在室温下的相态加以分类,则可分为固态源扩散,液态源扩散和气态源扩散。下面就讨论不同相态源的扩散系统和特点。这里要说明的是有些扩散方法目前可能已经不被采用,讲述目的主要是为了了解扩散掺杂的发展历史。

3.5.1 固态源扩散

固态源大多数是杂质的氧化物或者是其他化合物,例如 B_2O_3、P_2O_5、BN[29,30] 等。每种杂质源的性质不同,因此扩散系统也就不完全相同。如果按扩散系统来分则有开管扩散、箱法扩散、涂源法扩散和闭管扩散等。闭管扩散目前很少采用,这里就不讲述了。

1. 开管扩散

开管扩散系统如图 3.18 所示。先把杂质源放在坩埚中,坩埚可以是石英的或是铂金的,根据需要而定。准备扩散的硅片放在石英船(舟)上,再把放有杂质源的坩埚和放有硅片的石英船相距一定距离放在扩散炉管内,放有杂质源的坩埚应在气流的上方。一般是通过惰性气体把杂质源蒸气输运到硅片表面。在扩散温度下杂质的化合物与硅片表面的硅反应,生成单质的杂质原子并向硅内扩散。在硅片表面上经化学反应产生的杂质浓度虽然很高,但在硅表面的杂质浓度还是由扩散温度下杂质在硅中的固溶度所决定,因此,温度对浓度有着直接影响。开管扩散的重复性和稳定性都很好。如果杂质源的蒸气压很高,一般采用两段炉温法,即扩散炉分为低温区和高温区,杂质源放在低温区,放有硅片的石英船是在高温区。

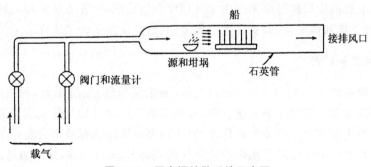

图 3.18 固态源扩散系统示意图

如果把固态源做成片状,其尺寸可与硅片相等或略大于硅片,源片和硅片相间并均匀的放在石英舟上,在扩散温度下,杂质源蒸气包围硅片并发生化学反应释放出杂质并向硅内扩散,这也是一种常用的开管扩散方法。这种方法本身并不需要携带气体,但为了防止逆扩散和污染,扩散过程中以一定流速通入氮气或氩气作为保护气体。

2. 箱法扩散

箱法扩散是把杂质源和硅片装在由石英或者硅做成的箱内,在氮气或氩气保护下进行扩散。杂质源可以焙烧在箱盖的内壁,或者放在箱内,其源多为杂质的氧化物。在高温下,杂质源的蒸气充满整个箱内空间,并与表面硅反应,形成一层含有杂质的薄氧化层,杂质由氧化层直接向硅内扩散。箱法扩散的硅表面浓度基本由扩散温度下杂质在硅中的固溶度决定,均匀性较好。为了保持箱内杂质源蒸气压的恒定和防止杂质源大量外泄,要求箱子具有一定密封性。因为氧化物杂质源的吸水性较强,如果两次扩散相隔时间较长,那么在扩散之前要进行一次脱水处理,即在一定温度下,由惰性气体保护进行一定时间的热处理。

个别的杂质源(如 $CaO-P_2O_5$)对石英有腐蚀作用,需要把源放到白金坩埚中。另外为了保证扩散的重复性和稳定性,要根据源量损失情况加入新源,使用一定时间后要全部换成新源。从扩散系统来看,箱法扩散既具有闭管扩散的特点,也具有开管扩散的优点。

3. 涂源法扩散

涂源法扩散是把溶于溶剂中的杂质源直接涂在待扩散的硅片表面,在高温下由惰性气体保护进行扩散。溶剂一般是聚乙烯醇,杂质源一般是杂质的氧化物或者是杂质的氧化物与惰性氧化物(如 SiO_2、BaO、CaO)的混合物。当溶剂挥发之后就会在硅表面形成一层杂质源。这种扩散方法的表面浓度很难控制,而且又不均匀。

在涂源法的基础上又发展了旋转涂源工艺。把硅片放在旋转盘上,再把溶于溶剂中的杂质源涂在待扩散的硅片表面上,旋转盘以每分 2500～5000 转的速度旋转,在离心力的作用下,杂质源在硅表面形成几千 Å 厚的薄层,当溶剂挥发后,这个薄层就是扩散的杂质源,便可在惰性气体保护下进行扩散。采用这种扩散工艺可以得到比较均匀的掺杂层。各种杂质的扩散几乎都可以采用这种方法。但是,这种方法只适合于对杂质浓度控制要求不高的器件制造中。

硅片表面上的杂质源也可以采用化学气相淀积法淀积,这种方法的均匀性、重复性都很好,还可以把片子排列很密,从而提高生产效率,其缺点是多了一道工序。

3.5.2 液态源扩散

液态源扩散系统如图 3.19 所示,携带气体(通常是氮气)通过源瓶,把杂质源蒸气带入扩散炉管内。液态源一般都是杂质化合物,在高温下杂质化合物与硅反应释放出杂质原子,或者杂质化合物先分解产生杂质的氧化物,氧化物再与硅反应释放出杂质原子。

进入扩散炉管内的气体除了携带杂质蒸气的气体外,还有一部分不通过源瓶而直接进入炉内,起稀释和控制浓度的作用,对某些杂质源还必须通入进行化学反应所需要的气体。在液态源扩散中,虽然也可以通过调节源温来控制进入扩散炉内的杂质数量,达到改变杂质浓度的目的,但为了保证稳定性和重复性,扩散时源温通常控制在零度。液态的杂质源容易水解而变质,所以携带气体要进行纯化和干燥处理[31]。

液态源扩散的系统简单,操作方便,成本低,效率高,重复性和均匀性都很好,是常用的一种扩散方法。扩散过程中应准确控制炉温、扩散时间、气体流量和源温等。源瓶的密封性要好,扩散系统不能漏气。

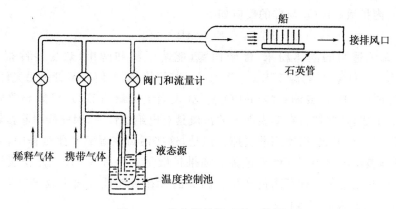

图 3.19 液态源扩散系统示意图

3.5.3 气态源扩散

气态源扩散系统如图 3.20 所示,这是一种比液态源还要方便的方法。进入扩散炉管内的气体,除了气态杂质源外,有时还需通入稀释气体,或者是气态杂质源进行化学反应所需要的气体。气态杂质源一般先在硅表面进行化学反应生成掺杂氧化层,杂质再由氧化层向硅中扩散。

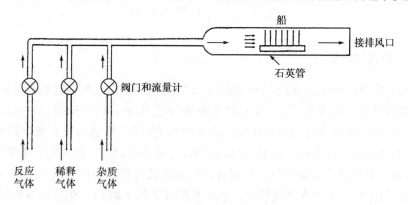

图 3.20 气态源扩散系统示意图

对气态源扩散来说,虽然可以通过调节各气体流量来控制表面的杂质浓度,但实际上因杂质总是过量的,所以调节各路流量来控制表面浓度是不灵敏的。

气态杂质源多为杂质的氢化物或者卤化物,这些气体的毒性很大,而且易燃易爆,操作上要十分小心。

上面讲述了各种扩散方法,可以根据器件对杂质浓度及分布情况的要求和杂质源的特性进行选择。对杂质源特性的了解对扩散工艺的完成是非常重要的,例如,硼的杂质源虽然很多,但是大多数源都是先分解或化合产生三氧化二硼(B_2O_3),B_2O_3 再与表面硅反应产生单质硼并向硅内扩散。B_2O_3 与硅的反应如下

$$2B_2O_3 + Si = 4B + 3SiO_2 \tag{3.52}$$

B_2O_3 是无色透明的固体粉末,性硬而脆,能溶于酸和醇中,热稳定性很好,熔点为 577℃,沸点为 1860℃。在高温下 B_2O_3 蒸气与石英管接触,可使石英管失去光泽。B_2O_3 吸水而生成正硼酸(H_3BO_3)或偏硼酸(HBO_2)。硅表面上过量的 B_2O_3 可能导致硅化物或者其他硼化物的形成,这些覆盖在硅表面上的污斑具有电绝缘性质,因此能引起接触不良而使器件失效。污斑一旦形成,很难用酸去掉。但是,这些污斑在湿氧氧化过程中,可转化为硼硅玻璃,而硼硅玻璃可以用氢氟酸腐蚀掉。如果扩散是在含有 3—10% 体积氧的气氛下进行,就可以减少甚至避免这种污斑的产生。因氧的存在会使硅表面生成 SiO_2,从而避免了高浓度的 B_2O_3 与硅表面直接接触。

磷的杂质源也很多,但大多数磷源都是经化学反应先生成五氧化二磷(P_2O_5),P_2O_5 再与硅反应生成向硅内扩散的单质磷,反应式为

$$2P_2O_5 + 5Si \longrightarrow 4P + 5SiO_2 \tag{3.53}$$

白色粉末状的 P_2O_5,其熔点为 420℃,但在 300℃ 时升华,吸水性很强。在扩散温度下,P_2O_5 和 SiO_2 形成液态的磷硅玻璃(PSG)。

3.6 扩散工艺的发展

3.6.1 快速气相掺杂

快速气相掺杂(rapid vapor-phase doping,RVD)是一种掺杂剂从气相直接向硅中扩散、并能形成超浅结的快速掺杂工艺。利用快速热处理过程(rapid thermal process,RTP)将处在掺杂气氛中的硅片快速均匀地加热至所需要的温度,同时掺杂剂发生化学反应产生杂质原子,气态杂质原子被硅表面吸附并向硅内扩散,完成掺杂目的。同普通扩散炉中的掺杂不同,快速气相掺杂在硅片表面上并不形成含有杂质的玻璃层。同离子注入相比(特别是在浅结的应用上),RVD 技术的潜在优势是:它并不受离子注入时的一些效应的影响,如:沟道效应、晶格损伤、或使硅片带电。

对气相掺杂剂流量的精确控制是保证满足掺杂浓度和均匀性要求的重要条件,一般是通过稀释气体(如氢气)控制气态掺杂剂的浓度。最终的表面掺杂浓度 C_S 和结深 x_j,取决于气态掺杂剂的浓度、热处理时间和温度。硼的掺杂剂通常是 B_2H_6,磷的掺杂剂通常是

PH_3,它们的载气均使用 H_2。

快速气相掺杂在 ULSI 工艺中得到广泛地应用,例如对 DRAM 中电容的掺杂,深沟侧墙的掺杂,甚至在 CMOS 浅源漏结的制造中也采用快速气相掺杂技术。在很多方面快速气相掺杂可以替换离子注入技术,与离子注入制造的器件相比,快速气相掺杂制造的短沟 CMOS 器件显示出更好的特性。对于选择扩散来说,采用快速气相掺杂工艺仍需要掩膜,另外,快速气相掺杂仍然要在较高的温度下完成。杂质分布是非理想的指数形式,类似固态扩散,其峰值处于表面处[32~34]。

3.6.2 气体浸没激光掺杂

气体浸没激光掺杂(gas immersion laser doping,GILD)技术,是利用准分子激光(308 nm)器产生高能量密度(0.5~2.0 J/cm²)的短脉冲(20~100 ns)激光,照射被气态杂质源(如:PF_5 或 BF_3)包围中的硅表面,被照射的区域因吸收能量而变为液体层,同时杂质源由于热解或光解作用产生杂质原子[35,36],杂质原子溶于液体层,溶解在液体层中的杂质其扩散速度比在固体中高八个数量级以上,因而杂质快速扩散并均匀地溶解在整个液体层中,当激光照射停止后,这个已经掺有杂质的液体层,以非常快的速度(>3 m/s)通过固相外延再结晶为固态晶体,在再结晶的同时,杂质进入晶格位置,不需要进一步退火过程,而且杂质只掺杂在表面的一薄层内。

由于硅表面受高能激光照射的时间很短,而且能量又几乎都被表面吸收,硅体内仍处于低温状态,不会发生扩散现象,也就是说,体内的杂质分布没有受到任何扰动。硅表面溶化层的深度由激光束的能量和脉冲时间所决定。因此,可根据需要控制激光能量密度和脉冲时间达到控制掺杂深度的目的。

在液体中杂质扩散速度非常快,杂质的分布也就非常均匀,因此,可以形成陡峭的杂质分布形式,如图 3.21 所示,可以得到其他方法不可能得到的突变型杂质分布、超浅深度和极低的串联电阻。GILD 技术对工艺作出了极大的简化,近年来,该技术被成功地应用于 MOS 和双极器件的制造中。

在 GILD 基础上,一个更有发展前景的技术是投射式 GILD(project gas immersion laser doping,P-GILD)工艺,利用准分子激光器产生的激光束,通过介质掩膜版聚焦之后投射到硅片上。在掩膜

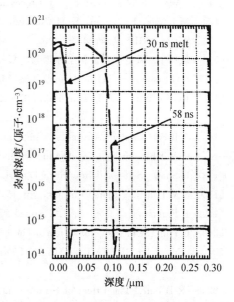

图 3.21 气体浸没激光掺杂的超浅深度杂质分布形式

的整个视场都被曝光之后(曝光区域的硅被激光融化),硅片被步进,然后重复曝光。结深随着脉冲能量增加而加深,掺杂只发生在被激光融化的区域中,从而实现选择掺杂。在一个工序中相继完成掺杂、退火和形成图形,P-GILD 技术对工艺作出了极大的简化。

参 考 文 献

［1］ B I Boltake. Difffusion in Semiconductors. Academic, New York:1963

［2］ D Shaw, et al. Atomic Diffusion in Semiconductors. Plenum, New York ;1973

［3］ W G Pfann. Semiconductor Signal Translating Device. U. S. Patent: No. 2, vol. 597,1952:028

［4］ 黄昆. 固体物理学. 北京:人民教育出版社,1966

［5］ Adolph Fick. Pagg. Ann., vol. 94,1855:59

［6］ J Crank. The Mathematics of Diffusion. London: Oxford University Press,1957

［7］ B L Boltaks. Diffusion in Semiconductors. Academic, New York:1963

［8］ 厦门大学物理系半导体物理教研室. 半导体器件工艺原理. 北京:人民教育出版社,1979

［9］ R C T Smith. Conduction of Heat in the Semi—Infinite Solid with a Sort Table of an Important Integral, Austral. J. Phys., vol. 6,1953:129

［10］ P M Fahey, P Bgriffin, J D Plummer. Defects and Dopant Diffusion in Silicon. Rew Mod Phys.. vol. 61,1989:289

［11］ S Wolf, R N Tauber. Silicon Processing For the VLSI ERA. Lattice Press, 2000

［12］ M J Aziz, E Nygren, W H Christie, C W White, D Turnbull. Impurity Diffusion and Gettering in Silicon. MRS Proceedings. No. 36, Materials Research Society, Pittsburg: 1985:101

［13］ 坎贝尔. 微电子制造科学原理与工程技术(第二版). 北京:电子工业出版社,2003

［14］ P G Shewmon. Diffusion in Solids. McGraw-Hill, New York:1963

［15］ J G De Wit, C A J Ammerlaan, E G Siverts. An ENDOR Study of the Divacancy in Silicon. Inst. Phys. Conj. Ser., vol. 23,1975:178

［16］ R B Fair. Recent Advances in Implantation and Diffusion Modelling for the Design and Process Control of Bipolar Ics. Semiconductor Silicon. Electrochem. Soc., Princeton, NJ:1977;968

［17］ D Shaw. Self—and Impurity—Diffusion in Ge and Si. Phys. Stat. Sol. (b), vol. 72,1975:11

［18］ S M Hu. J. Applied Physics, vol. 45,1974:1567

［19］ R Francis, F S Dobson. J. Applied Physics, vol. 50,1979:280

［20］ C Hill. Semiconductor Silicon. The Electrochemical Society, Pennington. NJ:1981:988

［21］ Edited by GRAEME E. MURCH DIFFUSION IN CRYSTALLINE SOLIDS ACADEMIC PRESS INC 1984

［22］ R B Fair. The Effect of Strain—Induced Bandgap Narrowing on High Concentration Phosphorus Diffusion in Silicon. J. Applied Physics, vol. 50,1979:860

［23］ R J Jaccodine. in Defects in Semiconductors Ⅱ. S Hahayan and J W Corbett, Eda., North-Holland, New York:1983:101

［24］ L Claeys, G J Declerck, R J Van Overstaeten. Influence of Phosphorus Diffusion on the Growth

Kinetics of Oxidation-Induced Stacking Faults in Silicon. In Semiconductor Characterzation Techniques, Electrochem. Soc., Princeton, NJ,1978:336

[25] H Strunk, U Gosele, B O Kolbesen. Interstitial Supersaturation near Phosphorus—Diffused Emitter Zones. Applied Physics Letters, vol. 34,1979: 530

[26] A Amigliato, M Servidori, S Solmi, I. Vecchi. On the Groth of Stacking Faults and Dislocations Induced in Si by Phosphorus Predeposition. J. Applied Physics, vol. 48,1977: 1806

[27] D D Warner, C L Wilson. Two—Dimensional Concentration Dependent Diffusion. Bell Sys. Tech. vol. 59,1980: 1

[28] D P Kennedy, R R O'Brien. Analysis of the Impurity Atom Distribution Near the Diffision Mask for a Planar p-n Junction. IBM J. Res. Dev., vol. 9,1965: 179

[29] D Rupprecht, J Stach. Oxidized Boron Nitride Wafers asan In-Situ Boron Dopant for Silicon Diffusion. J. Electrochem. Soc., vol. 120, 1973: 9

[30] Technical Literature. Caroundum Corp. Graphite Products Div., P. O. Box 577. Nia gara Falls, NY: 1975:1430

[31] R M Burger, R P Donovan. Fundamentals of Silicon Integrated Device Technology. vol. 1, Prentice Hall, Englewood Cliffs, NJ,1967

[32] Y Kyiota, M Matsushima, Y Kaneko, K Muraki, T Inanda. Ultrashallow p-Type Layer Formation by Rapid Vapor-Phase Doping Using a Lamp Annealing Apparatus. Applied Physics Letters, vol. 64,1994: 910

[33] Y Kiyota, T Nakamura, S Susuki, T Inanda. Shallow Junction p-type Layers n Si by Rapid Vapor Phase Doping for High Speed Bipolar and MOS Applications. IEICE Trans. Electron., vol. E79-C, 1996: 554

[34] Y Kiyota, T Nakamura, K Muraki, T Inanda. Phosphorus direct Doping from Vapor Phase into Silicon for Shallow Junctions. J. Electrochem. Soc., vol. 141,1994:2241

[35] R Dejule. Meeting the Ultra-Shallow Junction Challenge. Semiconductor International, April,1997: 50

[36] K H Weiner, A M McCarthy. Fabrication of Sub-40nm Junctions for 0. 18μm MOS Device Applications Using a Cluster-Tool-Compatible, Nanosecond Thermal Doping Technique. SPIE, vol. 2091, 1994: 63

第四章 离 子 注 入

离子注入技术是 20 世纪 60 年代开始发展起来的一种在很多方面都优于扩散方法的掺杂工艺,离子注入作为掺杂技术,将继续保持优势地位。离子注入技术就是把欲掺杂的原子电离成离子,经静电场加速后射向硅片(靶)的表面,进入硅片中的离子通过与靶内原子核和电子的碰撞损失能量并随机停止在离表面某个距离的位置上,达到掺杂目的。

因为采用了离子注入技术,推动了集成电路的发展,从而使集成电路的生产进入超大规模直至今天的极大规模(ultra-large-scale intergration,ULSI)时代。在集成电路制造中,多道掺杂工序均采用离子注入技术,特别是集成电路制造中的隔离工序中防止寄生沟道用的沟道截断、调整阈值电压的沟道掺杂、CMOS 阱的形成以及源漏区域的形成等主要工序,都是采用离子注入法进行掺杂,尤其是浅结,主要是靠离子注入技术实现的。

早在 1952 年,美国贝尔实验室就开始研究用离子束轰击技术来改善半导体的特性。1954 年前后,威廉·肖克利(Willian Shockley)提出采用离子注入技术能够制造半导体器件,并且预言采用这种方法可以制造薄基区的高频晶体管。1955 年,英国的 W. D. Cussins 发现硼离子轰击锗晶片时,可在 n 型材料上形成 p 型层。到了 1960 年,对离子射程的计算和测量[1,2]、辐射损伤效应以及沟道效应等方面的重要研究已基本完成[3]。在这之后,离子注入技术已开始在半导体器件生产中得到广泛应用。1968 年报道了采用离子注入技术制造的、具有突变型杂质分布的变容二极管以及铝栅自对准 MOS 晶体管[4]。1972 年以后对离子注入机理有了更深入的了解,目前离子注入技术已经成为特大规模集成电路制造中最主要的掺杂工艺[5~7]。

离子注入技术的主要特点:

(1) 注入的离子是通过质量分析器选取出来的,被选取的离子纯度高,能量单一,从而保证了掺杂纯度不受杂质源纯度的影响。另外,注入过程是在清洁、干燥的真空条件下进行的,各种污染降到最低水平。

(2) 可以精确控制注入原子的数目,注入剂量在 $10^{11} \sim 10^{18}/cm^2$ 的宽广范围内,同一平面内的杂质均匀性和重复性可精确控制在 ±1% 内。相比之下,在高浓度扩散掺杂时,同一平面内的杂质均匀性最好也只能控制在 5%~10% 水平,至于低浓度扩散掺杂时,均匀性更差。同一平面上的电学性质与掺杂均匀性有着密切的关系,离子注入技术的这一优点在极大规模集成电路制造中尤其重要。

(3) 离子注入时,衬底一般是保持在室温或低于 400℃,因此,像二氧化硅、氮化硅、铝和光刻胶等都可以用来作为选择掺杂的掩蔽层,给予自对准的掩蔽技术更大的灵活性,这是热扩散方法根本做不到的,因为热扩散方法的掩膜必须是能耐高温的材料。

(4) 离子注入深度是随离子能量的增加而增加,因此掺杂深度可通过离子束能量来控制。另外,在注入过程中可精确控制电荷量,从而可精确控制掺杂浓度,因此通过控制注入离子的能量和剂量,以及采用多次注入相同或不同杂质,可得到各种形式的杂质分布,对于突变型的杂质分布、浅结的制备,采用离子注入技术很容易实现。

(5) 离子注入是一个非平衡过程,不受杂质在衬底材料中的固溶度限制,原则上对各种元素均可通过离子注入技术进行掺杂(但掺杂原子占据晶格位置而变为激活杂质还是受固溶度限制),这就使掺杂工艺灵活多样,适应性强。根据需要可从几十种元素中挑选合适的 n 型或 p 型杂质进行掺杂。

(6) 离子注入时的衬底温度较低,这样就可以避免了高温扩散所引起的热缺陷。

(7) 由于注入的直进性,注入杂质是按掩膜图形近于垂直入射,这样的掺杂方法,横向效应比热扩散小得多,这一特点有利于器件特征尺寸的缩小。

(8) 离子往往是通过硅表面上的薄膜(如 SiO_2)注入到硅中,因此硅表面上的薄膜起到了保护膜作用,防止了污染。

(9) 化合物半导体是两种或多种元素按一定组分构成的,这种材料经高温处理时,组分可能发生变化。采用离子注入技术,基本不存在上述问题,因此容易实现对化合物半导体的掺杂。

在集成电路制造中应用离子注入技术主要是为了进行掺杂,达到改变材料电学性质的目的。被掺杂的材料一般称为靶。一束离子射向靶时,其中一部分离子在靶表面就被反射,不能进入靶内,称这部分离子为散射离子,进入靶内的离子称为注入离子。

靶材料可以是晶体,也可以是非晶体。非晶靶,也称为无定形靶,在实际应用中有着普遍的意义。虽然在集成电路制造中被掺杂的材料大多数都是晶体,但为了精确控制注入深度,避免沟道效应,往往使靶(硅片)的晶轴方向与入射离子束方向之间具有一定的角度,这时的晶体靶就可以按非晶靶来处理。另外,常用的介质层,如 SiO_2、Si_3N_4、Al_2O_3 和光刻胶等都是典型的无定形材料。本章所涉及到的靶材料,都是按无定形来考虑的。

4.1 核碰撞和电子碰撞

在集成电路制造中,注入离子的典型能量范围为 1～200 keV,对于这样的注入情况,不仅要考虑注入离子与靶内自由电子和束缚电子的相互作用,而且与靶内原子核的相互作用也必须考虑。基于这种情形,在 1963 年林华德(J. Lindhard),沙夫(Scharff)和希奥特(H. E. Schiott)首先确立了注入离子在靶内的分布理论,简称 LSS 理论,在实际应用中得到满意的结果[1]。LSS 理论认为,注入离子在靶内的能量损失分为两个彼此独立的过程:① 核碰撞(核阻止),② 电子碰撞(电子阻止),总能量损失为它们的和。

核碰撞指的是注入离子与靶内原子核之间的相互碰撞。由于注入离子与靶原子的质量一般为同一数量级,因此每次碰撞之后,注入离子都可能发生大角度的散射,并失去一定的能量。靶原子核也因碰撞而获得能量,如果获得的能量大于原子束缚能,就会离开原来所在的晶格位置,进入晶格间隙,并留下一个空位,形成缺陷。

电子碰撞指的是注入离子与靶内自由电子以及束缚电子之间的碰撞,这种碰撞能瞬时地形成电子—空穴对。由于两者的质量相差非常大(10^4 量级),在每次碰撞中,注入离子的能量损失很小,而且散射角度也非常小,也就是说每次碰撞都不会显著地改变注入离子的动量,又由于散射方向是随机的,虽然经过多次散射,注入离子运动方向基本不变。

我们引入核阻止本领 $S_n(E)$ 和电子阻止本领 $S_e(E)$ 说明注入离子在靶内能量损失的具体情况。一个注入离子在其运动路程上任何一点 x 处的能量为 E,则核阻止本领就定义为

$$S_n(E) \equiv \left(\frac{dE}{dx}\right)_n \tag{4.1}$$

同样,电子阻止本领定义为

$$S_e(E) \equiv \left(\frac{dE}{dx}\right)_e \tag{4.2}$$

在单位距离上,由于核碰撞和电子碰撞,注入离子所损失的能量则为

$$-\frac{dE}{dx} = [S_n(E) + S_e(E)] \tag{4.3}$$

如果知道了 $S_n(E)$ 和 $S_e(E)$,就可以直接对上式积分,求出注入离子在靶内运动的总路程 R

$$R = -\int_{E_0}^{0} \frac{dE}{S_n(E) + S_e(E)} = \int_{0}^{E_0} \frac{dE}{S_n(E) + S_e(E)} \tag{4.4}$$

E_0 为注入离子的起始能量。

4.1.1 核阻止本领

核阻止本领可以理解为能量为 E 的一个注入离子,在单位密度靶内运动单位长度时,损失给靶原子核的能量。如果把注入离子和靶原子看成是两个不带电的硬球,其半径分别为 R_1 和 R_2,在这样的情况下,两个硬球弹性碰撞情况如图 4.1 所示。令 V_1 和 E_0 是质量为 M_1、半径为 R_1 运动球在碰撞前的速度和动能,静止球的质量为 M_2,半径为 R_2。碰撞后静止球的运动速度和动能分别为 U_2 和 E_2,散射角为 θ_2。令 U_1 和 E_1 为碰撞后运动球的速度和动能,散射角为 θ_1。两球之间的碰撞距离用碰撞参数 P 表示,碰撞参数是指运动球经过静止球附近而不被散射情况下,两球之间的最近距离。对于这样的模型,只有在 $P \leqslant (R_1 + R_2)$ 时才能发生碰撞和能量的转移。

在 $P = 0$ 时,两球将发生正面碰撞,此时传输的能量最大,用 T_M 表示

$$T_M = \frac{1}{2} M_2 U_2^2 = \frac{4 M_1 M_2}{(M_1 + M_2)^2} E_0 \tag{4.5}$$

实际上注入离子与靶原子之间还存在着相互作用力(吸引力或排斥力),如果忽略外围电子的屏蔽作用,可以把注入离子与靶原子看成是两个带电粒子。那么这两个带电粒子之间的作用力实际上就是库仑力

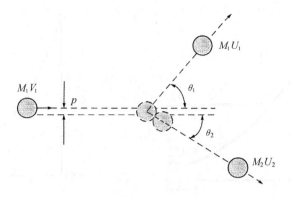

图 4.1 二体弹性碰撞

$$F(r) = \frac{q^2 Z_1 Z_2}{r^2} \tag{4.6}$$

而注入离子与靶原子核之间的相应势函数形式就为

$$V(r) = \frac{q^2 Z_1 Z_2}{r} \tag{4.7}$$

其中 Z_1 和 Z_2 分别为这两个带电粒子的原子序数，r 为距离。如果对两个粒子只考虑库仑作用时，对于运动缓慢而质量较重的注入离子来说，所得结果与实验不太符合。

要想得到比较理想的结果，还应该考虑电子的屏蔽作用，也就是说在两个原子核非常接近时，可以简化为库仑势，而在距离较远时，必须考虑电子的屏蔽作用。当考虑电子屏蔽作用时，注入离子与靶原子之间的相互作用的势函数可用下面形式表示

$$V(r) = \frac{q^2 Z_1 Z_2}{r} f\left(\frac{r}{a}\right) \tag{4.8}$$

其中 $f(r/a)$ 是电子屏蔽函数，a 为屏蔽参数（其大小和玻尔半径同数量级）。一般地说，当 r 由零变到 ∞ 时，$f(r/a)$ 应该由 1 变到零。$f(r/a)$ 的最简单形式可选取下面形式

$$f\left(\frac{r}{a}\right) = \frac{a}{r} \tag{4.9}$$

电子屏蔽函数如果选取上述形式，那么注入离子与靶原子之间的势函数与距离的平方成反比关系。在这种情况下，注入离子与靶原子核碰撞的能量损失率就为常数，用 S_n^0 表示，如图 4.2 的虚线所示。要想得到更精确的结果，可选用其他屏蔽函数形式，其中托马斯-费米屏蔽函数形式如图 4.3 所示。当选用托马斯—费米屏蔽函数时，核阻止与离子能量的关系如图 4.2 中实线所示。由图可以看到，低能量时核阻止本领随能量增加呈线性增加，而在某个中等能量达到最大值，在高能量时，因快速运动的离子没有足够的时间与靶原子进行有效的能量交换，所以核阻止本领变小。对硅靶来说，注入离子不同，其核阻止本领达到最大的能量值是不相同的。图 4.4 给出了常用杂质 As、P、B 在硅中的核阻止本领与能量关系的计算值。

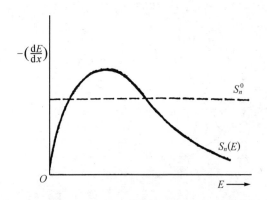

图 4.2　能量损失率与离子能量的关系

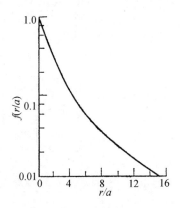

图 4.3　托马斯-费米屏蔽函数

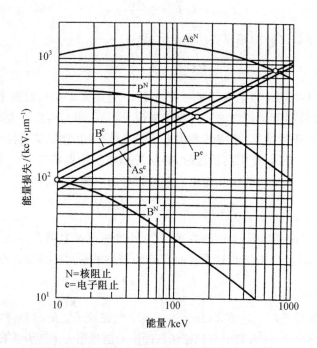

图 4.4　As、P、B 在硅中的核阻止本领和电子阻止本领与能量关系的计算值

4.1.2　电子阻止本领

在 LSS 理论中，把固体中的电子视为自由电子气。那么电子的阻止就类似于粘滞气体的阻力，这样，在注入离子的常用能量范围内，电子阻止本领 $S_e(E)$ 同注入离子的速度成正比，即和注入离子能量的平方根成正比，关系如下

$$S_e(E) = CV = k_e(E)^{1/2} \tag{4.10}$$

其中 V 为注入离子的速度,系数 k_e 与注入离子的原子序数 Z_1、质量 M_1、靶材料的原子序数 Z_2 以及质量 M_2 有着微弱的关系。在粗略近似下,对于无定形硅靶来说,k_e 为一常数。

4.1.3 射程粗略估算

在 LSS 理论中引进了简化的参数 ε 和 ρ。其中

$$\rho = \frac{(RNM_1 M_2 4\pi a^2)}{(M_1 + M_2)^2} \tag{4.11}$$

$$\varepsilon = \frac{E_0 a M_2}{[Z_1 Z_2 q^2 (M_1 + M_2)]} \tag{4.12}$$

这里 M_1 和 M_2 分别是注入离子和靶原子的质量,N 是单位体积内的原子数,a 为屏蔽长度

$$a = \frac{0.88 a_0}{(Z_1^{1/3} + Z_2^{2/3})^{1/2}}$$

ε 和 ρ 是无量纲的能量和射程参数。由 ε 和 ρ 导出的核碰撞能量损失"通用"曲线,如图 4.5 中实线所示[2]。图中同时给出了 S_n^0 和一组 $S_e(E)$ 的直线,每一直线对应于一个 k_e 值。

由图 4.5 可以看到,注入离子的能量可以分为三个区域。

(1) 低能区:在这个区域中核阻止本领占主要地位,电子阻止可以被忽略。

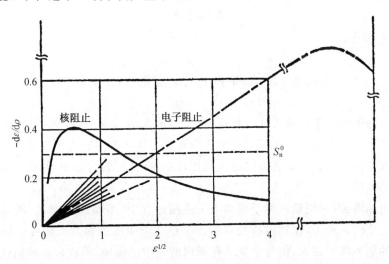

图 4.5 核阻止本领和电子阻止本领与能量的关系

(2) 中能区:在一个比较宽的区域中,核阻止本领和电子阻止本领同等重要,必须同时考虑。

(3) 高能区:在这个区域中,电子阻止本领占主要地位,核阻止本领可以忽略。但这个区域的能量值,一般来说超出了集成电路工艺中的实际应用范围。属于核物理的研究课题。

在粗略而有用的一级近似中,核阻止本领 S_n^0 和入射离子能量 E 无关;对电子阻止本领的一级近似,就是把固体中的电子想象成自由电子气,那么电子阻止本领就和速度成正比的

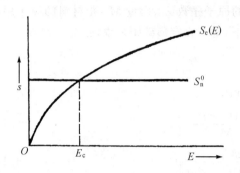

图 4.6 核阻止本领和电子阻止本领的比较

关系。图 4.6 给出的是在一级近似下 S_n^0 和 $S_e(E)$ 能量的关系。由图可以看到,在 E_c 处核阻止和电子阻止相等。对于不同的靶材料和不同的注入离子,其 E_c 值是不同的。对于硅靶来说,如果注入轻离子,例如硼,E_c 大约为 15 keV,如果注入的是重离子,例如磷,E_c 大约为 150 keV。

如果一个注入离子的初始能量比 E_c 大很多,则这个离子在靶内主要以电子阻止形式损失能量,核阻止损失的能量可以忽略,在这种情况下,可按下式估算射程 R

$$R \approx k_1 E^{1/2} \tag{4.13}$$

对某些离子,k_1 可近似为常数。

如果注入离子的能量 $E \ll E_c$,那么电子阻止作用可以忽略,注入离子主要以核阻止形式损失能量,假设核阻止本领不随能量变化,则得射程 R 的表达式

$$R \approx k_2 E_0 \tag{4.14}$$

k_2 也可近似为常数。

4.2 注入离子在无定形靶中的分布

在集成电路制造中采用离子注入技术,主要目的是进行掺杂,因此,对注入离子在靶内的分布情况是十分关心的。注入离子在靶内分布是与注入方向有着一定的关系,一般来说,离子束的注入方向与靶表面垂直方向的夹角比较小,在我们讨论中,假设离子束的注入方向是垂直靶表面的。

进入靶内的离子,在同靶内原子核及电子碰撞过程中,不断损失能量,最后停止在某一位置。任何一个注入离子,在靶内所受到的碰撞是一个随机过程。虽然可以做到只选出那些能量相等的同种离子注入,但各个离子在靶内所发生的碰撞,每次碰撞的偏转角和损失的能量、相邻两次碰撞之间的行程、离子在靶内所运动的路程总长度,以及总长度在入射方向上的投影射程(注入深度)都是不相同的。如果注入的离子数量很小,那么它们在靶内分布是很分散的,但是,如果注入大量的离子,那么这些离子在靶内将按一定统计规律分布[8,9]。

4.2.1 纵向分布

计算注入离子在靶内的射程和离散的微分方程已由 LSS 建立。在一级近似下,注入离子在无定形靶内的纵向浓度分布可用高斯函数表示

$$n(x) = N_{\max} \exp\left[-\frac{1}{2}\left(\frac{x-R_p}{\Delta R_p}\right)^2\right] \quad (4.15)$$

其中，$n(x)$ 表示距离靶表面为 $x(\text{cm})$ 处的离子浓度，$N_{\max}$ 为峰值浓度（离子/cm^3），R_p 为平均投影射程（cm），ΔR_p 为 R_p 的标准偏差（cm）。R_p 和 R 之间的关系如图 4.7(a)所示。在垂直表面入射的情况下，平均投影射程就是射程的平均值，实际上 R_p 就是离子注入深度的平均值。R_p 和 R 之间的关系希奥特等人曾详细地讨论过，一般关系式为

$$\frac{R}{R_p} = 1 + \frac{bM_2}{M_1} \quad (4.16)$$

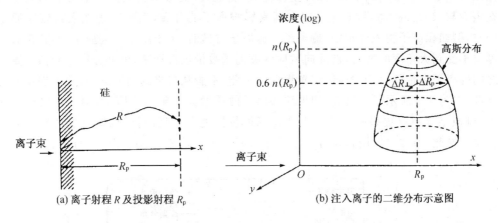

图 4.7 离子射程与注入离子二维分布图

式中 b 是 E 和 R 的缓慢变化函数，在核阻止占优势的能量范围内，当 $M_1 > M_2$ 时，经验规律为 $R/R_p = 1 + M_2/3M_1$ 是相当好的近似。在较高的能量下，电子阻止增加使 b 值更小。对于 $M_1 < M_2$ 的情况。大角度散射使得 R_p 和 R 之间的修正要比上面经验规律所得到的值稍微大些。通常可由(4.4)式求出 R 代入上式求出 R_p。

注入离子分布在 R_p 的两边，具体分布情况由 ΔR_p 决定，图 4.7(b)给出的是注入离子二维分布的示意图。ΔR_p 是表征注入离子分布分散情况的一个量，称为标准偏差，即为投影射程对平均值 R_p 偏离的均方根。ΔR_p 与 R_p 的近似关系为

$$\Delta R_p \approx \frac{2}{3}\left[\frac{\sqrt{M_1 M_2}}{M_1 + M_2}\right] R_p \quad (4.17)$$

对于高斯分布来说，在 R_p 两边，离子浓度是对称下降的。

通过靶表面单位面积注入的离子总数（剂量）N_S 可由下式求出

$$N_S = \int_0^\infty N(x)\,dx = \sqrt{2\pi} N_{\max} \Delta R_p \quad (4.18)$$

那么，

$$n(x = R_p) = N_{\max} = \frac{N_S}{\sqrt{2\pi}\Delta R_p} \approx \frac{0.4 N_S}{\Delta R_p} \quad (4.19)$$

给出了峰值浓度 N_{max} 与注入剂量 N_S 间的关系。将(4.19)式代入到(4.15)式中,则离子浓度作为深度的函数如下式

$$n(x) = \frac{N_S}{\sqrt{2\pi}\Delta R_p}\exp\left[-\frac{1}{2}\left(\frac{x-R_p}{\Delta R_p}\right)^2\right] \tag{4.20}$$

所示。

在一级近似情况下所得到的高斯分布只是在峰值附近与实际分布符合较好,当离峰值位置较远时有较大的偏离。这是因为高斯分布是在随机注入条件下得到的粗略结果,那些碰撞次数小于平均值的离子,可能停止在比 R_p 更远处;而碰撞次数大于平均值的离子可能停在表面与 R_p 之间。实际上还有很多因素影响离子的分布,当轻离子注入到较重原子的靶中时,例如硼离子注入硅靶中,硼离子与硅原子碰撞时,由于质量比硅原子轻,就会有较多的硼离子受到大角度的散射,被反向散射的硼离子数量也会增多,因而分布在峰值位置与表面之间的离子数量就大于比峰值位置更深的一侧,不服从严格的高斯分布,会出现明显的不对称性,如图 4.8 所示[9]。反之,如果注入离子的质量大于靶原子质量,例如砷离子注入硅靶中,碰撞结果将有更多的离子分布在比峰值位置更深一侧,同样也偏离了理想的高斯分布。尽管如此,通常仍使用高斯分布估算注入离子在非晶靶和单晶靶中的分布。

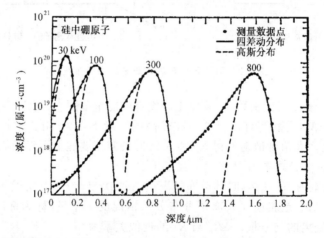

图 4.8 注入硅中的硼分布:测试点、四动差(泊松-IV)和对称高斯曲线(硼注入到无定形硅,没有退火)

常用杂质 B、P、As 在无定型硅中和在热氧化 SiO_2 中的投影射程和能量的关系如图 4.9 所示。由图可以看到在能量一定的情况下,轻离子比重离子的射程要深。投影射程的标准偏差 ΔR_p 与能量关系的计算值如图 4.10 所示。

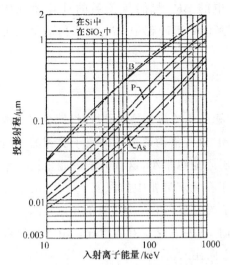
图 4.9 B、P、As 在无定型 Si 中和在热氧化 SiO$_2$ 中的投影射程与能量的关系

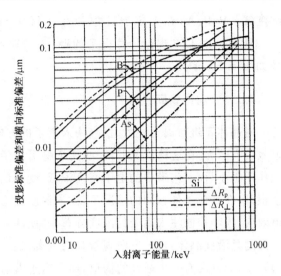
图 4.10 投影射程的标准偏差 ΔR_p 和横向离散 $\Delta R_\perp$ 与能量关系的计算值

4.2.2 横向效应

横向效应是指注入离子在垂直入射方向的平面内的分布情况。横向效应直接影响了MOS晶体管的有效沟道长度。对于掩膜边缘的杂质分布，以及离子通过一窄窗口注入，而注入深度又同窗口的宽度差不多时，横向效应的影响更为重要。横向效应不但与注入离子的种类有关，而且也与入射离子的能量有关。

一束半径很小的离子束，沿垂直于靶表面的 x 方向入射到各向同性的非晶靶内，注入离子的空间分布函数 $f(x,y,z)$ 由下式给出

$$f(x,y,z) = \frac{1}{(2\pi)^{3/2}\Delta R_p \Delta Y \Delta Z} \cdot \exp\left\{-\frac{1}{2}\left[\frac{y^2}{\Delta Y^2} + \frac{z^2}{\Delta Z^2} + \frac{(x-R_p)^2}{\Delta R_p^2}\right]\right\} \quad (4.21)$$

其中 ΔY 和 ΔZ 分别为在 Y 方向和 Z 方向上的标准偏差。由于非晶靶各向同性，所以在垂直入射方向的平面内分布是对称的，因此，$\Delta Y = \Delta Z = \Delta R_\perp$，$\Delta R_\perp$ 为横向离散，如图 4.7(b)所示。

通过一狭窄掩膜窗口注入离子，掩膜窗口的宽度为 $2a$，原点选在窗口的中心，Y 和 Z 方向的浓度分布如图 4.11 所示。在掩膜边缘（即 $-a$ 和 $+a$ 处）的浓度是窗口中心处浓度的 50%。而距离大于 $+a$ 和小于 $-a$ 各处的浓度按余误差函数形式下降。图 4.12(a)所示的是几种主要杂质，通过 1μ 宽的掩膜窗口以 70 keV 能量注入到硅靶中的等浓度曲线[10]。图 4.12(b)给出的是通过同样窗口，以不同能量注入硅靶中的磷离子的 0.1% 等

浓度线。B、P、As 在无定型硅中和在热氧化 SiO_2 中的 $\Delta R_\perp$ 与能量关系的计算值如图 4.13 所示。由 LSS 理论计算得到的硼、磷和砷入射到无定形硅靶中 $\Delta R_\perp$ 与入射能量的关系如图 4.10 所示。

4.2.3 沟道效应

对晶体靶进行离子注入时,当注入离子的方向与靶晶体的某个晶向平行时,就会出现沟道效应[11~15]。在这种情况下,一些离子将沿沟道运动,这些沿沟道运动的离子受到的核阻止作用很小,而且沟道中的电子密度很低,受到的电子阻止也很小,这些离子的能量损失率就很低,在其他条件相同的情况下,注入深度就会大于在无定形靶中的深度。因此,由于沟道效应,很难控制注入离子的浓度分布,并使注入离子的分布产生一个很长的托尾。图 4.14 给出的是沿硅晶体⟨110⟩方向观看和沿偏离⟨110⟩方向 10°左右时观看的情况。由图可以看到沿⟨110⟩方向有一个敞开的沟道,如果离子沿这个方向注入,将很少受到核碰撞,自然会注入很深。硅的⟨100⟩方向沟道敞开口大约 1.2Å,硅⟨110⟩方向沟道敞开口大约 1.8Å,所以沿⟨110⟩方向注入,沟道效应更为明显。

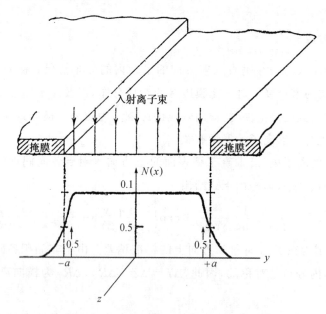

图 4.11　通过狭缝注入时的离子分布示意图

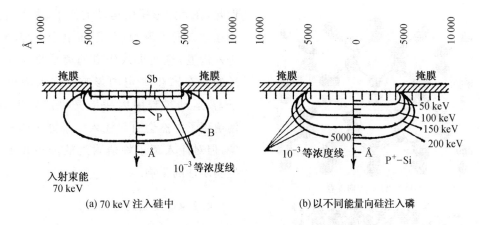

(a) 70 keV 注入硅中　　　　(b) 以不同能量向硅注入磷

图 4.12　通过 1 μ 宽的掩膜窗口注入到硅靶中的等浓度曲线

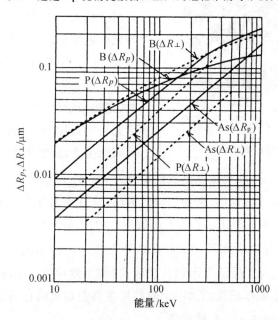

图 4.13　注入无定形硅中的硼、磷和砷的 ΔR_p 和 $\Delta R_\perp$ 的计算值

为了避免沟道效应,可使晶体相对注入离子呈现出无定形的情况,通常方法是使晶体主轴方向偏离注入方向,偏离的典型值为 7°左右。另外,晶体表面常常覆盖有介质层,如 SiO_2、Si_3N_4、Al_2O_3 和光刻胶等,这些都是典型的无定形材料。如果晶体表面覆盖有无定形的介质层,即使晶体的某个晶向平行于离子注入方向。但注入离子在进入到晶体之前,在无定形的介质层中经过多次碰撞之后,已经偏离了入射方向,也就是偏离了晶体的晶向,这与把晶体的主轴方向偏离注入方向的情况相似。上述情况的晶体靶都可以认为是无定形靶。

但是,在无定形靶中运动的离子,由于碰撞使其运动方向不断改变,因而也会有部分离子进入沟道,这些进入沟道的离子将对注入离子的分布产生一定的影响。进入沟道的离子,在运动过程中因碰撞又可能脱离沟道。沟道离子虽然会引起注入离子分布的托尾现象,但对注入离子峰值附近的分布并不会产生实质性的影响。

4.2.4 浅结的形成

随着集成电路集成度的提高,器件的特征尺寸越来越小,要求 MOS 器件的沟道长度等比例地缩小,为了抑制 MOS 晶体管的穿通电流和减小器件的短沟效应,要求减小 CMOS 的源/漏结的结深,对于 0.18 μm 工艺,超浅结结深约为 54 ± 18 nm;对于 0.10 μm 工艺为 30 ± 10 nm。而且 CMOS 器件还要求高表面掺杂浓度,低接触电阻以及结漏电流

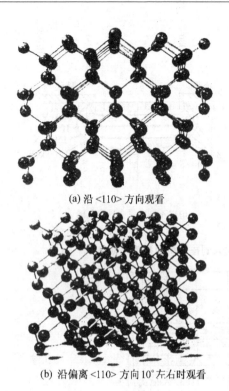

(a) 沿 <110> 方向观看

(b) 沿偏离 <110> 方向 10°左右时观看

图 4.14 硅晶体结构

要小。因此,浅结工艺是目前集成电路发展中最为关心的工艺之一。

形成浅结的困难是多方面的,例如用硼形成浅结,首先遇到的问题是硼的质量较轻,投影射程较深,虽然可以通过采用分子注入法解决。如用 BF_2 作为注入物质,进入靶内的分子在碰撞过程中分解,释放出原子硼。但在这种方法中,因氟的电活性问题和缺陷群的形成[16],以及硼被偏转进入主晶轴方向的几率较高(沟道效应)[17],因此,目前采用这种方法形成浅结正在减少。影响形成浅结另一个问题是在高温退火时出现的异常扩散现象,该现象在拖尾区最为明显,磷注入也有该现象。

通过降低注入离子的能量形成浅结的方法一直受到重视。许多厂家努力制造注入能量可低到几个 keV 的离子注入机。但是,在低能情况下,沟道效应变得非常明显,甚至可使深度增加一倍。同时,在低能注入时,离子束的稳定性又是一个严重的问题,尤其是需要大束流注入的源/漏区和发射区,问题更为严重。产生这个问题的原因是因带电离子的相互排斥,通常也被称为空间电荷效应[18]。这是由于能量低,飞行时间长,导致离子束的发散,可通过降低束流的密度来解决这个问题,另外也可通过缩短路径长度来降低空间电荷效应的影响。

预先非晶化是一种实现浅结比较理想的方法[19,20]。如在注硼之前,先以重离子高剂量注入,使硅表面变为非晶的表面层。这种方法可以使沟道效应减到最小,与重损伤注入层相比,完全非晶化层在退火后有更好的晶体质量。可采用注入一种不激活的物质,例如 Si^+ 或 Ge^+ 来形成非晶层。假设衬底浓度为 $10^{16}cm^{-3}$,以注入 Ge^+ 使硅表面变为非晶层,结深下降大约 20%,而且二极管的特性没有发生变化[21]。如果以注入 Si^+ 使硅表面变为非晶层,结深下降 40%左右[22]。实验发现用 Ge^+ 预先非晶化的样品比用 Si^+ 预先非晶化的样品,具有更少的末端缺陷和更低的漏电流。也可用 Sb^+ 预先非晶化,虽然 Sb 相对于 B 来说是不同导电类型的杂质,但用 Sb^+ 预先非晶化比用 Ge^+ 预先非晶化,所需浓度低一个数量级,消除缺陷的退火温度较低,而且由于 Sb 补偿尾部的 B,使 p-n 结更陡[23]。

预先非晶化的 p-n 结的漏电流和最终的结深是与退火后剩余缺陷数量以及结的位置有关。在预先非晶化方法中,离子注入之后通过固相外延使非晶区再结晶,在再结晶区中一般没有扩展缺陷。但在预先非晶化区与结晶区的界面将形成高密度的错位环。这个界面相对于结区的位置将决定漏电流的大小和扩散增强的程度[24,25]。如果界面缺陷区在结的附近,那么漏电流和杂质的扩散都会增加。

4.3 注入损伤

离子注入技术的最大优点,就是可以精确地控制掺杂杂质的数量及深度。但是,在离子注入过程中,靶的晶体结构受到损伤是不可避免的。进入靶内的离子,通过碰撞把能量传递给靶原子核及其电子,不断地损失能量,最后停止在靶内某一位置。靶内的原子和电子在碰撞过程中获得能量,如果靶原子在碰撞过程中获得的能量很大,那么这个靶原子就可能离开晶格位置进入间隙,成为间隙原子并留下一个空位,形成间隙-空位缺陷对。被碰撞脱离晶格位置的靶原子,只要具有足够的能量,在它运动过程中与其他靶原子碰撞时,也可能使被碰原子脱离晶格位置,这样在注入离子运动轨迹周围的晶格就会受到损伤,产生大量的缺陷[26]。同时,注入的离子中只有少量处在电激活的晶格位置上。因此,必须恢复衬底损伤,达到注入前的状态,而且使注入的离子处于电激活位置,达到掺杂目的。

4.3.1 级联碰撞

因碰撞而离开晶格位置的靶原子称为移位原子。注入离子通过碰撞把能量传递给靶原子核及其电子的过程,称为能量淀积过程。一般来说,能量淀积可以通过弹性碰撞和非弹性碰撞两种形式进行。如果注入离子在靶内的碰撞过程中,不发生能量形式的转化,只是把动能传递给靶原子,并引起靶原子的运动,总动能守恒,这样的碰撞为弹性碰撞。如果总动能不守恒,有一部分动能转化为其他形式的能,例如注入离子把能量传递给电子,引起电子的激发,这样的碰撞称为非弹性碰撞。

实际上,上述两种碰撞形式是同时存在的。只是当注入离子的能量较高时,非弹性碰撞的能量淀积过程起主要作用;离子的能量较低时,弹性碰撞占主要地位。在集成电路制造中,注入离子的能量较低,往往是弹性碰撞占主要地位。

碰撞的结果可能产生移位原子。使一个处于晶格位置的靶原子发生移位,所需要的最小能量称为移位阈能,用 E_d 表示。可以想象,当注入离子在与靶原子碰撞时,可能出现如下三种情形:① 如果在碰撞过程中,传递的能量小于 E_d,那么,就不可能有移位原子产生。被碰原子只是在平衡位置振动,将获得的能量以振动能的形式传递给近邻原子,表现为宏观的热能。② 在碰撞过程中靶原子获得的能量大于 E_d 而小于 $2E_d$,那么被碰原子本身离开晶格位置,成为移位原子,并留下一个空位,但这个移位原子离开晶格位置之后,所具有的能量小于 E_d,不可能使与它碰撞的原子移位。③ 被碰原子本身移位之后,还具有很高的能量,在它的运动过程中,还可以使与它碰撞的原子发生移位。

靶的材料不同,原子移位阈能 E_d 也是不相同的。对硅靶来说,移位阈能一般为 $14\sim15$ eV。对于晶格完整性已经受到一定程度破坏区域中的原子来说,其移位阈能可能会比上面的值要小,因为被移位的原子往往不需要再打破四个价键。另外,还要考虑到移位阈能不是各向同性的,与反冲方向有关,损失于非弹性碰撞的能量也应考虑,还有替位碰撞等等,都需要考虑到。

移位原子也称为反冲原子,与注入离子碰撞而发生移位的靶原子,称为第一级反冲原子,与第一级反冲原子碰撞而移位的靶原子,称为第二级反冲原子,依次类推。这种不断碰撞的现象称为"级联碰撞"。级联碰撞的结果会使大量的靶原子移位,产生大量的空位和间隙原子,形成损伤。因为被移位的靶原子具有与注入离子运动轨迹垂直的速度分量,因而大量空位缺陷存在于注入离子运动轨迹的中心区,而运动轨迹的周围是被间隙缺陷所包围。当级联碰撞密度不太大时,只产生孤立的、分开的点缺陷。如果级联碰撞的密度很高时,缺陷区就会互相重叠,加重了损伤程度,甚至使注入区域的晶体结构完全受到破坏,变为非晶区。由于注入离子产生的孤立缺陷和复合缺陷的尺度很小,所以很难描述其性质[27]。但是,无论是由于注入离子还是由高能反冲原子产生的每一个移位原子,都将形成弗仑克尔(Frenkel)缺陷。此外,人们普遍认为缺陷包括以下几种:① 空位(V);② 二阶空位(V^2)(比如两个空位束缚在一起);③ 高阶空位(复合的空位);④ 间隙(I)。

根据上面的讨论,注入离子在靶中产生的损伤主要有以下几种:

(1) 在原本为完美的硅晶体中产生孤立的点缺陷或者缺陷群(也就是注入离子每次传递给硅原子的能量$\approx E_d$的情况);

(2) 在晶体中形成局部的非晶区域(若单位体积内的移位原子数目接近硅晶体的原子

密度时,将此区域称为非晶区域),多发生在低剂量重离子注入情况;

(3) 由于注入离子引起损伤的积累而形成非晶层,即随着注入剂量的增加,局部的非晶区域将相互重叠而形成非晶层。

在我们的讨论中,把第一类和第二类损伤称为简单晶格损伤,而将第三类损伤称为非晶层的形成。这样划分的原因是与后面将要讨论的退火机理有关,第一类和第二类损伤的退火机理相同,而第三类损伤的退火机理与上述两种不同。

无论是哪一种晶格损伤,移位原子的数量通常将大于注入离子的数量。这些移位原子的产生将降低损伤区域中载流子的迁移率,同时在能带间隙中产生缺陷能级和深能级陷阱,这些能级具有很强的从导带和价带俘获自由载流子的倾向。因大量移位原子的存在,以及在实际注入的离子中,只有极少部分占据晶格位置,成为替位原子,所以离子注入区域在未经退火之前将呈现高电阻状态。

4.3.2 简单晶格损伤

同靶原子硅相比,如果注入的是轻离子,例如硼,或者是小剂量的重离子,例如磷、砷、氩等,可以观察到注入离子在靶中只产生简单的晶格损伤。轻离子引起的注入损伤与重离子引起的注入损伤形式是不相同的。下面我们将讨论导致不同损伤的原因。

如图 4.15(a)所示,对于轻离子(此处以硼为例),在初始阶段,能量损失主要是由电子阻止引起的,很少产生移位原子。注入离子的能量随注入深度的增加而降低,当能量降低到小于交点 E_c(即前面提到过的核子阻止作用和电子阻止作用相同的能量点)之后,注入离子在运动过程中,核子阻止将起主导作用,几乎所有的晶格损伤都产生于 E_c 点以后的运动中。

我们以能量为 80 keV、注入硅中的硼为例来讨论损伤过程[27]。以 80 keV 的能量注入硅中的硼,其投影射程约 250 nm,在初始阶段,其能量损失率大约为 35 eV/nm。因此,它每穿过一个晶面,将损失约 8.75 eV 的能量(硅的晶格间距大约为 0.25 nm)。由于 8.75 eV 小于硅原子的移位阈能 E_d 值(15 eV 左右),也就是说,硼在刚刚进入硅中的时候,每次碰撞传递的能量不足以使硅原子成为移位原子。当能量降到大约 40 keV 时候(约进入 130 nm 深处),每穿过一个晶面,由于核碰撞损失的能量将

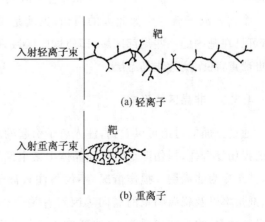

图 4.15 损伤区的分布

增加到大约 15 eV(即 60 ev/nm),这足以使硅原子移位(当注入离子能量为 10~40 keV 时,尽管核碰撞已经可以使硅原子移位,但电子阻止作用仍然不能忽视)。假设在其后的运动中,在每一个晶面上,都有一个硅原子被移位,那么,硼在完全静止之前,共有 480 个硅原子移位(120 nm/0.25 nm)。如果每一个被碰撞的硅原子将移动 2.5 nm,那么损伤体积 V_{dam} 为

$$V_{dam} \cong \pi(2.5 \text{ nm})^2 (120 \text{ nm}) = 2.4 \times 10^{-18} \text{ cm}^3 \quad (4.22)$$

损伤密度为 $480/V_{dam} \cong 2 \times 10^{20}/\text{cm}^3$,仅占相应体积中所有原子的 0.4% 左右。计算表明,需要注入大量的轻原子(同靶原子相比)才有可能产生非晶层。在大多数情况下,每个注入离子只是在其运动轨迹的尾部产生一系列的反冲原子,而且产生的这些缺陷是相互独立的。同时这些第一级反冲原子具有比较小的能量,所以它们不会离开原来所处晶格位置太远。这表明注入一个轻离子只有一小部分能量损失于同靶原子的碰撞过程中,并能产生间隙—空位缺陷。实际上,在室温下硼注入所产生的缺陷,在注入的过程中已经存在自退火现象,也就是说部分第一反冲原子又回到晶格位置上,即便是高剂量注入时也很难产生非晶层。因此,可以用简单晶格缺陷来描述硼注入造成的损伤。

对重离子来说,主要是通过核碰撞损失能量,如图 4.15(b)所示。砷以 80 keV 的能量注入硅中,其投影射程约为 50 nm。在整个运动过程中,核碰撞的平均能量损失率为约 1200 eV/nm。因此,通过每一个晶面,都将损失约 300 eV 的能量,而且这个能量的大部分只传递给一个晶格位置上的硅原子,这个硅原子不但移位,并在随后的运动中又能产生大约 20 个移位原子。所以这个砷原子一共将产生约 4000 个移位原子。仍按上面叙述的方法,假设每个被碰撞的硅原子也将移动 2.5 nm,那么,损伤体积 V_{dam} 大约为

$$V_{dam} \approx \pi(2.5 \text{ nm})^2 (50 \text{ nm}) \approx 1 \times 10^{-18} \text{ cm}^3 \quad (4.23)$$

损伤密度为 $4000/V_{dam} \cong 4 \times 10^{21}/\text{cm}^3$,这个值大约为损伤区域内晶格原子总数的 10% 左右。仅一个注入离子就产生如此大的损伤,也就是说一个重离子,就可以产生如此多的移位原子,可见在靶内的一些局部区域(即便这些区域只受到小剂量重原子的轰击),遭受的损伤可能更严重,甚至变为非晶态层。

4.3.3 非晶区的形成

通过上面的讨论可以看到,注入离子引起的晶格损伤可能是简单的点缺陷,也可能是复杂的损伤复合体,损伤严重时可使晶体中某个区域的结构完全受到破坏而变为无序的非晶区,甚至变为非晶层。损伤情况,不仅与注入离子的能量、质量有关,而且与离子的注入剂量、剂量率以及靶温和靶的晶向等因素有关[28,29]。注入离子的能量越高,产生的移位原子数目就越多,损伤就越严重,也就更容易形成非晶区。

在室温下,能量为 40 keV 的硼向硅中注入,当剂量大于 $10^{16}/\text{cm}^2$ 时可使注入区完全非

晶化,小于这个剂量只产生复杂的损伤区。如果以同样能量的锑向硅中注入,剂量大于 $10^{14}/cm^2$ 时就可能形成非晶区。由此可以看到,形成非晶区不但与剂量有关,而且也与注入离子的质量有着密切关系。

离子注入时的靶温对晶格损伤情况也起着重要的影响,在其他条件相同的情况下,靶温越高,损伤情况就越轻,这是因为在离子注入同时,存在一个自退火过程。例如,当注入离子传递给第一反冲原子的能量大于 E_d 而小于 $2E_d$ 时,第一反冲原子离开晶格位置之后具有的能量小于 E_d,那么这个被移位的原子只能在间隙处振动,如果这个原子附近存在空位,有可能与空位复合而使缺陷消失,温度越高,振动能就越大,也就越容易与空位复合。B^+、P^+、Sb^+ 离子注入硅中,形成非晶层的临界剂量与温度的关系如图 4.16 所

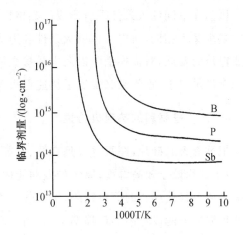

图 4.16 形成非晶层的临界剂量与温度的关系

示[29]。由图可以看到,在室温附近临界剂量和温度的倒数成指数关系,随着温度升高临界剂量增大,这是因为温度越高,自退火效应越显著。对于轻离子来说,损失于电子碰撞的能量占有重要比例,所以形成非晶区的临界剂量上升。在低温,临界剂量趋向一个恒定值。

如果单位时间通过单位面积注入的离子数(剂量率)越大,自退火效应将下降,产生非晶区的临界剂量也将减小。另外,形成非晶区与靶晶体的取向也有着重要关系,注入离子是沿靶材料的某一晶向入射还是随机入射,对于形成非晶区所需临界剂量是不相同的,实验证明,在一定条件下,沿某一晶向入射时形成非晶区所需要的临界剂量高于随机入射。

4.4 热退火

注入离子所产生的晶格损伤,对电学性质将产生严重的影响。例如,由于散射中心的增加,使载流子迁移率下降;缺陷中心的增加,会使非平衡少数载流子的寿命减少,p-n 结的漏电流也因此而增大。另外,离子注入的掺杂机理与热扩散不同,在离子注入中,是把欲掺杂的原子离化后强行注(射)入靶内,注入离子的大多数在靶内都是存在于晶格间隙位置,起不到施主或受主的作用。而且注入区的晶体结构又不同程度的受到破坏,注入的离子更难处于替代位置。如果注入区已变为非晶区,很难区分是替位与间隙。所以,采用离子注入技术进行掺杂时,必须消除晶格损伤,并使注入离子进入晶格位置以实现电激活。

如果将注有离子的硅片在一定温度下,经过适当时间的热处理,则硅片中的损伤就可能部分或绝大部分得到消除,载流子寿命以及迁移率也会不同程度地得到恢复,掺杂原子也将得到一定比例的电激活,这样的处理过程称为热退火。

因为在不同注入条件下所形成的晶格损伤情况相差很大,各种器件对电学参数恢复程度的要求又不相同,所以具体退火条件和退火方式要根据实际注入情况和要求而定。随着集成电路的发展,对损伤消除以及电学参数恢复程度的要求也越来越高,常规热退火已经不能完全满足要求,近年来又发展了快速退火等新技术。

4.4.1 硅材料的热退火特性

把欲退火的硅片,在真空或是在氮、氩等高纯气体的保护下,加热到某一温度进行热处理,由于硅片处于较高温度,原子的振动能增大,因而移动能力增强,可使复杂的损伤分解为点缺陷或者其他形式的简单缺陷,例如分解为空位、间隙原子等。这些结构简单的缺陷,在热处理温度下能以较高的迁移率移动,当它们互相靠近时,就可能复合而使缺陷消失。对于非晶区域来说,损伤恢复首先发生在非晶区与结晶区的交界面,即由单晶区向非晶区通过固相外延过程再结晶而使整个非晶区恢复为单晶结构。

注入离子的质量、注入能量、注入剂量、剂量率,注入时的靶温和靶的晶向等条件的不同,所产生的损伤程度、损伤区域的大小都会有很大的差别,所以退火的温度和时间,退火方式等都要根据实际情况而定。另外还要根据对电学参数恢复程度的要求选定退火条件,退火温度的选择还要考虑到欲退火硅片所允许的处理温度。

因为晶体中的点缺陷或者其他形式的简单缺陷具有较高的能量,在退火过程中这些具有较高能量的缺陷通过重新组合降低能量,在降低能量的过程中,通常会形成新的缺陷,一般情况下这些新缺陷的形式为小的点缺陷群,例如双空位、或者凝聚为位错环一类较大的缺陷。

低剂量所造成的损伤,一般在较低温度下退火就可以消除。例如,注入硅中的Sb^+,当剂量较低时($10^{13}/cm^2$),在300℃左右的温度下退火,缺陷基本可以消除。当剂量增加形成非晶区时,在400℃的温度下退火,部分无序群才开始分解,但掺杂原子的激活率只有20%~30%。非晶区的重新结晶要在550~600℃的温度范围内才能实现。在此温度范围内,很多杂质原子也随着结晶区的形成而进入晶格位置,处于电激活状态。在重新结晶的过程中伴随着位错环的产生,在低于800℃的温度范围内,位错环的产生是随温度的升高而增加。另外,非晶区在重新结晶时,在新结晶区与原晶体区的交界面可能发生失配现象。

载流子激活所需要的退火温度比起寿命和迁移率恢复所需要的温度低,这是因为硅原子进入晶格速度比杂质原子慢,硅晶体中杂质的激活能一般为3.5 eV,而硅本身扩散激活能一般 5.5 eV,也就是说当杂质原子已经进入晶格位置,还可能存在一定数量的间隙硅,它们的存在将影响载流子的寿命和迁移率。

退火温度的选择还要考虑到其他因素,例如在 CMOS 制造中,用离子注入代替 p 阱扩散中的预淀积,因此退火温度的选择要考虑杂质的再分布,一般为 1100~1200℃。在这样高的温度下退火,一方面可以消除损伤,另一方面又可同时得到低表面浓度、均匀的 p 阱区和需要的结深。

4.4.2 硼的退火特性

图 4.17 给出的是硼离子、以 150 keV 的能量和三个不同剂量注入硅中的等时退火特性[30,31],典型的等时退火时间一般为 30 分钟或 60 分钟。由图看到,对于低剂量($8×10^{12}/cm^2$)的情况,电激活比例(自由载流子数 p 和注入剂量 Ns 的比)随温度上升而增加。对于 $10^{14}/cm^2$ 和 $10^{15}/cm^2$ 两种高剂量情况,从退火特性随温度的变化关系,可以把退火温度分为三个区域,在 500~600℃ 的范围内,出现逆退火特性,即随退火温度的升高,电激活率反而下降。在 600℃ 以上,电激活比例又随温度上升而增加。

透射电子显微镜(transmission electron microscopy,TEM)研究表明,在区域 I 中(温度低于 500℃),无规则分布的点缺陷,例如间隙硼和硅原子、空位等,随退火温度上升,移动能力增强,因此间隙硼和硅原子与空位的复合几率增加,使点缺陷消失,替位硼的浓度上升,电激活比例增大,提高了自由载流子浓度[32]。

当退火温度在 500~600℃ 的范围内(区域 II),点缺陷的扩散能力大大上升,点缺陷就会通过重新组合或结团,例如,凝聚为位错环一类较大尺寸的缺陷团(二次缺陷)降低其能量。因为硼原子非常小并和缺陷团有很强的作用,很容易迁移或被结合到缺陷团中,处于非激活位置,因而出现随温度的升高而替位硼的浓度下降,也就是自由载流子浓度随退火温度上升而下降的现象。在 600℃ 附近替位硼的浓度降到一个最低值,如图 4.17 中 II 区所示。

在区域 III 中(温度高于 600℃),硼的替位浓度以接近于 5 eV 的激活能随温度上升而增加,这个激活能值与升温时,硅自身空位的产生和移动的能量是一致的[33]。产生的空位向间隙硼处运动,因而间隙硼就可以进入空位而处于替代位置,如图 4.17 中区域 III 所示,硼的电激活比例也随温度上升而增加。

对于低剂量的硼,不发生逆退火效应,剂量为 $10^{12}/cm^2$ 时,在 800℃ 的温度下退火,只要几分钟就可以完成退火效应。如果在室温下注入高剂量的硼,需要在更高的温度下退火才能得到理想的结果。一般来说,在靶温较高的情况下,注入剂量为 $10^{16}/cm^2$ 时,不会产生非晶区,如果降低靶温,剂量为 $10^{15}/cm^2$ 时,就可能产生非晶区。所以晶体退火条件的选择,要根据注入情况和对电学参数恢复程度的要求而定。

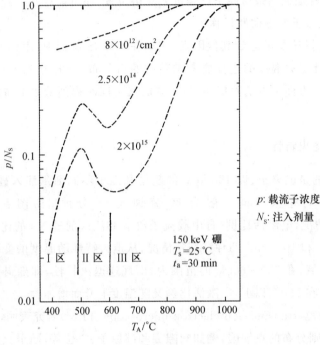

图 4.17 硼的等时退火特性

4.4.3 磷的退火特性

注入硅中的磷,当剂量从 $3\times10^{12}/cm^2$ 升高到 $3\times10^{14}/cm^2$ 时,为了消除更为复杂的无规则损伤,退火温度必须相应提高,这一点与硼的退火性质相似。图 4.18 中虚线所表示的是损伤区还没有变为非晶层的等时退火性质,实线则表示非晶层的退火性质[34]。对于剂量为 $1\times10^{15}/cm^2$ 和 $5\times10^{15}/cm^2$ 时所形成的非晶层,其退火温度基本上固定在 600℃ 附近。这个温度是低于剂量为 $10^{14}/cm^2$ 左右,而没有形成非晶层的退火温度,这是因为上述两种情况的退火机理不同,非晶层的退火过程是通过固相外延(solid phase epitaxy,SPE)完成的。在再结晶过程中,V族原子实际上与硅原子是难以区分,被注入的 V 族原子磷在再结晶过程中与硅原子一样,同时被结合到晶格位置上。

如果非晶层不是从靶表面开始延伸到靶内某一位置,而是在靶内某一区域形成的,那么在退火时,外延再结晶将在两个界面同时发生,当两个外延面相遇时,可能在交界面发生原子失配现象。另外,非晶层可以通过固相外延再结晶为晶体,但固相外延再结晶过程可能会留下残余缺陷,如位错环,以及堆积层错等二维和三维缺陷。为了降低这类缺陷,需要在高温下(如 1000℃)进行退火。

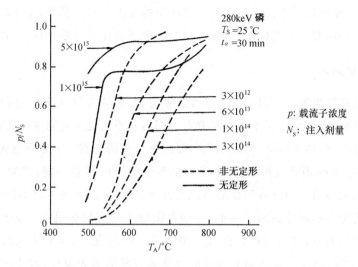

图 4.18 磷剂量不同情况下自由载流子与剂量之比相对于退火温度的关系曲线

注入区中的各处离子浓度,实际上是不相等的,所对应的损伤也就存在很大差别,在同一退火过程中,各处的退火效果自然不会完全相同。例如,对一个离子浓度按高斯分布的情况来说,在峰值附近因离子浓度很高而很可能使该区变成非晶区。远离峰值的区域因离子浓度较低,只产生一般性的缺陷。在同一退火过程中,远离峰值处的区域退火效果可能已经很好了,而在峰值附近的区域中,各种缺陷可能还没有得到完全消除,因而该区中的电激活率也就不会太高。

4.4.4 热退火过程中的扩散效应

注入离子在靶内的分布可近似认为是高斯型。然而在消除晶格损伤、恢复电学参数和激活载流子所进行的热退火过程中,会使高斯分布有明显的展宽,偏离了注入时的分布,尤其是尾部的偏离更为严重,出现了较长的按指数衰减的拖尾。图 4.19 给出的是注入条件和相同的退火时间(35分钟),经不同温度退火后的分布情况[9]。

实际上,热退火温度同热扩散时的温度相比,要低得多。在较低的温度下,对于完美晶体中的杂质来说,扩散系数是很小的,杂质扩散很慢,甚至可以忽略。但是,对于注入区的杂质,即使在比较低的温度下,杂质扩散效应也是非常显著,这是因为离子注

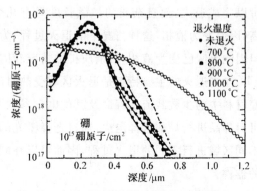

图 4.19 硼的浓度分布与退火温度的关系
(退火时间 35 分钟)

入产生晶格损伤,使硅内的空位数量比完美晶体中的要大得多。另外,由于离子注入也使晶体内存在大量的间隙原子和其他各种缺陷,这些原因都会使扩散系数增大,扩散效应增强。

4.4.5 快速退火

随着集成电路的发展,对损伤区、电学参数恢复程度,以及注入离子电激活率的要求越来越高,常规的热退火方法已经不能满足要求。因为它不能完全消除缺陷,而且又会产生二次缺陷,高剂量注入时的电激活率也不够高,要想完全激活杂质所需要的退火温度至少要达到 1000℃。同时,在热退火过程中,整个硅片都要经受一次高温处理,增加了表面污染,特别是高温长时间的热退火会导致明显的杂质再分布,破坏了离子注入技术的固有优点,过高的温度梯度也可能造成硅片的翘曲变形,这些都限制了常规的热退火方法在 ULSI 中的应用。为了解决上述问题,多年来对退火方法进行了广泛研究,出现了快速退火(rapid thermal annealing,RTP)技术。快速退火的目的就是通过降低退火温度,或者缩短退火时间完成退火。

快速退火目前主要有脉冲激光、脉冲电子束与离子束、扫描电子束、连续波激光以及非相干宽带光源(例如:卤灯、电弧灯、石墨加热器)等技术。它们的共同特点是瞬时内使硅片的某个区域加热到所需要的温度,并在较短的时间内($10^{-3} \sim 10^2$ s)完成退火[35,36]。

脉冲激光退火,主要是利用高能量密度的激光束照射退火材料的表面,从而引起被照区域的温度突然升高,达到退火效果。退火情况,与激光束的能量密度、材料的吸收系数、热传导系数、反射系数和注入层的厚度等有关。

如果激光照射的区域,温度虽然很高,但仍为固相,非晶区是通过固相外延再结晶过程转变为晶体结构,这样的退火模型,称为固相外延模型。例如,一个厚度为 1000Å 的非晶区,经激光辐照后,损伤区的温度达到 800℃ 时。只要几秒钟的时间,通过固相外延方式就可以完成退火,而且杂质的扩散长度只有几 Å。如果激光束辐照区域,吸收的能量足够高,因而变为液相,这种情况下的退火过程,为液相外延。液相外延的退火效果比固相更好,但因注入区已变为液相,其杂质扩散情况较固相外延要严重得多。

激光退火的主要特点是退火区域受热时间非常短,因而损伤区中的杂质几乎不扩散;衬底材料中的少数载流子寿命及其他电学参数基本不受影响。利用聚焦得到细微的激光束,可对样品进行局部选择退火,通过选择激光的波长和改变能量密度等,可在深度上以及表面不同区域进行不同的退火过程,因而可以在同一硅片上制造出不同结深或者不同击穿电压的器件。

连续波激光退火过程是固-固外延再结晶过程。使用的能量密度为 $1 \sim 100$ J/cm²,照射时间约 100 μs。由于被照区不发生溶化,而且时间又短,因此注入杂质的分布几乎不受任何影响。激光退火可以较好地消除缺陷，而且注入杂质的电激活率很高，对注入杂质的分布影响很小，是被广泛采用的一种退火方法。

电子束退火也是近年来发展起来的一种退火技术，其退火机理与激光退火一样，只是用电子束照射损伤区，使损伤区在极短时间内升到较高温度，通过固相或液相外延过程，使非晶区再结晶为体晶区，达到退火目的。电子束退火的束斑均匀性比激光束好，能量转换率可达 50% 左右，但电子束能在氧化层中产生中性缺陷。

目前用得较多的快速退火光源是宽带非相干光源，主要是卤灯和高频加热方式。这是一种很有前途的退火技术，其设备简单、生产效率高，没有光干涉效应，而又能保持快速退火技术的所有优点，退火时间一般为 10～100 秒。各种快速退火方法的退火时间与所用功率密度有关，大部分方法所需要的能量密度为 1.0J/cm^2 左右。

参 考 文 献

[1] J Lindhard, M Scharff, H Schiott. Range Concepte and Heavy Ion Range. Mat-Fys. Med. Dan. Vid. Selsk. 33, No. 14, 1963: 1

[2] J W Mayer, L Eriksson, J A Davies. Ion Implanttion in Semiconductors. Academic, New York: Chapter 4, 1970

[3] J W Corbett. Radiation Damade in Silicon and Gemanium. First International Conference On Ion Implantation, Thousand Oaks, Gordon and Breach, New York: 1971

[4] R W Bower, H G Dill. Proc, International Electron Device Meeting, 1966: 16.6

[5] H Rupprecht. New Advances in Semiconductor Implantation. J. Vac. Soi. Technol., vol. 15, 1978: 1669

[6] W K Hofker, J Politiek. Ion Implanttion in Semiconductors. Philips Tech. Rev., vol. 39, 1980: 1

[7] M I Crrent, K A Pickar. Ion Implanttion Processing. Electrochmical Socicty Fall Meeting, Montreal, vol 82-1, May, 1982

[8] J F Gibbons, W S Johnson, S W Mylroie. in Dowden, Hutchinson, and Ross, Eds., Projected Range in Semiconductors, Academic, New York: vol. 2, 1975

[9] W K Hofker. Implanttion of Boron in Silicon. Philips Res. Repts. Suppl., No. 8, 1975

[10] S Furukawa, H Matsumura, H Ishiwara. Thoeretical Considerations on Lateral of Implanted Iona. Japanese J. Applied Physics, vol. 11, 1972: 134

[11] N L Turner, et al. Effects of Planar Channeling Using Modern Ion Implantation Equipment. Solid State Technology, February, 1985: 163

[12] T E Seidel. IEEE Electron Devices Letters, vol. EDL-4, 1983: 353

[13] C Carter, et al. Applied Physics Letters, vol. 44, 1984: 459

[14] T M Liu, W G Oidham. IEEE Electron Devices Letters, vol. EDL-4, 1983: 59

[15] R Simoonton. Channeling Effects in Ion Implantation into Silicon. in Ion Implantation Science and Technology, ed. J F Ziegler, on Implantation Technology Press, 1996: 293-390

[16] T O Sedgwick. Nucl. Instr. Methods, vol. B37, 38, 1989: 760

[17] D R Myers, R G Wilson. Alignment Effects on Implantation profiles in Silicon. Radiation Effects, vol. 47, 1980: 91

[18] R G Wilson, G R Brewer. Ion Beams with Applications to Ion mplantation. Wiley-Interscience, New York: 1973

[19] A Bousetta, J Avanenerg, D G Armour. Applied physics Letters, vol. 58, 1991: 1626

[20] G A Ruggles, S N Hong, J J Wortman, E R. Myers, J J Hren. Mster. Res. Soc. Aymp. Proc., vol. 128, 1989: 611

[21] M C Ozturk, J J Wortman. Electrical Properties of Shallow P+N Unctions Formed by BF2 Ion Implantation in Germanium Preamorphized Silicon. Applied Physics Letters, vol. 52, 1988: 281

[22] H Ishiwara, S Horita. Formation of Shallow P+n Junctions by B-Implantation in Si Substrates with Amorphous Layers. Japanese J. Applied Physics, vol. 24, 1985: 568

[23] B Davari, Ganin, D Harame, G A Sai-Halasz. VLSI Tech. Symp, 1989: 27

[24] T O Sedgwick, A E Michel, V R Deline, S A Cohen, J B Lasky. J. Applied Physics, vol. 63, 1988: 1452

[25] S D Brotherton, J R Ayres, J B Clegg, J P Gowers, J. Electron. Mater., vol. 18, 1989: 173

[26] F F Morehead Jr, B L Crowder. Ion Implantation, F H Eisen and L L T Chadderton, Eds., Grodon and Breach, London: 1971: 25

[27] S Wolf, R N Tauber. Silicon Processing For the VLSI ERA. Lattice Press, 2000

[28] S Prussin, D Margolese, R N Tauber. Formation of Amorphous Layers by Ion Implantation. J. Applied Physics, vol. 57(2), 15 January 1985: 180

[29] F F Morehead, B L Crowder. A Model for the Formation of Amorphous Si by Ion Implantation. F Eisen and L Chadderton, Eds. Ist Int'l. Conference on Ion Implantation Thousand Oaks, Gordon & Breach, New York: 1971

[30] T E Seidel, A U MacRae(1971), in: 1st. Int. Conf. on Ion Implantation. New York: Gordon and Breach. Shaw, D. (1975), Phys. Statues Solid 72, 11. Shewmon, P. G. (1963), Diffusion in Solids, New York: McGraw-Hill

[31] J C North, W N Gibson. Channeling Study of Boron Implanted Silicon. in Ref. 3: 143

[32] R W Bicknell, R M Allen. Correlation of Electron Microscope Studies with the Electrical Properties of Boron Implanted Silicon. In Ref. 3: 63

[33] T E Seidel, A U MacRae. The Isothermal Annealing of Boron Implanted Silicon. In Ref. 3: 149

[34] B L Crowder, F F Morehead Jr. Annealing Characteristic of n-type Dopants in Ion Implanted Silicon. Applied Physics Letters, vol. 14, 1969: 313

[35] M Wittmer, G A Rozgonyi. Laser Annealing of Semiconductors: Mechanisms and Applications to Microelectronics. in E Kaldis, Ed., Cu Current Topics in Materials Science, North-Holland, New York: 1981

[36] B R Appleton, G K Aller Eds. Laser and Electron Beam Interactions with Solids. North-Holland, New York: 1982

第五章 物理气相淀积

物理气相淀积(physical vapor deposition,PVD)指的是利用某种物理过程,例如蒸发或者溅射,实现物质转移,即实现原子或分子由蒸发源或者溅射源转移到衬底(如硅片)表面,并在表面淀积形成薄膜的过程。

在物理气相淀积技术中,最基本的两种方法就是真空蒸镀和溅射。在薄膜淀积技术发展的最初阶段,由于真空蒸镀法相对溅射法具有一些明显的优点,包括较高的淀积速率,相对高的真空度以及由此导致的薄膜质量较高等优点,因此真空蒸镀法受到了相当程度的重视。但是,真空蒸镀法固有的缺点又限制了它在现今集成电路工艺中的应用,其一是台阶覆盖(step coverage)效果差。在器件尺寸越来越小的同时,而许多结构层的厚度又几乎保持不变,因此,台阶的高低变化更加严重,真空蒸镀法已经不能满足这种结构的要求;其二是利用真空蒸镀法淀积多元合金薄膜时,组分难以控制。而溅射法淀积多元合金薄膜时,化学组份不但容易控制,而且淀积的薄膜层与衬底表面附着性又非常好。另外,由于靶材和气体的纯度越来越高,设备和技术的不断发展,也使溅射法制备的薄膜质量得到了很大的改善和提高,因此,溅射法制备薄膜的技术已基本取代了真空蒸镀法。但真空蒸镀法目前在科研和Ⅲ-Ⅴ族化合物半导体的工艺中仍被采用。另外,在有些平板显示屏的制造中,真空蒸镀是一步重要工艺。所以对真空蒸镀法仍然作为本章内容进行讲述。

本章内容包括:真空蒸镀法制备薄膜的工艺,重点是溅射法制备薄膜的物理基础和制备工艺。

5.1 真空蒸镀法制备薄膜的基本原理

在任何温度下,固态材料的表面都会存在该材料的蒸气。当固态材料的温度低于熔化温度时,产生蒸气的过程称为升华(sublimation),而当材料熔化时产生蒸气的过程称为蒸发(evaporation)。真空蒸镀法制备薄膜,就是利用固态材料在高温时所具有的饱和蒸气进行薄膜制备的工艺。在真空条件下,加热固态蒸发材料(源),使原子或分子从蒸发材料的表面逸出,形成蒸气流并入射到衬底(如硅片)表面,在表面凝结成固态薄膜。因为真空蒸镀法是通过加热蒸发材料,使其原子或分子蒸发,并在衬底表面上淀积成薄膜,所以蒸镀工艺包含两个主要物理过程:蒸发和成膜。

真空蒸镀法已有几十年的历史,近些年来又不断地完善和改进,例如,为了抑制或避免高温时被蒸发材料与放置它的坩埚之间发生化学反应,改用耐热搪瓷坩埚;为了蒸发低蒸气压的材料,采用了电子束加热源或激光束加热源;为了制备成分复杂或多层复合薄膜,发展了多源共蒸发或顺序蒸发法;为了制备化合物薄膜还发展了反应蒸发法等。

真空蒸镀法制备薄膜具有一些明显的优点,主要包括设备比较简单,操作容易,所制备的薄膜纯度比较高,厚度控制比较精确,成膜速率快,生长机理简单等。其主要缺点是所形成的薄膜与衬底附着力较小,工艺重复性不够理想,台阶覆盖效果较差等。因此,该方法目前在集成电路制造工艺中很少应用,已被溅射法和化学气相淀积法所代替。

5.1.1 真空蒸镀设备

真空蒸镀设备的示意图如图 5.1 所示,主要由三大部分组成:

(1) 真空系统:为蒸镀过程提供真空环境;

(2) 蒸发系统:放置被蒸发的材料、并具有加热和测温功能;

(3) 基板及加热系统:该系统是用来放置需要蒸镀薄膜的基片(衬底,如硅片)以及具有对基板加热和测温功能。

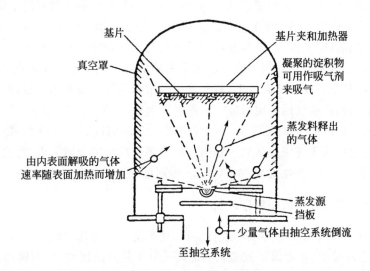

图 5.1 真空蒸镀设备示意图

真空蒸镀法制备薄膜需要经过以下几个基本过程:

(1) 加热蒸发过程:对蒸发源进行加热,使其温度接近或达到材料的熔点,材料表面的原子就容易逸出,转变为蒸气,也就是成为气化原子或分子。

(2) 气化原子或分子从蒸发源向衬底表面运动过程:气化的原子或分子在真空环境中,由蒸发源向衬底(如硅片)表面运动,运动过程中可能与真空室内残余气体的分子发生碰撞,碰撞次数取决于真空度以及蒸发源到衬底表面之间的距离。

(3) 被蒸发的运动到衬底表面的原子或分子在衬底表面淀积形成薄膜过程:运动到衬底表面的原子或分子在表面上凝结、成核、生长,形成成膜。由于衬底温度低于蒸发源温度,同时被蒸发的原子或分子只有极低的能量,在衬底表面上基本不具有移动的能力,因此,到达衬底表面后将直接发生从气相到固相的相转变过程,立即凝结在衬底的表面上。

由上面所讨论的三个基本过程可以看到,真空蒸镀过程必须在比较高的真空环境中进行,否则被蒸发的原子或分子在向衬底运动过程中,将会与大量的残余分子发生碰撞,改变运动方向,不但降低了薄膜的淀积效率,而且也难以形成均匀连续的薄膜;同时也可能携带或者与残余分子反应,使淀积的薄膜受到严重污染,甚至形成氧化物。下面我们讲述与上述物理过程有关的一些基本问题。

5.1.2 汽化热和蒸气压

在真空蒸镀系统中通过能源(通常为热源)对固态蒸发材料加热到一定温度,使其原子或分子获得足够的能量,克服固相原子间的束缚而蒸发到真空中,并形成具有一定动能的气相原子或分子,完成上述过程所需能量就是汽化热 ΔH。汽化热的主要部分是用来克服凝聚相中原子间的吸引力,至于动能($3/2\ kT$)所占的比例则非常小。对常用金属材料来说,每个原子的汽化热大约为 $4\ eV$,而在蒸发温度下,每个原子的动能仅为 $0.2\ eV$ 左右。

在一定温度和真空条件下,被蒸发物质的蒸气与固态源平衡时所表现出来的压力称为该物质的饱和蒸气压 P。只有当环境中被蒸发物质的分压低于它平衡时的饱和蒸气压,才可能有物质的净蒸发。在一定温度下,各种物质的饱和蒸气压是不相同的,但具有恒定的数值。相反,一定的饱和蒸气压必定对应一定的物质温度,已经规定在饱和蒸气压为 $133.3\times 10^{-2}\ Pa(1\ Torr=133.3\ Pa)$ 时的温度,称为该物质的蒸发温度。一般说来,要进行有效的蒸镀淀积,蒸发源物质的蒸气压应达到一定值。对大多数的常用金属来讲,需要加热到熔化之后才能有效地蒸发,而少数金属如 Mg、Cd、Zn 等则可直接升华。

5.1.3 真空度与分子的平均自由程

高纯度薄膜必须在高真空环境中进行淀积,这是基于下述几个理由:

(1) 在真空环境中,才能保证被蒸发的原子或分子是直线运动,从而确保被蒸发的原子或分子有效的淀积在衬底表面上。如果真空度很低,被蒸发的原子或分子在输运过程中不断与残余气体碰撞,使被蒸发的原子或分子的运动方向不断改变,很难保证被蒸发的原子或分子淀积在衬底表面上。

(2) 如果真空度太低,残余气体中的氧和水汽,会使金属原子在输运过程中发生氧化,同时也会使被加热的衬底表面发生氧化。

(3) 真空系统中的残余气体及所含杂质也会淀积在衬底表面上,从而会严重影响淀积薄膜的质量。

被蒸发的原子或分子在向衬底表面运动过程中,会与真空室内残余气体发生碰撞,同时也会与真空室壁碰撞,从而不断改变运动方向并降低运动速度。粒子两次碰撞之间运动的平均距离称为蒸发原子或分子的平均自由程($\bar{\lambda}$)。因此,在蒸镀过程中,要使真空系统中残余气体的压强保持在足够低的水平,才能保证被蒸发的原子或分子在真空室内运动的平均自由程大于蒸发源到放置衬底的基座距离,并使有害杂质的含量降到最低。

气体分子的平均自由路程$\bar{\lambda}$与气体压强P有如下关系

$$\bar{\lambda} = \frac{kT}{\sqrt{2}\pi r^2 P} \tag{5.1}$$

k为波耳兹曼常数;T为绝对温度(K);r为气体分子的半径。(5.1)式表明$\bar{\lambda}$反比于压强P,因此气体压强越小,即系统的真空度越高,被蒸发的原子或分子的平均自由程$\bar{\lambda}$就越大。

5.1.4 蒸发速率

蒸发速率直接关系到薄膜的淀积速率,是工艺上一个重要参数。蒸发速率与很多因素有关,如温度、蒸发面积、表面的清洁程度、加热方式等。由于物质的平衡蒸汽压随着温度的上升增加很快,因此对物质蒸发速率影响最大的因素是蒸发源的温度。

为了使用方便起见,工程上直接将蒸发物质、蒸发温度和蒸发速率之间关系绘成为诺谟图,需要时可查阅相关资料。

5.1.5 多组分薄膜的蒸镀方法

在集成电路制造工艺中,往往需要制备多组分薄膜。利用蒸镀法制备多组分薄膜的方法主要有以下三种:单源蒸镀法、多源同时蒸镀法和多源顺序蒸镀法[1],如图5.2所示。在单源蒸镀中,先按薄膜组分比例的要求制成合金的蒸发源,之后对合金蒸发源进行蒸发、凝结形成固态的合金薄膜。利用这种方法制备多组分薄膜,其基本要求是合金蒸发源中各组分材料的蒸汽压应该接近,只有在这种情况下薄膜中的组分与合金蒸发源中各组分的比例才能接近。如果合金蒸发源中各组分材料的蒸汽压相差很大,制备的薄膜组分很难满足要求,甚至制备的可能是多层混合膜。例如,在2500℃时,Ti的蒸汽压是133.3 Pa,而W的蒸汽压是3.999×10^{-6} Pa。那么用Ti和W制成的合金蒸发源进行蒸发时,因为蒸发初期的蒸汽几乎是纯Ti,随着蒸发的进行,剩余合金靶的组分不断变化,Ti的成分越来越少,W的成分越来越多,W的蒸汽压也就越来越高,所得到的薄膜先是以Ti为主,之后是以W为主组成的混合薄膜层。

多源同时蒸镀法就是用多个坩埚,在每个坩埚中放入薄膜所需成分中的一种材料,在不同温度下同时蒸发。这种方法淀积的薄膜有很大的改进,但仍不理想。

多源顺序蒸镀法比较理想,多源顺序蒸镀法也是把薄膜所需成分的材料放在不同坩埚中,但不是同时蒸发,而是按顺序蒸发,并根据薄膜组分比例控制相应的层厚,之后再通过高温退火形成所需要的多组分薄膜。在这种方法中,如果衬底(如硅片)表面已有的图形或薄膜层必须能承受蒸镀后的热处理温度。

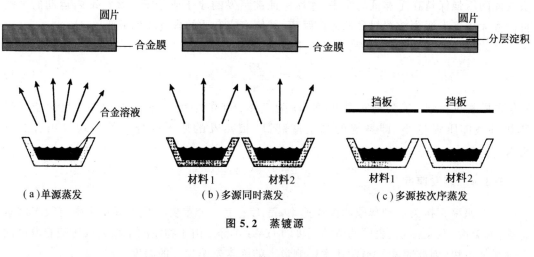

图 5.2 蒸镀源

5.2 蒸发源

随着集成电路制造工艺的不断发展,不但对淀积薄膜质量要求越来越高,而且要淀积的薄膜种类也越来越多。为了适应这些需要,已有各种不同类型的真空蒸镀设备,它们之间可能有很大的差别,但差别主要表现在对蒸发源的加热方式上。目前对蒸发源加热方式主要有电阻加热源,电子束加热源,高频感应加热源,激光束加热源等。

5.2.1 电阻加热蒸发源

电阻加热源就是利用电流通过加热源时所产生的焦耳热来加热被蒸发的材料。电阻加热源的几种主要结构形式如图 5.3 所示。电阻加热源可分为两大类,一类是直接加热源,另一类是间接加热源。直接加热源的加热体和待蒸发材料的载体为同一物体;而间接加热源是把待蒸发材料放入坩埚中进行间接加热。由于电阻加热蒸发源结构简单,价廉易作,早期得到了广泛的应用。对于直接加热源来说,加热体,也就是被蒸发材料的载体,主要有钨、钼、钽和石墨等;而对间接加热体的坩埚主要采用耐高温的陶瓷材料和石墨等。

1. 对加热源材料的要求

(1) 熔点要高。被蒸发材料的蒸发温度(饱和蒸气压为 1.33 Pa 时的温度)多数在 1000～2000℃之间,所以加热源材料的熔点必须高于此温度。

(2) 饱和蒸气压要低。这是为了防止或减少在高温下加热源材料随蒸发材料一起蒸发而成为杂质进入淀积的薄膜中。只有当加热源材料的饱和蒸气压足够低,才能保证在蒸发过程中具有极小的自蒸发量,不至于影响真空度、又不会产生对薄膜污染的蒸气。

(3) 化学性能要稳定。加热源材料在高温度下不应与蒸发材料发生化学反应。如果加热源材料和蒸发材料形成共熔点合金,则会降低加热源材料的寿命。

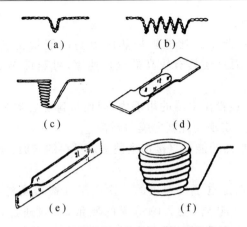

图 5.3 不同结构形状的电阻加热蒸发源

2. 被蒸发材料对加热材料的"湿润性"

在选择电阻加热材料时,还必须考虑被蒸发材料与加热材料之间的"湿润性"问题。在高温条件下,熔化的蒸发材料在加热源的材料上有扩展倾向时,可以说是容易湿润的,在湿润的情况下,由于材料的蒸发面较大,而且又比较稳定,一般可认为是面蒸镀。而在湿润性较差的情况下,一般可认为是点蒸发。在湿润的情况下,蒸发材料与加热源材料十分亲合,因而蒸发状态稳定,对于丝状加热源来说,对湿润性的考虑更为重要,否则,蒸发材料容易从加热源的材料上掉下来,例如 Ag 在 W 丝上熔化后就非常容易脱落。

5.2.2 电子束加热蒸发源

电阻加热源虽然具有操作方便,蒸发速率快等优点,但不能满足蒸发某些难熔金属和氧化物材料的需要。于是发展了用电子束作为加热源的蒸发方法,电子束蒸发系统示意图如图 5.4 所示[2]。电子束加热原理是基于电子在电场作用下,获得动能轰击处于阳极的蒸发材料,使蒸发材料加热气化。在以电子束作为加热源的蒸镀设备中,将蒸发材料放入水冷的坩埚中,直接利用电子束加热,使蒸发材料气化蒸发并运动到衬底表面上凝结形成薄膜。电子束蒸发法克服了电阻加热蒸发法的很多缺点,特别适合制备高熔点的薄膜和高纯薄膜,是真空蒸镀淀积薄膜技术中一种最重要的加热方法。

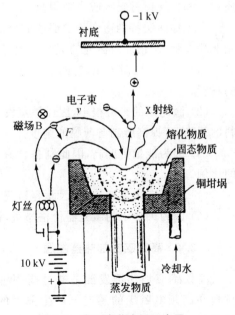

图 5.4 电子束蒸发源示意图

电子束蒸发源的优点：

(1) 电子束蒸发源可获得远比电阻加热源更高的能量密度，因此可以使熔点高达 3000℃以上的材料蒸发，而且还具有较高的蒸发速率，可蒸镀 W、Mo、Ge、SiO_2、Al_2O_3 等材料。

(2) 被蒸发的材料是放置在水冷的坩埚内，因而可避免容器材料的蒸发以及容器材料与蒸发材料之间的反应，可实现高纯度薄膜的制备。

(3) 热效率高，因为加热的能量直接加到被蒸发材料的表面，而且热传导和热辐射的损失也很少。

电子束加热源的缺点是电子枪发出的一次电子和被蒸发材料发出的二次电子会使蒸发原子和残余气体分子电离，会影响薄膜的质量，一般通过设计和选用不同结构的电子枪加以解决。化合物在受到电子轰击时会部分发生分解，以及残余气体分子和薄膜材料分子会部分地被电子所电离，将对薄膜的结构和性质产生影响。电子束蒸镀设备另一个突出问题是结构复杂、价格昂贵，加速电压过高时所产生的软 X 射线对人体有一定伤害。

5.2.3 激光束加热蒸发源

激光加热蒸发源就是利用高功率的连续或脉冲激光束对被蒸发材料进行加热。激光加热的特点是加热温度高，可避免坩埚的污染，材料蒸发速率快，蒸发过程容易控制等。通常采用的激光源是连续输出的 CO_2 激光器，它的工作波长为 $10.6\ \mu m$，对于这个波长，很多介质材料和半导体材料吸收率都很高。

激光加热法特别适合蒸发那些成分比较复杂的合金或化合物材料。通常是将蒸发材料制成粉末状，以增加对激光的吸收。激光加热蒸发源其主要特点是：

(1) 聚焦后的激光束，它的功率密度可高达 $10^6\ W/cm^2$ 以上，因而可以蒸发任何高熔点的材料。

(2) 激光束的光斑很小，因而被蒸发材料是局部受热而汽化，防止了坩埚材料对蒸发材料的污染，可提高所制备薄膜的纯度。

(3) 因为能量密度高，因此制备含有不同熔点材料的化合物薄膜时可以保证各种成分的比例。

(4) 真空室内装置简单，因此容易获得高真空度。

(5) 因为大功率的激光器价格昂贵，影响了广泛应用。

5.2.4 高频感应加热蒸发源

高频感应加热蒸发源是通过高频感应对装有被蒸发材料的坩埚进行加热，使蒸发材料在高频电磁场的感应下产生强大的涡流损失和磁滞损失（对铁磁体），致使蒸发材料升温，直至汽化蒸发。蒸发源一般由水冷高频线圈和石墨或陶瓷坩埚组成，图 5.5

为高频感应加热蒸发源的示意图[1]。这种蒸发源的特点是：

（1）蒸发速率快，因为可采用较大的坩埚，增加蒸发面积。

（2）蒸发源的温度均匀、稳定，不易产生飞溅现象。

（3）温度控制精度高，操作比较简单。

（4）加热用的大功率高频电源，价格昂贵，同时还需要对高频电磁场进行屏蔽，防止外界的电磁干扰。

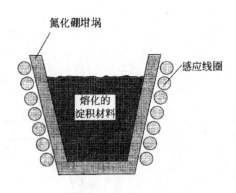

图 5.5　高频感应加热蒸发源示意图

5.3　气体辉光放电

具有一定能量的离子在对固体表面轰击时，离子在与固体表面原子的碰撞过程中将发生能量和动量的转移，并可能将固体表面的原子溅射出来，称这种现象为溅射。溅射与热蒸发在本质上是不同的，热蒸发是由能量转化引起的，而溅射含有动量的传递，所以溅射出的原子具有方向性，利用这种现象来制备薄膜的方法为溅射法。实际溅射时，被加速的正离子轰击作为阴极的靶，并从阴极靶的表面溅射出粒子(原子)，所以也称此过程为阴极溅射。

溅射过程是建立在辉光放电的基础上，即射向固体表面的离子都是来源于气体放电，只是不同的溅射技术所采用的辉光放电方式有所不同。本节先讲述辉光放电，下节再讲述各种溅射方法。

5.3.1　直流辉光放电

在一圆柱形玻璃管内的两端装上两个平板电极，管内充以气压约为几 Pa 到几十 Pa 的气体，如图 5.6 所示[3]，下面讨论在电极上加上直流电压时，平板电极间的电流 I 与电压 V 的关系。

（1）无光放电（暗）区。在正常情况下，气体基本处于中性状态，只有极少量的原子受到高能宇宙射线的激发而电离，在没有外电场的情况下，这些被电离的带电粒子与气体分子一样，在空间作杂乱无章的运动。当有外电场时，因电离而产生的离子和电子将作定向运动，其运动速度随电压的增加而加快。当电极之间的电压足够大时，带电粒子的运动速度达到饱和值，上述过程所对应的电流将从零逐渐增加，直至达到某一极大值。这时再增加电压，而电流并不随之增加，这是因为电离量很少，又是恒定的，即使再提高电压，到达电极的电子和离子数目不变，所以宏观上的电流是微弱的，且不稳定，一般情况下仅有 $10^{-16} \sim 10^{-14}$ A 左右，这个电流值的大小取决于气体分子的电离数。由于此区导电而不发光，所以称为无光放电区，也称为暗区，如图 5.6 中的 ab 段所示。

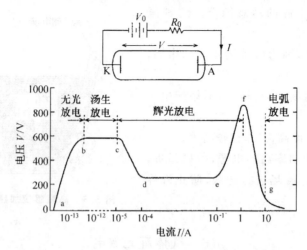

图 5.6 低压直流放电的电压与电流特性及放电模式

（2）汤生放电区。当电极间的电压继续升高时，外电路转移给电子和离子的能量也逐渐增加，电子的运动速度也跟着加快，电子与中性气体分子之间的碰撞不再是低速时的弹性碰撞，而会使气体分子电离，产生正离子和电子（α 作用），同时正离子对阴极的碰撞也将产生二次电子（γ 作用），上述过程如图 5.7 所示[3]。新产生的电子和原有的电子继续被电场加速，在碰撞过程中又有更多的气体分子被电离，使离子和电子数目雪崩式的增加，放电电流也就迅速增大，在伏—安曲线上便出现汤生放电区，如图 5.6 中的 bc 段所示。在汤生放电区，电压受到电源高输出阻抗和限流电阻的限制而呈一常数。

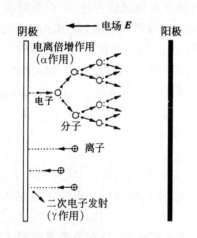

图 5.7 α 作用和 γ 作用示意图

无光放电和汤生放电，都是以存在自然电离源为前提，即存在宇宙高能射线的照射而使气体分子电离的外界源，或者其他电离源，如果不存在自然电离源，则放电不会发生，因此，这种放电方式又称为非自持放电。

（3）辉光放电区。在汤生放电之后，气体突然发生放电击穿现象，电路中的电流大幅度增加，同时放电电压显著下降，图 5.6 中的 c 点就是所谓放电的着火点。在此点，放电区只是在阴极的边缘和不规则处发生，从 c 点开始进入电流增加而电压下降的 cd 段，这一阶段也称前期辉光放电。产生这样的负阻现象是因为这时的气体已被击穿，气体内阻将随着电离度的增加而显著下降。如果再增大电流，那么放电就会进入电压一定的 de 段，也就是正常辉光放电区，此时电流的增加显然与电压无关，而只与阴极上产生辉光的表面面积有关。在这个区域内，阴极的有效放电面积随电流增加而增大，而阴极有效放电区内的电流密度保持恒定。在这一阶段,导电的粒子数目大大增加,在碰撞过程中转移的能量也足够高,因此会产生明显的辉光,维持辉光放电的电压较低,而且不变。气体击穿之后,电子和正离子的来源是电子的碰撞和正离子的轰击,即使不存在自然电离源,放电也将继续下去,这种放电方式又称为自持放电。当气体击穿时,也就是从非自持放电过渡到自持放电。

上述放电称为正常辉光放电。辉光放电的电流密度与阴极材料和气体的种类有关。此外,气体的压强与阴极的形状对电流密度的大小也有影响。电流密度随气体压强的增加而增大;凹面形阴极的正常辉光放电电流密度要比平板形阴极大数十倍。

由于正常辉光放电时的电流密度仍然比较小,所以溅射还不能选在这个区,而是选在反(异)常辉光放电区。

(4) 反常辉光放电区。当整个阴极均成为有效放电区域之后,也就是整个阴极全部由辉光所覆盖,此时,只有增加功率才能增加阴极的电流密度,从而增大电流,也就是说电流密度与放电电压将同时增加,此时进入反常辉光放电状态,如图5.6中的ef段。其特点是:两个放电极板之间电压升高时,电流增大,而且阴极电压降的大小与电流密度和气体压强有关。因为此时辉光已布满整个阴极,再增加电流时,离子层已无法向四周扩散,这样,正离子层便向阴极靠拢,使正离子层与阴极之间的距离缩短,此时要想提高电流密度,则必须增大阴极压降使正离子有更大的能量去轰击阴极,使阴极产生更多的二次电子。

(5) 电弧放电区。随着电流的继续增加,放电电压将再次突然大幅度下降,电流急剧增加,这时的放电现象开始进入电弧放电阶段,如图5.6中的fg段所示。溅射区域选在反常辉光放电区,所以对电弧放电及以后的各种现象我们就不进行讲述。

在辉光放电时,整个放电管将呈现明暗相间的光层,从阴极至阳极之间,整个放电区域可以被划分为阿斯顿暗区、阴极辉光区、阴极暗区、负辉光区、法拉第暗区、正柱(等离子)区、阳极辉光区和阳极暗区等八个发光强度不同的区域,如图5.8(a)所示[3],图中同时给出各区对应的电位、场强、空间电荷和光强分布。其中,无光放电区(暗区)相当于离子和电子从电场获得能量的加速区,而辉光区相当于不同粒子发生碰撞、复合、电离的区域。

在阴极附近有一明亮的发光层,它是由向阴极运动的正离子与阴极发射的二次电子发生复合所产生的,被称为阴极辉光。阴极暗区是二次电子和离子的主要加速区,这个区域的电压降占整个放电电压的绝大部分,负辉光区是发光最强的区域,它是已获加速的电子与气体分子发生碰撞而电离的区域。

实际上,具体放电情况因放电容器的尺寸、气体的种类、气压、电极的布置、电极材料的不同有所不同。对于放电区域的划分也有多种,上面只是一种比较典型的分法。

放电击穿之后的气体具有一定的导电性。我们把这种具有一定导电能力的气体称为等离子体,等离子体是一种由正离子、电子、光子以及原子、原子团、分子和它们的激发态所组成的混合气体,而且正、负带电粒子的数目相等,宏观上呈现电中性的物质存在形态。等离子体实际上就是部分离化的气体。上面讨论的辉光放电属于等离子体中粒子能量和密度较低,放电电压较高的一种类型,其特点是质量较大的重粒子,包括离子、中性原子和原子团的能量远远低于电子的能量,是一种非热平衡状态的等离子体。

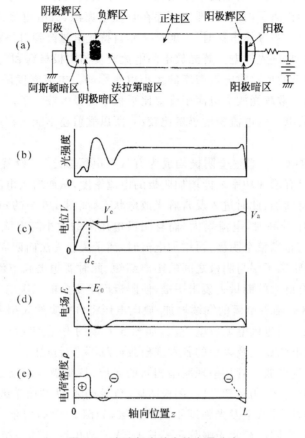

图 5.8 直流辉光放电的参量分布

对于气压为 1 Pa 左右的辉光放电的等离子体来说,理想气体定律给出电子、离子与中性粒子的总密度应该是 $3\times10^{14}/cm^3$,而其中电子和离子只占万分之一左右。等离子体中电子的平均动能 E 大约为 2 eV,其对应的温度为 $Te=E/k=23\,000$ K。另外,由于电子密度低,质量又小,热容量也就低,能够传递给其他粒子的能量极为有限。离子以及中性原子实际上仍处于一种低能状态,其能量只是电子能量的 1%~2%左右,对应的温度也只有 300~500 K。离子能量比中性原子能量高一些,这是因为离子通过在电场中加速而获得的。

不同粒子的平均运动速度相差极大。对于电子来说,其平均运动速度 $V=(8kT/\pi m)^{1/2}=9.5\times10^5 ms^{-1}$,对于辉光放电常用的工作气体 Ar 离子和原子,其温度远低于电子温度,其质量又远大于电子质量,因而其平均速度只有 $5\times10^2 ms^{-1}$。

电子与离子具有不同速度的一个直接后果是形成所谓的等离子鞘层,即任何处于等离子体中的物体相对于等离子体来讲都呈现出负电位,并且在物体的表面附近出现正电荷积累。这是因为任何处在等离子体中的物体,如靶材和衬底,均会受到等离子体中各种粒子的轰击。由于各种粒子的运动速度不同,轰击物体表面的各种粒子的密度也不相同。由于离子的质量远远大于电子,因而轰击物体表面的电子数目将远大于离子数目。假如在初始时刻,物体表面没有净电荷积累的话,由于轰击表面的电子数目大于离子数目,物体表面将因剩余负电荷而呈现负电位。负电位的建立将排斥电子并吸引离子,使得到达物体表面的电子数目减少,正离子数目增加,直至到达物体表面的电子数与离子数相等时,物体表面的电位才达到平衡。这将导致浸没在等离子体中的物体,包括阴极和阳极,其表面无一例外地对于等离子体本身处于负电位,即在其表面形成了一个排斥电子的等离子鞘层,其厚度依赖于电子的密度和温度,其典型的数值大约为 $100\ \mu m$。图 5.9 是辉光放电等离子体电位分布的示意图[2],其中阴极鞘层由于外电场的叠加而加大,而阳极鞘层则由于叠加而减少。

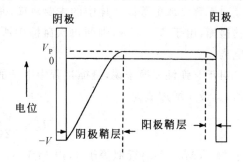

图 5.9 直流辉光放电的电位分布和等离子鞘层

在辉光放电等离子体中,电子的速度、能量远高于离子的速度与能量。因此,电子不仅是等离子体导电过程中的主要载流子,而且在粒子的相互碰撞、电离过程中也起着极为重要的作用。在鞘层中,电子密度较低,因而碰撞电离几率较小而构成暗区。在整个放电过程中,也是电子充当着主要的导电和碰撞电离的作用。直流辉光放电的各种阴极形式如图5.10所示[3]。

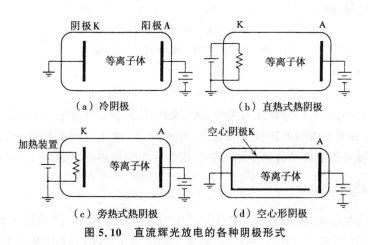

图 5.10 直流辉光放电的各种阴极形式

5.3.2 辉光放电中的碰撞过程

等离子体中高速运动的电子与其他粒子的碰撞是维持气体放电的主要微观机制。电子与其他粒子的碰撞有两类。在弹性碰撞中,参加碰撞的粒子的总动能保持不变,并且不存在粒子内能的变化,即没有粒子的激发、电离或复合过程发生。由经典力学我们知道,在两个粒子的弹性碰撞过程中,运动粒子 1 将把部分动能转移给静止粒子 2,碰撞后的能量满足如下的关系

$$\frac{E_2}{E_1} = \frac{4M_1M_2\cos^2\theta}{(M_1+M_2)^2} \tag{5.2}$$

其中 M 为相应粒子的质量,E 为粒子在碰撞后的相应动能,θ 为运动粒子在碰撞后偏转的角度。对于辉光放电等离子体中的主要碰撞,基本是高速运动的电子与低速运动的原子或离子的碰撞,由于 $M_1 \ll M_2$,因而每次碰撞中所发生的能量转移是极小的,不会造成气体分子的电离。

对于非弹性碰撞来说,碰撞过程中电子的部分动能将转化为粒子的内能,ΔU 为内能增加值,其最大增加值为

$$\Delta U = \frac{M_1 V_1^2 M_2 \cos^2\theta}{2(M_1+M_2)} \tag{5.3}$$

由于 $M_2/(M_1+M_2)$ 近似等于 1,而 $M_1 V_1^2/2$ 正是碰撞前的电子动能,因为非弹性碰撞可以使电子将大部分能量转移给其他质量较大的粒子,如离子或原子,引起其激发或电离。因此电子与其他粒子的非弹性碰撞过程是维持自持放电过程的主要机制。

在非弹性碰撞中可能发生许多不同的过程,其中比较有代表性的是[3]:

(1)电离过程,如

$$e^- + Ar \longrightarrow Ar^+ + 2e^- \tag{5.4}$$

这一过程增加了电子数目,从而使放电过程得以继续。(5.4)式的反过程被称为复合。

(2)激发过程,如

$$e^- + O_2 \longrightarrow O_2^* + e^- \tag{5.5}$$

其星号(*)表示相应的粒子已处于能量较高的激发态。

(3)分解反应,如

$$e^- + CF_4 \longrightarrow CF_3^* + F^* + e^- \tag{5.6}$$

在这一碰撞过程中,分子被分解成为两个反应基团,其化学活性将远高于原来的分子。

另外,除了有电子参加的碰撞过程之外,中性原子、离子之间的碰撞过程也同时发生。各种各样的碰撞过程使得对等离子体的描述成为一个很困难的课题。

5.3.3 射频辉光放电

直流辉光放电是在直流稳定电场作用下产生的气体放电现象。如果用 50 赫或 60 赫的低频交变电场代替直流电场,则因频率较低,放电类似于直流情况,只是阴极与阳极两个电极交替变换极性,在放电外貌上是两个不同极性放电外貌的叠加,而发光强度是一个周期内的平均值。当频率高达 5~30 MHz 时,放电现象与直流放电就不相同了。5~30 MHz 的频率已属于射频,国际上通常采用的射频频率多为美国联邦通讯委员会(FCC)建议的 13.56 MHz。

在一定气压下,当阴阳极之间所加交变电压的频率在射频范围时,就会产生稳定的射频

辉光放电,其特点是:

(1) 在射频电场中,因为电场周期性地改变方向,则带电粒子不容易到达电极和器壁从而离开放电空间,这就相对地减少了带电粒子的损失。同时在两极之间不断振荡运动的电子可以从高频电场中获得足够的能量并使气体分子电离,因此,较低的电场就可以维持放电。另外,阴极产生的二次电子发射不再是维持气体放电的必要条件,而在直流放电中,离子对阴极碰撞所产生的二次电子发射对维持放电是不可忽略的重要条件。

(2) 射频电场可以通过任何一种类型的阻抗耦合进入放电室,因此,电极可以是导体,也可以是绝缘体。由于这个特点,射频辉光放电在溅射技术中得到十分广泛的应用。

射频放电的激发源有两种:一种是用高频电场直接激发的,称为 E 型放电;另一种是用高频磁场感应激发的,称为 H 型放电。

5.4 溅射法制备薄膜的基本原理

溅射现象是在辉光放电中观察到的。在辉光放电过程中离子对阴极的轰击,可以使阴极表面的物质飞溅出来。溅射现象不但能制备薄膜,而且还可以对固体表面进行清洁处理,即将表面剥离,在等离子刻蚀中得到广泛应用。

溅射法是物理气相淀积薄膜的另一种更重要的方法。溅射法就是利用带电离子在电场中加速并获得一定动能,如果离子能量合适,在与靶表面原子的碰撞过程中可使靶原子溅射出来,这些被溅射出来的原子将带有一定的动能,并沿一定方向射向衬底(如硅片),从而实现在衬底(如硅片)表面上的薄膜淀积。

溅射仅是离子对物体表面轰击时可能发生的物理过程之一,图 5.11 示意地画出了在离子轰击下,在固体表面可能发生的一系列物理过程[1],由图可以看到,离子对物体表面轰击时可能发生四种物理过程。每种物理过程的相对重要性取决于轰击离子的能量。这四种物理过程是:① 如果离子的能量很低,在与物体表面碰撞后就会从表面简单地反弹回来;② 当离子能量小于 10 eV 时,通过碰撞会被表面吸附,并把能量以热能形式释放;③ 当离子能量大于 10 keV 时,就会成为注入离子(见上一章),这些注入离子可以穿过许多原子层,成为掺杂原子;④ 如果离子的能量不是太高(10～1000 eV),只能穿过靠近表面的几个原子层,在穿过这几个原子层时,把能量传递给靶原子,如果靶原子获得的能量大于原子间的结合能,就有可能从靶表面逸出,成为溅射原子,并具有 10～50 eV 的能量。

溅射法制备薄膜同蒸发法相比的一个突出特点就是在溅射过程中,被加速的离子具有较高的能量,在与靶表面碰撞时会有很大能量的传递。因此,溅射出的原子将从碰撞过程中获得一定的动能,其数值一般可达到 10～50 eV。相比之下,在蒸发过程中原子所获得的动能一般只有 0.1～0.2 eV 左右。由于能量的增加,可以提高溅射原子在淀积表面上的迁移能力,改善了台阶覆盖和薄膜与衬底之间的附着力。

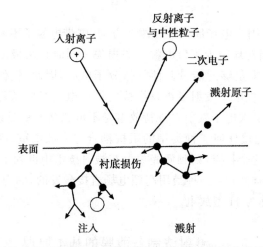

图 5.11 离子轰击物体表面时可能发生的物理过程

5.4.1 溅射特性

表征溅射特性的参量主要有溅射阈值、溅射率、溅射粒子的速度和能量等。

1. 溅射阈值

在集成电路制造中，采用溅射法制备的薄膜种类很多，因此需要的靶材种类也就很多。对于每一种靶材，都存在一个能量阈值，低于这个值就不会发生溅射现象。阈值能量一般在 10～30 eV 范围内。轰击离子不同时溅射阈值变化很小，而对于不同靶材来说，其溅射阈值的变化比较明显。也就是说，溅射阈值与入射离子质量之间无明显的依赖关系，而主要取决于靶材料本身的特性。

2. 溅射率

溅射率也称溅射产额，是表征溅射特性的一个重要物理量，它表示正离子轰击作为阴极的靶材时，平均每个正离子能从靶材打出的原子数目，就是被溅射出来的原子数与入射离子数之比，用 S(原子数/离子) 表示溅射率。溅射率的大小与入射离子的能量、种类、靶材的种类、入射离子的入射角度等因素有关。

(1) S 与入射离子能量的关系。

图 5.12 给出的是对于不同材料，溅射率与垂直入射的氩离子的能量关系。由图

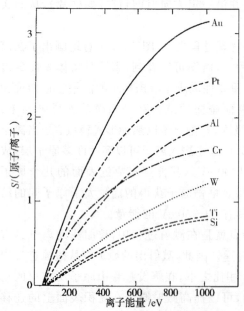

图 5.12 对于不同材料，溅射率与垂直入射氩离子的能量关系

可以看到,入射离子的能量大小对物质的溅射率有很大的影响。首先,只有当入射离子的能量超过一定时,才能发生溅射。每种物质的溅射阈值与入射离子的种类关系不大,但与被溅射物质的升华热有一定的比例关系。随着入射离子能量的增加,溅射率先是增加,其后是一个平缓区,当离子能量继续增加时,溅射率反而下降,此时发生了离子注入现象。

(2) S 与入射离子种类的关系。

如图 5.13 所示[4],溅射率不但依赖于入射离子的原子量,原子量越大,则溅射率越高。溅射率也与入射离子的原子序数有密切的关系,呈现出随入射离子的原子序数周期性变化关系,凡电子壳层填满的元素作为入射离子,则溅射率最大,因此,惰性气体的溅射率最高,氩气通常被选为工作气体,氩气被选为工作气体的另一个原因是可以避免与靶材之间发生化学反应。

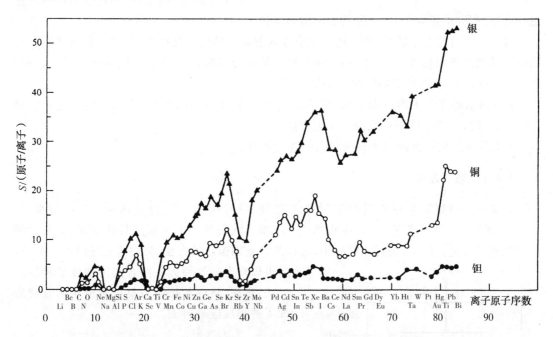

图 5.13　能量为 45 keV 的离子射向银、铜和钽靶时,溅射率与入射离子原子序数的关系

(3) S 与被溅射物质的种类关系。

溅射率还与靶材元素的原子序数有关,并随原子序数呈周期性变化,一般规律是随靶元素的原子序数增加而增大。

(4) S 与离子入射角的关系。

入射角是指离子入射方向与被溅射的靶材表面法线之间的夹角。入射离子的入射角度对于元素溅射率的影响如图 5.14 所示。由图可以看到,随着入射角 θ 的增加,溅射率以 $1/\cos\theta$ 规律增加,即倾斜入射有利于提高溅射率,当入射角 θ 接近 80°时,溅射率

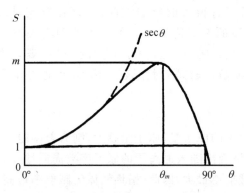

图 5.14 溅射率与离子入射角度的关系

迅速下降。

溅射率除了与上面讨论的因素有关外,还与靶温、靶的晶格结构、靶的表面情况、溅射压强、升华热的大小等因素有关。

3. 溅射原子的能量和速度

实验结果表明,溅射原子的能量和速度具有以下几个特点:

(1) 重元素靶材被溅射出来的原子具有较高的逸出能量,而轻元素靶材被溅射出来的原子具有较高的逸出速度。

(2) 不同靶材料具有不同的原子逸出能量,而溅射率高的靶材料,原子平均逸出能通常较低。

(3) 在相同轰击能量下,原子逸出能量随入射离子质量线性增加,轻的入射离子溅射出的原子其逸出能量较低,约为 10 eV,而重的入射离子溅射出的原子其逸出能量较大,平均达到 30～40 eV,与溅射率的情况相类似。

(4) 溅射原子的平均逸出能量,随入射离子的能量增加而增加,当入射离子能量达到 1 keV 以上时,平均逸出能量逐渐趋于恒定值。

(5) 倾斜方向逸出的原子具有较高的逸出能量。

5.4.2 溅射方法

在集成电路制造中可选用的溅射方法有很多种,例如:① 直流溅射;② 射频溅射;③ 磁控溅射;④ 反应溅射;⑤ 离子束溅射;⑥ 偏压溅射等。也可根据特殊要求,对各种溅射方法进行改进。例如,在直流溅射中,可以结合施加偏压的方法,发展为偏压溅射。另外,还可以将上述各种方法结合起来构成某种新的方法,比如,将射频技术与反应溅射相结合就形成了射频反应溅射法。

1. 直流溅射

直流溅射又被称为阴极溅射或直流二极溅射。图 5.15 是直流溅射设备的示意图。在直流溅射过程中,常用 Ar 气作为工作气体。工作气压是一个重要的参数,它对溅射率以及薄膜的质量都有很大的影响。在相对较低的气压条件下,阴极鞘层厚度较大,原子的电离过程多发生在距离靶材很远的地方,因而离子运动至靶材处的几率较小。同时,低压下的电子自由程

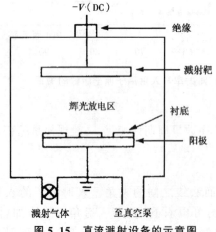

图 5.15 直流溅射设备的示意图

较长,电子在阳极上的消失几率较大,而且离子轰击作为阴极的靶材时,产生二次电子发射几率又相对较小,这使得低压下的原子电离成为离子的几率很低,溅射率也就很低。在低于 1 Pa 的压力下,甚至不易发生自持放电。

随着气体压力的升高,电子的平均自由程减少,原子的电离几率增加,溅射电流增加,溅射速率提高。但当气体压力过高时,溅射出来的靶原子在飞向衬底的过程中将会受到过多的散射,因而淀积在衬底上的几率反而下降。因此随着气压的变化,薄膜淀积速率会出现一个极值,如图 5.16 所示[3]。一般来讲,薄膜淀积速率与溅射功率(或溅射电流的平方)成正比,与靶和衬底之间的距离成反比。

溅射气压较低时,被溅射出来的原子,在向衬底表面的运动中,受到的碰撞次数较少,因而能量较高,这有利于提高原子在衬底表面上的移动能力,从而可提高薄膜的致密程度和台阶覆盖效果。如果溅射气压的提高,入射原子的能量降低,不利于薄膜的致密化。

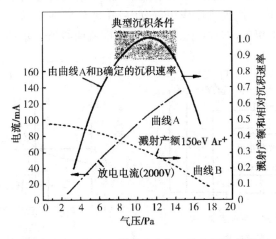

图 5.16 溅射淀积薄膜速率与工作气压的关系

2. 射频溅射

使用直流溅射方法可以很方便的溅射淀积各类金属薄膜,但这一方法的前提之一是靶材应具有较好的导电性,这是因为当直流二极管系统的阴极被正离子轰击时,正离子可与阴极表面一个电子复合而中性化。若阴极是导体,损失的电子由电传导补充,阴极表面保持负电势;若是绝缘体,阴极表面失去的电子不能被补充,因为从绝缘体内部到被溅射材料的表面是不可能发生电传导的。因此,随着轰击的进行,在被溅射材料的表面聚集大量的正电荷,使得阴阳两极表面势减小;一旦小于支持放电值,放电现象马上消失。在实际辉光放电中,非金属表面获得这个电荷的时间大约为 $1\sim 10$ μs。

显然,对于导电性很差的非金属材料的溅射,需要一种新的溅射方法。射频溅射就是一种能适用于各种金属和非金属薄膜的淀积方法。设想在图 5.17(a)中的两个电极之间接上高频电场时,因为高频电场可以经由任何阻抗形式耦合进入放电室,而不再要求电极一定是导电体。射频方法可以被用来产生溅射效应的另一个原因是它可以在靶材上产生自偏压效应,即在射频电场作用的同时,靶材会自动地处于一个负电位,这将导致气体离子对其产生自发的轰击和溅射。

要理解射频电场对于靶材的自偏压效应,我们来看一下图5.17(a)所示的射频装置的示意图[3]。在图中,射频电压通过一个电容C被耦合到了靶材上。由于在射频电场中电子的运动速度比离子的速度高很多,因而对于一个被电容隔离,既可以作为阴极,又可以作为阳极的射频电极来说,它在正半周期内,作为正电极接受电子的电量,将比在负半周期作为负电极接受的离子电量多得多,这等于说,该电极的导电特性如图5.17(b)所示,相当于一个二极管。下面我们分析一下这个电容耦合的电极在射频电场发生周期性变化时的充放电行为。在第一个正半周中,电极为跟随电源的电位变化将接受大量的电子,并使其本身带负电;在紧接着的负半周中,因为离子运动较慢,它只接受少量正电荷。因为该电极是被电容与电源隔离的,因而经过几个周期之后,该电极将带有相当数量的负电荷而呈现负电位,这时,电极的负电位将对电子产生排斥作用,而此后在电位周期性的变换过程中,电极所接受的正负电荷数目将趋于相等,即如图5.17(b)中的电流曲线所表示的那样。

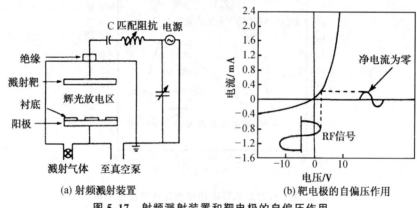

图5.17 射频溅射装置和靶电极的自偏压作用

显然,上述电极自发产生的负偏压过程与所用靶材是不是导体或绝缘体无关。但是,对于靶材是金属的情况,电源须经电容C耦合至靶材,以隔绝电荷流通的路径并形成自偏压。

另外,由于射频电压周期性地改变每个电极的电位,因而每个电极都可能因自偏压效应而受到离子轰击,如果系统是对称的,两个电极的电压降应该相等,衬底(如硅片)将和靶材一样的速率被溅射,以这样的方式就很难实现薄膜淀积。解决这一问题的办法是加大非溅射电极的面积,从而降低该电极的自偏鞘层电压。实际做法常常是将样品台、真空室壁与地电极并联在一起,形成一个面积很大的电极。在这样的情况下,我们可以将两个电极及其中间的等离子体,看成是两个电容的串联,其中靶电极与等离子体间的电容因为靶面积很小,因此电容值也就很小,另一电极与等离子体间的电容因电极面积很大,所以电容值也就很大,由于鞘层电压降V与电极面积A的四次方成反比,即

$$\frac{V_c}{V_d} = \left(\frac{A_d}{A_c}\right)^m \tag{5.7}$$

角标 c 和 d 分别表示电极是经过电容 C 或是直接耦合至射频电源,简单的理论给出的 m=4,实验发现指数 m 在 1 和 2 之间。因此,面积较小的靶电极受到较高的自偏压,非溅射电极的自偏压很小,其最终效果就如同图 5.9 所示的那样。这时衬底及真空室壁受到的离子轰击和产生的溅射效应也将很小。

在射频溅射中,所加的交流频率不能太低,因为在负半周,非金属表面因获得正电荷会使电压变得小于维持辉光放所需要的电压值,等离子体会关闭。在实际应用中,交流辉光放电是在 13.56 MHz 下进行,因为它是电磁能量可以不被其他信号干扰的辐射频率之一。

3. 磁控溅射

从上面的讨论中我们可以看到,溅射淀积薄膜法具有两个缺点:第一,薄膜淀积速率较低;第二,溅射所需要的工作气压较高,这两者的综合效果是气体分子对薄膜产生污染的可能性增大。而磁控溅射作为一种薄膜淀积速率较高、工作气压较低的溅射技术具有其独特的优越性。

我们知道,速度为 V 的电子在电场 E 和磁感应强度为 B 的磁场中将受到洛仑兹力的作用,若 E、V、B 三者相互平行,则电子的运动轨迹仍是一条直线;但若 V 具有与 B 垂直的分量,则电子的运动轨迹将沿电场方向加速、同时绕磁场方向螺旋前进的复杂曲线。即磁场的存在将延长电子在等离子体中的运动轨迹,提高了与气体分子的碰撞几率,从而提高了原子的电离几率,其结果是在磁控溅射中,靶上的电流密度相对于直流配置时的 $1\ mA/cm^2$ 提高到 $10\sim100\ mA/cm^2$。因而在同样的电流和气压下,可以显著地提高溅射效率和淀积速率。

一般磁控溅射的工作原理如图 5.18 所示[1,2]。这种磁场设置的特点是在靶材的部分表面上方使磁场与电场方向相垂直,从而进一步将电子的轨迹限制在靶面附近,提高电子碰撞和电离的效率,而不让它去轰击作为阳极的衬底。实际做法是将永久磁体线圈放置在靶的后方,从而造成磁力线先穿出靶面,然后变成与电场方向垂直,最终返回靶面的分布,如图中所示的磁力线方向。

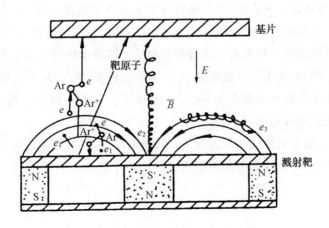

图 5.18 磁控溅射的工作原理图

目前,磁控溅射是应用最广泛的一种薄膜淀积方法,因为这种方法淀积速率可以比其他溅射方法高出一个数量级,薄膜质量又好。这是由于磁场有效地提高了电子与气体分子的碰撞几率,因而可以降低工作气压,可由 1 Pa 降低至 10^{-1} Pa,较低气压条件下溅射的原子被散射几率减小,这样,一方面可降低了薄膜的污染,另一方面也可提高了入射到衬底表面上的原子能量,因而可以在很大程度上改善薄膜的质量。

4. 反应溅射

利用化合物直接作为靶材可以实现多组分的薄膜淀积,但有些情况下,化合物在溅射过程中会发生分解,所得到的薄膜物质往往与靶材的化学组成有很大的差别,比如,溅射氧化物时就经常发生淀积产物中氧的含量偏低情况。

可以通过调整溅射室内的气体成分和压力,限制化合物分解来解决这一问题。另一方面,也可以采用以纯金属作为溅射靶材,但需要在工作气体中混入适量的活性气体,如 O_2、N_2、NH_3、CH_4、H_2S 等,使其在淀积的同时发生化学反应生成所需要的化合物,从而一步完成从溅射、反应到多组分薄膜淀积的多个步骤。一般认为,化合物是在薄膜淀积的同时形成的。这种在淀积的同时形成化合物的溅射技术被称为反应溅射。例如,利用反应溅射淀积介质材料 TiN 就是目前常用的一种方法。

利用反应溅射淀积法淀积的化合物主要包括[3]:

(1) 氧化物:如 Al_2O_3、SiO_2、In_2O_3、SnO_2 等;

(2) 碳化物:如 SiC、WC、TiC 等;

(3) 氮化物:如 TiN、AlN、Si_3N_4 等;

(4) 硫化物:如 CdS、ZnS、CuS 等;

(5) 各种复合化合物。

显然,通过控制反应溅射过程中活性气体的压力,得到的淀积产物可以是具有一定固溶度的合金固溶体,也可以是化合物,甚至还可以是上述两相的混合物。比如在含 N_2 的气氛中溅射 Ti 的时候,可能出现含有 $TiN_x(0<x<1)$、TiN 或它们的混合物。一般情况下,提高等离子体中活性气体的分压将有利于化合物的形成。淀积产物化学成分的变化将影响薄膜的最终使用性能。例如,在用反应溅射淀积 TaN 的过程中,N_2 分压对淀积物电阻率的影响以及对电阻率随温度变化率的影响如图 5.19 所示[3]。在这一溅射过程中,可能形成 Ta、Ta_2N、TaN 及其他们的混合物等。

值得注意的是,随着活性气体压力和溅射功率的增加,靶材表面也可能形成一层相应的化合物,这可能会降低材料的溅射和淀积速率。

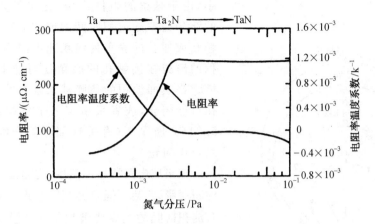

图 5.19 N$_2$ 分压对 Ta 的溅射物电阻率及其对温度系数的影响

5. 偏压溅射

为了改善溅射薄膜的组织结构以及适应各种要求,可以采用偏压溅射方法。偏压溅射就是在一般溅射设置的基础上,在衬底与靶材之间施加一定的偏置电压,以改变入射到衬底表面的带电粒子的数量和能量的方法。例如,可以利用施加偏压的方法改变金属薄膜的电阻率。利用偏压也可以改变薄膜的硬度、介电常数、对光的折射率、密度、附着力等一系列性能。

偏压对薄膜性能的影响机理比较复杂,但偏压确实对薄膜的组织结构等性能产生影响。因为在偏压作用下,带电粒子对表面的轰击可以提高淀积原子在薄膜表面的迁移和参加化学反应的能力,提高薄膜的密度和成膜能力,抑制柱状晶的生长和细化薄膜晶粒等;还可以改变薄膜中的气体含量:一方面带电粒子的轰击可以清除衬底表面的吸附气体,减少薄膜中的气体含量;另一方面,某些气态原子又可能因为偏压下的高能离子轰击而被深埋在薄膜材料之中,另外也可能诱发各类缺陷。总之,偏压溅射是改善溅射淀积薄膜组织结构及性能的最常用、而且也是最有效的方法之一。

5.4.3 接触孔中的薄膜淀积

随着集成电路特征尺寸的缩小,接触孔以及层与层之间的通孔的孔径也随之缩小,由此可能使接触孔或通孔的深度和宽度之比大于一,对这样的接触孔或通孔的填充任务就变得更加困难。这是因为溅射原子在靶与衬底之间以气态输运时会发生碰撞;另外,溅射原子离开靶面时严格遵守余弦分布,如图 5.20 所示[5]。以上两种情况的结果使溅射原子在衬底表面、接触孔和通孔的孔口拐角处,淀积速率最高,在接触孔和通孔的侧壁上淀积速率适中,而且侧壁的膜厚从孔口到孔底逐渐减薄,在孔的底角处,淀积速率最低。随着淀积的进行,在接触孔或通孔的孔口拐角处,逐渐形成悬梁而使接触孔或通孔的孔径变得越来越

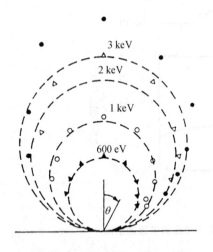

图 5.20　以能量为 600 eV,1 keV,2 keV, 3 keV 的 Ar^+ 溅射 Fe 原子的分布

小,由于悬梁的阻挡作用,在接触孔或通孔孔底的淀积速率随淀积时间的增加而减小,尤其是接触孔或通孔的底角处淀积速率减小的更厉害,淀积的薄膜在接触孔的底角处可能形成明显的凹槽。当表面淀积的薄膜越来越厚时,接触孔或通孔可能闭合,或者只留下一个空隙或锁眼,如图 5.21(a)所示[1](有关这部分的详细内容将在第六章中讨论)。

在集成电路制造工艺中,先是通过蒸发或溅射淀积薄膜,之后再通过光刻工艺形成互连线,因此,对淀积薄膜的主要要求是各处薄膜厚度应当尽量保持均匀,对于深宽比很大的接触孔的孔底和侧壁也是如此,以保证互连的效果。为了达到这一要求,可以采用带有准直器的溅射淀积方法[6,7]。准直器是一种金属蜂窝结构(通常是用 Al 制成),带有环形或多边孔的阵列,且是接地的。以大角度(相对于衬底表面的法线方向)从靶表面溅射出来的原子被准直器截获,吸附在准直器的侧壁或表面上,只有以小角度从靶表面溅射出来的原子,才能穿过准直器的孔径到达衬底表面,而且这些原子不但淀积在表面上,同样也可淀积在接触孔或通孔的底部,如图 5.21(b)所示[1]。准直器通孔的深宽比是可以改变的,随深宽比的增大,接触孔底部的覆盖效果会更好。但是,由于过多的溅射原子被准直器截获,准直器通孔变小而导致衬底上的薄膜淀积速率变慢,典型准直器的深宽比在 1:1～3:1 之间变化。

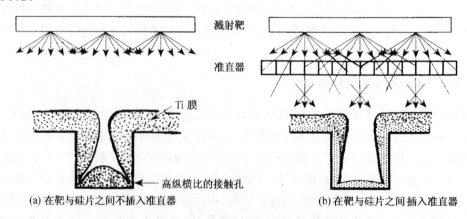

(a) 在靶与硅片之间不插入准直器　　(b) 在靶与硅片之间插入准直器

图 5.21　溅射薄膜在接触孔中的淀积情况

采用带有准直器的溅射方法,虽然可以改善接触孔底部的覆盖效果,然而这种方法是以降低淀积速率为代价的。而且,随着溅射次数的增加,淀积在准直器通孔侧壁上的薄膜变厚,准直器的孔径变小,被截获原子所占溅射原子的百分比增加,因而淀积速率又随溅射次数的增加而减小。另外,溅射原子对准直器各通孔的填塞呈辐射状,即中间区域的通孔比边缘通孔更快的被堵塞,因为通过中间区域通孔的溅射原子数量最大。由于上述原因,准直器必须经常更换,增加了成本,同时准直器也增加了粒子的污染,因为淀积在准直器上的易碎的介质膜最后可能剥落并且淋向下面的硅片。

5.4.4 长投准直溅射技术

长投准直溅射是一种不用准直器,而能改善接触孔底部覆盖效果的溅射技术[8]。在这种方法中,靶与衬底之间的距离比传统磁控溅射系统长的多(在长投准直溅射中为25～30 cm,在磁控溅射中约为5 cm)。等离子体在低压下产生,因为是在低压下,被溅射的原子离开靶之后几乎无碰撞的以直线轨迹运动,其中运动方向与衬底表面法线之间夹角很小的原子,就几乎以垂直方向到达衬底表面和接触孔的底部,而夹角很大的原子将凝结在反应室的室壁上,长投系统就好像是只有一个孔的准直器。长投准直溅射技术也存在需要解决的问题:① 溅射会导致在反应室室壁上凝结大量的靶原子,从而形成污染;② 远离衬底中心的接触孔或层与层之间的通孔存在台阶覆盖的不对称性;③ 在低压下获得等离子体比较困难。

参 考 文 献

〔1〕 Stephen A. Campbell. 微电子制造科学原理与工程技术. 曾莹等,译. 北京:电子工业出版社,2003
〔2〕 唐伟忠. 薄膜材料制备原理、技术及应用. 北京:冶金工业出版社,1998
〔3〕 菅井秀郎. 等离子体电子工程学. 北京:科学出版社,2002
〔4〕 G K Wehner, D Rosenberg. Hg Ion Beam Sputtering of Metals at Energies 4-15keV. J. Applied Physics,vol. 32,1962:177
〔5〕 Y Matsuda, et al. Japanese J. Applied Physics, vol. 25,1986:8
〔6〕 S M Rossnagel, D Mikalsen, H Kinoshitaa, J Cuomo. Collimatted Magnetron Sputter Deposition. J. Val. Sci. Technol. A-9,1991:26
〔7〕 R V Joshi, S Brodsky. Collimated Sputtering of Ti/TiN Liners Into Sub-Half Micron High Aspect Ratio Contacts/Lines. Proc,VMIC. 1992:253
〔8〕 P Burggraaf. Straightening Out Sputter Deposition. Semiconductor International, August,1995:69

第六章 化学气相淀积

化学气相淀积(chemical vapor deposition, CVD),是集成电路工艺中用来制备薄膜的另一种重要方法。化学气相淀积就是把含有薄膜元素的气态反应剂或者液态反应剂的蒸气,以合理的流速引入反应室,在衬底(如硅片)表面发生化学反应并在衬底表面淀积或生长所需薄膜。

在本书中,特别是本章中多次用到"衬底","衬底"实际就是要在上面制造电路或器件的硅片,在本书中完全可以用"硅片"二字,但目前有时需要在玻璃或者塑料基板上淀积各种薄膜,为了适应这种情况,所以本书中经常用"衬底"来代表"硅片"。

在集成电路制造工艺中,多种薄膜都是利用 CVD 方法制备的[1-2]。CVD 的基本理论涉及到许多方面,主要包括气相化学反应、热力学、动力学、热传导、流体力学、表面反应、等离子反应、薄膜物理等。

在集成电路制造工艺中,无论使用什么方法制备薄膜,首先必须考虑经济性,而且淀积的薄膜必须具有以下特性:① 厚度均匀;② 高纯度以及高密度;③ 可控制组分及组分的比例;④ 薄膜结构的高度完整性;⑤ 良好的电学特性;⑥ 良好的附着性,表面平整;⑦ 台阶覆盖好,填充能力强;⑧ 低缺陷密度。

在这一章中,主要讲述化学气相淀积的动力学模型、常用的 CVD 系统,CVD 制备常用薄膜(主要包括多晶硅、硅的氧化物、硅的氮化物、金属等)的具体工艺。利用 CVD 方法生长单晶硅薄膜将在下一章讲述,并在第九章中讲述 CVD 薄膜在集成电路工艺中的应用。

6.1 CVD 模型

6.1.1 CVD 的基本过程

1. CVD 需要多个连续步骤才能完成

(1) 反应剂(或被惰性气体稀释的反应剂,或是液态反应剂的蒸气)以合理流速被输送到反应室内,气流从入口进入反应室并以平流形式向出口流动,平流区也称为主气流区,其气体流速是不变的,如图 6.1 所示。

(2) 反应剂从主气流区以扩散方式通过边界层到达衬底(如硅片)表面。边界层就是从主气流区到衬底表面之间气流速度受到扰动的气体薄层。

(3) 反应剂被吸附在衬底表面,成为吸附原子(分子)。

(4) 吸附原子(分子)在衬底表面发生化学反应,生成薄膜的基本元素并在衬底表面淀积成薄膜(或者生长成外延层)。

(5) 化学反应的气态副产物、未反应的反应剂以及稀释气体等离开衬底表面,进入主气流而被排除。

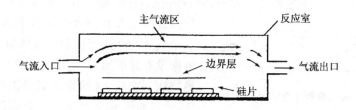

图 6.1 CVD 反应室中气体流动情况

2. CVD 薄膜过程中的化学反应必须满足以下几个条件

(1) 在淀积温度下,反应剂必须具备足够高的气压。

(2) 除淀积物是固态薄膜外,反应的其他产物必须是挥发性的。

(3) 淀积物本身的蒸气压必须非常低,这样才能保证在整个淀积过程中,薄膜能够始终留在衬底表面上。

(4) 薄膜淀积所用时间应该尽量短以满足高效率和低成本的要求。

(5) 淀积温度要低以避免对先前工艺产生影响。

(6) CVD 过程中,不允许化学反应的气态副产物进入薄膜中(尽管在一些情况下是不可避免的)。

(7) 化学反应应该发生在被加热的衬底表面,如果在气相中就发生化学反应,将导致过早核化,降低了薄膜的附着性和密度、增加了薄膜的缺陷、降低了淀积速率,浪费了反应气体等。

化学气相反应所需要的激活能通常来源于以下几种能源:热能、光能、等离子体、激光等(最常用的能源是热能和等离子体等)。

6.1.2 边界层理论

掌握 CVD 反应室中的流体动力学是相当重要的,因为它关系到反应剂输运(转移)到衬底的方式、输运速度、反应剂的浓度变化,也关系到反应室中气体的温度分布等。温度分布对于薄膜淀积速率以及薄膜的均匀性都有着重要的影响。如果反应室中气体分子的平均自由程 $\bar{\lambda}$ 远小于反应室的几何尺寸,就可认为这种情况下的气体为粘滞性气体。在正常淀积情况下,CVD(包括 APCVD,甚至 LPCVD)反应室中的气体都可认为是粘滞性气体。例如,在 LPCVD 系统中,当压力 $P=133.3$ Pa 时,气体分子的平均自由程 $\bar{\lambda}=0.045$ mm,比最小反应室的尺寸还要小。

由于气体本身的黏滞性,当气流流过一个静止的固体表面时(如 CVD 反应室中基座上的衬底表面或者反应室的内壁),那么衬底表面或内壁与气流之间就存在摩擦力。这个摩擦力使紧贴衬底表面或者内壁的气流速度为零,在离表面或内壁一定距离处,气流速度平滑地过渡到最大流速 U_m,即主气流速度,主气流区域内的气体流速是均匀的。于是在靠近衬底表面附近就存在一个气流速度受到扰动的气体薄层,在此薄层内气流速度变化很大,在垂直气流方向上存在很大的速度梯度。如果假设在这个气流速度受到扰动的气体薄层内,沿主气流方向没有速度梯度,而沿垂直气流方向的流速为抛物线型变化,这就是著名的泊松流(poisseulle flow)。如图6.2所示,气体从反应室左端进气口以均匀柱形流进,并以完全展开的抛物线型流出。

图 6.2 进入管形反应室中的气流展开为抛物线型的情况

紧靠衬底表面的反应剂浓度因发生化学反应而降低,也就是说在气流速度受到扰动的薄层内,沿垂直气流方向上还存在反应剂的浓度梯度。在气流中出现反应剂浓度梯度时,反应剂将以扩散方式从高浓度区向低浓度区运动。这个速度受到扰动并按抛物线型变化、同时还存在反应剂浓度梯度的薄层被称为边界层,也称为附面层、滞流层等。

边界层是一个过渡区域[3],存在于气流速度为零的衬底(如硅片)表面与气流速度为 U_m 的主气流区之间。该层厚度 $\delta(x)$ 定义为从速度为零的衬底表面到气流速度为 $0.99U_m$ 时的区域厚度。图 6.3 描述了在平行于气体流动方向上边界层的形成机制。进入反应室的气体,当运动到平板基座的起始边时,由于摩擦力的作用,气体流速受到扰动,边界层开始形成,而且边界层厚度也随离平板基座起始边距离的增加而变厚。如果定义从气流遇到平板基座的起始边为坐标原点,那么边界层厚度 $\delta(x)$ 与距离 x 之间的关系可以表示为

$$\delta(x) = (\mu x/\rho U)^{1/2} \tag{6.1}$$

其中,μ 是气体的粘滞系数,ρ 为气体的密度,图 6.3 中的虚线是气流速度 U 达到主气流速度 U_m 的 99% 时的连线,也就是边界层的边界位置。$\delta(x)$ 更严格的计算不同于(6.1)式,而不同之处在于方程式前面的系数,一般在 0.67~5 之间变化,取决于 δ 的定义。

设 L 为基座的长度,则边界层的平均厚度可以表示为

$$\bar{\delta} = \frac{1}{L}\int_0^L \delta(x)\,\mathrm{d}x = \frac{2}{3}L\left(\frac{\mu}{\rho UL}\right)^{1/2} \tag{6.2}$$

或者

$$\bar{\delta} = 2L/(3\sqrt{Re}) \tag{6.3}$$

其中

$$Re = \rho UL/\mu \tag{6.4}$$

Re 为气体的雷诺数,是流体力学中的一个无量纲数,它表示流体运动中惯性效应与黏滞效应的比。对于较低的 Re 值(如小于 2000),气流为平流型,即在反应室中沿各表面附近的气体流速足够慢;对于较大的 Re 值,气流的形式为湍流。湍流在 CVD 过程中会引起一些特

殊的问题,应当加以防止。在实际应用中,CVD 的反应室中雷诺数很低(低于100),气流始终是平流。

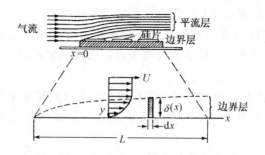

图 6.3　气流的平流层、边界层和放大的边界层

6.1.3　Grove 模型

掌握由多个连续步骤才能完成的 CVD 过程,对应用和发展 CVD 技术是非常重要的。然而要推导由多个工艺步骤为基础的 CVD 的淀积速率的表达式也是非常困难的。其实 CVD 过程主要是受两个工艺过程控制:① 气相输运过程,② 表面化学反应过程。基于这种情况,1966 年 Grove 建立了一个简单的 CVD 模型,至今仍被人们广泛应用[4]。Grove 模型认为控制薄膜淀积速率的两个重要环节是:其一是反应剂在边界层中的输运过程;其二是反应剂在衬底(如硅片)表面上的化学反应过程。尽管 Grove 给出的是一个简化模型,但却能很好地解释 CVD 过程中的许多现象,并能准确地预测薄膜的淀积速率。

图 6.4 是 Grove 模型的基本原理图。图中给出了反应剂的浓度分布,从主气流到衬底表面的反应剂流密度为 F_1,反应剂在硅片表面反应并淀积成固态薄膜的流密度为 F_2。流密度定义为单位时间内通过单位面积的原子或者分子数(原子或分子/cm² sec)。该模型所描述的基本原理对于不同类型的气体均适用。

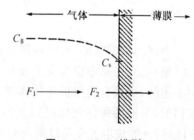

图 6.4　Grove 模型

假设流密度 F_1 正比于反应剂在主气流中的浓度 C_g 与在衬底表面处的浓度 C_s 之差,则流密度 F_1 可表示为

$$F_1 = h_g(C_g - C_s) \tag{6.5}$$

比例系数 h_g 被称为气相质量输运(转移)系数。

假设在衬底表面经化学反应淀积薄膜的速率正比于反应剂在衬底表面的浓度 C_s,则流密度 F_2 可表示为

$$F_2 = k_s C_s \tag{6.6}$$

k_s 为表面化学反应速率常数。在 Grove 模型中,反应副产物离开衬底表面的过程没有考

虑。在稳定状态下，两个流密度应当相等，即 $F_1=F_2=F$。由(6.5)和(6.6)两式可得到

$$C_s = \frac{C_g}{1+k_s/h_g} \tag{6.7}$$

由(6.7)式可以看到，薄膜淀积过程存在两种极限情况：

(1) $h_g \gg k_s$ 时，C_s 趋向于 C_g，这种情况下的淀积速率受表面化学反应速率控制。产生这种极限情况的原因是从主气流输运到衬底表面的反应剂数量大于在淀积温度下表面化学反应所需要的数量。

(2) $h_g \ll k_s$ 时，C_s 趋于 0，该情况下的淀积速率受质量输运速率控制。产生这种极限情况是因表面化学反应所需要的反应剂数量大于在淀积温度下由主气流输运到衬底表面的数量。

如果用 N_1 表示淀积一个单位体积薄膜所需要的原子数量(原子/cm³)，对于硅膜来说，$N_1=5\times10^{22}$ 原子/cm³。那么在稳态情况下，$F_1=F_2=F$，薄膜淀积速率 G 就可表示为

$$G = \frac{F}{N_1} \tag{6.8}$$

把(6.6)式和(6.7)式代入到(6.8)，可得到

$$G = \frac{F}{N_1} = \frac{k_s h_g}{k_s + h_g} \times \frac{C_g}{N_1} \tag{6.9}$$

在多数 CVD 过程中，反应剂先被惰性气体稀释，在这种情况下，气体中反应剂的浓度 C_g 应当定义为

$$C_g = YC_T \tag{6.10}$$

其中，Y 是反应剂的摩尔百分比，而 C_T 是每立方厘米体积中分子的总数(包括反应剂和惰性稀释气体)。把(6.9)式代入(6.10)式可得到 Grove 模型的薄膜淀积速率的一般表达式

$$G = \frac{k_s h_g}{k_s + h_g} \times \frac{C_T}{N_1} \times Y \tag{6.11}$$

由(6.9)式和(6.11)式可得到两个重要的结论：

第一，淀积速率应当与下面两个量中的一个成正比：① 反应剂的浓度 C_g(如在 6.9 式中表述的，当没有使用稀释气体时适用)；② 气相中反应剂的摩尔百分比 Y(如在 6.11 式中表述的，当使用稀释气体时适用)，上述结论与实验结果非常吻合。图 6.5 中给出的是由 SiH_4 热分解法生长多晶硅薄膜时，生长速率与 SiH_4 气流速率的关系[5](设反应剂浓度 C_g 正比于气流速率)，由图可以看到在低流速的情况下，生长速率与气流速率是线性的关系，也就是说在低浓度范围，薄膜生长速率随反应剂浓度的增加而加快。

第二，在 C_g 或者 Y 为常数时，薄膜淀积速率将由 k_s 和 h_g 中较小的一个决定。在 $k_s \ll h_g$ 的极限情况下，淀积速率由下式给出

$$G = (C_T k_s Y)/N_1 \quad (k_s \ll h_g) \tag{6.12}$$

在这种情况下薄膜淀积速率由表面化学反应速率控制。

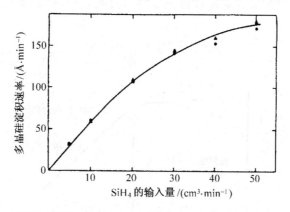

图 6.5 多晶硅生长速率与 SiH₄ 气流速率的关系

在 $h_g \ll k_s$ 的极限情况下，薄膜淀积速率由下式给出

$$G = (C_T h_g Y)/N_1 \quad (h_g \ll k_s) \tag{6.13}$$

在这种情况下薄膜淀积速率由质量输运速率控制。

表面反应速率常数 k_s 描述了在衬底表面化学反应的动力学机制。假设表面化学反应为热激活，则 k_s 可表示为

$$k_s = k_0 e^{-E_A/kT} \tag{6.14}$$

其中，k_0 是与温度无关的常数，E_A 是反应激活能。

从 6.14 式中我们可以看出：如果薄膜淀积速率是由表面化学反应速率控制，那么淀积速率对温度的变化就非常敏感，这是因为表面化学反应对温度的变化非常敏感。也就说当反应剂到达衬底表面的速率（数量）超过了表面化学反应对反应剂的消耗速率（数量），淀积速率就由表面化学反应控制。

表面化学反应速率随温度的升高而成指数增加。对于一个确定的表面反应，当温度升高到一定程度时，由于反应速度的加快，输运到表面的反应剂数量低于该温度下表面化学反应所需要的数量，这时的淀积速率将转为由质量输运控制，反应速度基本不再随温度变化而变化。

综上所述，高温情况下，淀积速率通常为质量输运控制；而在较低温度情况下，淀积速率为表面化学反应控制，如图 6.6 所示。在实际过程中，控制 CVD 薄膜淀积速率的机制发生改变的温度依赖于反应激活能和反应室中的气流等情况。

质量输运系数 h_g 依赖于气相参数，如气体的流速和气体的成分等。CVD 工艺对气相输运机制最关心的是气体分子以怎样的速率和形式穿过边界层到达衬底表面。实际输运过程是通过气相扩散完成的，扩散速度正比于反应剂的扩散系数 D_g、边界层内反应剂的浓度梯度和边界层的厚度。温度对物质输运速度的影响比较小（$D_g \propto T^{1.5 \sim 2.0}$）。

既然反应剂是通过扩散方式穿过边界层到达衬底表面,根据菲克第一定律,F_1也可用下式表达

$$F_1 = D_g(C_g - C_s)/\delta_s \tag{6.15}$$

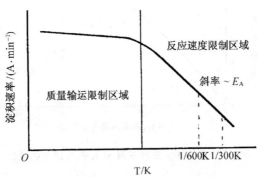

图 6.6 淀积速率与温度的关系

其中,D_g是气态反应剂的扩散系数,$(C_g - C_s)/\delta_s$是气态反应剂在边界层内的浓度梯度。由(6.5)和(6.15)两式,可得到

$$h_g = D_g/\delta_s \tag{6.16}$$

用平均边界层厚度$\bar{\delta}$替代(6.16)式中的δ_s,则气相质量输运系数的表达式为

$$h_g = \frac{D_g}{\bar{\delta}} = \frac{3D_g}{2L}\sqrt{Re} \tag{6.17}$$

可以把(6.17)式子整理为一个无量纲表达式

$$\frac{h_g L}{D_g} = \frac{3\sqrt{Re}}{2} \tag{6.18}$$

由质量输运速度控制的薄膜淀积速率与主气流速度U_m的平方根成正比,(6.16)式和(6.17)式表明h_g正比于$U^{1/2}$。为了得到较高的淀积速率,在质量输运速度控制的CVD过程中,希望尽量降低边界层的厚度,图6.7描述的是硅薄膜淀积速率与气流速度平方根的关系。在气流速度达到1.0 L/min以前,淀积速率仍然遵循与气流速度平方根成正比的关系。因此,增加气流速度可以提高淀积速率。然而,如果气流速度持续上升,薄膜淀积速率最终会达到一个极大值,之后与气流速度无关,这是因为当气流速度大到一定程度时,淀积速率转受表面化学反应速率控制($h_g \gg k_s$),而且淀积速率与温度遵循指数关系。这里要指出的是,随着气流速度的增加,气体的雷诺数也跟之增大,当气流速度大到一定程度时,将会导致湍流的发生。

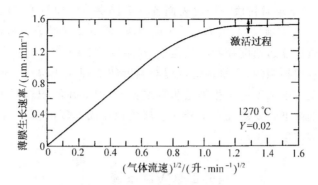

图 6.7 硅薄膜淀积速率与气流速率的关系

图 6.8 中给出的数据点是由实验中得到的硅膜淀积速率与温度倒数的关系（$SiCl_4$ 与 H_2 反应），由图可以看到：在低温条件下，薄膜淀积速率与温度之间遵循着指数关系，其中 $E_A = 1.9$ eV，$k_0 = 1 \times 10^7$ cm/sec。随着温度的上升，淀积速率也跟之加快，这是因为在低温区，$h_g \gg k_s$，淀积速率受 k_s 限制，而 k_s 随着温度的升高而变大。但是，随着温度继续升高，淀积速率对温度的敏感程度不断下降。当温度高过某个值之后，淀积速率就由反应剂通过边界层输运到衬底表面的速度所决定，也就是表面反应所需要的反应剂数量高于到达表面的反应剂数量，而 h_g 值对温度又不太敏感，淀积速率趋于稳定。

Grove 模型是一个简化的模型，之所以说是简化模型，因为它忽略了反应产物的流速，并且认为反应速度线性地依赖于表面浓度。我们已经看到，只是在 Y 值较低时，后面这个假设才是正确的，同时这个模型忽略了温度梯度对气相物质输运的影响。尽管存在诸多简化，Grove 模型成功地预测了薄膜淀积过程中的两个区域（物质输运速率限制区域和表面反应速度限制区域），同时也提供了从淀积速率的数据中，可以有效地估算出 h_g 和 k_s 的数值。

通过 Grove 模型，可以对 CVD 做进一步地讨论。当淀积速率受表面化学反应速度控制时，温度是一个最重要的参数。我们知道，相同的淀积速率就要求有一个相同的反应速率，要得到相同的反应速率，必须要求各个硅片（衬底）以及每个硅片表面不同位置保持相同的温度，因此温度控制就成为一个重要指标。在这种情况下，反应剂到达表面的速度不

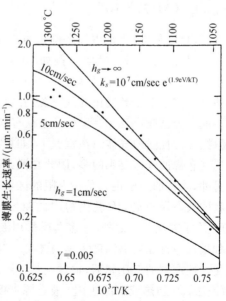

图 6.8 硅薄膜淀积速率与温度倒数的关系

再重要,也就不必严格要求对衬底(硅片)表面各处都提供一个均匀等同的流量。在 LPCVD 反应系统中,硅片可以紧密地排列,因为此系统淀积速率是由表面化学反应速度控制。

淀积速率在由质量输运速度控制的过程中,对温度控制的要求不在重要,因为薄膜淀积速率是由质量输运过程控制的,质量输运过程对温度的依赖性非常小。而各个硅片以及每个硅片不同位置的反应剂浓度应当相等是非常重要的,因此在淀积过程中应该严格控制到达硅片表面的反应剂浓度。要想在每个硅片上都淀积相同厚度的薄膜,就必须保证各硅片表面有相同的反应剂浓度。

6.2 CVD 系统

CVD 反应室通常是开流系统,反应剂(或被惰性气体稀释的反应剂,或者携带液态源蒸气)气体,不断地由反应室的进气口进入,反应后剩余的反应剂、稀释气体、携带气体、反应的副产物等又不断地由反应室的出气口流出。反应室中的气体速度应当足够小,才可以认为反应室内的气压是均匀的,同时还要保证反应室内的气体以层状形式流动,不希望产生湍流。

CVD 系统通常包含如下子系统:① 气态源或液态源系统;② 气体输入管道系统;③ 气体流量控制系统;④ 反应室;⑤ 基座加热及控制系统(有些系统的反应激活能是通过其他方法引入的);⑥ 温度控制及测量系统等;⑦ LPCVD 和 PECVD 系统还包含减压系统。

6.2.1 CVD 的气态源

在 CVD 过程中,可以用气态源也可以用液态源(对液态源来说,进入反应室的是液态源的蒸气,我们按气态源考虑),例如,在 CVD 二氧化硅时,SiH_4(气态源)和 TEOS(液态源。正硅酸乙酯或称四乙氧基硅烷(Tetraethoxysilane,TEOS)都用到了。早期 CVD 时主要用的是在室温下已经气化的气态源,并由质量流量计精确控制反应剂进入反应室的速度。但目前液态源已被广泛采用,因液态源有如下的好处:CVD 中使用的许多气态源都是有毒、易燃、腐蚀性强的气体。在室温下,如果源是液态的,那么就会更安全一些。液态源的蒸气压比气态源的气压要小的多,因此在泄漏事故中,液体产生致命的超剂量的危险性就比较小。另外,液体的溢出也只是在有限的区域,并且在多数情况下,没有烟雾状的有毒气体(但氯化物的液态源例外,因氯化物中的氯容易挥发,氯可以在空气中与水反应形成有毒的 HCl)。除了安全考虑之外,许多薄膜采用液态源淀积时也会有较好的特性。

如果反应剂在较高温度下是气体,而在室温下是液体,这样的源必须在输送到反应室之前气化。反应剂的气压越低,输送越难。液态源的输送,一般是通过下面几种方式实现的:① 冒泡法;② 加热液态源法;③ 液态源直接注入法。

液态源最常用的输送方式是冒泡法[6]。携带气体(如氮气、氢气、氩气)通过温度被准确控制的液态源,冒泡后将反应剂携带到反应室中,携带反应剂的气体流量是由流量计精确控制,所携带反应剂的数量是受液态源的温度及携带气体的流速等因素所控制,图 6.9 给出的是液态源冒泡法的源瓶示意图。

冒泡法是通过控制携带气体的流速和液态源的温度,间接达到控制进入到反应室的反应剂数量。而携带气体所携带的反应剂的数量与液态源的饱和蒸气压有着密切的关系,如果反应剂的饱和蒸汽压对温度的变化比较敏感,就会给控制反应剂的数量带来困难。例如,对于 TEOS 源,当源温从 60℃变化到 62℃时,TEOS 的蒸气压可以浮动 32%。冒泡法的另一个问题是要防止反应剂从源瓶到反应室输运途中的凝聚,所以从液态源的源瓶到反应室之间的运输管道必须加热,防止反应剂在管道的侧壁发生凝聚。

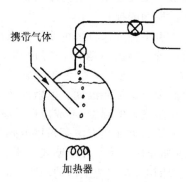

图 6.9　液态源瓶示意图

当前已有几种方法对传统冒泡工艺进行改进[7]。一种方法为直接气化系统:加热液态源,将因受热而气化的反应剂,由质量流量控制系统控制,通过被加热的气体管道直接输送到反应室。这种系统能够输送气压范围从 133.3 Pa 直到大气压数量级的气态物质。还有一种方法就是液态源直接注入法:保存在室温下的液态源,使用时先注入到气化室中,在气化室中气化后直接输送到反应室中。对那些蒸汽压与温度的变化比较敏感的反应剂,或者在加热下容易分解的反应剂,采用直接注入法就显得很有必要。这些改进的输送系统比冒泡系统更洁净、更可靠、更高效。

6.2.2　质量流量控制系统

CVD 系统和其他一些工艺设备,例如干法刻蚀机,扩散炉等都要求必须精确控制进入反应室的气流速度。在实际应用中,有的是通过控制反应室内的气压来控制气体流量,更为普遍的方法是直接控制气流流量,后者是由质量流量控制系统实现的。质量流量控制系统主要包括质量流量计和阀门,它们位于气体源和反应室之间,而质量流量计是质量控制系统中最核心的部件。气流流量的单位是:体积/单位时间,这里的体积是在标准温度和标准气压下的体积,每分钟 1 cm³ 的气体流量就是指在温度为 273 K、1 个标准大气压下、每分钟通过 1 cm³ 体积的气体。

6.2.3　CVD 的热源

热源 CVD 是指应用热能提供薄膜淀积时发生化学反应的能量。在各种 CVD 过程中,薄膜基本都是在高于室温的温度下淀积的。反应室的室壁温度保持在 T_w,而放置衬底(如硅片)的基座温度恒定在 T_s,当 $T_w = T_s$,称作热壁式 CVD 系统;有时 $T_w < T_s$,称作冷壁式 CVD 系统,即使在冷壁系统中,其反应室的室壁温度也高于室温。实际上,在一些冷壁系统中,因受加热系统的影响,反应室室壁也可能达到较高温度,为此需要对室壁进行冷却。

虽然在冷壁系统中,反应室室壁也可能达到较高温度,但温度毕竟不是太高,因此冷壁系统能够降低在室壁上的薄膜淀积,从而降低了壁上颗粒因剥离对淀积薄膜质量的影响,也减小了反应剂的损耗。

有多种加热方法可使淀积系统达到所需要的温度。第一类是电阻加热法。利用缠绕在反应管外侧的电阻丝进行加热,反应室室壁与基座(含衬底或放置衬底的舟)温度相等($T_w = T_s$),形成一个热壁系统。对于这种情况,CVD 过程是由表面化学反应速度控制,所以必须准确控制温度。电阻加热法也可以只对放置硅片的基座进行加热,衬底的温度高于反应室室壁的温度,形成冷壁系统($T_w < T_s$)。

第二类加热方法是采用电感加热或者高能辐射加热,这两种方法是直接加热基座和衬底(如硅片),是一种冷壁式系统。在电感加热方式中,射频电源加到缠绕在反应管外侧的射频线圈上,在淀积室内的基座(如石墨)上产生涡流,导致基座和衬底的温度升高。绝缘淀积室的室壁不被射频场加热,是一种冷壁式系统。对于由高能辐射加热的系统,淀积室室壁是由可以透过辐射射线的材料制成的,所受加热程度远低于衬底和基座。热壁和冷壁淀积室结构各有优缺点。可根据不同需要选用不同的加热方式。

6.2.4 CVD 的其他能源

在 CVD 过程中,除了热源之外,还有等离子体能源。等离子体能源就是利用 RF 等离子体在碰触过程中传递给反应剂和衬底的能量驱动并维持化学反应,完成薄膜淀积。等离子体能源 CVD 的重要特点就是淀积需要的反应,可以在比单纯依靠热能时低得多的温度下完成,而且淀积的薄膜对小尺寸的图形有很好的填充效果。在等离子体能源 CVD 过程中,一般仍然需要对放置硅片的基座进行加热。

在等离子体能源 CVD 的基础上,20 世纪 90 年代中后期又出现了高密度等离子体(HDP)能源 CVD。在一个简单的电容耦合放电等离子体中,离子和活性基团只占整个气体中的很少一部分,这种系统的工作频率一般在 13.56 MHz,而且是集成电路工艺中的主要离子源,并由这样的离子源驱动化学反应。在此基础上,人们还希望得到增加离子和活性基团相对浓度,以提高薄膜淀积质量和产量。目前已开发出的高密度等离子体,主要有电感耦合等离子体、磁控等离子体和电子回旋共振等离子体等。另外,光学增强淀积在实验上已被证实,但目前还没有在生产上得到应用。

6.2.5 CVD 的分类

在集成电路制造工艺中,已经发展了多种 CVD 技术,可以按照淀积温度、反应室内部的压力、反应室室壁的温度、激活化学反应的方式等进行分类。

目前常用的 CVD 系统主要包括:常压化学气相淀积(atmospheric pressure CVD,APCVD);低压化学气相淀积(low pressure CVD,LP CVD);等离子增强化学气相淀积(plasma Enhanced CVD,PECVD)。

1. APCVD 系统

APCVD 是最早使用的 CVD 系统[8,9]。早期是用来淀积氧化层和生长硅外延层,现今仍然使用。APCVD是在大气压下进行薄膜淀积或生长的系统,操作简单,并且能够以较高的淀积速率进行淀积,特别适合介质膜的淀积。但APCVD易于发生气相反应,产生微粒,造成污染,而且以硅烷为反应剂淀积的二氧化硅薄膜,其台阶覆盖性和均匀性比较差。APCVD的淀积速率一般是由质量输运控制的,因此精确控制在单位时间内到达每个衬底表面及同一表面不同位置的反应剂数量,对所淀积薄膜的均匀性起着重要的作用,这就给反应室结构和气流模式提出更高的要求。尽管APCVD的氮化物和多晶硅的质量比较好,但目前已经被更好的LPCVD所取代了。但因APCVD的淀积速率可超过1000 Å/min,这种工艺对淀积厚的介质层还是很有吸引力的。

图6.10给出的是两种类型APCVD系统的原理图。第一个是水平式反应系统(参照图6.10(a))。此系统使用水平石英管,衬底平放在一个固定的基座上。反应激活能是由缠绕在反应管外侧电阻丝提供的辐射热能、或者是射频电源通过绕在反应管外侧的射频线圈加热基座供给的热能,这样的系统可以淀积不同薄膜。

第二种是连续淀积的APCVD系统(参照图6.10(b)和6.10(c))。在连续淀积的APCVD系统中,放在被加热的移动盘上或者传输带上的衬底先后通过非淀积区和淀积区,淀积区和外围的非淀积区是通过流动的惰性气体实现隔离的。连续工作的淀积区始终保持稳定的状态,反应气体从淀积区上方的喷头持续稳定地喷到运动的衬底表面,衬底不断地被传输带送入、送出淀积区。这是目前用来淀积低温二氧化硅薄膜的最常用的CVD系统。

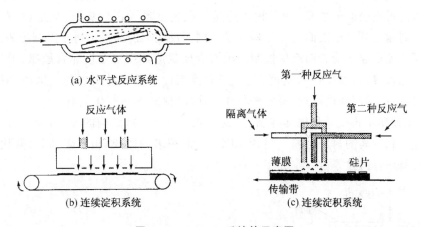

图 6.10　APCVD 系统的示意图

图6.11中给出的是一种新式独特的可连续淀积的系统[10]。在这种系统中作为屏蔽气体的氮气和反应剂(可能含两种以上的反应气体)同时从冷却的喷嘴中注入到反应室,反应气体的混合发生在离衬底表面几毫米的空间内,因而减少了气相反应。反应气体和氮气同时由喷嘴注入,只是氮气气流是从反应气体的四周喷入,因此氮气气流起到隔离作用。高流速的氮气伴随着反应后的气体由出口流出,避免再度进入循环系统。在这样的系统中氮气的压力是需要精确控制,以阻止外界气体的进入。衬底放在由电阻丝加热的基座上。在这

种淀积系统中,尽管喷嘴是冷却的,但仍会有一些淀积物,必须经常清理,以防止这些淀积物剥落掉下。这类 APCVD 反应系统已经广泛地应用于二氧化硅和掺杂氧化物的淀积。如同在硅片表面上淀积一样,薄膜淀积也会在盘上或者传输带上发生,所以要经常清理。

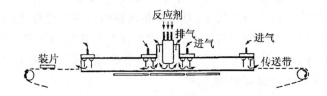

图 6.11 新型可连续 CVD 系统

2. LPCVD

LPCVD 系统示意图如图 6.12 所示。LPCVD 系统淀积的某些薄膜,在均匀性和台阶覆盖等方面比 APCVD 系统要好,而且污染也少。如果反应剂不需要稀释,可以通过降低反应室内的气压达到降低气相成核目的[11,12]。在真空及中等温度条件下,LPCVD 的淀积速率是受表面反应速率控制的。因为在较低的气压下(大约 133.3 Pa),气体的扩散速率比在一个大气压下的扩散速率高出很多倍。这样就加快了反应剂输运到衬底表面的速度;但边界层的厚度又随压力降低而变厚,这又增加了反应剂从主气流到达衬底表面的距离,降低了反应剂到达衬底表面的数量,两者相比还是扩散速度增大占优势,也就是说,在 LPCVD 系统中反应剂输运到衬底表面的速度提高了。因而反应剂的输运不再是限制淀积速率的主要因素。因此淀积速率受表面反应控制。虽然表面反应速度对温度非常敏感,但是精确控制温度相对比较容易,温度控制精度在 ±0.5℃ 范围内是很容易实现的。例如,用 LPCVD 淀积多晶硅时,在常用温度附近,温度变化 1℃ 时,淀积速率的变化只有 2%~2.5%。由于 LPCVD 淀积速率不再受质量输运控制,这就降低了对反应室结构的要求,通过对反应室结构的优化可得到较高的衬底容量。可用 LPCVD 淀积多种薄膜,包括多晶硅、氮化硅、二氧化硅、PSG、BPSG、钨膜等。

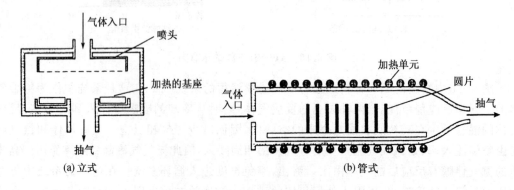

(a) 立式   (b) 管式

图 6.12 低压 CVD 系统示意图

在 LPCVD 系统中,因为表面反应速度控制淀积速率,而表面反应速度又正比于表面上的反应剂浓度,那么要想在各个衬底表面上淀积厚度相同的薄膜,就应该保证各个衬底表面上的反应剂浓度是相同的。然而对于只有一个入气口的反应室来说,沿气流方向因反应剂不断消耗,远离入气口处的衬底表面上的反应剂浓度就会低于靠近入气口处的衬底表面上的浓度,所淀积的薄膜也就低于靠近入气口处的厚度,称这种现象为气缺现象。

气缺现象是指当气体反应剂不断被消耗而出现的反应剂浓度下降的现象。气缺现象在只有一端输入反应剂的反应室中非常明显,因为在这种结构的反应室中,靠近入口处的衬底表面上的反应剂浓度高于靠近出口处;另外,沿着气流方向因副产物的产生也会降低了反应剂的浓度(由于管内的气压保持不变)。例如,在多晶硅淀积中,以硅烷为反应剂的反应中,每消耗一摩尔的硅烷就会生成两摩尔的氢气,这会进一步降低了反应剂的浓度,另外,由于衬底(如硅片)的两面都会淀积上薄膜,使得气缺现象更加严重。

可以采用以下几种方法来减轻气缺现象的影响:

(1) 第一种方法,由于反应速度随着温度的升高而加快,可通过在水平方向上逐渐提高温度来加快反应速度,从而提高了淀积速率,补偿气缺效应的影响,减小各处薄膜淀积厚度的差别。然而,薄膜的质量与淀积温度又有极大的关系,所以这并不是一种理想的方法。

(2) 第二种方法,采用分布式的气体进入口,就是反应剂通过一系列气体进入口注入到反应室中。这种技术需要特殊设计的淀积室来限制注入气体所产生的气流交叉效应[13]。

(3) 第三种方法,增加进入反应室中的气流速度,当气流速度增加时,靠近气体入口处的衬底表面上的薄膜淀积速率不变(在温度一定的情况下),在单位时间内,薄膜淀积所消耗的反应剂绝对数量也就没有改变,但因气流速度增加,在反应剂浓度不变的情况下,在单位时间内进入反应室内的气体数量增加了,因此,在单位时间内进入反应室内的反应剂数量也就增加了,而在单位时间内靠近气体入口处的衬底所消耗的反应剂绝对数量不变,与低气流速度相比,下游衬底表面上的反应剂浓度就提高了,因此,在各个衬底上所淀积的薄膜厚度也变得更均匀一些。大大降低了气缺现象的影响。

LPCVD 系统的两个主要缺点是相对低的淀积速率和相对高的工作温度。增加反应剂分压来提高淀积速率则容易产生气相反应;降低淀积温度则将导致不可接受的淀积速率。

3. PECVD

等离子体增强化学气相淀积是目前最主要的化学气相淀积系统。APCVD 和 LPCVD 是根据气压分类的,而 PECVD 是按反应激活能分类的。在化学气相淀积中,不仅可以利用热能来激活和维持化学反应,也可以通过非热能源的射频(RF)等离子体来激活和维持化学反应,而且受激发的分子可在较低温下发生化学反应,所以淀积温度不仅比 APCVD 或 LPCVD 低,同时又有较高的淀积速率。图 6.13 给出的是等离子体增强型化学气相淀积系统的原理图。

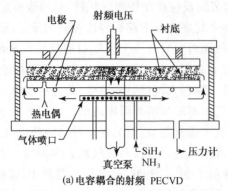

(a) 电容耦合的射频 PECVD

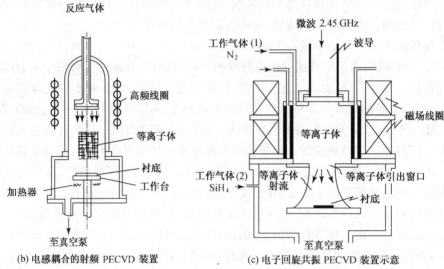

(b) 电感耦合的射频 PECVD 装置　　(c) 电子回旋共振 PECVD 装置示意

图 6.13　PECVD 系统示意图

低温淀积是 PECVD 的一个突出优点，因此，可以在铝上淀积二氧化硅或者氮化硅。PECVD 淀积的薄膜具有良好的附着性、针孔密度低、良好的阶梯覆盖性、理想的电学特性、可以与精细图形转移工艺兼容，这些优点使得这种方法在 ULSI 工艺中得到广泛应用。

等离子体中的电子从电场中获得足够高的能量，当与反应气体的分子碰撞时，这些分子将分解成多种成分：离子、原子以及活性基团（激发态），这些活性基团吸附在衬底表面上，吸附在衬底表面上的活性基团之间发生化学反应生成薄膜元素，并淀积成薄膜。

吸附在表面的活性基团以及活性基团之间的化学反应生成的薄膜元素，虽然与表面形成很强的键和，但它们又不断地受到离子和电子轰击而发生迁移或扩散，重新排列，从而提高了所淀积的薄膜具有良好的均匀性，以及填充小尺寸结构的能力。

值得注意的是，在 PECVD 中应该避免气相成核，以减少微粒污染。PECVD 所淀积薄膜除了与气流速度、温度和气压等参数有关外，淀积过程还依赖于射频功率密度、频率等参数。

另外，PECVD方法是典型的表面反应速率控制型，要想保证薄膜的均匀性，就需要准确控制衬底温度。通常情况下，在 6.665 Pa 到 666.5 Pa 的气压下使用的频率是 50 kHz 到 13.6 MHz。

6.3 CVD多晶硅

多晶硅薄膜在集成电路制造中有许多重要的应用。实验证明，多晶硅与随后的高温热处理工艺有很好的兼容性，而且与 Al 栅相比，多晶硅栅与热生长二氧化硅的接触性能更好（界面态的密度非常低）[14]，此外，在陡峭的台阶上淀积多晶硅时能够获得很好的保形性，因而高掺杂的多晶硅薄膜作为栅电极和互联引线在 MOS 集成电路中得到了广泛地应用。在某些工艺中，可以使用多层多晶硅技术，并且可以在多晶硅上热生长或者淀积二氧化硅层，以保证层与层之间的电学隔离。在 MOS 器件制造工艺中，常常将高电导率的钨、钛、钴等的硅化物做在多晶硅上，与单独的多晶硅层相比，从而形成了具有较低电阻率的互连结构。在双极以及 BiCMOS 技术中，高掺杂的多晶硅薄膜也用来制作发射极。低掺杂多晶硅薄膜在 SRAM 中可用作高值负载电阻，也可用来填充介质隔离中的深槽（或浅槽）。本节主要讲述多晶硅薄膜的性质以及制备多晶硅薄膜的方法。

6.3.1 多晶硅薄膜的性质

1. 多晶硅的物理结构及力学特性

多晶硅或多晶硅薄膜是由取向不同、尺度约为 100 nm 量级（与制备温度和具体工艺等有关）的硅晶粒（单晶体）组成的，因此存在大量的晶粒间界。值得注意的是，原位淀积的硅膜可能是非晶，或者是多晶，与具体工艺有关。如果是非晶，淀积之后还需要在一定温度下进行热处理晶化为多晶硅。多晶硅薄膜在很多方面具有与单晶硅相近的性质。在薄的多晶硅薄膜中，内部的应力是压应力。例如在厚度从 200～500 nm 薄膜中，从非掺杂到掺杂浓度为 10^{20} 原子/cm^3 范围内，退火温度在 250～1000℃之间，对应的压应力大约为 $1\sim5\times10^9$ dyn/cm^2。

多晶硅晶粒内部的性质非常相似于单晶硅（例如杂质的扩散系数以及替位杂质的性质都大致与单晶硅相近）。多晶硅的晶粒间界是一个具有高密度缺陷和悬挂键的区域，这是因为晶粒间界的不完整性和原子周期性的排列在晶粒表面受到破坏所引起的。晶粒间界的高密度缺陷和悬挂键使多晶硅具有两个重要特性，这两个特性对杂质扩散及杂质分布产生重要影响。杂质在晶粒间界处的扩散系数明显高于晶粒内部的扩散系数，杂质沿晶粒间界的扩散速度比在晶粒内部的扩散速度要快得多。即使晶粒间界只占多晶硅空间的一小部分，但沿着这些途径的扩散也会使得整个多晶硅薄膜中的杂质扩散速度明显加快。同样，杂质的分布也受到晶粒间界的影响，高温时存在于晶粒内部的杂质，在温度降低时由于分凝作用,一些杂质会从晶粒内部运动到晶粒间界处,当温度升高时又会返回到晶粒内[15]。

2. 多晶硅的电学特性

多晶硅的电学特性与其本身的半导体性质以及具体结构和掺杂等情况有着密切关系。多晶硅中的每个单晶晶粒内部的电学行为和单晶硅相似。对单晶硅来说,通过高掺杂可得到较低的电阻率。但在通常情况下,同样的掺杂浓度,多晶硅的电阻率要比单晶硅高得多。这主要是由两个方面引起的:① 在热处理过程中,一些掺杂原子运动到晶粒间界处(例如,As 和 P;但是 B 不会发生这种现象),晶粒内部的掺杂浓度就会降低,而存在于晶粒间界处的掺杂原子不能有效地贡献自由载流子,虽然掺杂浓度相同,多晶硅的电阻率就会比单晶硅高得多;② 晶粒间界处含有大量的悬挂键,这些悬挂键可以俘获自由载流子,因此降低了自由载流子的浓度,同时因晶粒间界俘获电荷而使邻近的晶粒耗尽,并且引起多晶硅内部电势的变化。晶粒间界电势的变化对载流子的迁移非常不利,也会使电阻率增加。晶粒间界的尺度大约为 0.5~1.0 nm,可以模型化为独立的、带宽增大的一个非晶区。此外,晶粒间界的缺陷也使得载流子的迁移率降低,从而导致了电阻率的增大。但在高掺杂的情况下,多晶硅的电阻率与单晶硅的电阻率相差不大。

根据上面对电阻率增大的讨论,对多晶硅电阻的变化与掺杂浓度和晶粒尺寸之间的关系就可以作定性的解释。首先,在掺杂浓度相同情况下,晶粒尺寸大的薄膜有较低的电阻率。这是因为伴随晶粒尺寸的增大,晶粒体积增大比表面面积增大的要快,所以由较大晶粒所组成的多晶硅薄膜其晶粒间界所占空间比例下降,晶粒间界密度也跟随减小,从而可以观察到其电阻率接近单晶硅的电阻率。其次,晶粒尺寸的大小和掺杂浓度相互作用,决定着每一个晶粒耗尽的程度。小的晶粒比大的晶粒更容易完全耗尽,并且高掺杂浓度导致耗尽区更窄,因而使得晶粒的全耗尽更困难。如果晶粒完全耗尽,电阻率增大的就非常明显。结果在高阻区(晶粒的尺寸很小,或者掺杂很低,从而晶粒完全耗尽)和低阻区(晶粒的尺寸很大,掺杂浓度很高)之间就有一个尖锐的转变区域。

实际上,对于 400 nm 厚的多晶硅薄膜,可通过多种技术得到 10~30 Ω/□ 的低薄层电阻。应当注意的是多晶硅的功函数(对于调整 MOS 器件的阈值电压很重要)也受掺杂情况的影响。

6.3.2 CVD 多晶硅

多晶硅薄膜的淀积,通常主要是采用热壁式 LPCVD 工艺,在 580~650℃ 下热分解硅烷实现薄膜的淀积。这是因为 LPCVD 技术淀积的多晶硅薄膜均匀性好、纯度高、经济等,从而得以广泛应用[16,17],这项技术是在 1976 年被提出的。在淀积过程中,硅烷首先被吸附在衬底的表面上,并按下面反应顺序完成多晶硅薄膜的淀积[18]:

$$SiH_4(吸附) = SiH_2(吸附) + H_2(气) \tag{6.19a}$$

$$SiH_2(吸附) = Si(固) + H_2(气) \tag{6.19b}$$

当硅烷被吸附之后,紧接着就是硅烷的热分解,中间产物是 SiH_2 和 H_2,随后 SiH_2 发生分

解反应产生气态氢和硅,硅在衬底上淀积成固态硅薄膜。总的反应式如下

$$SiH_4(吸附) = Si(固) + 2H_2(气) \tag{6.20}$$

值得注意的是 SiH_4 在气相中也可以分解,但是要形成致密的、缺陷较少的多晶硅薄膜,分解反应应该在衬底表面上进行。如果在气相中发生分解反应,就会在气相中凝聚形成颗粒,这些颗粒会使薄膜表面粗糙,这种薄膜将不能满足 IC 制造的要求。当气体中所含硅烷的浓度很高时,硅烷就容易发生气相分解反应,为了避免出现这种情况,就需要用稀释气体进行稀释。同氢气相比,如果稀释气体是氮或者氩等惰性气体,则硅烷的气相分解更容易发生,因为氢气是反应生成物中之一,会抑制分解反应的发生。

传统的 LPCVD 系统中,在反应室的入口到出口之间设定一个 30℃左右的温度梯度,以解决在反应室中沿气流方向因化学反应而使反应剂浓度不断下降,即气缺现象而引起的淀积速率降低。温度升高可以加快淀积速率,以此来补偿因反应剂浓度下降引起的淀积速率的降低,确保各处淀积薄膜厚度的均匀性。这种方法的主要问题是由于多晶硅的掺杂和微观结构极大程度的依赖于淀积温度,所以沿气流方向,不同衬底上所淀积的薄膜属性有所变化,例如,高温区的晶粒尺寸比低温区的要大,但是,经过高温退火后的薄膜晶体结构是没有区别的。分布式入口的 LPCVD 反应室能较好地解决上述问题,因而成为淀积多晶硅薄膜更为常用的系统。

在多晶硅淀积的同时可以进行原位掺杂,或者在淀积之后采用扩散、离子注入实现掺杂。进行原位掺杂时存在一些问题,例如,在硅烷中掺入乙硼烷实现硼的掺杂时,会引起淀积速率的迅速增加;而掺入磷烷和砷烷时,会引起淀积速率的明显降低。尽管多晶硅的原位掺杂比淀积后再进行掺杂在操作上简单的多,但是仍然没有得到广泛的应用。

6.3.3 淀积条件对多晶硅结构及淀积速率的影响

多晶硅的结构、表面形态和特性依赖于淀积时的温度、压力、掺杂杂质的类型和浓度以及随后的热处理过程。在温度低于 580℃时淀积的薄膜基本上是非晶态,在高于 580℃时,淀积的薄膜基本是多晶的。不同温度下所淀积的多晶硅,晶粒的晶向优先方向是不同的:温度在 625℃左右时,⟨110⟩晶向的晶粒占主导[19];温度在 675℃左右时,⟨100⟩晶向的晶粒占主导。在更高的淀积温度,⟨110⟩晶向的晶粒占主导。Harbeke 等人发现在 580~600℃的温度范围内淀积的多晶薄膜中,其晶粒晶向更倾向于⟨311⟩方向。低温下淀积的非晶态薄膜在 900~1000℃晶化时,晶粒更倾向于⟨111⟩晶向,而且结晶时的晶粒结构与尺寸的重复性都非常好。另外,在 580℃的温度下,以较慢的淀积速率(大约 5 nm/min,而 600℃时为 10 nm/min)直接淀积非晶薄膜,其表面更为平滑(分别相对于淀积温度为 600℃和 620℃淀积薄膜而言),而且这个平滑表面在经历 900~1000℃的退火后仍然保持平整。晶粒的平均尺寸随着薄膜的厚度指数增加。图 6.14 给出的是温度不同时,多晶硅淀积速率与压力之间的关系。由图可以看到淀积速率随压力上升而加快,图中的混合形态是指多晶与非晶的混合。

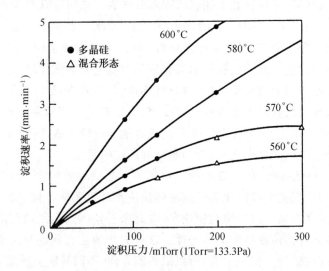

图 6.14　温度不同时多晶硅淀积速率与压力之间的关系

6.3.4　多晶硅的掺杂工艺

对多晶硅的掺杂主要有三种工艺：① 扩散；② 离子注入；③ 原位掺杂。在大多数应用中，多晶硅是非掺杂淀积，随后通过扩散或者离子注入实现掺杂。

1. 多晶硅的扩散掺杂

扩散掺杂是在多晶硅薄膜淀积完成之后、在较高温度下完成的(900～1000℃)。对于 n 型掺杂，掺杂剂主要是 $POCl_3$、PH_3 等含磷气体。这种方法的好处在于能够在多晶硅薄膜中掺入浓度很高的杂质(由于晶粒边界的分凝效应，可能超过晶体的固溶度)，从而可获得较低的电阻率。因扩散掺杂的温度较高，从而可通过一步同时完成掺杂和退火两个工艺过程。扩散掺杂的缺点是工艺温度较高、薄膜表面粗糙程度增加。掺磷多晶硅电阻率与扩散温度的关系如图 6.15 所示[20]：

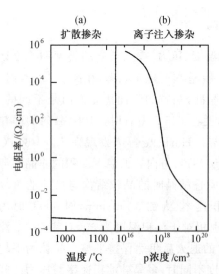

图 6.15　掺磷多晶硅电阻率

2. 多晶硅的离子注入掺杂

第二种掺杂技术是离子注入和随后的退火，这种掺杂方法的优点是可以精确控制掺入杂质的数量。离子注入掺杂方法适合于不需要太高掺杂浓度的多晶硅薄膜(例如静态存储器中的高值电阻)。通过离子注入实现的高掺杂多晶硅,其电阻率大约是扩散掺杂多晶硅电阻率的10倍,如图 6.15(b)所示。选择合适的注入能量可使杂质浓度的峰值处于薄膜的中央处,在随后的退火过程中(大约 900℃,30 min)使掺入的杂质重新分布和激活。目前主要是选用快速热退火(RTA)方法作为退火和杂质激活的工艺[21]。在温度为 1150℃,不到 30 秒的时间,通过 RTA 就可以实现对注入到多晶硅薄膜中的杂质重新分布和激活,RTA 的优点是持续时间短,避免了单晶硅衬底中的杂质重新分布。

3. 多晶硅薄膜的原位掺杂

原位掺杂指的是杂质原子在多晶硅淀积的同时被结合到薄膜中,也就是说一步完成多晶硅薄膜淀积和对薄膜的掺杂[22]。要实现原位掺杂,在向反应室输入淀积薄膜所需要的反应气体的同时,还要输入能提供掺杂杂质的反应气体,如磷烷(PH_3)、砷烷(AsH_3)、硼烷(B_2H_6)。原位掺杂虽然比较简单,但薄膜厚度的控制、掺杂的均匀性以及淀积速率都随着掺杂气体的加入变得相当复杂。杂质的淀积过程虽然和薄膜淀积过程相似,也存在质量输运控制和表面化学反应控制两种情况,但因杂质源和硅源化学动力学的性质不同,使淀积过程更加复杂化。原位掺杂也会影响到薄膜的物理特性,加入磷化物会影响多晶硅结构、晶粒的大小以及晶向对温度的依赖关系等。对多晶硅进行原位掺砷或磷时,在退火之前,必须先淀积或者热生长一层氧化物覆盖层,以避免在退火过程中杂质通过表面逸散。

6.4 CVD 的 SiO_2

CVD 的 SiO_2 薄膜在集成电路制造工艺中有着广泛而且重要的应用。主要是作为多晶硅与金属层之间的绝缘层、多层布线工艺中的金属层之间的绝缘层、MOS 晶体管的栅极介质层、吸杂剂、扩散源、扩散和离子注入工艺中的掩蔽层、防止杂质外扩散的覆盖层以及钝化层等。对所要淀积的 SiO_2 薄膜来讲,希望厚度均匀,热稳定性和结构性要好,纯度高,粒子和化学沾污要低,与衬底之间有良好的粘附性,具有较小的应力以防止碎裂,完整性要好以获得较高的介质击穿电压,较好的台阶覆盖和好的填充性能以满足多层互连的要求,针孔密度要低,较低的 K 值以获得高性能器件,以及较高的产量等。

CVD 的 SiO_2 也是由 Si-O 四面体组成的无定型网络结构。一般而言,CVD 的 SiO_2 同热生长 SiO_2 相比,密度要低,硅与氧的数量之比也存在轻微的波动,因而薄膜的力学和电学特性也就有所不同。高温淀积或者在淀积之后进行高温退火,都可以使 CVD SiO_2 接近于热生长 SiO_2 薄膜的特性。

通常把 CVD SiO_2 薄膜的折射系数 n 与热生长 SiO_2 薄膜的折射系数 1.46 的偏差,作为衡量 CVD SiO_2 薄膜质量的一个指标。当 CVD SiO_2 薄膜的折射系数 $n>1.46$ 时,表明该薄膜是富硅的;当 $n<1.46$ 时表明是低密度多孔硅薄膜。

6.4.1 CVD SiO_2 的工艺

CVD SiO_2 可以通过各种不同的反应来完成,反应的选择取决于系统,以及对温度的要求等。CVD SiO_2 的重要淀积参数包括：温度、压力、反应剂的浓度、掺杂剂的压力、系统配置、总的气体流量以及衬底(如硅片)间距等。如今已经有多种 CVD SiO_2 的方法和系统配置，按温度分类，主要可以分成两大类：低温(300～450℃)CVD SiO_2 和中温(650～750℃) CVD SiO_2。

1. 低温 CVD SiO_2

(1) 硅烷为源的低温 CVD SiO_2。

利用硅烷(SiH_4)和氧气反应，在低温下通过 CVD 方法可以完成不掺杂 SiO_2 薄膜的淀积。这种低温淀积方法可以在 APCVD 系统完成，也可在反应剂分布式输入型的 LPCVD 系统或者 PECVD 系统中实现。化学反应式为

$$SiH_4(气) + O_2(气) \longrightarrow SiO_2(固) + 2H_2(气) \qquad (6.21)$$

在上述反应中，由大量 N_2 气稀释的 SiH_4 与过量氧的混合气体，在被加热到 250～450℃ 的衬底表面，硅烷和氧气发生化学反应生成 SiO_2 并淀积在表面上，也可能发生硅烷的气相分解反应。在 310～450℃ 之间，淀积速率随着温度的升高而缓慢增加，当升高到某个温度时，表面吸附或者气相扩散将限制淀积过程。在恒定的温度下，可以通过增加氧气对硅烷的比率来提高淀积速率。如果不断增加氧气的比例，最终将会导致淀积速率的下降，这是因为当衬底表面存在过量的氧从而会阻止对硅烷的吸附，甚至会影响硅烷的分解。

当淀积温度升高时，氧气对硅烷的比例一定要增加直到能够获得最大的淀积速率。例如在 325℃ 时，要求氧气对硅烷的比例为 3∶1，而在 475℃ 下，氧气对硅烷的比例应当为 23∶1。在 APCVD 反应室中，SiO_2 的淀积速率可以达到 1400 nm/min，但实际淀积时控制在 200～500 nm/min。

低温淀积 SiO_2 薄膜的密度低于热生长 SiO_2，其折射系数大约为 1.44。同时，这种 SiO_2 薄膜在 HF 酸溶液中比热生长 SiO_2 有更快的腐蚀速率。对低温淀积的 SiO_2 薄膜可在 700～1000℃ 温度范围内进行热处理，以实现致密化，可使 SiO_2 薄膜的密度从 2.1 g/cm^3 增加到 2.2 g/cm^3，而且在 HF 酸溶液中的腐蚀速率也会降低。实现致密化的热处理会使薄膜厚度减薄，通常认为，致密化是一个减少 SiO_2 玻璃体中 H_2O 的成分、增加桥键氧数目的过程。

利用硅烷和 N_2O 的反应，在 PECVD 系统中也可以实现低温 SiO_2 薄膜的淀积，反应气体是由氩气稀释的 SiH_4 和 N_2O(或者 NO)，反应温度在 200～400℃ 之间，反应式如下

$$SiH_4(气) + 2N_2O(气) \longrightarrow SiO_2(固) + 2N_2(气) + 2H_2(气) \qquad (6.22)$$

PECVD 的 SiO_2 中经常含有氮或氢。当 N_2O∶SiH_4 的比例比较低时，形成富硅薄膜，而且 SiO_2 中含有大量的氮，这将使薄膜的折射系数增加。在 PECVD 系统中，通过硅烷和氧气的反应，可以获得 n 值接近 1.46 的 SiO_2 薄膜。

稀释的 HF 溶液对 SiO_2 薄膜的腐蚀速率可以非常精确地反映薄膜的配比和密度。较低的淀积温度和较高的 N_2O∶SiH_4 比值都将导致较低的薄膜密度和较快的腐蚀速率。PECVD 的 SiO_2 薄膜通常含有 2%～10%at(原子百分比)的氢，(以 Si-H, Si-O-H 和 H-O-H

形式存在),并与淀积参数有很强依赖关系。但是相对氮离子而言,含氢的问题并不严重,因为当薄膜被加热的时候,氢很容易运动而离开薄膜[23]。对于在薄膜中扩散能力很低的氮,就不容易离开薄膜。另外,需要较低的淀积温度、较高的射频功率以及较大的气体流速来抑制气相成核所带来的颗粒污染问题。图 6.16 给出的是淀积功率及气体流量对淀积速率、刻蚀速率、折射系数的影响。

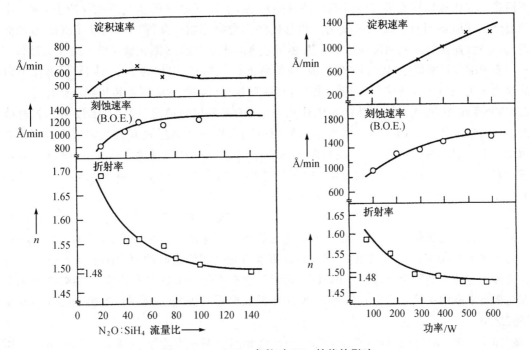

图 6.16　PECVD 参数对 SiO_2 性能的影响

在 PECVD 的 SiO_2 薄膜中,针孔数量较少,同时对金属的粘附性也很好。利用传统的电容耦合射频二极管等离子体源,以硅烷为反应剂的 PECVD SiO_2 薄膜的台阶覆盖性较差,因此很少被使用。

随着高密度等离子体(high density plasma,HDP)的出现,以硅烷为反应剂的 CVD 可以在低温下淀积高质量的 SiO_2 薄膜。高密度等离子体可以分解或分裂反应气体,如分解 N_2 为原子氮,而原子形态的反应物具有更强的反应能力,不需要较高温度驱动就可以完成反应,而且淀积的 SiO_2 薄膜又很致密。高密度等离子体 CVD 可在 120℃ 的低温下淀积质量很好的 SiO_2 薄膜。

如果在 SiO_2 的淀积过程中,将 PH_3 同时加入到淀积 SiO_2 的反应气体中,则在淀积的 SiO_2 薄膜中就含有 P_2O_5,这种含有 P_2O_5 的 SiO_2 被称为磷硅玻璃(PSG)[24]。在 APCVD 反应系统中淀积 PSG 时,生成 P_2O_5 的化学反应式为

$$4PH_3(\text{气}) + 5O_2(\text{气}) \longrightarrow 2P_2O_5(\text{固}) + 6H_2(\text{气}) \tag{6.23}$$

(2) TEOS 为源的低温 PECVD SiO_2。

采用硅烷为反应剂淀积 SiO_2 时，存在一些安全隐患，因为硅烷一接触到空气就会燃烧。因此，尽量避免使用硅烷淀积 SiO_2。在 CVD SiO_2 中，一个更安全的硅烷替代品就是正硅酸乙酯[四乙氧基硅烷：$Si(OC_2H_5)_4$]，也称为 TEOS。TEOS 在室温下是液体，而且化学性能不活泼。气体氮以冒泡形式通过液体的 TEOS 源，携带 TEOS 的蒸气进入反应室，在一定的温度下 TEOS 可分解形成二氧化硅和有机硅化合物等副产品混合物。以 TEOS 为源淀积 SiO_2 时，连接冒泡源到反应室的管道必须加热以防止 TEOS 源在管道壁上凝聚为液体。

在 PECVD 系统中，以 TEOS 为源，在低温下（<450℃）淀积的 SiO_2 薄膜，同低温下以硅烷为源用 APCVD 所淀积的 SiO_2 相比，其薄膜具有更好的台阶覆盖和间隙填充特性。在 PECVD 系统中，由于等离子体的增强作用，在淀积速率相同情况下，淀积温度可以相对降低。正因这个优点，PECVD 技术被用来淀积多层布线中金属层之间的绝缘层。以 TEOS 为反应剂的 PECVD 的 SiO_2，其淀积温度在 250～425℃之间、气压为 266.6～1333 Pa，淀积速率在 250～800 nm/min 之间、SiO_2 中氢的浓度大约为 2%～9%。在 PECVD 中，TEOS 也可以与 O_2 反应生成 SiO_2，化学反应式如下

$$Si(OC_2H_5)_4 + O_2 \longrightarrow SiO_2 + \text{副产物} \tag{6.24}$$

在优化的淀积条件下，覆盖台阶的氧化层斜率可以保持为很小的正值，从而可以对深宽比为 0.8 的沟槽实现无空隙填充[25]。如果用来填充金属线之间的间距小于 0.8 μm 时，可能会形成空隙。随着金属线间距的减小，这个问题会变得越来越严重，所以一定要找到无空隙淀积技术来解决这一问题。另外，一些用于低温保形淀积 SiO_2 薄膜的有机硅化合物也在研究之中。

如果要对 SiO_2 薄膜进行掺杂，可在 SiO_2 淀积源中加入掺杂源，例如，通过向 SiO_2 淀积源中加入硼酸三甲酯（TMB）可以实现硼的掺杂，而加入磷酸三甲酯（TMP）可以实现磷的掺杂。

2. 中温 LPCVD SiO_2

TEOS 替代 SiH_4 除了安全以外，在中等温度下，使用 TEOS 淀积的 SiO_2 薄膜有更好的保形性。当淀积温度控制在 680～730℃范围时，用 TEOS 淀积未掺杂的 SiO_2 薄膜，其淀积速率（大约 25 nm/min）可以满足 IC 生产的要求，这种淀积是在 LPCVD 管状热壁反应室中进行的。当温度低于 600℃时，淀积速率降低到不可接受的程度，实际淀积温度范围为 675～695℃。但是，如果铝层已经存在，这个温度是不允许的。化学反应式为

$$Si(OC_2H_5)_4 \longrightarrow SiO_2 + 4C_2H_4 + 2H_2O \tag{6.25}$$

在 650～800℃的温度范围内，TEOS 为源的 CVD 的淀积速率随着温度升高而指数增加，表面激活能为 1.9 eV[26]。淀积速率也依赖于 TEOS 的分压，在较低的分压时，二者成线性关系；当吸附在表面的 TEOS 饱和时，淀积速率趋于稳定。以 TEOS 为反应剂，采用 LPCVD 的 SiO_2 层通常有较好的保形性。而且可作为金属淀积之前的绝缘层（例如作为多

晶硅与金属层之间的绝缘层），也可以形成隔离层（作为 MOSTETs 的 LDD）。

TEOS 中有四个氧原子，即使没有其他氧气供给时，在一定温度下，通过分解也能淀积 SiO_2 层。但是，由于 TEOS 中含有 C 和 H，氧可以与它们发生氧化反应生成 CO 和 H_2O，从而降低了氧的数量。在淀积过程中必须有足够的氧才能保证较好的薄膜质量，因此，用 TEOS 为反应剂淀积 SiO_2 薄膜时，应该加入足够的氧。同时氧气也能改变所淀积的 SiO_2 薄膜的内部应力，使其从较大的张应力转变到一个较低的压应力状态。

3. TEOS 与臭氧混合源的 CVD SiO_2

在 APCVD 工艺中，在低于 500℃时，即使在 TEOS 中加入足够量的氧，淀积速率也不会有显著提高。而在 TEOS 中加入臭氧(O_3)作为反应剂通过 APCVD SiO_2，可以得到很高的淀积速率[27,28]。例如，在 300℃ 时，加入 3% 的臭氧，淀积速率可以达到 100～200 nm/min；而在 400℃ 时，只需要加入 1%～2% 的臭氧就可以得到上述的淀积速度。可用 TEOS/O_3 混合源淀积非掺杂 SiO_2 层(USG)，用于金属层之间的绝缘层，或者淀积 BPSG 层(用于金属淀积之前的绝缘层，以 TMB 和 TMP 为杂质源)。由 TEOS/O_3 混合源淀积的 SiO_2 薄膜有非常好的保形性，可以很好地填充沟槽以及金属线之间的间隙。有文献报道，这种薄膜可以填充深宽比大于 6∶1 的沟槽，以及非常好地填充金属线之间距离为 0.35 μm 的间隙，而且没有空隙。

在使用 TEOS/O_3 混合源淀积薄膜的时候，还是会遇到一些问题。首先，淀积速率依赖于衬底的表面材料。例如，400℃时在硅上的淀积速率为 126 nm/min，但是在热氧化层上的淀积速率只有 92 nm/min。要保证在各种材料的表面上有一个相同的淀积速度，应该在 TEOS/O_3 淀积之前，先用 PECVD 方法先淀积一层薄的 SiO_2 层。其次，TEOS/O_3 混合源淀积的氧化层中由于含有一些 Si-OH 键，如果暴露在空气中，它会比 PECVD 的 SiO_2 层更容易吸收水汽。同时，由于与空气中水汽的反应，薄膜的机械应力也会发生变化。由于上述原因，一般在以 TEOS/O_3 混合源淀积的氧化层上面再用 PECVD 方法淀积一层 SiO_2 作为保护层。最终，TEOS/O_3 混合源淀积的氧化层就像三明治一样夹在两层由 PECVD 的氧化层之间，形成了三层的绝缘层结构。

6.4.2 CVD SiO_2 的台阶覆盖

在集成电路工艺中，希望 CVD 的薄膜对其下方的图形是保形覆盖(淀积)。但具体覆盖情况取决于薄膜的种类、反应系统的类型和淀积条件等。保形覆盖是指衬底表面无论有什么样的倾斜图形，在所有图形的不同位置上都能淀积相同厚度的薄膜，这种淀积就称为保形覆盖。如图 6.17(a)所示，在水平方向和竖直方向上淀积的薄膜厚度是相同的。在质量输运控制的淀积过程中，衬底表面上任何一点所淀积的薄膜厚度取决于到达该点的反应剂的数量，这是由淀积过程的压力和吸附原子的迁移情况所决定。下面所讲述的模型就是依据这些参数而提出的用于解释台阶覆盖特性的。

如果被吸附的反应剂在衬底表面有很强的迁移能力，那么不管表面的形状如何，反应剂

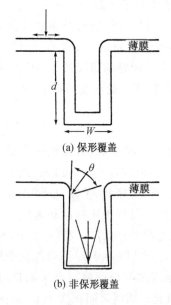

(a) 保形覆盖

(b) 非保形覆盖

图 6.17 薄膜对图形覆盖示意图

到达衬底表面上任何一点的几率都是相同的,这种情况就能实现对台阶的保形覆盖。吸附原子在衬底表面的迁移能力依赖于吸附原子的种类和能量,较高的衬底温度以及离子对吸附原子的轰击都能加强吸附原子的迁移能力。在高温下用 LPCVD 多晶硅和氮化硅,所淀积的薄膜就会有较好的台阶覆盖。在低温 APCVD 中,非保形的台阶覆盖一般比较常见,如图 6.17(b)。下边我们将讨论一下原因所在。

在 APCVD 中,以 SiH_4 和氧气为反应剂淀积 SiO_2 时,SiH_4(或者是 SiH_2、SiH_3)的粘滞系数(≈ 0.35)很大,这样的物质一旦被表面吸附之后,它们基本上就不再迁移。如果是这种情况,由于被吸附的反应剂很难在表面迁移,所以到达任何一点的气相反应剂的数量就成为决定该点薄膜淀积厚度的重要因素。在这种 CVD 系统中,我们引入"到达角"(arrival angle)的概念来讨论台阶覆盖模型。在一个二维空间中,对表面上任何一点来说,从 θ 至 $\theta+d\theta$ 角度内到达该点的反应剂数量为 $P(\theta)d(\theta)$,那么到达该点的反应剂总量为 $\int_0^{2\pi} P(\theta)d(\theta)$,$P(\theta)$ 是从单位角内到达的反应剂数量。在大气压下,气体分子的平均自由程很小($\bar{\lambda} \approx 10^{-5}$ cm),气体分子之间的相互碰撞使得它们的速度矢量完全是随机化的。在这种情况下,$P(\theta)$ 是一个常数,不随 θ 变化而变化。然而对于那些被阻挡的 θ 值范围内,$P(\theta)$ 值就为 0,例如在图 6.18 中的 a 点,$P(\theta)$ 在 180~360°范围内是 0,而在 0~180°范围内是常数。对任何一点来说,当 $P(\theta)$ 不为零时,对到达该点反应剂数量的积分值,所对应的就是薄膜的厚度,应该正比于到达角的取值范围。

在 APCVD 过程中,对于台阶顶部的拐角处,如图 6.18 中的 b 点,在 270°的范围内 $P(\theta)$ 值不是零。而图 6.18 中的 a 点 $P(\theta)$ 值仅在 0~180°范围内不是零,所以图 6.18 中的 b 点处淀积的薄膜厚度将是图 6.18 中的 a 点处薄膜厚度的 1.5(270/180)倍。同理,在图 6.18 中的 c 点(台阶底部的拐角处),非零到达角的范围只有 90°,所以淀积的薄膜厚度将是平面位置上(图 6.18 中的 a 点)的一半。这就解释了在一个陡峭的台阶处,APCVD SiO_2 时,薄膜在台阶顶部处最厚,而在底部拐角处最薄。这就使得 SiO_2 薄膜在拐角处的斜率大于 90°,如图 6.17(b)所示,使随后的薄膜淀积和各向异性刻蚀变得非常困难。

如果反应剂分子的平均自由程很长(在 LPCVD 中以及 PVD 中的蒸发或者溅射工艺中,分子的平均自由程都很长),而且在衬底表面上的迁移能力又很低的情况下,则会发生遮蔽(shadowing)效应。因为自由程很长,气体分子之间的碰撞次数就会很少,那么气体分子的速度矢量不再随机化。如果反应剂的分子在两次碰撞之间的直线运动距离,接近衬底表面上的图形尺寸,当分子间的碰撞点靠近衬底表面或者是与衬底表面的碰撞,那么,衬底表面上的图形就有可能阻挡碰撞后气体分子的直线运动。因而有些点或区域就会被屏蔽,反应剂很难到达,因此,在这样的点位上所淀积的薄膜厚度,就小于那些没有受到屏蔽点位的淀积厚度。这种情况下,任何点位的到达角取决于从该点到反应位置之间没有受到阻碍的视角,参照图 6.18。对于这种平均自由程较长的情况,到达角、也就是最终薄膜淀积厚度随沟槽深度的增加而降低,甚至在沟槽中某些地方可能没淀积上薄膜。

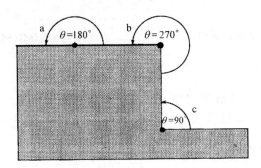

图 6.18 图形不同位置反应剂的到达角

反应室的类型和淀积环境直接关系到反应剂的平均自由程、再发射能力和迁移能力,进而关系到薄膜的台阶覆盖情况。反应系统的工作气压决定着气体的平均自由程,而被吸附原子的迁移和再发射能力受衬底温度和能量传输机制的影响。例如,由于 TEOS 有很高的再发射率,在 645℃下由 TEOS 分解淀积的二氧化硅薄膜表现出几乎是保形覆盖。在一些 PECVD 过程中,反应物以高于在 APCVD 过程中的速度到达衬底表面,从而提高了吸附原子的迁移能力。因而在相同的温度下,PECVD 淀积的二氧化硅比 APCVD 淀积的二氧化硅,有更好的阶梯覆盖效果。

通过上面的讨论可以看到,有三种机制影响反应气体分子到达衬底表面的特殊位置:入射、再发射以及表面迁移能力,如图 6.19 所示[29]。当淀积过程是在低于 133.3 Pa 的气压下进行的时候(LPCVD、溅射过程中的气压常常属于这种情况),气体分子的平均自由程比衬底表面上的图形尺寸大的多,因而可以在与表面不发生任何碰撞的情况下,直接进入沟槽内部或金属线之间的间隙中。再发射是在粘滞系数小于 1 时出现的传输过程。其中,气体分子经常与反应室室壁发生多次碰撞后,才淀积在衬底表面的某个位置。表面迁移指的是反应分子在被粘附之前在表面发生的迁移运动,通常被认为是台阶覆盖中的决定因素。然而在大量的保形覆盖中,一般认为再发射机制是决定保形覆盖的关键因素,例如,以 TEOS 为源,用 LPCVD 和 PECVD 以及以 TEOS/O_3 为源用 APCVD 淀积的二氧化硅薄膜;由 PECVD 淀积的氮化硅薄膜,LPCVD 淀积的 W 薄层,都是由再发射机制控制覆盖情况。

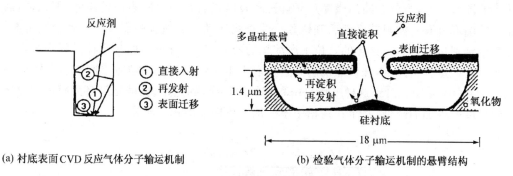

(a) 衬底表面CVD反应气体分子输运机制   (b) 检验气体分子输运机制的悬臂结构

图 6.19 反应气体分子

根据这个模型,我们可以解释为什么使用 TEOS 淀积的 SiO_2 薄膜比使用硅烷淀积的 SiO_2 有更好的保形覆盖。原因是 TEOS 的粘滞系数比硅烷的粘滞系数小一个量级。

6.4.3 CVD 掺杂 SiO_2

在低温下通过硅烷热分解法很容易淀积未掺杂和掺杂的 SiO_2 薄膜,而对以 TEOS 为源淀积的 SiO_2 薄膜进行掺杂则有些困难。

1. 磷硅玻璃

在淀积 SiO_2 的反应剂中同时加入 PH_3,制备的就是磷硅玻璃。由于 PSG 中包含 SiO_2 和 P_2O_5 两种成分,所以它是一种二元玻璃网络体,并且它的性质与非掺杂 SiO_2(USG)有很大的不同。APCVD 的 PSG 与 CVD 的未掺杂 SiO_2 相比,有较小的应力,台阶覆盖也有所改善(尽管仍然很差)。虽然 PSG 对水汽的阻挡能力不强,但它可以吸收碱性离子。PSG 在高温下可以流动,从而可以形成更为平坦的表面,使随后的薄膜淀积有更好的覆盖效果。PSG 高温平坦化工艺的温度控制在 $1000 \sim 1100℃$,压力控制在 $1.01325 \times 10^5 \sim 2.533125 \times 10^6$ Pa,在 O_2、N_2 等气体环境中进行的。此时 PSG 玻璃软化,可使尖角变得圆滑。表面坡角减小的程度能够反映应出 PSG 流动的程度,如图 6.20 所示[30]。提高温度,增加平坦化时间或者提高磷的浓度,都会增强流动能力。当 PSG 中磷的浓度低于 6 wt%(重量百分比)时,流动性变得很差。硼磷硅玻璃(boro phospho silicate glass, BPSG)之所以能替代了 PSG,因为它可以在较低的温度下就能回流平坦化。随着 CMP 的出现,回流平坦化已不是一个主要的问题,但 PSG 比 BPSG 有更好的吸杂作用,所以现在 PSG 的使用有回升的趋势。

把 P_2O_5 加入到 SiO_2 中相对比较容易,可以通过调整 SiH_4 与 PH_3 的比率来控制淀积薄膜中 SiO_2 与 P_2O_5 的比例。PSG 在高磷情况下,有很强的吸潮性,所以氧化层中的磷最好限制在 $6 \sim 8wt\%$,以减少磷酸的形成,从而减少对其下方铝层的腐蚀。快速热处理过程也可以成功的实现 PSG 回流。如果 PSG 用作最终的钝化层(不需要回流平坦化),PSG 中允许的磷的最大浓度为 $6wt\%$。采取这个措施可以防止磷酸的形成,尤其是与 Al 层接触的时候。

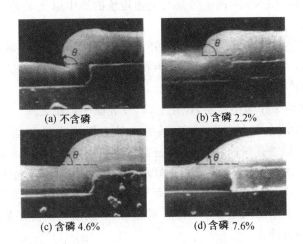

图 6.20 含磷量不同的样品在 1100℃ 经过 20 分钟退火之后形成的 SEM 剖面图

一般认为,在 PECVD 系统中,以 Ar 气作为携载气体通过 SiH_4、O_2、N_2 和 PH_3 之间的反应淀积的 PSG 薄膜,比 APCVD 淀积的薄膜有更好的台阶覆盖、不易破碎而且没有空隙。PSG 中磷的含量与 SiH_4/PH_3 比、淀积温度以及 $N_2O/(SiH_4+PH_3)$ 比有关。

2. 硼磷硅玻璃

为了实现对陡峭台阶的良好覆盖,采用玻璃体进行平坦化是一步重要工艺。如果在淀积磷硅玻璃的反应气体中掺入硼源(例如 B_2H_6),就可以形成三元氧化物薄膜网络体(B_2O_3-P_2O_5-SiO_2,也就是硼磷硅玻璃:BPSG),硼磷硅玻璃的回流平坦化温度在 850℃ 左右,这个温度比 PSG 回流需要的温度(1000~1100℃)要低,从而降低了浅结中的杂质扩散。BPSG 薄膜被广泛地用在金属层淀积之前,使金属层与其下面的多晶硅之间绝缘,作为 DRAM 中电容的中间介质和金属之间的绝缘层。有文献报道,使用 $TEOS/O_3$ 淀积形成的 BPSG 薄膜有更低的玻璃回流平坦化温度(750℃)。

BPSG 的流动性取决于薄膜的组分、工艺温度、时间以及环境气氛。实验表明,在 BPSG 中当硼的浓度增加 1%,所需回流温度降低大约 40℃。在 LPCVD 系统中回流所需温度与 BPSG 中掺杂浓度有关。然而,当磷的浓度达到 5wt% 之后,即使再增加磷的浓度也不会降低 BPSG 回流所需温度。此外,硼的掺杂浓度上限也受到薄膜稳定性的影响。当 BPSG 薄膜中硼的含量超过 5wt% 时,将发生结晶,形成硼酸根 B_2O_3 及磷酸根 P_2O_5 的晶粒沉淀,BPSG 就会容易吸潮,并且变得非常不稳定,还会导致在回流过程中生成难溶性的 BPO_4。形成的酸根晶粒会使玻璃体产生凹陷,并降低了掺杂浓度,从而影响了玻璃体的回流特性;回流过程中生成的 BPO_4 成为玻璃体中的缺陷。

刚淀积的 BPSG 薄膜需在 800℃ 左右的温度下致密化,该步的目的是使 BPSG 薄膜完全稳定,否则会受到随后热过程的影响而发生起泡现象(blistering)。或者在 900~975℃ 下进行快速热退火 30 秒,BPSG 的回流效果与上述传统的炉中退火工艺相同。回流时的气氛对回流温度也有影响。

BPSG 除了回流平坦化所需温度较低以外,BPSG 同时可以吸收碱性离子,薄膜的张力也较小。但是,BPSG 中的杂质会向硅衬底中扩散,其中主要是磷的扩散,而且在硼的浓度比较高的时候,磷的扩散更为明显。

BPSG 除了可以用来作为绝缘层、钝化层,以及表面平坦化之外,在"接触回流"中 BPSG 比 PSG 更适合。通常在各向异性刻蚀中,接触孔的上拐角非常尖,使得填充起来很困难。一个较好的做法是在接触孔刻蚀之后,连续进行两次热回流(二次回流法),第二次回流温度低于第一次。通过二次回流,这些尖角被很好地平滑掉,从而使随后金属薄膜的覆盖性明显得到改善。环境气体通常不能是氧化性的,而是选择惰性的气体(例如氮气),以避免在回流中二氧化硅的生成。由于回流依赖于 BPSG 的组分,必须准确控制掺杂的均匀性,以保证在整个衬底上的回流均匀性。

BPSG 的化学组分可以通过以下几种技术来测定,包括:① 湿化学比色法(wet-chemistry colorimetry),该方法是最准确的,分析物为 BPSG 的溶解;② X 射线光电子光谱法(X-ray photoelectron spectroscopy),该方法对于判断薄膜中磷的含量很准确;③ 缓冲 HF 溶液中的薄膜腐蚀速率法。由于 BPSG 在缓冲 HF 溶液中的腐蚀速率依赖于薄膜中硼和磷的浓度,所以对薄膜腐蚀速率的判断可以快速定性地区别一些 BPSG 样品;④ 红外光谱的傅里叶变换。该方法可以很准确地测量硼的含量,但是对磷的测量不是很准确。

6.5 CVD 氮化硅

1. 氮化硅(Si_3N_4)是无定形的绝缘材料,在 ULSI 中的主要应用如下
(1) 集成电路的最终钝化层和机械保护层(尤其是塑料封装的芯片);
(2) 对硅进行选择性氧化时的掩蔽层;
(3) DRAM 电容中作为 O-N-O 叠层介质中的一种绝缘材料;
(4) 作为 MOSFETs 的侧墙(例如,用于形成 LDD 结构的侧墙以及形成自对准硅化物过程中的钝化层侧墙);
(5) 作为浅沟隔离的 CMP 停止层。

由于 Si_3N_4 有较高的介电常数(大约 6~9,而 CVD SiO_2 只有 4.2 左右),如果用 Si_3N_4 代替 SiO_2 作为导体之间的绝缘层,将会使寄生电容增大,从而降低电路速度,因此不能作为层间的绝缘层。

2. Si_3N_4 由于有以下特性从而适合于作为钝化层
(1) 对杂质具有非常强的掩蔽能力,尤其是钠和水汽在 Si_3N_4 中的扩散速度非常的慢;
(2) 采用 PECVD 可以制备出具有较低压应力的 Si_3N_4 薄膜;

(3) 可以对金属层实现保形覆盖；

(4) 薄膜中的针孔很少。

因为 Si_3N_4 的氧化速度非常慢，所以可用 Si_3N_4 作为选择氧化时的掩蔽层[31]。作为选择氧化的掩蔽层时，可以把 Si_3N_4 直接淀积在硅衬底的表面上。有时考虑到 Si_3N_4 与硅直接接触产生应力，形成界面态，往往在硅表面上先淀积一层 SiO_2 作为缓冲层，然后再淀积一层作为掩蔽层的 Si_3N_4。通过光刻形成图形，再进行热氧化。在对硅进行氧化的同时，Si_3N_4 本身也会发生缓慢氧化，因 Si_3N_4 氧化速度非常慢，只要 Si_3N_4 层具有一定的厚度，它将保护下面的硅不被氧化，只有暴露的硅才能生长一层 SiO_2。在氧化完成之后，Si_3N_4 被除去。LOCOS 工艺就是基于上述工艺过程。

根据需要可选择不同方法淀积 Si_3N_4 薄膜。当作为选择氧化的掩蔽层或者作为 DRAM 中电容的绝缘层时，由于考虑到薄膜的均匀性和工艺成本，Si_3N_4 通常是在中温 (700～800℃) 下采用 LPCVD 技术淀积的。当用作最终的钝化层时，淀积工艺必须考虑低熔点金属（例如 Al）所能承受的温度，这时 Si_3N_4 淀积就必须在低温 (200～400℃) 下进行[32,33]。对于这种低温淀积，首选的淀积方法是 PECVD，因为它可以在 200～400℃ 的温度下完成 Si_3N_4 薄膜的淀积。然而，PECVD 的 Si_3N_4 往往是非化学配比，含有相当数量的氢原子 (10%～30%)，因此有时候化学表示式写为 $Si_xN_yH_z$。比较 CVD Si_3N_4 和热生长 Si_3N_4 的折射系数，可以很容易地估算出 CVD Si_3N_4 薄膜的化学配比情况，高折射系数表明薄膜中含有过量硅，低折射系数表明薄膜中含有过量氧，过量氧是由于真空漏气、气体受到污染、真空度不高等原因造成的，氧的存在可能会使刻蚀速率加快。氧在 Si_3N_4 中是以 Si-O 形式存在的。Si_3N_4 的折射系数通常在 1.8 到 2.2 之间，理想的数值为 2.0。

LPCVD Si_3N_4 薄膜最常用的反应剂是 SiH_2Cl_2 和 NH_3，淀积温度在 700～800℃ 的范围，反应式如下

$$3SiCl_2H_2(气) + 4NH_3(气) \longrightarrow Si_3N_4(固) + 6HCl(气) + 6H_2(气) \quad (6.26)$$

影响 LPCVD Si_3N_4 质量的因素主要包括：温度、总气压、反应剂比例、反应室内的温度梯度等。淀积速率随总气压或者 SiH_2Cl_2 分气压的增大而加快，但是随着 (NH_3) : (SiH_2Cl_2) 的比例增加而降低。温度在 700℃ 之前，其淀积速率都是受表面反应速率控制的。在 700℃ 时，可以得到 10 nm/min 的淀积速率。另外，要想得到均匀的淀积，在沿着气流方向上要有一个温度梯度。一般来说，LPCVD Si_3N_4 的薄膜密度很高 (2.9～3.1 g/cm³)，介电常数为 6，并且比 PECVD Si_3N_4 薄膜有更好的化学配比。在稀释的 HF 溶液中的腐蚀速度很低，不到 1 nm/min，而且氢的含量也比 PECVD Si_3N_4 薄膜的要低。此外，LPCVD Si_3N_4 薄膜也有比较好的台阶覆盖性和较少的粒子污染。然而这种薄膜，应力大约为 10^5 N/cm²，几乎比 TEOS 淀积的二氧化硅的应力高出一个数量级，高应力可能使厚度超过 200 nm 的薄膜发生破裂。另外，在工艺过程中必须输入足够的 NH_3 以保证所有的

SiH_2Cl_2 都被消耗掉；如果 NH_3 不够多，薄膜就会变成富硅型，所以淀积时会使用过多的 NH_3。应当指出的是，在 MOS 电路中，在淀积最后一层 Al 之后，通常要在氢气中退火以降低界面电荷浓度。由于 Si_3N_4 是一种比较难于渗透的阻挡层，所以氢气退火工艺必须在淀积 Si_3N_4 钝化层之前进行。

如果采用 PECVD 方法，反应剂是硅烷和氨、或者是硅烷和氮，温度在 200~400℃ 之间就可以完成 Si_3N_4 薄膜的制备。采用 N_2 和 SiH_4 作为反应剂时，N_2：SiH_4 之比要高（100~1000：1）以防止形成富硅薄膜，因为在等离子体中 N_2 的分解速度比硅烷的分解速度慢。另外，由 SiH_4～N_2 制备的薄膜含有较少的氢和较多的氮。由于 NH_3 比 N_2 更容易分解，如果采用 NH_3 和 SiH_4 作为反应剂，NH_3：SiH_4 比可以较低（例如 5~20：1）。选用 N_2 和 SiH_4 为反应剂时，薄膜的淀积速率较低；同 SiH_4：NH_3 反应制备的薄膜相比，其击穿电压比较低，台阶覆盖也比较差。

PECVD Si_3N_4 的淀积反应式如下

$$SiH_4(气) + NH_3(或 N_2)(气) \xrightarrow{(200\sim400℃)} Si_xN_yH_z(固) + H_2(气) \quad (6.27)$$

Si_3N_4 的淀积速率和有关参数强烈地依赖于射频功率、气流、反应室压力以及射频频率、温度等，图 6.21 给出的是淀积温度对氮化硅有关参数的影响[34]。SiH_4-NH_3 通常在 26.66~39.99 Pa 的气压、250~400 ℃ 的温度下进行，获得的淀积速度为 20~50 nm/min。

红外光谱显示，在 PECVD 的 Si_3N_4 薄膜中含有相当数量以 Si-H 和 N-H 形式存在的 H。在 300℃ 的温度下，以 SiH_4-NH_3 为源淀积的 Si_3N_4 薄膜中，氢的含量可以达到 18%~22%at。大量氢的存在对于 IC 器件是有害的，例如会出现明显的阈值漂移，同时氢对薄膜的刻蚀特性也有影响。图 6.22 给出的是 NH_3 在总气体中的比例对 PECVD Si_3N_4 薄膜的淀积速率 G、质量密度 ρ 及原子组分 N_A 的影响关系。

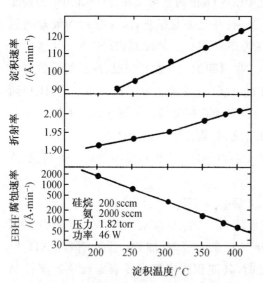

图 6.21 淀积温度对 PECVD 氮化硅参数的影响

由图可以看到，密度最大值发生在 Si：N 比为 0.75 处，这是 Si_3N_4 的正确化学配比值，增加 NH_3 的流量可使氢浓度增加，可达到 20%at 以上。

在以 SiH_4-N_2 为源淀积的 Si_3N_4 薄膜中,氢的含量就比较少,大约是在 7%~15%at 范围。此外,使用氮气代替氨气还有一个好处,就是淀积的 Si_3N_4 薄膜比较致密。然而氮气在中等能量下的电离很困难,所以要保持氮离子的稳定也很困难。通过改变反应室的设计,例如单片的 RTCVD(快速加热化学气相淀积)反应室已经解决了这个问题;当降低硅烷气流的速率,可获得含氢为 7%~15%浓度的氮化硅薄膜,但是这种做法会降低淀积速率。现在正在研究使用高密度等离子体,例如电子回旋共振(ECR)等离子体结构,使用 SiH_4+N_2/Ar 的混合气体源来解决这一问题。有文献报道通过这种方法可以获得均匀、低应力并且含氢量又少的 Si_3N_4 薄膜。

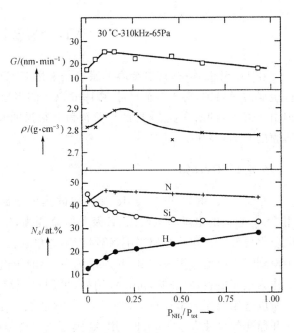

图 6.22 PECVD 氮化硅薄膜的淀积速率、质量密度、化学配比与 NH_3 分压的关系

表 6-1 是对 CVD 多晶硅、二氧化硅、PSG、BPSG、氮化硅等有关内容的总结。

表 6-1 常用薄膜的 CVD 方式和沉积温度

淀积薄膜	反应剂	淀积方式	温度/℃	注释
多晶硅	SiH_4	LPCVD	580~650	可以进行原位掺杂
氧化硅	SiH_4+NH_3	LPCVD	700~900	
	$SiCl_2H_2+NH_3$	LPCVD	650~750	
	SiH_4+NH_3	PECVD	200~350	
	SiH_4+N_2	PECVD	200~350	
二氧化硅	SiH_4+O_2	APCVD	300~500	台阶覆盖差
	SiH_4+O_2	PECVD	200~350	台阶覆盖差
	SiH_4+N_2O	PECVD	200~350	
	$Si(OC_2H_5)_4$[TEOS]	LPCVD	650~750	液态源,保形覆盖
	$SiCl_2H_2+N_2O$	LPCVD	850~900	保形覆盖
掺杂的二氧化硅	$SiH_4+O_2+PH_3$	APCVD	300~500	PSG
	$SiH_4+O_2+PH_3$	PECVD	300~500	PSG
	$SiH_4+O_2+PH_3+B_2H_6$	APCVD	300~500	BPSG
	$SiH_4+O_2+PH_3+B_2H_6$	PECVD	300~500	BPSG

6.6 CVD金属及硅化物薄膜

在 ULSI 互连中,许多金属薄膜也是采用 CVD 方法制备的,例如钨、铝、钛、铜等。在这些金属薄膜当中,对于特征尺寸在 $1\mu m$ 以下的多层互连结构中,只有钨得到了广泛的应用。但由于 CVD 的潜在优点(好的台阶覆盖和很强的间隙填充能力)必然会驱动开发其他金属薄膜的 CVD 技术。

6.6.1 CVD 钨

难熔金属(例如 W、Ti、Mo、Ta)在硅集成电路的互连系统中已经被广泛地研究与应用[35,36],它们的电阻率虽然比 Al 及其合金要高,但是比相应的难熔金属硅化物及氮化物的电阻率要低。在这些金属当中,钨尽管不能单独作为栅材料和全部的互连材料,但却在互连中得到了广泛地应用。在 IC 互连系统中,钨的用途主要有两个方面:其一,也是最重要的,是作为填充材料(钨插塞,plug),例如,可用钨填满两个铝层之间的通孔以及填满接触孔。之所以选用钨作为填充材料,是因为 CVD 钨要比 PVD 铝有更好的通孔填充能力。当接触孔和通孔的尺寸大于 $1\mu m$ 时,用 Al 膜可以实现很好的填充。然而对于特征尺寸小于 $1\mu m$ 的工艺,由于接触孔和通孔的深宽比变得很大,PVD 铝已无法完全填充接触孔和通孔,而 CVD 钨则能够完全填充,所以 CVD 钨被广泛应用,并且延续了几代工艺(直至 $0.18\mu m$)。不能完全填充接触孔和通孔的填充被称作非完全填充。其二,CVD 钨也被用作局部互连材料。与铝和铜相比,由于钨的电导率较低,因而只能用在短程互连中,而铝和铜仍然用于全局互连。

下面讨论 CVD 钨膜的工艺过程。这里要指出的是尽管选择性淀积[37]和覆盖性淀积[38]都有相当的发展,但大多数 IC 生产中钨的淀积都倾向于应用覆盖性淀积。选择性淀积钨尽管有许多优点,但由于选择性较差以及对衬底损伤等问题没有完全解决,所以选择性CVD 钨还没有得到广泛的采用。因此,我们主要讨论覆盖式淀积钨的过程。

CVD 的钨是广泛用于互连的难熔金属,主要原因有以下几点:第一,它比 Ti 和 Ta 的体电阻率小,和 Mo 的电阻率差不多(通过 WF_6 还原淀积的钨薄膜,其电阻率在 $7\sim 12\mu\Omega\cdot cm$)。第二,它表现出较高的热稳定性。在所有金属当中钨的熔点最高($3410℃$)。第三,它具有较低的应力($<5\times 10^4 N/cm^2$),有很好的保形覆盖能力,而且热扩散系数和硅非常相近。最后,它具有很强的抗电迁移能力和抗腐蚀的性能。但是,它的一些缺点也值得我们注意,钨的电阻率虽然只有重掺杂多晶硅的 1/200,但仍然比铝合金薄膜的电阻率高一倍。其次,钨薄膜在氧化物和氮化物上面的附着性比较差。此外,当温度超过 $400℃$ 时钨会氧化,最后,如果在温度高于 $600℃$ 时,钨与硅接触会形成钨的硅化物。

1. CVD W 的化学反应

钨的 CVD 通常在冷壁、低压系统中进行。钨的 CVD 源主要有 WF_6、WCl_6 和 W

$(CO)_6$,其中 WF_6 是最理想的钨源。WF_6 的沸点为 17℃(有的文献给出的是 25℃),较低的气化温度使得 WF_6 能以气态形式向反应室中输送,因此,输送方便容易,而且又可以精确控制流量。WF_6 是通过钨和氟气之间的反应制得的,在经过提纯之后可以得到很纯的 WF_6(99.999%)。WF_6 的主要缺点是费用高,它占了覆盖式 CVD 钨工艺费用的 50% 左右。WF_6 从容器到反应室通过的所有管道都需要加热,以防止 WF_6 的凝聚。WF_6 可以与硅、氢、硅烷发生还原反应,并均能淀积所需要的钨膜。

硅与 WF_6 的还原反应式如下

$$2WF_6(气) + 3Si(固) \longrightarrow 2W(固) + 3SiF_4(气) \tag{6.28}$$

反应温度大约是 300℃。WF_6 与表面裸露的硅发生还原反应,而覆盖有 SiO_2 的区域不发生反应。硅表面要相当的洁净(即,表面的自然氧化层要小于 1 nm),反应才能得以进行。每生成 1 个单位体积的钨,大约消耗 2 个单位体积的硅,反应的副产物 SiF_4 以气体形式被排除。当淀积的薄膜厚度达到 10~15 nm 时,反应会自动停止。因为一旦达到这个厚度之后,WF_6 就很难以扩散方式通过钨膜层到达钨膜层与硅的界面与硅继续反应。

氢气与 WF_6 的还原反应如下

$$WF_6(气) + 3H_2(气) \longrightarrow W(固) + 6HF(气) \tag{6.29}$$

这个反应既可以进行选择性地淀积,也可完成非选择性地淀积,反应通常是在温度低于 450℃ 的低气压环境下进行的。当温度低于 450℃ 时,薄膜的生长速率由反应速率控制,在反应气体中通常通入过量的氢气。氢气还原反应淀积的钨膜电阻率大约是 7~12 $\mu\Omega \cdot cm$。

选择性淀积的反应需要有很好的成核表面,硅、金属以及硅化物都能提供这样表面,而 SiO_2 和 Si_3N_4(尤其在低温下)都不能满足要求。在选择性淀积时,开始由 Ar 气携带的 WF_6 与 Si 发生还原反应,一旦钨达到了自动停止厚度时,停止 Ar 气而通入氢气,之后将发生的是氢与 WF_6 的还原反应。这种利用两种还原物进行的钨膜淀积是非自动停止的。由于钨并不能很好的附着在 SiO_2 层上,实际上覆盖式钨淀积比选择性钨淀积更为复杂,需要先在 SiO_2 上淀积一层附着层,然后再在附着层上淀积钨。

硅烷与 WF_6 的还原反应如下

$$2WF_6(气) + 3SiH_4(气) \longrightarrow 2W(固) + 3SiF_4(气) + 6H_2(气) \tag{6.30}$$

这个反应在 LPCVD 反应室中进行,反应温度大约为 300℃,这个反应主要目的是为氢与 WF_6 还原反应淀积钨提供成核层。硅烷与 WF_6 还原反应能在许多表面上(包括在 TiN 表面)生成非常好的钨核层。应当注意的是,在硅烷与 WF_6 的还原反应中,如果气相混合物中有过量的 WF_6,会形成钨的薄膜;但是如果含有过量的硅烷,将会形成 WSi_x 薄膜。此外,(6.30)式的硅烷还原反应与热力学的预测不相符合,也就是说,在本反应中生成的氢更容易与 WF_6 反应生成 HF,而且氢气与 WF_6 的反应趋势比硅烷与 WF_6 之间的反应趋势更强烈。然而实验数据表明,反应是按照(6.30)反应式进行的。这表明硅烷与 WF_6 之间的反应还远远没有达到平衡,而且氢气与 WF_6 反应生成 HF 的速度远低于硅烷与 WF_6 反应生成 W 与 SiF_4 的速度。

钨的 CVD 源还有 WCl_6 和 $W(CO)_6$，在室温下 WCl_6 和 $W(CO)_6$ 一样，都是具有高蒸汽压的固体。

2. 覆盖式 CVD 钨与回刻

钨既可以通过覆盖式也可以通过选择式进行化学气相淀积。尽管覆盖式钨淀积比选择性淀积复杂地多，也昂贵的多，但覆盖式钨淀积已被大生产所接收。之所以没有采用选择性钨淀积工艺是因为这种淀积方式中的一些问题还没有得到完全解决，譬如，淀积的选择性差、横向扩展(encroachment)、空洞(wormholes)的形成等问题。另一方面，在亚微米 IC 工艺中，覆盖式化学气相淀积钨与回刻(etchback)工艺在接触孔和通孔填充中已经得到广泛的应用。在钨的填充工艺中，要求薄膜有较强的保形覆盖特性，厚度均匀性要好，但对电阻率的要求不高。

用钨填充接触孔和通孔的工艺包含如下 6 步：

(1) 表面原位预清洁处理；

(2) 淀积一个接触层(通常是通过溅射或者 CVD 方式形成的 Ti 膜)；

(3) 淀积一个附着/阻挡层(通常是通过溅射或者 CVD 的方式形成的 TiN 膜)；

(4) 覆盖式 CVD 钨(典型工艺是两步淀积)；

(5) 钨膜的回刻；

(6) 附着层和接触层的刻蚀。

表面预清洁的目的是去掉接触孔内硅表面上的自然氧化层以及铝通孔中铝的氧化物。目前都倾向于原位预清洁，因为这种方式使得在清洁与淀积两个步骤之间，硅片表面不再暴露空气中。原位清洁往往包含有 Ar 气体的溅射清洗以及软粒子清洗。在清洗之后，开始 CVD 或者是溅射淀积接触层和附着层。当前接触层和附着层使用最广泛的材料分别是 Ti 和 TiN。之所以在附着层之下先淀积 30 至 50 nm 的 Ti 层，因为与 TiN 相比 Ti 和硅衬底之间的接触电阻比较小。附着层的淀积也是必需的，因为 CVD 的钨在一些绝缘层上的附着能力特别差，例如：在 BPSG、热氧化物、等离子增强氧化物、等离子增强氮化硅等。钨对 TiN 的附着性比较好，而 TiN 与这些绝缘物质的附着性也比较好。这样我们就得到了能够将 CVD 钨很好的附着在衬底上的一种方法。

接着进行覆盖式钨的 CVD。用钨进行填充接触孔和通孔必须完全填充，要保证这一点，淀积薄膜的台阶覆盖必须是 100% 的。否则，如图 6.23(a)所示将会形成空洞，并在随后 W 的回刻过程中这些空洞就会暴露出来，后果是接触孔或者通孔不再是完全填充[39]。一般情况下，以氢气为还原剂淀积的钨比硅烷有更好的台阶覆盖性能，尽管前者的淀积速率比后者慢。但是，氢气还原反应淀积 W 不能在 TiN 层上稳定地凝聚。所以在实际工艺中，覆盖式 W 的淀积通常采用两步操作。首先使用硅烷还原反应形成一薄层钨，大约几十个 nm 左右；然后再使用氢气还原反应来淀积剩余厚度的钨膜。硅烷还原反应一般在相对较低的气压(≈ 133.3 Pa)下进行，而氢气还原反应是在较高的气压($\approx 3\times 10^3 \sim 1\times 10^4$ Pa)下进行。在较高气压下进行氢气反应可明显提高台阶覆盖的质量，接触孔和通孔没有空洞,如图 6.23(b)所示。这步操作在 450℃的温度下进行,淀积的类型仍然是受表面反应速度控制。要使得接触孔和通孔完全填充,接触孔侧壁的倾斜度不应该超过 90°。如今也有人研究使用 SiH_2F_2 和 WF_6 反应进行钨的覆盖式淀积,与氢气的还原反应相比有一定的优点。

(a) 覆盖式 CVD 钨在填充沟槽时形成的空洞　　(b) 没有空洞形成的覆盖式 CVD 钨

图 6.23　覆盖式 CVD 钨对接触孔和通孔的填充情况

在钨的覆盖式淀积过程中,会遇到另外一些问题,如:
(1) CVD 钨膜的应力;
(2) 钨在硅片背面和侧边的淀积;
(3) CVD 钨过程中形成的微粒;
(4) 接触孔以及通孔的钨栓电阻;
(5) 覆盖式钨淀积过程中出现的失效情况。

3. CVD 钨膜的应力

厚的钨膜有较大的应力,较大的应力会导致硅片弯曲。然而由于大部分的钨膜在经过回刻之后被清除掉了,所以在钨栓形成过程中,较大的应力通常并不是一个必须要考虑的问题。如果钨层用来形成互连线,应力问题就必须考虑。

4. 钨栓的电阻

如果钨膜的电阻率是 $10\ \mu\Omega \cdot cm$ 的典型值,则对于 $1\ \mu m$ 的接触孔,钨栓的总电阻大约是 $0.5\ \Omega$。如果用这样的钨栓来填充接触孔,这个电阻值与接触电阻(大约是 $20\ \Omega$ 的量级)相比可以忽略不计。对于通孔来说,这个阻值就偏高了,因为通孔总电阻值应该是很小的。另外,当尺寸缩小的时候,钨栓的电阻会增大,对于 $0.3\ \mu m$ 的接触孔和通孔,大约会是 $5\ \Omega$ 的量级。所以对于深亚微米工艺,钨栓工艺将面临挑战,人们希望用铝栓或者铜栓替代钨栓。

6.6.2 CVD 硅化钨

在 20 世纪 80 年代，人们探索各种各样的难熔金属硅化物，在 polycide（多晶硅/难熔金属硅化物）多层栅结构中的应用，其中有 WSi_x，$TaSi_2$，$MoSi_2$。而采用 CVD 方法制备的 WSi_x 薄膜成为这一应用中最广泛采用的一种。采用 WSi_x 膜的 polycide 在 IC 存储器芯片中被大量用作字线和位线。WSi_x 也可作为覆盖式钨的附着层。在 polycide 栅结构中用于制备 WSi_x 的操作步骤如图 6.24 所示。应当指出的是，WSi_x 是以覆盖方式淀积在掺杂的多晶硅薄膜上，然后被刻蚀形成 polycide 栅结构。采用 CVD WSi_x 更优于其他的方法，因有如下优点：① 这个操作不需要高真空的环境就可生产高纯度的 WSi_x 膜；② 产量可观；③ 比 PVD 有更好的台阶覆盖；④ 各硅片之间有较好的均匀性。用于淀积 WSi_x 薄膜的化学反应式如下

$$WF_6(气) + 2SiH_4(气) \longrightarrow WSi_2(固) + 6HF(气) + H_2(气) \quad (6.31)$$

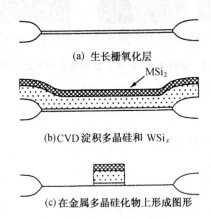

图 6.24　形成 WSi_x 金属多晶硅化物的工艺步骤

采用这个反应进行硅化钨的淀积是在 $6.665 \sim 39.99$ kPa 的气压、$300 \sim 400$ ℃ 的温度下进行的[40]。反应类似于硅烷和 WF_6 反应制备的 CVD 钨膜。如果想要淀积 WSi_x 薄膜，就必须增大 SiH_4 的流量，方可保证淀积的是 WSi_x 而不是 W。在薄膜淀积过程中，WSi_2 生成的同时也伴随着过量的 Si 集结在晶粒的间界处，所以化学式中使用 WSi_x 来表示它们。如果 $x<2.0$，在随后的高温过程中，WSi_x 薄膜易于从多晶硅上碎裂剥离。当 $x>2.0$ 时，淀积的硅化物薄膜中将含有过量的硅，可以避免薄膜碎裂剥离。因此，在实际淀积 WSi_x 的工艺中，SiH_4/WF_6 流量比超过 10，以保证可以获得 x 在 $2.2 \sim 2.6$ 的范围内，在这种情况下淀积的 WSi_x 表现出较高的电阻率（$\approx 500 \ \mu\Omega \cdot cm$）。如果在 900 ℃ 温度下 RTP 退火之后，电阻率可降到 $50 \ \mu\Omega \cdot cm$ 左右。也就是说 CVD WSi_x 的电阻率依赖于 x 的大小，当含硅量增大时，即 x 比较大，薄膜的电阻率也增大。

通过 6.31 的化学反应制备的 WSi_x 薄膜中，含有较高浓度的氟（大约 $10^{20}/cm^3$）。当这

种薄膜用到厚度低于 20 nm 的栅氧时,会使氧化层击穿电压降低和较明显的阈值电压漂移。这是因为一些氟在多层栅结构的退火过程中吸附到栅氧中。

如果使用 DCS(SiH_2Cl_2)代替 SiH_4 进行 WSi_x 的化学气相淀积,化学反应式为[41]

$$WF_6(气) + 3.5SiH_2Cl_2(气) \longrightarrow WSi_2(固) + 1.5SiCl_4(气) + 6HF(气) + HCl(气)$$
(6.32)

上述化学反应是在 LPCVD 系统中、在 570～600℃ 的温度下进行的。氟的含量比使用硅烷反应生成的薄膜要低的多,并且氯的含量也很低。两种情况下的电阻率相当,而且 DCS 的阶梯覆盖还要好一些,同时,用 DCS 和 WF_6 反应制备的 WSi_x 薄膜的碎裂剥落也相对不太严重,因而用 DCS 取代硅烷制备 WSi_x。

当 WSi_x 薄膜在较高温度(900℃)下暴露在氧气中时,在表面会生长一层较密的 SiO_2 层,而下方的 polycide 仍然保持完整。溶于薄膜中的过量硅与氧气发生反应生成氧化层,而且当熔于薄膜中的硅消耗完之后,从多晶硅扩散到 WSi_x 表面的硅仍可导致氧化反应继续进行,氧化反应是在氧化层和硅化物的界面处进行的。

目前已经可以提供多晶硅淀积、多晶硅掺杂、WSi_x 淀积于一体的多功能淀积系统[42],这种结构同时也提供较为洁净的操作过程。

6.6.3 CVD TiN

在 ULSI 互连中可以使用铝合金或者铜材料作为互连线或者进行接触孔和通孔的填充,在这些薄膜的下面不可避免的都要先淀积一层薄膜。这层薄膜对于淀积在它上面的金属层,主要起两个作用:对于铝合金层,它作为扩散阻挡层防止在金属互连层之间形成接触点;对于钨或者铜的覆盖层,它既作为扩散阻挡层又作为附着层。应当注意的是,当它作为覆盖式钨层的扩散阻挡层时,主要有两个目的:① 防止底层的 Ti 与 WF_6 接触发生如下反应

$$2WF_6 + 3Ti \longrightarrow 2W + 3TiF_4$$
(6.33)

这个反应将会导致淀积的 W 在淀积层表面上产生突起,如图 6.25 所示;② 保护 WF_6 不与硅发生反应。当用铜作为互连线的时候,这个阻挡层阻止铜扩散到下面的硅衬底中。这些阻挡层在淀积过程中以及在淀积后的使用过程中,在所经历的温度范围内都要保持它们功能。能够同时起到附着作用和扩散阻挡作用的膜层称为衬垫。衬垫的淀积一般使用 PVD 或者 CVD 来实现的。PVD 作为传统的淀积方法,仍在不断的改进。然而,对于深亚微米工艺的接触孔和通孔,CVD 和金属离子等离子体(IMP)PVD 可以对尖锐的上顶角和下底角提供更好的覆盖。

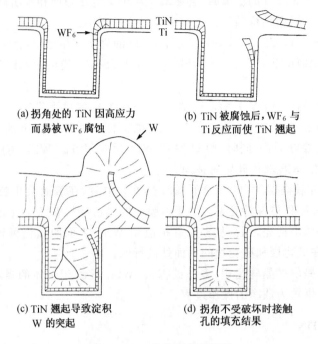

图 6.25 W 突起引发的失效

在硅集成电路工艺中,硅是无法透过 TiN 层的,而且 TiN 还可以阻挡其他材料向硅中扩散,因为杂质在 TiN 中的扩散激活能很高(例如 Cu 在 TiN 薄膜中的扩散激活能是 4.3 eV,而在金属中的扩散激活能一般只有 1 到 2 eV)。TiN 的化学稳定性和热稳定性都很好,其熔点为 2950℃,在薄膜状态下,TiN 的电阻率只有 $25\sim75~\mu m\cdot cm$。

TiN 和 Ti 相比,与硅接触的电阻率要高一些,因此 TiN 通常不和 Si 直接接触。前面已经提到过,在用作接触结构的时候通常在 TiN 的下面先淀积一层 Ti,结果形成了 TiN/Ti/Si 的接触结构,这样结构的接触电阻很低,并且有相当高的热稳定性。

使用传统的反应溅射工艺在深宽比很大的凹陷处淀积 TiN 时,在接触孔的顶角处会形成 TiN 的外伸现象。如果淀积的 TiN 过厚,因顶角处的外伸,接触孔会变成锁眼;甚至完全被封闭,即便接触孔没有完全被封闭,因顶角处的外伸也会挡住孔底的淀积,使得孔底处的淀积层很薄,如图 6.26(a)所示。

以 PVD 方法淀积的 TiN 作为衬垫时,会形成柱状的多晶结构,而杂质在晶粒间界处的快速扩散将会降低衬垫层的阻挡作用,尤其是在接触孔的拐角处更为严重,因为拐角处所淀积的薄膜最薄或者不连续。已经可以通过 CVD-TiN 的方法,实现在接触孔底部淀积的薄膜不出现稀薄或者不连续,并且在接触孔开口处不出现外伸的保形淀积。

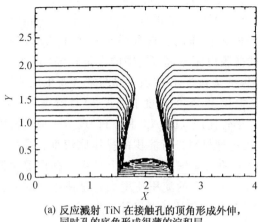
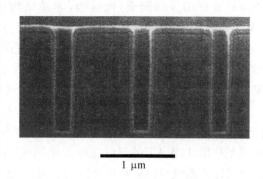

(a) 反应溅射 TiN 在接触孔的顶角形成外伸，同时孔的底角形成很薄的淀积层

(b) CVD TiN 形成的理想填充

图 6.26　反应浅溅射薄膜射接触孔的实际淀积情况和 CVD-TiN 的保形填充

TiN 的淀积方法之一是通过 $TiCl_4$ 和 NH_3 反应，在 LPCVD 中完成，因为淀积温度高于铝所能够承受的温度，所以只可以用在接触孔的淀积。淀积方法之二是使用金属有机化合物，淀积温度与铝互连的温度相近，因而既可以用在通孔的淀积，也可以用在互连线的接触孔的淀积。

$TiCl_4$ / NH_3 在 LPCVD 过程依照如下反应进行

$$6TiCl_4(气) + 8NH_3(气) \longrightarrow 6TiN(固) + 24HCl(气) + N_2(气) \qquad (6.34)$$

淀积反应的有效温度是在 600℃ 以上，而 600℃ 以下淀积容易形成粉状混合物导致污染。在 600℃ 以上的淀积有良好的保形性、高质量的薄膜特性，在接触孔底部能够形成均匀的连续的 TiN 薄膜（参照图 6.26(b)）[43]。依照反应式 6.34 得到的 TiN 薄膜的电阻率低于 100 $\mu\Omega \cdot cm$，含 Cl 的浓度大约为 1%[44]。这些 Cl 对与 TiN 接触的铝有腐蚀作用。因而 Cl 引起更多的关注，有研究表明当 Cl 的含量控制在 1% 的时候腐蚀反应不会发生。

使用 $TiCl_4$ 源进行反应的一个好处是可以将 CVDTi 和 CVD TiN 集成在同一工艺中。在反应室的低温区络合物和盐的生成也是一个问题，有可能加剧微粒污染。低温下以 $TiCl_4$ 为源的 PECVD TiN 也有所报道，淀积温度为 400℃。这种方法生成的薄膜 Cl 含量为 1.5%，电阻率 150 $\mu\Omega \cdot cm$，底部覆盖 40%，侧壁覆盖 65%。

为了在互连和接触孔都能使用 CVD TiN 层，CVD TiN 倾向于使用金属有机化合物源，淀积反应可以在低于 500℃ 下进行，而且没有 Cl 的混入。金属有机化合物源四二甲基氨基钛：$Ti[N(CH_2CH_3)_2]_4$，即 TDEAT；和四二乙基氨基钛：$Ti[N(CH_3)_2]_4$，即 TDMAT，它们是由 Gordon 首次发明的。这两种源反应生成的 TiN 薄膜有明显的不同。

TDMAT，化学式是 $Ti[N(CH_3)_2]_4$，与 NH_3 依照下式反应制备 TiN

$$6Ti[N(CH_3)_2]_4(气) + 8NH_3(气) \longrightarrow 6TiN(固) + 24HN(CH_3)_2(气) + N_2(气)$$
$$(6.35)$$

这个淀积反应可以在400℃下,在LPCVD中进行。这种方法生成的薄膜对深宽比为3.5的凹陷有良好的保形覆盖,低应力,非晶结构增强了阻挡扩散的能力[44],一个20 nm厚的CVD TiN膜,作为钨栓扩散阻挡层就有相当好的阻挡作用。这种膜有三个主要的缺点:① 由TDMAT淀积的薄膜比由TDEAT淀积的薄膜电阻率高;② 碳的含量较多(TDMAT膜含有大约25%的碳,而TDEAT含有大约15%的碳);③ 在室温下易与空气发生反应,电阻率会增加,但可以通过将TiN膜在SiH_4气氛中和380℃的温度下退火30秒解决。

TDEAT的化学式为$Ti[N(CH_2CH_3)_2]_4$。尽管使用TDEAT和NH_3反应生成的薄膜比使用TDMAT生成的薄膜要好一些,但是使用这种材料进行淀积的操作比较难。最大的问题是使用TDEAT的反应气压比使用TDMAT的反应气压要小两个量级。有报道说液体直接注入系统可以解决这个问题。另外,使用TDEAT的淀积速度大约是使用TDMAT的1/3。这种薄膜的扩散阻挡性能很好,可以在550℃温度下承受两个小时。

6.6.4 CVD 铝

在20世纪的80年代初期,人们就开始致力于在IC工艺中使用CVD铝。但因一些关键性问题没有解决及CVD钨栓技术的成功应用,而减缓了CVD铝在ULSI工艺中的应用速度。但是CVD铝还是具有潜在的优点:① CVD铝对接触孔有很好的填充性;② 较低的电阻率(与钨相比);③ 一次完成填充和互连;④ 淀积温度比CVD钨要低。这些优点使CVD铝栓仍有吸引力,尤其是对于0.25 μm及其以下的工艺。

早期的CVD铝主要用于制备覆盖式Al膜,因为Al膜有极好的阶梯覆盖性能、低电阻率、同硅和二氧化硅有良好的附着性。然而这种覆盖式淀积的表面很粗糙,会给光刻工艺带来困难。后来发现,通过热分解$TIBA[Al(C_4H_9)_3]$淀积的铝膜也可以用作选择性的淀积[45],对0.4 μm大小的孔径有很好的填充效果。另外,WF_6在选择性的淀积中会与硅会发生反应,而热分解TIBA淀积的铝膜则不会,保持硅表面免受损伤。最后,如果是在比较好的成核层上进行薄膜淀积,表面粗糙的缺点也明显的得到减轻。

目前还有三种值得关注的CVD铝的有机金属化合物源:

(1) TMA—$Al_2[CH_3]_6$;

(2) DMAH—$AlH:[CH_3]_2$[46];

(3) DMEAA—$[CH_3]_2C_2H_5N:[AlH_3]$[47,48]。

这三种源的分子结构是通过Al-H键进行区分的。在低于200℃温度下,可以通过代换掉他们的碳氢组而获得纯的铝膜。

尽管使用这些反应源有很多优点,但是当运用到生产中时,还必须考虑一些问题[49]。第一个是安全问题。所有Al的有机金属化合物都是有毒物质、易燃、接触到水会发生爆炸。所以在使用和储存过程中必须低温密封,操作要合理。第二个问题是它们是极易反应的化合物,所以当存储在高温下等待注入到反应室中时,必须采取措施以保证稳定性。最后一个问题是CVD铝抗电迁移能力较差。一种解决办法是采用CVD铝铜合金技术。另外一种解决办法是制备复合层。膜的一部分是 CVD 铝,剩余部分是 PVD 铝铜。首先 CVD 淀积一层 300 nm 厚的纯铝层,然后 PVD 淀积一层 300 nm 厚的铝铜合金(约在 380℃下)。CVD 铝是在 260℃下在 CVD-TiN 层上使用 DMAH 淀积制备的。最后在 400℃下退火,使铜在整个薄膜中重新分布,由于整个过程的温度没有超过 400℃,而且 1.5 Ω 的孔线电阻又低于同样大小的钨栓电阻(约 5 Ω)。

参 考 文 献

[1] A C Adams. Dielectric and Polysilicon Film Deposition. in VLSI Technology (S. M. Sze, Ed.) Chap. 3, p. 93. McGraw-Hill, New York: 1983

[2] W Kern. Deposited Dielectrics for VLSI. Semiconductor International, vol. 8 (7), 1985: 122

[3] H Schlichtling. Boundary Layer Theory. 4th Ed., McGraw-Hill, 1960, Chap. 7

[4] A S Grove. Mass Transfer in Semiconductor Technology. Ind. & Eng. Chem., vol. 58, 1966: 48

[5] M L Hitchman, et at. Polysilicon Growth Kinetics in a Low Pressure CVD Reactor. Thin Solid films, vol. 59, 1979: 231

[6] C W Manke, L F Donaghey. Numerical Simulation of Transport Processes in Vertical Cylinder Epitaxy Reactors. Proceedings of VIth Chemical Vapor Deposition-Tenth International Conference. The Electrochem. Soc., Pennington, NJ: 1977: 151

[7] L Sullivan, B Han. Vapor Delivery Methods for CVD: An Equipment Selection Guide. Solid State Technology, May, 1996: 91

[8] W Kern, V Ban. Chemical Vapor Deposition of Inorganic Thin Films. in Thin Film Processes (J. L. Vossen and W. Kern, Eds.), Academic, New York: 1978: 257-331

[9] M Hammond. Intro. To Chemical Vapor Deposition. Solid State Technology. December 1979: 61

[10] Watkins-Johnson Company. Scotts Valley. CA

[11] P Singer. Techniques of Low Pressure CVD. Semiconductor International, May, 1984: 72

[12] R S Rosler. Low Pressure CVD Production Processes for Poly, Nitride, and Oxide. Solid State Technology, vol. 20(4), 1977: 63

[13] W Kern, R Smeltzer. BPSG for Integrated Circuits, Solid State Technology, June, 1985: 171

[14] H N Yu, et al. 1m MOSFET VLSI Tech.: Part I—An Overview. IEEE Trans. Electron Devices. vol. ED. 26, 1979: 318

[15] M M Mandurah, K C Saraswat, T I Kamins. A Model for Conduction in Polycrystalline Silicon, Part I—Theory. IEEE Trans. Electron Devices. vol. ED-28, vol. 1, October, 1981: 163

[16] G Harbeke, el at. LPCVD Poly-Si: Growth and Physical Properties of In Situ Phosphorus Doped and Undoped Films. RCA Review 44, June, 1983: 287

[17] G harbeke, et al. Growth and Physical Properties of LPCVD Polycrystalline Siliocn Films. J. Electrochem. Soc., vol. 131, March 1984: 675

[18] M Venkatesan, I Beinglass. Single-Wafer Deposition of Polycrystalline Silicon. Solid State Technology, March, 1993: 49

[19] M L Walker, N E Miller. Control of Polysilicon Film Properties. Semiconductor International, vol. 7(5), 1984: 90

[20] T. I. Kamins. Resistivity of LPCVD Poly-Si Films. J. Electrochem. Soc., vol. 126, 1979: 833

[21] S R Wilson, et al. Properties of Ion-Implanted Polycrystalline Si Layers Subjected to Rapid Thermal Annealing. J. Electrochem. Soc., April, 1985: 922

[22] M Sternheim, et al. Properties of Thermal Oxides Grown on Phosphorus In Situ Doped Poly-Silicon. J. Electrochem. Soc. vol. 130, 1983: 1735

[23] T B Gorczyca, B Gorowitz. PECVD of Dielectrics. in VLSI Electronics Micro-structure Science. Academic, New York: vol. 8, Chap. 4, 1984: 69

[24] W Kern, R S Rosler. Advances in Deposition Processes for Passivation Films. J. Vac. Sci. and Technol, vol. 14, 1997: 1082

[25] G W Hills, A S Harrus, M J Thoma. Plasma TEOS as an Intermetal Dielectric in Two Level Metal Technology. Solid State Technology, April, 1990: 127

[26] A C Adams, C D Capio. The Deposition of Silicon Dioxide Films at Reduced Pressure. J. Electrochem. Soc., vol. 126, 1979: 1042

[27] K Maeda, S M. Fisher. CVD TEOS/O3: Development history and applications. Solid State Technology, June, 1993: 83

[28] H W Fry, et al. Applications of APCVD TEOS/O3 Thin Films in ULSI IC Fabrication. Solid State Technology, March, 1994: 31

[29] J P McVittie, et al. LPCVD Profile Simulator Using a Re-Emission Model. Technology Digest IEDM 1990: 917

[30] B Mattson. CVD Films for Interlayer Dielectrics. Solid Slate Technology, January, 1980: 60

[31] J A Appels, et al. Local Oxidation of Silicon and its Applications in Semiconductor Device Technology. Phillips Res. Reports 25, 1970: 118

[32] W A P Claasen, et al. Influence of Deposition Temp, Gas Pressure, Gas Phase Composition, and rf Freq. on Composition and Mech. Stress of Plasma SiN Layers. J. Electrochem. Soc., vol. 132, 1985: 893

[33] P W Bohn, R C Manz. A Multiresponse Factorial Study of Reactor Parameters in PECVD Growth of Amorphous Silicon Nitride. J. Electrochem. Soc., vol. 132, August 1985: 1981

[34] B Gorowitz, T B Gorczyca, R. J. Saia. Applications of PECVD in VLSI. Solid State Technology, June, 1985: 197

[35] S Sivaram. Chemical Vapor Deposition. McGraw-Hill, New York, 1995

[36] J E Schmitz. Chemical Vapor Deposition of Tungsten and Tungsten Silicides. Noyes Publications, 1992, Park Ridge, New Jersey

[37] N E Miller, I Beinglas. Solid State Technology, December 1982: 85

[38] K C Saraswat, et al. IEEE Trans. on Electronics Devices., vol. ED-30, No. II, 1983: 1497

[39] A Hasper et al. Tungsten Workshop V. 1990: 127

[40] K C Saraswat et al. Properties of Low Pressure CVD Tungsten Silicide for MOS VLSI Interconnec-

tion. IEEE Trans. on Electron Devices, vol. ED-30, No. 11, November, 1983: 1497

[41] T Hara, et al. Composition of Tungsten Silicide Films Deposited by Dichlorosilane Reduction of WF6. J. Electrochem. Soc., vol. 137, 1990: 2955

[42] S G Telford, et al. CVD WSix Films Using Dichlorosilane in a Single Wafer Reactor. J. Electrochem. Soc., vol. 140, 1993: 3689

[43] J P Lu et al. A Novel Process for Fabricating Conformal and Stable TiN-Based Barrier Films. J. Electrochem. Soc., vol. 143, December 1996: L279

[44] K Littau. CVD TiN for Sub-0.5 rn Technology. Semiconductor International, July, 1994: 183

[45] M J Cooke, et al. Solid State Technology, December, 1982: 62

[46] K Sugai, et al. Sub-Half Micron Aluminum Metallization Technology Using a Combination of CVD and Sputtering. Process VLSI Multilevel Interconnect Conference, 1993: 463

[47] M H Tsai et al. Selective CVD of Aluminum at Low Temperature for Submicron Contact and Via Hole Filling. Process VLSI Multilevel Interconnect Conference, 1994: 362

[48] M H Tsai, et al. A Comprehensive Investigation of the Selectivity of CVD Al from DMEAA. Process VLSI Multilevel Interconnect Conference, 1995: 605

[49] A Kaloyeros. Al Interconnects for ULSI: The CVD Route. Semiconductor International., Nov 1996: 127

第七章 外 延

外延(epitaxy)一词源自于希腊语,意思是"在……上排列"。在集成电路工艺中,外延是指在单晶衬底(如硅片)上,按衬底晶向生长单晶层的工艺过程[1]。从广义上来说,外延也是一种化学气相淀积工艺。在外延工艺中,可根据需要控制外延层的导电类型、电阻率、厚度,而且这些参数不依赖于衬底情况。生长外延层的衬底(如硅片)称为外延片。通常也称在低阻衬底上生长高阻外延层的工艺为正向外延,反之称为反向外延。如果生长的外延层和衬底是同一种材料,那么这种工艺就叫做同质外延。通常所谈到的外延指的都是同质外延,在本章中也是如此。外延技术中最重要、应用最广的是单晶硅的同质外延,同时也是本章的重点。

如果外延层材料与衬底材料不同,或者说生长化学组分、甚至物理结构与衬底完全不同的外延层,相应的工艺就叫做异质外延[2]。在蓝宝石或尖晶石上生长硅,就是异质外延,也称为 SOS 技术。在异质外延中,若衬底材料与外延层材料的晶格常数相差很大时,在它们之间的界面上就会出现应力而产生位错等缺陷。这些缺陷会从界面向上延伸,甚至延伸到外延层表面,从而影响做在外延层上的器件特性。相反,如果晶格失配率很小(例如:在硅衬底上生长硅-锗合金的情况),即使生长的外延层很厚,形变应力也可以被调整。

根据外延层生长的具体情况,可把外延工艺分为三种类型:气相外延(vapour phase epitaxy, VPE)、液相外延(liguid phase epitaxy, LPE)和固相外延(solid phase epitaxy, SPE)。因为气相外延最为成熟,能很好地控制外延层的厚度、杂质浓度和晶体的完整性等,所以在硅工艺中一直占据着主导地位。气相外延的反应激活能通常是热能,为了保证外延层的晶体完整性,外延必须在高温(800~1200℃)下进行,这是气相外延的缺点,因为高温工艺加重了扩散效应和自掺杂效应,影响了对外延层掺杂情况的控制。液相外延主要应用在 III-V 族化合物(例如:GaAs 和 InP)的外延层制备工艺中。而固相外延在离子注入后的退火过程中得到了应用,因为高剂量的离子注入往往会使注入区由晶体变为非晶,这个非晶区可在低温退火过程中通过固相外延晶化为晶体。

外延工艺是 20 世纪 60 年代初发展起来的一种极其重要的技术。在早期的半导体工艺中,外延是用来改善当时普遍应用的双极晶体管的性能,解决了高频功率器件的击穿电压与集电极串联电阻对集电区电阻率要求之间的矛盾[3]。在 n^+ 型重掺杂衬底上生长一层轻掺杂的 n 型外延层,把双极晶体管做在掺杂浓度不高的外延层上,不但保证了较高的击穿电压,同时重掺杂的衬底又降低了集电极的串联电阻,提高了器件的工作频率。

在 CMOS 集成电路工艺中,外延技术也得到广泛的应用[4]。在 CMOS 电路中,完整的器件是做在一层很薄的(2~4 μm)轻掺杂 p 型的(在某些情况下是本征的)外延层上,而不是体硅上。做在外延层上的 CMOS 电路与做在硅的抛光片上相比,有以下优点:① 避免了闩锁效应;② 避免硅层中 SiO_x 的沉积;③ 硅表面更光滑,损伤最小。CMOS 电路中的寄生闩锁效应会使电源和地之间增加一个低电阻通路,造成很大的漏电流。漏电流能够引起电路停止工作,甚至进入耗尽区。虽然很多工艺和设计技术都能够减小闩锁效应,但是采用硅外延片的效果更好,所以成为制造 CMOS 微处理器电路的标准工艺。如果在硅的抛光片表面或靠近表面处有 SiO_x 沉积以及因抛光在晶片表面造成的微缺陷和表面粗糙等缺陷,这些缺陷会降低硅氧化的完整性,还会增加结的漏电流。这些缺陷以及 SiO_x 的沉积只在硅晶体生长过程中才会发生。因为外延层是生长在抛光片上,所以外延层表面一般没有抛光微缺陷,表面也趋于完美,以及不含有 SiO_x 沉积物等。因此,与抛光片相比,在外延层上制作的 CMOS 器件有更好的电介质完整性和很小的漏电流。图 7.1 给出的是一个双阱 CMOS 器件的剖面图,CMOS 做在外延层上[5]。

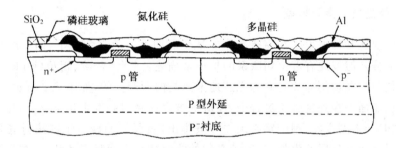

图 7.1　制作在外延层上的双阱 CMOS 器件的剖面图

随着 ULSI 工艺的发展,要求外延层的厚度越来越薄(例如:小于 1 μm);结构缺陷越来越低,这两个要求对外延层制备工艺提出了一个新的挑战,因为薄外延层要在较低温度下生长,但较低的温度会使缺陷增加。所以,为了适应 ULSI 发展的需要,外延工艺还应该不断完善和提高。

本章内容包括:气相外延的基本原理和工艺;低压外延;选择外延;异质外延;分子束外延;外延层厚度和电阻率的测量等。外延层的生长模型,仍然是我们在第六章中讲述的格罗夫模型,在本章中就不再讲述外延生长模型了。

7.1　硅气相外延的基本原理

7.1.1　硅源

目前生长硅外延层主要有四种硅源,它们是:① 四氯化硅($SiCl_4$),称为 sil.tet;② 三氯硅烷（$SiHCl_3$），称为 TCS；③ 二氯硅烷（SiH_2Cl_2），称为 DCS；④ 硅烷（SiH_4）。每种硅源都有自身的特性，使它们分别在不同工艺中得到应用。历史上，$SiCl_4$一直是应用最广泛，同时也是研究最多的硅源。使用 $SiCl_4$源生长外延层需要在高温下进行，因此这种硅源已经不适应现今集成电路工艺的要求，目前 $SiCl_4$主要应用在传统的外延工艺中。而 SiH_2Cl_2，$SiHCl_3$和 SiH_4三种硅源更能适应目前薄外延层和低温生长的要求，因此得到了广泛地应用。$SiHCl_3$与 $SiCl_4$有很多相似的特性，但 $SiHCl_3$源可以在较低的温度下进行外延生长，因此，这种硅源在常规外延工艺中得到了更多的应用，而且很容易达到和超过每分钟 $1\ \mu m$ 的生长速率，所以可用来生长厚外延层。SiH_2Cl_2广泛的用在更低温度下生长高质量薄外延层的工艺中，而且外延层的缺陷密度低于 SiH_4和 $SiCl_4$两种硅源。SiH_2Cl_2是一种选择外延的常用硅源。SiH_4可在低于 900℃的温度下生长很薄的外延层，而且可得到很高的生长速率。除了上面讨论的四种硅源外，还有一种在低温外延中使用的硅源是二硅烷（Si_2H_6）。

7.1.2 外延层的生长模型

同质外延层通常都是生长在完整晶体的某个晶面上。通常情况下，晶面结构的具体情况可以用三个分开但彼此有着密切联系的特征来描述：平台、台阶、拐角（kink）。这种特征的产生往往是因为在切割硅片时有意无意地偏离晶向所产生的，如图 7.2 所示[5]，这种晶面通常被称为近晶面。在外延生长过程中，反应剂被表面吸附并发生化学反应，化学反应释放出硅原子，同时产生副产物，副产物必须立即被排出，被释放的硅原子则按衬底晶向生长成外延层。为了促使外延层的生长，硅原子必须始终保持被表面吸附的状态，被吸附的硅原子称为吸附原子。如图 7.2 所示，如果反应释放的硅原子处在平台上的 A 位置，并假设这个刚被释放的硅原子被表面吸附，但仍有几种可能发生：① 如果这个硅原子在 A 位置保持不动，其他运动的吸附原子有可能与它结合，形成硅串或硅岛。大量的硅串在合并时，必定会产生严重的缺陷或形成多晶。② 如果这个被吸附的硅原子具有比较高的能量，那么这个硅原子更倾向于沿着表面迁移。如果迁移到一个台阶边缘的位置，如图 7.2 中的 B 位置，这个硅原子就有很大的可能性保持在此位置，因为位置 B 比位置 A 更稳定，这种稳定性来自于更多的硅－硅键相互作用的基础上。③ 吸附原子最稳定的地方就是拐角位置，如图 7.2 中的 C 位置。当吸附原子迁移到拐角位置时，就形成了一半的硅-硅键，再继续迁移的可能性极小。在外延生长过程中，更多的吸附原子会迁移到拐角位置，因为当外延温度很高时，被释放的硅原子有很强的迁移能力和很高的迁移速率。由此看来，外延层生长就是依靠晶面上台阶的横向运动（二维）完成的。当一层生成之后，另一层开始生长。由于外延层是横向生长的，晶体表面或外延层表面上的杂质可能会阻碍正常的横向生长，进而会在外延层中产生层错或位错缺陷等。

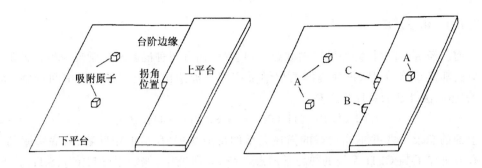

图 7.2　近晶面外延生长示意图

在外延生长过程中,反应释放的硅原子,在表面的迁移运动以及与其他吸附原子的结合情况受到硅原子释放(淀积)率和温度的限制。在任何一个特定的生长温度下,都存在一个最大释放率的限制。超过最大释放率,就会生成多晶外延层;低于最大释放率,则生成单晶外延层。图 7.3 给出的是单晶或多晶薄膜生长速度与温度的关系曲线[6],从曲线我们可以看到,高温低生长速度(也就是低释放率)时,易生长单晶;而低温高生长速度(也就是高释放率)时,易生成多晶。维持单晶生长的最大释放率是随温度指数上升的。当这些结果被绘制在一个阿列尼乌斯(Arrhenius)曲线上时,如图 7.3 所示,就可以得到一个直线型的关系式(显示了一个热激活过程)。从曲线上可求出激活能均为 5 eV。我们可以这样解释这些结果,在低温高释放率的情况下,因为释放原子的速度很快,因低温原子迁移能力又不强,因此这些被释放的原子,也就是吸附原子还没有迁移到拐角位置之前,就有可能与其他迁移原子结合形成硅串,就容易形成多晶。但当温度升高时,被释放的原子在表面迁移能力也随之提高,迁移速度加快,在迁移过程中,还没有发生与其他吸附原子结合之前已经迁移到拐角的位置。一旦到达拐角位置,便开始横向的晶体生长。5 eV 的激活能相当于硅的自扩散激活能。由此,我们可以说硅外延生长与硅自扩散的机制是相同的。

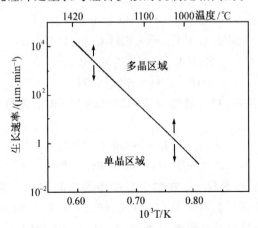

图 7.3　单晶或多晶硅薄膜生长速度与温度的关系

7.1.3 化学反应

上面已经讲到,生长硅外延层的硅源有很多种,而且每种硅源经化学反应生长外延层的总反应式都很简单,但是,每种硅源的化学反应都不能给出反应过程中的中间产物,例如,$SiCl_4$ 氢还原法外延的总反应式是

$$SiCl_4(气) + 2H_2(气) \longleftrightarrow Si(固) + 4HCl(气) \tag{7.1}$$

上面的总反应式并不能很好的描述完整的反应次序、反应的中间物、衬底吸附的物质等。有人研究了 Si-Cl-H 系统的热力学原理[6,7,9],在研究中,他们用 SiH_2Cl_2、$SiHCl_3$、$SiCl_4$ 中的任何一种与 H_2 混合作为反应剂,用质量分光计来确定反应气体中的激活物质。他们发现反应室中除了开始引入的物质外,还有其他物质存在。这些其他物质包括 HCl 和 $SiCl_2$ 等,这些物质的存在表明了在反应过程中,实际上有很多中间物产生,只是产生中间物质的反应受到很多因素的影响。对 Si-Cl-H 系统中各种可能的反应平衡常数和各种中间产物分压的计算表明,在平衡状态下,有多种含硅的化合物存在。但这些物质中很多是可以忽略的,因为它们的分压低于 10^{-1} Pa。

实际外延生长并不是平衡过程,所以平衡情况下的热力学计算也就不可能给出真实的反应图像,但仍然可以说明最可几的反应。通过红外光谱仪、质谱仪和拉曼光谱仪对外延过程中所存在物质的直接测量表明,在 1200℃ 时,$SiCl_4$ 氢还原法外延时,虽然只引入 $SiCl_4$ 和 H_2,但却发现了有四种物质存在:$SiCl_4$、$SiHCl_3$、SiH_2Cl_2 和 HCl。在卧式反应室中,当其他三种成分随离入气口的水平距离增加而浓度上升时,$SiCl_4$ 的浓度却随水平距离的增加而减小,图 7.4 给出的是用取样法测得反应室内这四种气态物质浓度的典型分布情况[10]。$SiCl_4$ 气体大约在 900℃ 时开始分解,在该温度附近只发生热分解反应,还没有硅析出。单晶硅的生长温度是在 1000℃ 以上,从该温度起,生长反应才真正开始。根据这些结论,研究人员提出总反应可以由下列反应方程式来表示,而且全部是可逆反应

$$SiCl_4 + H_2 \longleftrightarrow SiHCl_3 + HCl \tag{7.2}$$

$$SiCl_4 + H_2 \longleftrightarrow SiCl_2 + 2HCl \tag{7.3}$$

$$SiHCl_3 + H_2 \longleftrightarrow SiH_2Cl_2 + HCl \tag{7.4}$$

$$SiHCl_3 \longleftrightarrow SiCl_2 + HCl \tag{7.5}$$

$$SiH_2Cl_2 \longleftrightarrow SiCl_2 + H_2 \tag{7.6}$$

以上五个反应均在气相中进行,释放硅的反应可以认为是 $SiCl_2$ 吸附于衬底表面经下列反应完成的

$$SiCl_2 + H_2 \longleftrightarrow Si_s + 2HCl \tag{7.7}$$

$$2SiCl_2 \longleftrightarrow Si_s + SiCl_4 \tag{7.8}$$

在上述反应中,$SiHCl_3$ 和 SiH_2Cl_2 在整个反应中是中间产物。因此,如果用这些卤化物作为硅源,那么生长硅外延层就可以从(7.4)式、(7.5)式或(7.6)式开始。相比之下,用 $SiCl_4$ 作为硅源生长外延层具有最高的激活能(1.6～1.7 eV),而 $SiHCl_3$(0.8～1.0 eV)和

SiH_2Cl_2(0.3~0.6 eV)的激活能则依次减小,其反应都是先形成 $SiCl_2$,最终生成硅。$SiCl_2$ 被认为是气相外延中的最主要反应剂。需要着重指出的是,所有反应都是可逆的,这就意味着在适当的热力学条件下,反应可以向左进行。说明了硅也会在氯硅烷环境中被腐蚀掉。腐蚀在高温和低温时都可能发生,而外延生长只有在中间温度才会发生。图 7.5 给出的是 $SiCl_4$ 氢还原法外延过程中生长速率与温度的关系[11]。应该指出的是,腐蚀反应(相对应于负反应速率)在低于 900℃ 和高于 1400℃ 时发生,而外延生长反应发生在中间温度范围。

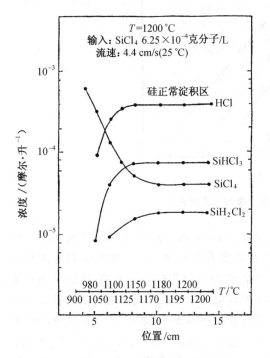

图 7.4 反应气体为 $SiCl_4+H_2$ 的卧式反应室内用红外光谱仪测出的各种成分的分布

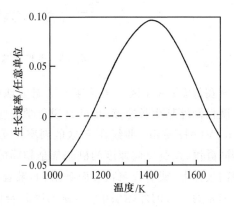

图 7.5 $SiCl_4+H_2$ 外延硅的生长速度与温度的关系

7.1.4 生长速度与温度的关系

图 7.6 给出了以 $SiCl_4$、$SiHCl_3$、SiH_2Cl_2 和 SiH_4 为硅源时,硅外延层生长速度与温度之间的函数关系[12]。从图可以看到以下几个特点:首先,生长速度依赖于所选用的硅源,在所有温度下,SiH_4 的生长速度最快,接下来依次按 SiH_2Cl_2、$SiHCl_3$ 和 $SiCl_4$ 的顺序递减。其次,由图中可以观察到两个生长区域,低温区(A 区)和高温区(B 区)。

在高温区(B 区),生长速度对温度地变化不敏感,生长速度由气相质量输运控制(见第六章),并且对反应室的几何形状和气流有很大的依赖性。在这个区域中,表面化学反应速度常数很大,决定外延生长速度的主要因素应是单位时间内反应剂输运到表面的数量、或是化学反应的副产物通过扩散方式离开衬底表面的速度。对应这个区域的外延生长称为质量输运或者扩散控制。在这个区域中,生长速度与携带气体中所含反应剂的分压近似成线性关系。随着温度的上升,生长速度有微弱的增加,这是因为气相中反应剂的扩散速度随温度上升而有微弱的增加。

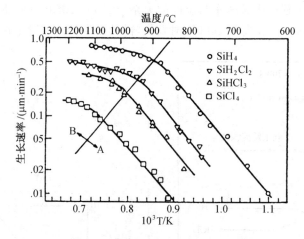

图 7.6　各种硅源的生长速度与温度的关系

在低温区(A 区),生长速度对温度地变化非常敏感,说明在这个区域是表面化学反应速度控制外延生长速度,也就是说化学反应的快慢决定着生长速度。化学反应激活能约为 1.5 eV(Arrhenius 曲线在 A 区的斜率),实际上激活能与所使用的硅源无关,这就说明对于不同硅源,控制反应速度的机制都是相同的,对这种现象的一种解释是:认为氢附着在外延层的表面上,或者说氢被表面吸附,如果氢不能及时被排除或解吸,将会阻止新释放的硅原子加入到生长的外延层中[12],氢的吸附与解吸情况直接关系到生长速度,这个模型已经得到了证实。在研究中发现,使用氢气做为载气时,当 SiH_2Cl_2 浓度增加时,生长速度趋于饱和;而使用氮气做为载气时,就不会发生饱和现象。这就证实了是氢气的吸附限制生长速度。然而在另一个研究中,对表面解吸的直接测量显示的是 HCl(而不是氢)扮演了控制生长速度的角色。需要强调的是,生长过程由反应速度控制到由质量输运控制的过渡温度依赖于:① 源的摩尔分数;② 淀积系统的类型;③ 气流速率;④ 源气体的选用。含 Cl 多的硅源要在高温时进入质量输运控制区,所以要尽量使用含 Cl 少的气体硅源。

实际外延温度是选在 B 区,即选在高温区。在这个区域中生长速度处于质量输运控制范围,温度的微小波动不会引起生长速度的显著变化,因此对温度的控制精度要求不是太高。另外,在高温区进行外延时,反应释放的硅原子具有足够的能量,因而有很强的迁移能力,在表面迁移过程中易找到合适的位置,即拐角位置,易生成单晶。但是,外延温度太高,使自掺杂效应和扩散效应加重。在一般生长条件下,生长速度约为 $1\ \mu m/min$。

7.1.5 生长速度与反应剂浓度的关系

图 7.7 给出的是在 $SiCl_4$ 氢还原法的外延过程中,外延层生长速度与 $SiCl_4$ 摩尔浓度的关系,即与 $SiCl_4$ 浓度的关系[13]。第六章的(6.11)方程式给出的只是薄膜淀积速度与气相反应剂的摩尔分数 Y 成正比的关系式,没考虑其他因素的影响。实际上 $SiCl_4$ 氢还原法外延层生长速度主要受两个因素控制,其一是释放硅原子的速度,其二是被释放的硅原子在衬底上生成单晶外延层的速度。也就是说 $SiCl_4$ 被氢还原释放硅原子的速度,以及释放的硅原子在衬底上有规则排列的速度中,较慢的一个将决定单晶外延层的生长速度。当 $SiCl_4$ 浓度较低时,释放硅原子的速度(数量、释放率)也就很低,因此硅原子的释放速度控制着外延层的生长速度。当增加 $SiCl_4$ 浓度时,释放硅原子的速度(数量、释放率)加快,生长速度也就提高了。当 $SiCl_4$ 浓度大到一定程度时,化学反应释放硅原子的速度大于硅原子在衬底表面的排列生长速度,此时在衬底表面的排列生长速度就控制着外延生长速度。进一步增加 $SiCl_4$ 浓度,也就是当 Y 值达到 0.1 时,生长速度开始减小。当 $SiCl_4$ 的浓度增加到 0.27 时,逆向反应发生,硅被腐蚀。当腐蚀越来越严重时,生长速度反而下降,当氢气中 $SiCl_4$ 的摩尔分数大于 0.28 时,只存在腐蚀反应。而 SiH_4 与氯硅烷不同,SiH_4 源在正常温度下的反应是不可逆的。

在外延生长过程中,并不希望衬底被腐蚀,所以 $SiCl_4$ 浓度不宜太高。但为了缩短生长时间,提高生长速度,$SiCl_4$ 浓度又不能太低。此外,还应该考虑生长速度对外延质量的影响,因此,具体外延条件要根据各种因素来确定 $SiCl_4$ 的浓度。

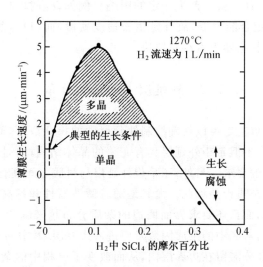

图 7.7 硅外延生长速度与 $SiCl_4$ 浓度的关系

7.1.6 生长速度与气体流速的关系

在上一章中已经讨论了进入反应室的反应剂(与携带气体混合非常均匀),由于摩擦力作用,在主气流与衬底表面之间存在一个边界层。反应剂只能通过扩散方式穿过边界层到达衬底表面,因此,边界层的厚度直接关系到反应剂到达衬底表面的速度。如果到达衬底表面的反应剂能立即发生反应,生成外延层,则边界层的厚度就直接关系到外延层的生长速度。边界层的厚度正比于$(\mu x/\rho U)^{1/2}$,其中 x 为距离基座头部的距离,U 为主气流速度,μ 为绝对粘度,ρ 为气体密度。由此可知,气体流速越大,边界层越薄,则在相同时间内转移到单位衬底表面上的反应剂数量就越多。$SiCl_4$ 氢还原法外延温度一般在 1200℃ 左右的高温下,到达衬底表面的反应剂会立即发生反应,因此在其他条件相同的情况下,气体流速越大,外延层生长速度也就越快。在上一章的图 6.7 中给出的是在摩尔浓度为 0.02、温度为 1270℃、在立式反应器中,$SiCl_4$ 氢还原法外延生长速度与气体流量平方根的实验关系(对确定的反应器来说,气体流量是与气体流速成正比的)[14]。由图可以看到,当气体流量大到一定程度时,外延层生长速度基本不随气体流量增大而加快。这是因为当气体流速大到一定程度时,边界层的厚度很薄,输运到衬底表面的反应剂数量可能超过外延温度下的表面化学反应所需数量,这时的生长速度则由化学反应速度所控制。

7.1.7 衬底晶向对生长速度的影响

衬底表面的晶向对外延生长速度也有一定的影响。不同晶面的键密度不同,键合能力就存在差别,因而对生长速度就会产生一定的影响。例如,硅的(111)晶面的双层原子面之间的共价键密度最小,键合能力差,故外延生长速度就慢,而(110)晶面之间的原子键密度大,键合能力强,外延生长速度也就相对地快。

7.2 外延层中的杂质分布

外延工艺的一大优点就是可以精确控制外延层中的掺杂浓度,而器件就是做在这个外延层上。在外延工艺中,不但希望外延层具有完美的晶体结构,而且对厚度、导电类型以及电阻率等方面都有很高的要求。另外,还希望外延层与衬底之间具有突变型的杂质分布,即使是对相同导电类型的杂质也是如此。尤其是随着微波器件和超高速集成电路的发展,不但要求外延层越来越薄,而且还要求界面两边的杂质分布越来越陡。但是,$SiCl_4$ 氢还原法外延是在高温下进行的,衬底中的杂质因蒸发而进入边界层,其中的一部分可能进入主气流而被排除,但也会有一部分滞留在边界层内,从而改变了气相中的杂质成分和浓度,实际外延生长是在变化后的气氛中进行的。另外,在高温下衬底中的杂质与外延层中的杂质互相扩散也非常严重,使衬底与外延层之间形成缓变结,甚至使 p-n 结发生位移。总之,由于上述原因,引起外延层中的杂质分布偏离了所希望的情况。因此,$SiCl_4$ 氢还原法外延目前主要用在传统的工艺中。下面就讨论这几方面的问题。

7.2.1 掺杂原理

外延层中的杂质原子是在生长过程中被结合到外延层的晶格中。杂质的淀积过程与外延层生长过程相似,也存在质量输运和表面化学反应控制两个区域。但因杂质源和硅源的化学动力学性质不同,使外延生长过程变得更加复杂。例如,杂质的掺入效率不但依赖于生长温度、生长速度、气流中掺杂剂相对于硅源的摩尔数、反应室的几何形状,还依赖于掺杂剂自身的特性等。图7.8给出的是几种掺杂剂的掺入效率与生长温度之间的关系[15]。由图可以看到,在掺杂剂分压保持恒定时,硼的掺入量随生长温度上升而增加,而磷和砷的掺入量却随温度上升而下降。衬底表面的取向可能强烈的影响杂质掺入数量,还有迹象表明,掺杂效率可能随外延层的结晶质量而变化。杂质的掺入行为除受温度影响外,还受外延层生长速度的影响。另外,由于掺杂杂质与硅原子在表面生长过程中的竞争,对生长速度也会产生一定的影响。

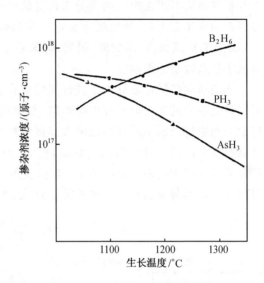

图 7.8 掺杂剂分压为 0.1 Pa 时,掺杂剂在硅外延层内的掺入效率与生长温度的关系

对 $SiCl_4$ 氢还原法生长的外延层进行掺杂时,常用的杂质源主要是杂质的氢化物,掺硼的杂质源主要是 B_2H_6(硼烷);掺磷的杂质源主要是 PH_3(磷烷);掺砷的杂质源主要是 AsH_3(砷烷)。杂质源(可能被稀释)与硅源一同被输送到反应室中,硅源和杂质源在衬底表面分别释放出硅原子和相应的杂质,在外延层生长的同时杂质被结合到外延层中。在掺杂过程中希望这些氢化物能自行分解,而这些杂质的氢化物又确实很不稳定,就是在室温下都可能发生自行分解。但实际上因为反应室中存在大量的氢气,又会使氢化物相对稳定。

外延层的生长速度还依赖于掺杂剂的类型和浓度。例如 PH_3 可能会降低外延层的生长速度,而 B_2H_6 可能会提高外延层的生长速度。另外,结合到外延层中的杂质数量还取决于外延层的生长速度,通常生长速度低时杂质被结合的就多,而生长速度较高时被结合的杂质相对较少。以 AsH_3 为例,如果外延层生长速度为 1.0 μm/min 时砷的结合率只是生长速度为 0.2 μm/min 时的 1/4。

7.2.2 扩散效应

在外延工艺中,大多数是在重掺杂衬底上生长轻掺杂的外延层,而且衬底的掺杂一般是均匀的。在外延生长过程中，杂质可以通过多种渠道进入生长的外延层中。除了主动掺杂外，扩散效应和自掺杂效应也是改变外延层中杂质浓度和分布的重要因素。扩散效应指的是在外延生长过程中，衬底中的杂质与外延层中的杂质互相扩散，引起衬底与外延层界面附近的杂质浓度缓慢变化的现象。

扩散效应对界面附近杂质分布情况的影响，与温度、衬底和外延层的掺杂情况、杂质类型以及杂质扩散系数、外延层生长速度和缺陷情况等因素有关[16]。由于扩散效应的存在，常用的Ⅲ，Ⅴ族杂质，例如硼、磷等，对薄外延层中杂质分布的影响是不可忽视的，所以应尽量减小扩散效应的影响。

当杂质的扩散速度远小于外延层的生长速度时，可认为衬底中的杂质向外延层中扩散，或者外延层中的杂质向衬底中的扩散，都如同在半无限大的固体中的扩散。这样可根据在扩散一章中讨论的杂质在半无限大固体中扩散情况的解，求出杂质的分布情况。先考虑在掺杂衬底上生长本征外延层的情况，设 C_s 为衬底中均匀分布的原始杂质浓度，x 是由界面算起到外延层中的距离，D_s 是在外延温度下衬底中的杂质在外延层中的扩散系数，t 为外延时间，$C_e(x)$ 是外延层中的杂质浓度。那么，外延层中的杂质浓度分布由下式给出

$$C_e(x) = \frac{C_s}{2}\left(1 - \text{erf}\frac{x}{2\sqrt{D_s t}}\right) \tag{7.9}$$

对于在本征衬底上生长掺杂外延层时，外延层中的杂质浓度分布 $C_e(x)$ 可由下式求出

$$C_e(x) = \frac{C_{eo}}{2}\left(1 + \text{erf}\frac{x}{2\sqrt{D_e t}}\right) \tag{7.10}$$

C_{eo} 为外延层表面处的杂质浓度，D_e 为掺杂杂质在外延层中的扩散系数。在 $x \gg 2(D_e t)^{1/2}$ 时，方程(7.10)可简化为

$$C_e(x) \approx C_{eo} \tag{7.11}$$

当衬底和外延层都掺杂时，外延层中的最终杂质分布情况应是方程(7.9)和(7.10)的迭加，即为

$$C_e(x) = \frac{C_s}{2}\left(1 - \text{erf}\frac{x}{2\sqrt{D_s t}}\right) \pm \frac{C_{eo}}{2}\left(1 + \text{erf}\frac{x}{2\sqrt{D_e t}}\right) \tag{7.12}$$

式中"+"和"−"分别对应 n/n⁺（p/p⁺）和 p/n⁺（n/p⁺）型外延片。图7.9给出了上述情况下杂质的理想和实际分布形式，由图可以看到，由于扩散效应而使 p-n 结的位置移动了 x_j。

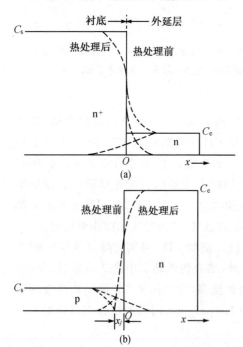

图 7.9 扩散效应对杂质分布的影响

7.2.3 自掺杂效应

在外延生长过程中,衬底和外延层中的杂质因热蒸发、或者因化学反应的副产物对衬底或外延层的腐蚀,使衬底和外延层中的杂质进入边界层,改变了边界层中的杂质成分和浓度,从而导致了外延层中杂质的实际分布偏离理想情况,这种现象称为自掺杂效应。自掺杂效应是汽相外延的本征效应,不可能完全避免。

我们可以通过一种最简单的情况来分析自掺杂效应的影响。假定由于热蒸发或者化学腐蚀,只使衬底正面的硅和杂质原子进入边界层;还假设外延刚开始时,自掺杂效应的影响最为严重,随外延层厚度的增加而减弱。根据上面的假设,在杂质浓度为 C_s 的衬底上生长非掺杂外延层,外延层中的杂质分布情况由下式给出

$$C_e(x) = C_s e^{-\Phi x} \tag{7.13}$$

其中 x 是从衬底与外延层界面算起的垂直距离,$C_e(x)$ 为外延层中 x 处的杂质浓度,C_s 为衬底中均匀分布的杂质浓度,Φ 为生长指数,由实验确定,单位是 cm^{-1}。

生长指数 Φ 与掺杂剂、化学反应、反应系统以及生长过程等因素有关。例如,砷比硼和磷更易蒸发,氯硅烷反应过程中的 Φ 要比硅烷的小。边界层越厚,Φ 就越大。对于卧式反应系统,在掺砷的衬底上,应用 $SiCl_4$ 氢还原法外延时,其生长指数 Φ 与温度之间的关系如图 7.10 所示。方程(7.13)的解可以给出外延层中杂质浓度的衰减情况,即在界面处杂质浓度为 C_s,随着外延层的不断长厚,杂质浓度不断下降,直至最终实现无掺杂层。但是,实际情况并非如此,当外延层中的杂质浓度降到某个最低值后,就不再随厚度的增加而变化,典型的最低值为 $10^{14} \sim 10^{15}$ 原子$/cm^3$。出现这种情况是因为杂质从衬底其他各面及其基座的不断蒸发,尤其是从衬底背面连续蒸发所造成的。

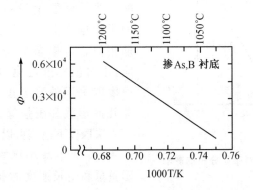

图 7.10 $SiCl_4 + H_2$ 外延硅时的生长指数与温度的关系

在非掺杂衬底上生长掺杂外延层时,因为自掺杂效应的影响,外延层中的杂质浓度分布形式为

$$C_e(x) = C_{e0}(1 - e^{-\Phi x}) \tag{7.14}$$

其中 C_{eo} 为稳态时外延层中的杂质浓度,即对应于无限厚处的杂质浓度。

如果在掺杂衬底上生长掺杂外延层,那么,杂质的最终分布应是上述两种情况的叠加,具体分布形式为

$$C_e(x) = C_s e^{-\Phi x} \pm C_{eo}(1 - e^{-\Phi x}) \tag{7.15}$$

其中"+"对应于 n/n$^+$(p/p$^+$)情况;"-"对应于 n/p$^+$(p/n$^+$)情况。

根据上面的讨论,在重掺杂衬底上生长含有相同导电类型的轻掺杂外延层时,杂质浓度分布如图 7.11(a)所示。集成电路工艺中在掩埋层上的外延,或者分立器件外延层的掺杂是属于这种情况。由图可以看到,杂质浓度的突变型分布是不能实现的。当外延层很薄时,稳定值 C_{eo} 也很难达到。

在轻掺杂衬底上,生长不同导电类型的重掺杂外延层,杂质分布情况如图 7.11(b)所示。由图可见,在外延过程中由于自掺杂效应的影响,而使 p-n 结的位置移动了 x_j。

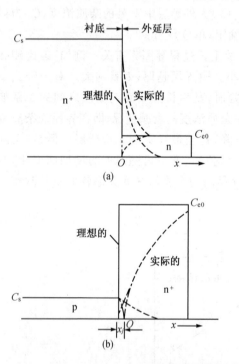

图 7.11 自掺杂效应对杂质分布的影响

图 7.12 给出的是在重掺杂衬底上生长轻掺杂外延层,并同时考虑了扩散效应和自掺杂效应的影响,衬底与外延层之间过渡区中的杂质分布情况[17,18]。从图中可以看到:在紧靠近衬底的外延层中,实际杂质浓度比希望的掺杂浓度高得多,这是因为在外延生长(图7-12A区中)开始阶段,杂质从衬底扩散到外延层中所引起的。但是,与扩散速度相比外延生长速度要大得多,因此很快就抑制了这种影响。随之的是自掺杂效应对过渡区的影响。当外延层生长一定厚度时,自掺杂效应的影响也降低了,外延层中的杂质浓度达到期望值。自掺杂效应是汽相外延的本征效应,不可能完全避免,自掺杂效应的最终影响程度取决于外延温度、硅源、生长速率、反应器几何形状和压强等。

采取以下措施可以减小自掺杂效应的影响:

(1) 为了减小硼的自掺杂效应,在保证外延质量和生长速度的前提下,尽量降低外延生长温度。如果用 DCS 和 TCS 代替 SiCl$_4$,可以进一步降低外延层生长温度。但是这种做法对抑制砷的自掺杂效应是无效的,因为砷的自掺杂程度随着外延温度的降低而增强。

(2) 对于 n 型衬底,应该使用蒸气压低并且扩散速率也低的杂质作为衬底埋层杂质,如用 Sb 来代替高气压的砷杂质和高扩散速率的磷杂质。但是在衬底中掺 Sb 难以达到很高的掺杂浓度。

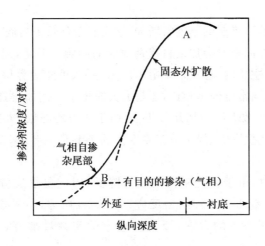

图 7.12 考虑扩散效应和自掺杂效应时外延层中的杂质分布图

(3) 对于重掺杂的衬底,需要使用轻掺杂的硅来密封重掺杂衬底的底面和侧面,进而减少杂质的外逸。

(4) 为了减小自掺杂效应,外延系统应当工作在低压条件下,这是因为气态的杂质原子在低压下的扩散速度比常压情况高,这样由衬底外逸的大部分杂质就可以被主气流带出反应室。这种方法对砷和磷的效果显著,而对硼的作用不明显。

(5) 埋层掺杂可采用离子注入技术,但会降低衬底表面附近的杂质浓度。

(6) 可以在衬底上先生长未掺杂的薄层,避免衬底中的杂质外逸,之后再进行原位掺杂。

(7) 应当避免在高温下采用 HCl 对衬底进行腐蚀,或者在腐蚀之后使用低温气流排除因腐蚀外逸的杂质。

7.3 低压外延

低压外延是为了减小自掺杂效应于 20 世纪 70 年代初发展起来的一种外延工艺。低压外延的压力一般在 $1\times10^3 \sim 2\times10^4$ Pa 之间。在低压情况下,气体的分子密度变稀,分子的平均自由度增大,杂质的扩散速度加快,因而由衬底逸出的杂质能快速地穿过边界层被排除反应室,重新进入外延层的机会大大减小,从而降低了自掺杂效应对外延层中杂质浓度和分布的影响,因而可以得到陡峭的杂质分布。由于反应室是处于低压状态,当外延停止时,反应室中的残存反应剂和掺杂剂能很快被清除,缩小了多层外延之间的过渡区,并能提高电阻率的均匀性,减小了埋层图形的漂移和畸变。另外,在低压外延时,对衬底产生腐蚀的硅源邻界浓度比常压外延时要高,因此,在低压外延工艺中给硅源浓度的变化提供了更大的幅度。

当压力变低时,虽然边界层的厚度将增加,这无疑会延长由衬底逸出的杂质穿过边界层所需要的时间,单从这方面来看会加重自掺杂效应的影响。但是,同边界层厚度增加相比,扩散速度加快的影响是主要的,也就是说由于压力降低,虽然边界层增厚,但杂质穿过边界层进入主气流所需时间同常压外延相比,还是大大缩短了。例如,当压力由 1×10^5 Pa 降到 133.3 Pa 左右时,扩散系数大约增加几百倍,而由于压力的降低,边界层厚度只增大 3~10 倍,两种效应虽然同时产生影响,但扩散速度变大的影响是主要的,杂质穿过边界层的时间降低了一个数量级。

在低压外延系统中,由于反应室内的压力降低,因此要求反应室能够承受内外的压力差,水平圆管型反应室和立式钟罩型反应室因受力均匀,不易爆裂,在低压外延系统多被采用。另外由于压力差的存在,要求反应室的密封性要好,其他部分与常压系统没有太大的差别。

低压外延生长的化学反应原理同常压外延是一样的,但由于压力降低,化学热力学和生长动力学还是同常压外延存在一定的不同。各种参数对外延层的生长也将产生与常压外延不同的影响,下面进行简单的讨论。

7.3.1 压力的影响

反应室内压力降低,反应剂分压变小以及生长动力学控制过程的变化,在硅源的摩尔浓度相同时,生长速度一般要下降。在压力一定条件下,可通过调整硅源浓度来提高生长速度。

低压外延层的厚度和电阻率都有明显的改善,这是因为在低压时,反应管内的气流以层流形式流动,在热基座和冷壁之间不存在因温度差而引起漩涡型气流。

低压外延生长的外延层,晶体的完整性要受到一定的影响,其主要原因是:反应系统漏气;基座与衬底间温差大;基座、反应室等在减压时释放的吸附气体;外延生长温度低等。

7.3.2 温度的影响

低压外延时,随着压力的降低,外延生长温度的下限也可跟之下降。生长速度随温度的升高而增加,当温度达到某个值时,生长速度不随温度上升而变化,这是因为生长过程由表面化学反应控制转为质量输运控制的结果。

7.4 选择外延

选择外延(selective epitaxial growth,SEG)是一种利用外延生长的基本原理以及硅在绝缘体上很难核化生成薄膜的特性,在衬底表面的特定区域(硅区)生长外延层,而其他区域

（如 SiO_2 或 Si_3N_4 区）不能生长外延层的技术。也就是根据硅在 SiO_2 表面上成核的可能性最小，在 Si_3N_4 上比在 SiO_2 上大一点，在硅表面上成核可能性最大的特性完成选择外延。这是因为在硅表面上外延生长硅层是同质外延，而在 SiO_2 和 Si_3N_4 表面上是异质外延。选择外延最早是用来改进器件的隔离方法，代替 LOCOS 技术，接触孔平坦化，以及许多重要器件要求在特定区域生长外延层而发展起来的一种工艺[19,20]。

气相中存在足够的氯（或 HCl）以及氧化物和氮化物表面的高清洁，都能提高抑制在气相中和在掩蔽层表面上的成核几率。气相中氯原子（或 HCl）的数目越多，抑制能力越强，选择性越好，通过调节 Si/Cl 的比率，可以实现从非选择性生长向选择性生长甚至腐蚀方向变化。若只考虑氯原子，选择性遵循以下顺序 $SiCl_4$，$SiHCl_3$，SiH_2Cl_2，SiH_4。

选择外延可分为三种类型：

(1) 以 SiO_2 或 Si_3N_4 作为掩蔽层，只在硅表面进行选择外延。具体工艺是先在硅衬底上淀积 SiO_2 或 Si_3N_4 作为掩蔽层，利用光刻方法去掉需要生长外延层区域的 SiO_2 或 Si_3N_4，露出硅表面，外延生长只在露出硅表面的区域进行，如图 7.13(a)所示[5]；或者在露出硅的区域外延硅，而同时在 SiO_2 表面淀积多晶硅，如图 7.13(b)所示。

(2) 同样以硅为衬底，以 SiO_2 或 Si_3N_4 为掩蔽层，刻出窗口，露出硅表面，在露出硅的区域上再刻出图形，然后再进行外延生长。

(3) 在没有掩蔽层的硅衬底的凹陷处进行外延生长，也称在沟槽上进行外延生长。

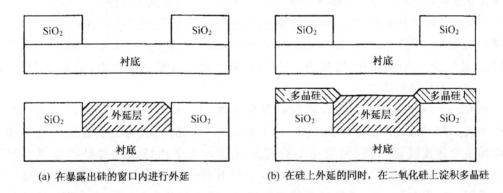

(a) 在暴露出硅的窗口内进行外延　　(b) 在硅上外延的同时，在二氧化硅上淀积多晶硅

图 7.13　选择外延

硅的选择外延之所以能实现，从晶体生长成核理论来看，硅在 SiO_2 和 Si_3N_4 等掩蔽层上成核比在清洁的硅表面上成核需要更大的过饱和度。因为在硅上生长硅外延层是同质外延，而在 SiO_2 和 Si_3N_4 上生长外延层是异质外延，在 Si-SiO_2 界面会产生较大的晶格失配，与 Si-Si 同质外延相比其晶核形成能很高，即在 Si 上成核比在 SiO_2 上成核来得容易。即使在掩蔽层上形成少量的晶核，由于不稳定也容易被生长室内的 HCl 等腐蚀掉。另一方面，对于选择外延来说，要进行外延生长的地方是窗口内或者是硅表面上的凹陷处，这些地方将

降低成核能,这也是能实现选择外延的重要原因。

上述三种类型的选择外延,各有特点和问题。在窗口内进行选择外延时,在窗口内的边缘不但具有较高的生长速度,而且生长速度也不规则,其实这也是选择外延的一个主要缺点。到达窗口内的反应剂释放的硅原子,如果不能成核,则会在表面上作迁移运动,运动到窗口边缘并稳定下来,因此窗口边缘的生长速度比中心区的生长速度要高。边缘和中心区的生长速度之比取决于窗口的大小。降低生长速度可以在一定程度上控制这种比值。

第二种类型,即在窗口内的硅表面的凹陷处进行选择外延时,与在窗口内非凹陷处进行外延时碰到问题相同,只不过更为复杂些。在这种外延生长过程中,晶面取向不同表现出不同的生长特性。在这种结构中,回填材料的导电类型一般与衬底相反,这是某些特殊器件所需要的。在硅的选择回填生长中,实验发现 $SiH_4/HCl/H_2$ 的生长体系能在(100)取向衬底上得到最好的平面生长。这是因为这个体系的生长速率与温度的关系没有 $SiCl/H_2$ 体系那样密切。在 $SiH_4/HCl/H_2$ 体系中,通过调节气相 Cl/Si 比,可使表面上的生长速度为零。

第三种类型的选择外延是在硅衬底上凹陷处进行生长。回填凹陷处,形成一个平整的衬底表面,也可能是在衬底上深而狭窄的沟槽内进行选择生长,并最大限度地降低在衬底表面上其他地方的生长。在这种工艺中,依靠气相掺杂,可使沟槽内的导电类型与衬底相反,从而建立多重 p-n 结,这种结构的外延层多用于太阳能电池和其他器件。

如果允许氯原子存在,则 SEG 的硅源应该选择 $SiCl_4$,但外延要在高温下完成。高温会造成 SiO_2 层的破裂(degradation),由此会在 SiO_2 层上产生缺陷和表面沾污,成为硅核化源,失去选择性。使用 Si_3N_4 代替 SiO_2 作为掩蔽层可以缓解这个问题,但是 Si_3N_4 又比 SiO_2 容易成为硅核化的表面。

对于第一种选择外延更为合适的硅源是 SiH_2Cl_2,尤其是加入 HCl 时。如果在气体中加入 HCl 或氯气,也可以用 SiH_4 作为硅选择外延的生长源。虽然加入这些成分可能使生长速度降低一些,但是却不会对外延层的电学性质或物理结构造成负面影响,同时还可以保持工艺的选择性。另外,一些其他因素也可以提高生长硅外延层的选择特性。它们包括:① 选择减压反应系统;② 提高淀积温度;③ 减少硅源的摩尔分数;④ 保证硅片和系统的清洁[21]。

另外,还有一种类型的选择外延,称为横向超速外延(epitaxial lateral overgrowth,ELO)。ELO 是指当选择外延生长的薄膜超过 SiO_2 的台阶高度时,外延不但继续垂直生长,而且也沿横向生长,图 7.14 是 ELO 的图例[22]。横向与纵向生长速率之比取决于窗口或台阶的高度以及衬底的取向。

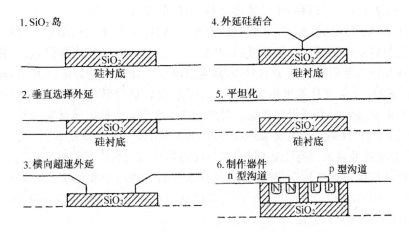

图 7.14 横向超速外延形成的 SOI 结构

7.5 硅烷热分解法外延

硅烷(SiH_4)是目前一种常用的汽相外延反应剂。SiH_4 的化学反应与 $SiCl_4$ 不同,在一定温度下它可直接发生热分解反应,释放的硅在衬底表面生成外延层。化学反应式为

$$SiH_4 \longrightarrow S(固) + 2H_2(气) \tag{7.16}$$

上面的反应是不可逆的,也没有卤化物产生,所以不存在反向腐蚀,对反应室也无腐蚀作用。SiH_4 热分解外延的另一个优点是反应可在相对低的温度下完成,在 600℃ 以上的温度便可发生分解反应。然而,为了获得完美的外延层,通常在 650~900℃ 的温度下进行,比 $SiCl_4$ 氢还原法外延低很多,因而减弱了自掺杂效应和扩散效应的影响,使界面两边的杂质浓度接近突变型分布,同时又能提高外延层电阻率的均匀性,尤其是对薄外延层的生长更为重要。在进行多层外延生长时,可在层与层之间的界面处实现杂质浓度的陡峭分布。另外,在硅烷热分解法外延过程中杂质沾污较少,因此,当硅烷纯度很高时,就可以制备出高电阻率的外延层。硅烷是气态源,可以精确控制流量,外延生长的重复性也很好。

在不考虑掺杂情况下,SiH_4 热分解法外延生长过程可分以下几个阶段:

(1) SiH_4 分子靠扩散运动穿过边界层到达硅表面并被吸附。

(2) SiH_4 在硅表面分解,释放出硅原子和氢分子。

(3) 氢分子靠扩散运动离开界面并随主气流被排除。硅原子在衬底(或外延层)表面运动,并定位于适当的晶格位置上。

对 SiH_4 热分解法外延来说,同样存在质量输运控制和表面化学反应控制两种情况。在质量输运控制时,外延生长速度和温度近似无关;如果外延生长处于表面化学反应控制,外延生长速度对温度的依赖关系和化学反应与温度的关系相同。不论是质量输运还是表面

化学反应控制的外延生长过程,生长速度都和 SiH_4 的浓度成正比。

SiH_4 热分解法外延,也存在一些问题,首先是 SiH_4 可以在气相中自行分解,造成过早核化,对外延层的晶体结构产生重要影响,甚至生成多晶。加大气体流量,选定合适温度并准确控制;在反应气氛中加进适量的 HCl,都可以减少气相核化的影响。其二,同其他氯的硅化物相比,SiH_4 非常容易氧化形成硅粉。为了避免硅粉的形成,要尽量避免氧化剂和水汽的存在,否则就会影响外延层的质量。另外,SiH_4 热分解生长的外延层,其缺陷密度常常比 $SiCl_4$ 氢还原法外延高。对反应系统要求高,也是 SiH_4 热分解法的缺点。

硅烷热分解法外延虽然有上述问题,但目前还是得到较为广泛的应用。例如,对高频器件来说,外延层要生长在高掺杂的衬底上,并要求界面两侧的杂质浓度具有突变型分布,采用硅烷热分解法外延效果很好。另外,因硅烷热分解法外延不存在反向腐蚀,因而已成为异质外延所采用的主要生长方法。

7.6 SOS 技术

SOI(silicon on insulator 或 semiconductor on insulator)是指在绝缘衬底上进行硅的异质外延工艺[5,23]。如果在蓝宝石或尖晶石的衬底上进行硅的外延称为 SOS,SOS 是 SOI 中的一种工艺。SOI 技术的主要优点是:制造在 SOI 上的电路与制造在体硅或者硅的同质外延层上的电路相比,由于 SOI 是介质隔离,寄生电容小,从而对高速和高集成度的电路特别有利,主要体现在更低的功耗和更高的速度上。而寄生电容随衬底掺杂浓度的增加而增加,在亚微米器件中,衬底浓度比常规 MOS 器件的衬底浓度高,因此这个寄生电容变得更大,因此随集成电路特征尺寸的缩小,SOI 技术有着广泛的应用前景;其二是提高了器件的抗辐射能力;其三是抑制了 CMOS 电路的闩锁效应;最后一点是硅-绝缘体 CMOS 工艺比体硅 CMOS 工艺简单,而且还能排除某些在体硅 CMOS 工艺中存在的危害成品率的因素。

在绝缘体衬底上生长硅外延层的异质外延技术中,作为衬底的绝缘体都是单晶体,在无定型的绝缘体上外延硅,目前还没有获得突破性的进展,所以在所有异质外延的讨论中其绝缘衬底指的都是结晶体。

SOS 是目前 SOI 技术中工艺比较成熟也是应用较多的一种,SOS 是"silicon on sapphire"和"silicon on spinel"的缩写。也就是用蓝宝石($\alpha\text{-}Al_2O_3$)或尖晶石($MgO \cdot Al_2O_3$)作为异质外延的衬底,在其上外延生长硅的单晶层,并把电路作在硅层上。异质外延的衬底材料直接关系到外延层的质量,所以选择衬底材料是非常重要的。首先要考虑的是外延层与衬底材料之间的相容性,尤其是晶体结构,熔点,蒸汽压,热膨胀系数等均对外延层的质量有很大影响。

在那些晶格参数十分接近单晶硅的晶格参数的绝缘体上,有可能获得相当好的外延生长层,所用衬底可以是单晶体材料,也可以是外延生长在硅衬底上的单晶绝缘层(如外延 CaF_2)。衬底和外延层的热膨胀系数相近是得到优良异质外延层的重要因素之一,如果相差较大,在温度变化时将会在单晶硅层内产生应力,使外延层缺陷增多,从而影响外延层和器件的性能。

为了得到优良的外延层,绝缘衬底的质量是非常重要的。目前获得蓝宝石晶体的方法主要有三种,即焰熔法(flame fusion);切克劳斯基法和边缘限定馈给法(edge-defined fiemfed),前两种方法得到的是球状蓝宝石单晶,切片抛光后作为衬底材料,第三种方法得到的是薄矩形带状蓝宝石晶体,切片后再进行抛光。

在绝缘体上异质外延生长单晶硅,其设备和基本工艺与一般硅的同质外延相同。通常采用硅烷或二氯甲烷在大约1000℃的温度下进行外延生长。由于所有绝缘体的热膨胀系数均比硅高2~3倍,所以,热失配是影响异质外延生长的单晶硅层的物理和电学性质的主要因素。另外,晶格失配将导致外延层中的缺陷密度非常高,特别是当硅层非常薄时,缺陷密度更高。当硅层厚度增加时,随着远离硅-蓝宝石界面,硅中的缺陷密度单调下降,也就是说缺陷不会贯穿整个外延层。刚生成的SOS层中的主要缺陷是蓝宝石衬底中的Al外扩散和自掺杂、堆积层错、微孪晶等。这些缺陷可使界面附近的电阻率,载流子的迁移率和寿命降低。为了减少SOS层中的缺陷密度和应力,已经研发了多种改进技术,主要有采用激光脉冲使硅层熔融再结晶、固相外延、再生长(SPEAR)、双固相外延技术(DSPE)等。

可采用尖晶石层作为绝缘衬底材料,也可采用在900~1000℃之间在硅衬底上外延生长的尖晶石层作为外延的衬底。但是,以尖晶石为衬底异质外延生长的硅层比较薄时,作在其上的MOSFET器件的特性较差,如果硅层较厚,则可获得性能较好的器件。以尖晶石为衬底,在其上外延生长硅的外延层时,由于硅与具有面心立方结构的镁匹配,因而硅外延层和衬底取相一致,并且因三个硅晶胞和两个尖晶石晶胞相吻合,两者沿⟨100⟩方向失配率的计算值仅为0.7%。但要指出是,如果用火焰法制备的尖晶石通常是富铝的,这种尖晶石的晶格常数随Al_2O_3含量的增加而减小,失配率随Al_2O_3含量的增加而增大。

7.7 分子束外延

分子束外延(molecular beam epitaxy,MBE)是一种在超高真空下的蒸发技术。它是利用蒸发源提供的定向分子束或原子束,在清洁的衬底表面上生长外延层的工艺过程。分子束外延工艺目前已广泛用于元素半导体、Ⅲ-Ⅴ、Ⅱ-Ⅵ族化合物半导体及有关合金、多种金属和氧化物的单晶生长。

MBE是由贝尔实验室的Arther和Cho在改进真空蒸发工艺的基础上发展起来的,首先在外延生长GaAs的工艺中获得成功。在MBE的真空系统中安装有Ga的喷射炉和As的喷射炉,As一般以As_2和As_4分子形式从炉内蒸发出来,因此该方法就取名为分子束外延。对生长Si外延层来说,更准确的名称应该是Si的原子束外延,因为由Si源喷射炉喷射出来的是Si的原子流。MBE设备的特点是结构复杂、配置齐全,主要由超高真空系统、生长系统、齐全的测量、分析、监控系统等组成。

MBE 的基本工作条件是获得和保持超高真空,真空度可达 1.33×10^{-8} Pa 以上。为此配备高真空泵或者由各种真空泵组合的真空机组。可选用的真空泵主要有机械泵,吸附泵,离子泵,低温泵,钛升华泵,涡轮分子泵等,以便保持有关部位的真空度,保持系统始终处在清洁和干燥的环境中。使用闭锁机构使换片时在大气、低真空、高真空之间依次过渡,空气锁不但保持了系统的本底压力,也减少环境的沾污。超高真空度大大降低了反应室中的残余气体,保证了外延层的高纯度。超高真空度的环境使蒸发分(原)子的自由程很大,分(原)子束流可以不经散射直接从源到达衬底表面,对这样的束流可以瞬间完成关断,没有滞后现象。快速地通断和慢的生长速度提高了对层厚控制的准确度,可使生长的界面接近原子级陡度。在进行掺杂时可任意改变掺杂剂浓度、比例和种类,可得到陡峭的杂质分布。另外,超高真空度的环境可以采用原位分析手段,实现生长过程的监控。

在 MBE 系统中的生长室内装有数目不等的喷射炉,喷射炉也称努森(Knudson)箱。喷射炉是由热解氮化硼或高纯石墨制成。这些喷射炉是由外绕钨丝或钽丝的坩埚所组成,通过钨丝或钽丝对坩埚进行电阻加热,并配有控温系统,坩埚是用来放置高纯源或掺杂源,对蒸气压低的材料不采用电阻丝加热方法,而是采用电子束加热。各喷射炉的温度可单独控制,以获得所需要的蒸发温度和蒸发速率,如果是生长化合物外延层,放在不同喷射炉内的不同元素按一定比例喷射出来,温度越低,喷射出的分子或原子就越少,则生长速度就越低或者在化合物中的比例就越小。每个喷射炉均有一个闸门,控制束流的通断和大小。

生长室内的衬底基座,是用来放置样品的,通过操作机构可以控制衬底基座接送样品,衬底基座可以旋转和倾斜一定的角度。衬底基座可对样品加温保证衬底表面处于活性状态,温度根据具体外延情况而定,温度范围一般为 400~900℃之间。

MBE 系统一个突出而重要的特点就是配有包括质谱仪,俄歇电子能谱仪,高能电子衍射仪,薄膜厚度测试仪,电子显微镜等测量、分析、监控设备,也正因如此 MBE 系统才能生长出高质量的外延层。

在 MBE 系统中不但装有测量束流流量的监测器,为了监视分(原)子束的种类和强度,在束流经过的路径上还安装有质谱仪。质谱仪能在系统正常工作时测量真空度,测出真空中的残留气体。

MBE 系统中装有俄歇电子能谱仪和高能电子衍射仪。俄歇电子能谱仪可以提供有关表面化学成分的数据,还可以测定外延层沿深度的组分和杂质的剖面分布。高能电子衍射仪由电子枪和显示接受电子的荧光屏组成,由电子枪出来的电子束入射到结晶表面,在荧光屏上显示出的表面衍射图像是与表面原子排列情况相对应的图像,解析这个图像能得到表面原子的排列情况,评价外延层的结晶性能。为了实现对整个外延生长的精确控制,配有微机指令系统,将研究好的结果编程输入微机中,以便对外延生长进行控制,获得满意的、重复的理想结果。MBE 系统示意图如图 7.15 所示[24]。

MBE 的生长温度较低。较低的生长温度可以减少系统中各种元件放气所导致的污染,降低了扩散效应、自掺杂效应的影响,也降低了外延生长过程中衬底杂质的再分布以及热缺陷的产生。可以精确控制层厚、界面,在层与层之间可以不存在过渡区。每秒一个原子层的低生长速度给分(原)子提供了足够的时间在表面运动,为进入到晶格位置、生成高质量的晶体结构创造了条件。

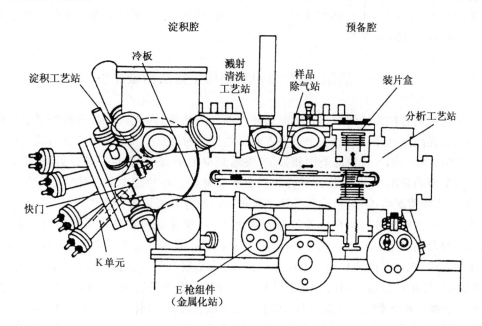

图 7.15 MBE 系统示意图

MBE 系统的全部元件必须能承受大约 200℃ 的烘烤,这是因为每当维修时必须打开生长室,系统的内表面就暴露于空气中,维修之后必须在一定的真空条件下进行烘烤,通过加热或烘烤室壁,维修时吸附的水份可以被真空泵有效的抽出。

因为 Si 的蒸气压低,因此对硅源的加热不是采用电阻丝加热方法,而是采用电子束加热,在 Si 的 MBE 中,除了固体硅源外,还发展了以气相 SiH_4 束高温热分解的分子束外延工艺,并采用 AsH_3 和 B_2H_6 作为掺杂剂,对外延层进行掺杂。

对于 Si 的 MBE 生长来说,获得一个纯净衬底表面是一步关键工艺,目前采用的办法有:

(1) 采用高温热处理去除衬底表面的 SiO_2。在 1200℃ 的高温下 SiO_2 与 Si 发生反生成可挥发的 SiO,反应式如下

$$SiO_2 + Si \longrightarrow SiO \uparrow \tag{7.17}$$

因为热处理温度太高,并不是一种好办法。

(2) 用 Ar^+ 溅射,再退火。在这种办法中因溅射引起衬底表面的损伤,虽然经过退火,但也难达到外延生长对衬底表面的要求。

(3) 利用脉冲激光反复辐射。这是一种比较好的方法,特别是准分子激光器的应用,效

果更好,可能会被广泛采用的一种方法。

对 Si 的 MBE 来说,衬底晶向不同,外延生长温度是不相同的,生长温度还与衬底表面的净化处理水平有关。处理水平越高,生长温度就可以降低。对于(100)Si 衬底来说,在生长速率为 0.1 nm/s 时,生长温度可降至 470 K。而对于(111)Si 衬底来说生长温度要高得多,一般在 700～800 K 左右。

7.8 层错、图形漂移及利用层错法测量厚度

外延层质量直接关系到做在它上面的各种器件的性能,因此,检测、分析外延层缺陷及产生原因是提高外延层质量的一个重要方面。外延层的质量主要指电阻率在外延层中的分布是否均匀,厚度、掺入杂质的类型和数量(关系到电阻率)是否满足要求。另外,希望外延层中各种类型的缺陷要少,晶体完整性和表面状况要好。外延层中的各种缺陷不但与衬底质量、衬底表面情况有关,而且也与外延生长过程本身有着密切的关系。

外延层中的缺陷按其所在位置可分为两大类:一类是显露在外延层表面的缺陷,这类缺陷可用肉眼或者金相显微镜观察到,通常称为表面缺陷。另一类是存在于外延层内部的晶格结构缺陷,也就是体内缺陷。实际上,有些缺陷是起源于外延层内部,甚至于是衬底内部(例如衬底中的线位错),但随外延层的生长一直延伸到外延层表面。因此,对有些缺陷很难说是属于哪一种类型的。表面缺陷主要有:云雾状表面、角锥体、划痕、星状体、麻坑等。体内缺陷主要有:位错和层错。本节主要讲述层错的产生和利用层错法测量外延层的厚度。

7.8.1 层错

层错也称堆积层错,是外延层中最常见而又容易检测到的缺陷,是由原子排列次序发生错乱所引起的。利用化学腐蚀法(用干涉相衬显微镜观察时不必进行腐蚀),便可显示层错的图形。

产生层错的原因很多,例如,衬底表面的损伤和沾污,外延温度过低,衬底表面上残留的氧化物,外延过程中掺杂剂不纯,空位或者间隙原子的凝聚,外延生长时点阵失配,衬底上的微观表面台阶,生长速度过高等都可能引起层错。层错是外延层的一种特征性缺陷,它本身并不改变外延层的电学性质,但可以产生其他影响,例如可引起扩散杂质分布不均,成为重金属杂质的聚集中心等。

层错可以起源于外延层的内部,但绝大多数是从衬底与外延层的交界面开始的。外延层生长方向不同,在表面上所显露的缺陷图形也就不同。因为层错一般是由外延层与衬底界面开始,一直延伸到表面,那么缺陷图形的边长与外延层厚度之间就存在一定的比例关系。因此可以通过测量缺陷图形的边长,换算出外延层的厚度,达到测量外延层厚度的目的。

下面我们以沿⟨111⟩方向生长的外延层为例,来说明堆积层错产生的具体过程。硅晶体是金刚石型结构,沿⟨111⟩方向的原子排列次序为…$AA'BB'CC'$…,即由 A'-B,B'-C,C'-A

双层原子面堆积而成,完美的外延层也应如此。但是,在外延堆积过程中,因为各种原因可能使某一个晶格格点上的原子堆积次序发生错乱,而在这个原子之上的原子,又以错乱原子为序,按正常排列次序堆积下去。由于晶体中的缺陷是非稳定状态,因而原子能量较高,但原子又总是尽可能处于能量较低的正常格点上。因此,在同一个晶面上不太可能形成许多错配的晶核,这样,错配的晶核横向扩散为错排的原子面是极为困难的。随着外延生长,错配的晶核只能在倾斜的{111}面上依靠位错反应,不断发展下去直到表面,成为一个倒置的四面体。例如,当衬底表面为 A 原子面,按正常次序,上面应该生长 A′-B 双层原子面,但由于某种原因,使排列次序发生错乱,结果上面生长的是 B′-C 双层原子面,再往上则是以 B′-C 面为序按正常规律排列下去,直到外延层表面。那么,自下而上的晶面排列次序,按双层原子面编组就为 B′C、C′A、A′B、…。如果用 a、b、c、分别代表 A′B、B′C、C′A 双层原子面,正常的堆积和层错区堆积情况如图 7.16 所示。

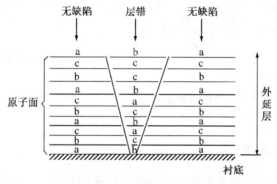

图 7.16　层错的形成示意图

7.8.2　层错法测量外延层的厚度

厚度的测量也是外延工艺中不可缺少的内容。目前测量外延层厚度的方法很多,本节主要介绍常用的层错法。

堆积层错是一种面缺陷。沿⟨111⟩方向生长的外延层的层错与表面交线是沿⟨110⟩晶向。面缺陷数目不同,在外延层表面可能显示出如图 7.17 所示的三种情况。图中示出一道边,两道边和由三道边围成的三角形缺陷。当两个或多个层错相遇时可能构成更为复杂的图案。层错界面处的原子排列不规则,界面两边的原子相互结合较弱,具有较快的化学腐蚀速率,经过适当的化学腐蚀之后,就会在层错面与外延层表面的交界处出现一道腐蚀沟,两道腐蚀沟,而数目最多的则是由三条沟围成的三角形腐蚀图形。图形的大小与四面体的体积有关。对于由衬底表面产生的层错,外延层越厚,层错四面体就越大,则通过腐蚀在外延层表面上显示出的三角形也就越大。如果通过显微镜测量出三角形的边长 l,就可以换算出层错四面体的高度,即外延层的厚度 T。T 与 l 之间的关系如图 7.18 所示,它们之间的数学关系为

$$T = \sqrt{\frac{2}{3}}l \approx 0.816l \qquad (7.18)$$

层错法是测量外延层厚度的一种简单方法,但在测量中要注意以下几点:

(1) 层错并不是都起源于衬底与外延层的交界面,而起源于交界面的腐蚀图形大于起源于外延层内部的,所以在测量时要选择大的图形。还要注意,不能选择靠近外延层边缘的图形,因为边缘图形往往不能准确反映外延层的厚度。

(2) 经过化学腐蚀之后,外延层要减薄一定厚度,在腐蚀时只要能清楚显示图形就可以了,时间不应过长。在计算厚度时,也应考虑腐蚀对厚度的影响。

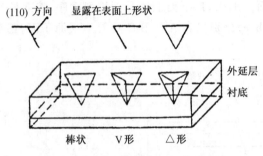

图 7.17 外延层上三种典型层错缺陷图形

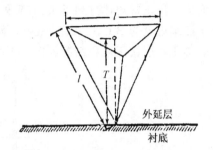

图 7.18 硅(111)方向的层错形状

7.8.3 图形漂移和畸变

在外延生长之前,因工艺需要硅表面可能存在凹陷图形,例如在双极集成电路制造中,衬底需要作掩埋扩散,对应于掩埋区存在一个台阶,外延生长之后在表面应该重现出完全相同的图形,然而外延层上的图形相对于原掩埋图形常会发生水平漂移、畸变,甚至完全消失,如图 7.19 所示。具体情况依赖于衬底取向、淀积率、反应室的工作压强、反应系统的类型、外延温度和硅源的选择等。

漂移随温度升高而减小,随淀积率的增大而增大,对于⟨111⟩和⟨100⟩晶向都是如此。低压外延可以减小漂移程度。衬底晶向对图形漂移有着重要的应响,对于⟨100⟩晶片,如果晶面没有偏离,图形漂移最小。对于⟨111⟩晶片取向与最近的⟨100⟩晶向偏离 2 至 5 度时有最小的影响,⟨111⟩方向的外延衬底通常提供 3 度的偏离。

如果掩埋图形是四方形或长方形,那么凹陷的图形就有四个侧壁,这四个侧壁之间的晶向各

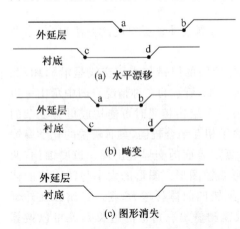

图 7.19 外延图形相对于掩埋图形的变化

不相同,其生长和腐蚀速率也就不同。另外,侧壁的晶向与衬底晶向也不相同,其生长和腐蚀速率也会存在差别,因此,硅的生长和腐蚀速率的各向异性是发生图形漂移和畸变的根本原因。氯类物质的存在是导致图形漂移和畸变的必要条件。

7.9 外延层电阻率的测量

外延层的电阻率及其均匀性也是外延层质量的一个重要参数。检测外延层电阻率的方法很多,例如,四探针法、三探针法、电容-电压(C-V)法、扩展电阻法。本节主要讲述扩展电阻法[25]。

扩展电阻法的最大特点是可以测量微区的电阻率或电阻率分布情况,尤其是随着集成电路集成度的不断提高,器件的特征尺寸越来越小,对微区均匀性及多层结构分布检测精度的要求也越来越高,就需要采用空间分辨率更高的测量技术,扩展电阻法就是其中的一种。

我们知道,半导体材料电阻率一般要比金属材料的电阻率高几个数量级,这样,当金属探针与半导体材料呈欧姆接触时,电阻主要集中在接触点附近的半导体中,而且呈辐射状向半导体内扩展,扩展电阻法测量电阻率就是根据这个原理进行的。由于金属探针的有效接触半径为微米级,所以它可以反映 10^{-10} cm^3 体内电阻率的变化,最高分辨半径可达 200 Å。在扩展电阻法中,目前采用的探针结构可分为单探针、两探针和三探针三种形式,如图 7.20 所示。

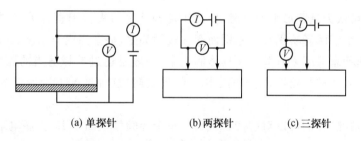

(a) 单探针　　(b) 两探针　　(c) 三探针

图 7.20 扩展电阻法测量电阻率的原理图

以单探针结构为例说明测量原理。如果将一个金属探针嵌入一个半无限均匀的半导体材料中(例如外延层中),如图 7.21(a)所示,当有电流 I 从探针流入半导体时,由于两者电阻率相差几个数量级,又因为是欧姆接触,所以在接触点处电流向半导体材料中呈辐射状扩展,而且沿径向各点的电阻是不相等的,总的接触电阻为

$$R = dR_1 + dR_2 + \cdots dR_\infty = \int_{r_0}^{\infty} dR \tag{7.19}$$

其中

$$dR = \frac{\rho}{2\pi r^2}dr \tag{7.20}$$

r 为电流扩展方向上的距离,ρ 为半导体材料的电阻率。把(7.20)式代入(7.19)式可得总电阻的表达式

$$R = \frac{\rho}{2\pi r_0} \tag{7.21}$$

r_0 为探针端头的半径。由(7.20)式可以看到:$dR_1 > dR_2 > \cdots > dR_\infty$。从针尖到 $5r_0$ 范围内的电阻为

$$R(5r_0) = \int_{r_0}^{5r_0} \rho \frac{dr}{2\pi r^2} = \frac{2\rho}{5\pi r_0} \tag{7.22}$$

这个阻值与总电阻之比为

$$\frac{R(5r_0)}{R(\infty)} = 80\% \tag{7.23}$$

说明扩展电阻主要集中在接触点附近的半导体中。正因这样,探针端头的半径越小,则越能反映出微区的电阻情况。

如果金属探针与半导体材料表面呈圆形平面接触,如图 7.21(b)所示,接触半径为 a,根据上述原理,通过 Laplace 方程可求出总的接触电阻为

$$R = \frac{\rho}{4a} \tag{7.24}$$

实际接触可认为是圆形平面接触,但具体接触情况与很多因素有关,例如,金属与半导体材料接触时,由于两者功函数的差别而存在接触势垒,势垒高度与温度、探针材料、探针压力、半导体表面状态等因素有关。在具体测量中,一般是通过选择适当的探针材料、探针压力,并将半导体表面进行处理,使零偏电阻≪扩展电阻,这种情况下所测得的电阻近似等于扩展电阻。

根据上述情况,我们可以对(7.24)式引入一个经验修正因子 K,扩展电阻可表示为

$$R = K\frac{\rho}{4a} \tag{7.25}$$

a 应为探针与半导体材料表面的有效接触半径。这样,只要知道探针接触面的几何尺寸,测出扩展电阻 R,就可以求出探针附近区域的局部电阻率 ρ。如果逐点测量就可得到电阻率的分布情况。

扩展电阻法在实际用中,应该先设法建立一条已知电阻率的单晶材料与扩展电阻的校正曲线,然后再通过校正曲线实现扩展电阻与电阻率的转化关系。

上面只考虑了半无限均匀的情况,对于薄外延层、扩散层、离子注入层等的测量,由于厚度 T 与探针有效接触半径是可以相比的,需要进行界边条件的修正。在这种情况下,为了得到实际电阻率,需要引进一个修正因子,如下式

$$\rho = \frac{\rho_0}{C_t} = \frac{4aR}{C_t K} \tag{7.26}$$

C_t 为修正因子,即实际电阻率 ρ 为测量电阻率 ρ_0 的 $1/C_t$ 倍。

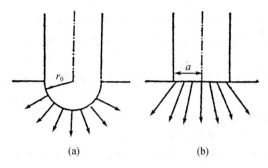

图 7.21　金属探针与半导体接触时的电流分布

参 考 文 献

［1］　B J Baliga, et al. Epitaxial Silicon Technology. Academic Press. Orlando：1986

［2］　J E A Maurities. SOS Wafers：Some Comparisons to Silicon Wafers. IEEE Transaction Electron Devices，vol. ED-16,1978：859

［3］　H C Theuerer, et al. Epitaxial Diffused Transistors. Proc. IRE，vol. 48，1960：1642

［4］　The National Technology Roadmap for Semiconductors-Technology Needs-1997 Edition. Semiconductors Industry Association. 1997：64

［5］　S Wolf，R N Tauber. Silicon Processing For the VLSI ERA. Lattice Press，2000：7

［6］　V S Ban，S L Gilbert. J. Electrchem. Soc. , vol. 122,1975：1382

［7］　V S Ban，S L Gilbert. J. Crystal Growth. , vol. 32,1975：284

［8］　V S Ban. J. Electrchem. Soc. , vol. 122,1975：1389

［9］　V S Ban. J. Electrchem. Soc. , vol. 125,1978：317

［10］　S B Kulkarni. Defect Reduction by Dichlorosilane Epitaxial Growth. Proc. of the Symposium on Defects in Si. W M Bullis And L C Kimerling, Eds, Electrochem. Soc. ,1983：558-567

［11］　E Kasper, K Worner. Application of Si-MBE for Integrated Circuits. in VLSI Science and Technology 1984，K E Beanm and G A Rozgonyi, Eds，Electrochem. Society, NJ：429

［12］　F C Everstegn. Chemican-Reaction Engineering in the Semiconductor Industry. Philips Rev. Rep. , vol. 19,1974：45

［13］　H C Theurer. J. Electrochem. Soc. , vol. 108,1965：649

［14］　M L Hitchman, et al. Polysilicon Growth Kinetics in a Low Pressure CVD Reactor. Thin Solid Films，vol. 59,1979：231

［15］　P Rai-Choudhury, E I Salkowitz. J. Cryst. Growth, vol. 7，1970a：353

［16］　A S Grove, A Roder, C T Sah. Impurity Distribution During Epitaxial Growth. J. Applied Physics, vol. 36,1965:803

[17] G R Srinivasen. Autodoping Effects in Si Epitaxy. J. Electrochem. Soc., vol. 127,1980:1334

[18] G R Srinivasen. Kinetics of Lateral Autodoping in Silicon Epitaxy. J. Electrochem. Soc., vol. 125, 1990:146

[19] J Borland, C Drowley. Solid State Technology, August 1985:141

[20] J Borland, et al. Silicon Epitaxial Growth for Advanced Structures. Solid State Technology, January,1988:111

[21] J Bosch. Epitaxial Process is Highly Selective in Depositing Silicon. Electronics. International, January,1980:59-60

[22] T Tasumi, K Aketagawa, M Hiroi, J Sakai. J. Crystal Growth, vol. 120,1992:275

[23] J P 考林基. SOI 技术. 北京：科学出版社, 1993

[24] Stephen A Campbell. 微电子制造科学原理与工程技术(第二版). 曾莹等,译. 北京：电子工业出版社, 2003

[25] 中科院半导体研究所理化分析中心研究室. 半导体的检测与分析. 北京：科学出版社, 1984

第八章 光 刻 工 艺

　　光刻是集成电路制造中的关键性工艺,其构想源自于印刷技术中的照相制版技术。近些年来,光刻技术的不断更新,推动了 ULSI 工艺的高速发展。

　　光刻工艺在半导体器件制造中的应用可以追溯到 1958 年,在采用了光刻技术之后,不但研制出了平面型晶体管,而且也推动了集成电路的发明。从 1959 年集成电路发明至今的 50 多年中,集成电路的集成度不断提高,器件的特征尺寸不断减小。在这个时期中,集成电路图形的线宽缩小了约三个数量级,目前已经开始采用线宽为亚 $0.1~\mu m$ 的加工技术(几十 nm)。同时,电路的集成度提高了六个数量级以上,在集成电路芯片中可以包含百万以至上亿数量级的器件,这些应该归功于光刻技术的进步。

　　在光刻工艺中,光刻 50 nm 以下的线宽在技术上已经是非常高的水平,在此基础上进一步缩小光刻图形尺寸会遇到一系列技术上甚至理论上的难题。当前大批的科学家和工程师正在从光学、物理学、化学、精密机械、自动化以及电子技术等不同途径对光刻技术进行广泛的研究和探索。光刻技术的应用范围很广,本书只讲述光刻工艺在 ULSI 中的应用和发展。

　　一般来说,在 ULSI 工艺中,对光刻工艺的基本要求包括五个方面:

　　(1) 高分辨率。随着集成电路集成度的不断提高,加工的线条越来越精细,要求光刻的图形具有高分辨率。在集成电路工艺中,通常把线宽作为光刻水平的标志,一般也可以用所加工线宽的能力来代表集成电路的工艺水平。

　　(2) 高灵敏度的光刻胶。光刻胶的灵敏度通常是指光刻胶的感光速度。在光刻工艺中为了提高产量,希望曝光时间愈短愈好。为了减小曝光时间,需要使用高灵敏度的光刻胶。光刻胶的灵敏度与光刻胶的成分以及光刻工艺的条件都有关系,而且伴随着灵敏度的提高往往会使光刻胶的其他属性变差。因此,在确保光刻胶各项属性均为优异的前提下,提高光刻胶的灵敏度已成为重要的研究课题。

　　(3) 低缺陷。在集成电路芯片加工过程中,如果在器件上产生一个缺陷,即使缺陷的尺寸小于图形的线宽,也可能会使整个芯片失效。通常一个芯片的制造需要经过几十步甚至上百步的工艺步骤,在整个工艺流程中需要经过几十次的光刻,而在每次光刻工艺过程中都有可能引入缺陷。在光刻过程中引入的缺陷所造成的影响比其他工艺更为严重。由于缺陷直接关系到成品率,所以对缺陷的产生原因和对缺陷的控制就成为重要的研究课题。

　　(4) 高精准度的套刻。每一个集成电路芯片的制造都需要经过多次光刻过程,而且每次图形曝光都要相互套准。在 ULSI 中,图形线宽通常在 $0.1~\mu m$ 以下,因此对套刻的要求也就非常高。一般器件结构允许的套刻误差不大于线宽的 $\pm 5\%$,这种要求单纯依靠高精度机械加工和人工手动操作很难实现,需要采用自动套刻对准技术。

(5) 大尺寸硅片。集成电路芯片的面积很小,即便对于 ULSI 的芯片尺寸也只有 $1\sim3\ cm^2$ 左右。为了提高经济效益和硅片利用率,一般选用大尺寸的硅片,如 12 英寸的硅片(将来可能是 15 英寸的硅片),也就是在一个硅片上一次同时制造很多个完全相同的电路芯片。采用大尺寸的硅片会带来一系列技术问题。对于光刻而言,在大尺寸硅片上满足前述的要求难度更大。而且环境温度的变化也会引起硅片的形变(膨胀或收缩),这对于光刻也是一个难题。

对于上述问题,本章将主要讲述光刻胶的性质、光刻工艺流程、各种曝光原理、各种刻蚀原理以及相关的其他内容。在本章中讲到的刻蚀,是指湿法腐蚀或者是指干法刻蚀。

为了讲述方便,在本章中所提到的硅片"表面",包括硅片的自身表面、硅表面热生长的 SiO_2 表面、在硅片表面淀积的 SiO_2 表面、Si_3N_4 表面以及金属薄膜表面等。

8.1 光刻工艺流程

光刻工艺就是利用光刻胶在受到光辐照(曝光)之后发生光化学反应,其内部分子结构发生变化,这样受到光辐照的光刻胶(感光部分)与未受到光辐照的光刻胶(未感光部分),在显影液中的溶解速度相差非常大,利用光刻胶的这种特性,先在光刻胶上形成与掩膜版所对应的图形,之后再利用光刻胶作为保护层进行刻(腐)蚀,完成图形转移。

在光刻工艺中,先在硅片表面涂上一层厚度均匀、附着性强、并且没有缺陷的光刻胶薄层,通过掩膜(光刻)版对光刻胶进行光辐照(曝光)。掩膜版分透光区和非透光区,透光区和非透光区是根据电路结构,以及各次光刻需要形成的图形所确定的。辐照之后透光区下面的光刻胶感光,非透光区下面的光刻胶不感光,经过显影之后,在光刻胶上就形成了与掩膜版透光区或非透光区相对应的三维图形。之后,利用留下的光刻胶作为保护层,就可以对没有被光刻胶保护的区域进行刻蚀,从而把光刻胶中的图形转移到硅片表面上的薄膜中。另外,还可以以光刻胶作为保护层,对没有光刻胶保护的区域进行离子注入,完成掺杂工艺。

光刻胶分为正性光刻胶和负性光刻胶。正性光刻胶受到光辐照(曝光)之后,在显影液中的溶解速度非常大,未曝光区域的光刻胶在显影液中基本不溶解,保持不变。负性光刻胶正好相反,在显影液中未曝光的区域将溶解,而曝光区域将保留。

光刻胶主要有三种成分:基体材料(N)(聚合物材料或树脂);感光化合物(photoactive compound,PAC)以及使光刻胶保持液体状态的溶剂。在正性光刻胶中,PAC 在曝光前作为一种抑制剂,可降低光刻胶在显影液中的溶解速度,曝光后因发生化学反应,可增强光刻胶在显影液中的溶解速度。

目前最常用的正性光刻胶称为 DQN(diazoquinone-novolac),主要用于 i 线和 g 线曝光,不能用于极短波曝光,这种正性光刻胶中的感光化合物是最常用的重氮醌(diazoquinone,DQ)。

光刻工艺如图 8.1 所示,包括三个最主要步骤:曝光、显影、刻蚀,下面讲述细化的各步工艺。

8.1.1 涂胶

涂胶(也称甩胶)目的就是在硅片表面涂上一层厚度均匀、附着性强、并且没有缺陷的光刻胶薄层。在涂胶之前,硅片表面需要经过脱水烘焙处理,并且涂上一层用来增加光刻胶与硅片表面附着能力的化合物。为了简明起见,将这两个步骤一并放在涂胶中加以讲述。

在光刻工艺中,光刻胶的作用就是在刻蚀(包括干法刻蚀和湿法腐蚀)过程中保护其覆盖的区域。因此,光刻胶必须牢固地粘附在硅片表面上,以光刻胶在 SiO_2 表面的附着情况为例,说明水分子对光刻胶粘附性能的影响,也就是对保护能力的影响。由于 SiO_2 表面是亲水性的,而光刻胶又是疏水性的,SiO_2 表面可以从空气中吸附水分子,含水的 SiO_2 表面会使光刻胶的附着能力降低。如果 SiO_2 表面吸附了水分子,那么,在刻蚀过程中,需要光刻胶保护的区域,因附着能力降低就可能出现整体或局部的脱离,脱离区域就没有光刻胶保护,因此会受到刻蚀。所以,在涂胶之前,就需要预先对硅片表面进行脱水处理,这一步骤称为脱水烘焙。在标准大气压下,脱水烘焙分为三个温度[1]:① 在 150~200℃ 温度范围释放硅片表面吸附的水分子;② 在 400℃ 左右温度下使硅片表面含水化合物脱水;③ 在 750℃ 以上温度进行脱水。经过脱水烘焙之后,水分从硅片表面蒸发,同时为了防止脱水之后硅片表面再次吸附水分,应该立即进行涂胶。

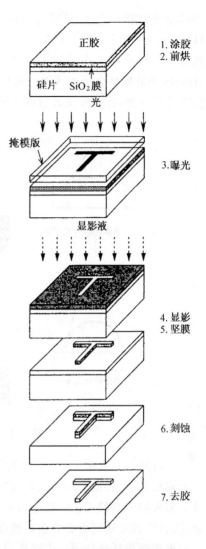

图 8.1 光刻工艺流程示意图

在涂胶之前,还应该在硅片表面涂上一层粘附剂,其目的也是为了增强光刻胶在硅片表面的粘附能力。目前应用比较多的粘附剂是六甲基二硅胺烷(hexa-methyl-disilazane,HMDS)[2]。以 SiO_2 为例,HMDS 首先与 SiO_2 表面的水反应,生成气态的 NH_3 和 O_2,同时 HMDS 在加热条件下与释放的 O_2 反应,形成三甲基甲硅烷[$Si(CH_3)_3$]的氧化物,并且键合在 SiO_2 的表面上。HMDS 与 SiO_2 表面键合的示意图见图 8.2。通过这些反应,就在 SiO_2 上形成了疏水表面。通过这种方法,就可以增强光刻胶在 SiO_2 表面的粘附能力。

目前,HMDS 的涂布主要以气相方式进行的。在气相涂布的过程中,HMDS 以气态的形式输进到放有硅片的容器中,然后在硅片的表面完成涂布。此外,还可以将脱水烘焙与 HMDS 的气相涂布结合起来进行。硅片首先在容器里经过 100~200℃ 的脱水烘焙,然后直接进行气相涂布。由于避免了与大气的接触,硅片吸附水分子的机会将会降低,涂布 HMDS 的效果将会更加理想。另外,也可通过液态方式涂布 HMDS,就是把液态的 HMDS 滴在硅片表面,在硅片旋转过程中形成一个非常均匀薄层。

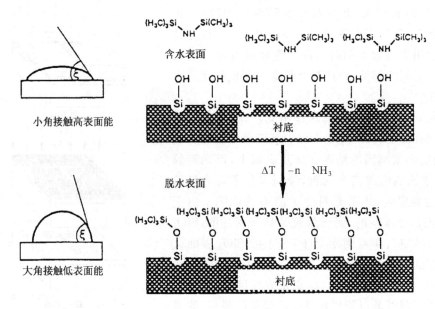

图 8.2　HMDS 与 SiO$_2$ 表面键合示意图

经过脱水并且涂上 HMDS 之后,就可以进行涂胶。在涂胶之前先把硅片放在一个平整的金属托盘上,托盘上的小孔与真空管道相连,硅片就被吸在托盘上,因此硅片就可以与托盘一起旋转。涂胶工艺一般包括三个步骤:① 将光刻胶溶液喷洒到硅片表面上;② 托盘与硅片旋转,直至达到需要的旋转速度;③ 达到所需的旋转速度后,保持一定的旋转时间。另一种做法是当托盘达到一定转速时,再把光刻胶溶液喷洒到旋转的硅片表面上,之后再加速到所需的旋转速度并保持一定的旋转时间。由于硅片表面的光刻胶是借着旋转过程中的离心力作用而向硅片的外围移动,因此涂胶也可称为甩胶。液态的光刻胶在离心力的作用下,由轴心沿径向飞溅出去,而粘附在硅片表面的光刻胶受粘附力的作用而被留下来。经过甩胶之后,最初喷洒的光刻胶,留在硅片表面上的比例很小,甚至不到 1%,其余的都被甩掉。剩余光刻胶的厚度除了与光刻胶本身的粘附性有关外,还与旋转速度有关,通常甩胶后剩余光刻胶的膜厚可以视为与旋转速度的平方根成反比[3]。在旋转过程中,光刻胶中所含的溶剂不断挥发,从而使光刻胶变得干燥,同时也使光刻胶的粘度增加。因此,转速提升得越快,光刻胶薄膜的均匀性就越好。对于同样的光刻胶,硅片的转动速度越快,光刻胶层的厚度也将越薄,而且光刻胶膜的均匀性也就越好。但是如果转速太高,容易使硅片中心定位不准,就会发生硅片被甩出的情况,所以一般大尺寸的硅片对应的转速比较低。甩胶工艺的示意图如图 8.3 所示。在甩胶过程中需要注意的是,没有进行前烘的光刻胶仍然是粘性的,容易粘附微粒。因此,涂胶的过程应始终在超净环境中进行。另外,喷洒的光刻胶溶液中不能含有空气,因为气泡的作用与微粒相似,上述情况都会在光刻工艺中引入缺陷。

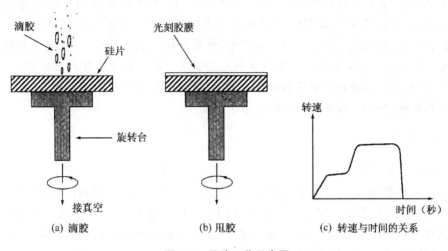

图 8.3 甩胶工艺示意图

8.1.2 前烘

涂胶以后的硅片,需要在一定的温度下进行烘烤,这一步骤称为前烘,也称为软烘[4,5]。液态的光刻胶,溶剂的成分占 65%～85%。经过甩胶之后,虽然液态的光刻胶已经成为固态的薄膜,但仍含有 10%～30% 的溶剂,还是容易沾污灰尘。通过在一定温度下进行烘焙,使溶剂从光刻胶中继续挥发(前烘之后,光刻胶中溶剂的含量降到 5% 左右),从而可以进一步降低灰尘沾污。前烘还可以减小因高速旋转形成的薄膜应力,可提高光刻胶的附着性[6]。如果不减小应力,就会使光刻胶分层的趋势增加。在前烘过程中,由于溶剂的挥发,光刻胶的厚度也会减薄,一般减小的幅度为 10%～20% 左右。

另外,光刻胶的显影速度还受光刻胶中溶剂含量的影响。对于曝光后的光刻胶,如果溶剂含量比较高,显影时光刻胶的溶解速度就比较快。如果光刻胶没有经过前烘处理,那么曝光区和未曝光区的光刻胶由于溶剂的含量都比较高,在显影液中都会溶解(区别只是溶解速度不同),对于正胶来说,就会导致非曝光区的光刻胶因溶解而变薄,从而使光刻胶的保护能力下降。但是,我们并不希望在前烘时除去所有溶剂,因为在 DQN 光刻胶中,需要剩余一定的溶剂,以便使感光剂重氮醌变为羧酸[7,8]。

前烘的温度和时间需要严格地控制。如果前烘的温度太低,除了光刻胶层与硅片表面的粘附性变差之外,曝光的精确度也会因为光刻胶中溶剂的含量过高而变差。同时,太高的溶剂浓度将使显影液对曝过区和非曝光区的选择性下降,导致图形转移效果不好。如果过分延长前烘时间,又会影响到产量。另外,前烘温度太高,光刻胶层的粘附性也会因光刻胶变脆而降低,而且,过高的烘焙温度会使光刻胶中的感光剂发生反应,这就会使光刻胶在曝光时的敏感度变差。

前烘通常采用干燥循环热风[9]、红外线辐射[10]以及热平板传导等热处理方式。在ULSI的光刻工艺中,常用的前烘方法是真空平板烘烤。真空平板烘烤可以方便地控制温度,同时还可以保证均匀加热。在平板烘烤中,热量由硅片的背面传入,因此光刻胶内部的溶剂将向表面移动而离开光刻胶。如果光刻胶表面溶剂的挥发速度比内部的快,当表面的光刻胶已经固化时,如果再继续进行烘焙,因光刻胶内部溶剂继续向表面移动,将会使光刻胶表面变得粗糙,使用平板烘烤可以解决这个问题。

8.1.3 曝光

光刻胶在经过前烘之后,原本为液态的光刻胶已经固化在硅片的表面上,这样就可以进行曝光。在未经曝光之前,正性光刻胶中的感光剂 DQ 是不溶于显影液的,同时也会抑制酚醛树脂在显影液中的溶解。在曝光过程中,感光剂 DQ 发生光化学反应,成为乙烯酮。因为乙烯酮的化学性质并不稳定,会进一步水解为茚并羧酸(indene-carboxylic-acid,ICA)。羧酸对碱性溶剂的溶解度将比未感光的感光剂高出很多倍(约 100 倍左右),同时还会促进酚醛树脂的溶解[11,12]。

在曝光过程中,在曝光区与非曝光区边界将会出现驻波效应,由于驻波效应将在这两个区域的边界附近形成曝光强弱相间的过渡区,这将影响显影后所形成的图形尺寸和分辨率。为了降低驻波效应的影响,在曝光后需要进行烘焙,称为后烘焙(PEB)。经过曝光和后烘焙,非曝光区的感光剂会向曝光区扩散,从而在曝光区与非曝光区的边界形成了平均的曝光效果。关于驻波效应的影响,我们将在本章的后续部分加以讲述。同时,具体的曝光方式将在本章 8.6 节中讲述。

8.1.4 显影

经过曝光和后烘焙之后,就可以进行显影。显影就是利用感光与未感光的光刻胶对显影液的不同溶解速度完成的。在显影过程中,正胶的曝光区,负胶的非曝光区在显影液中溶解,而正胶非曝光区和负胶曝光区的光刻胶则不会在显影液中溶解。这样,曝光后在光刻胶层中形成的潜在图形,显影后便显现出来,形成三维的光刻胶图形,这一步骤称为显影。

正胶经过曝光以后成为羧酸,就可以被碱性的显影液中和,反应生成的胺和金属盐可以快速溶解于显影液中[13]。光刻胶曝光、水解和显影过程的化学反应示意图见图 8.4。对于正胶来说,非曝光区的光刻胶由于在曝光时并未发生光化学反应,在显影时也就不存在这样的酸碱中和,因此非曝光区的光刻胶被保留下来。经过曝光的正胶是逐层溶解的,中和反应只在光刻胶的表面进行,因此正胶受显影液的影响相对比较小。对于负胶来说,非曝光区的负胶层在显影液中首先形成凝胶体,然后再分解溶掉,在显影过程中,整个负胶层都被显影液浸透。由于显影液的浸透,曝光区的负胶将会膨胀变形。因此,正胶的分辨率高于负胶[14]。为了提高分辨率,目前每一种光刻胶几乎都配有专用的显影液,以保证高质量的显影效果。

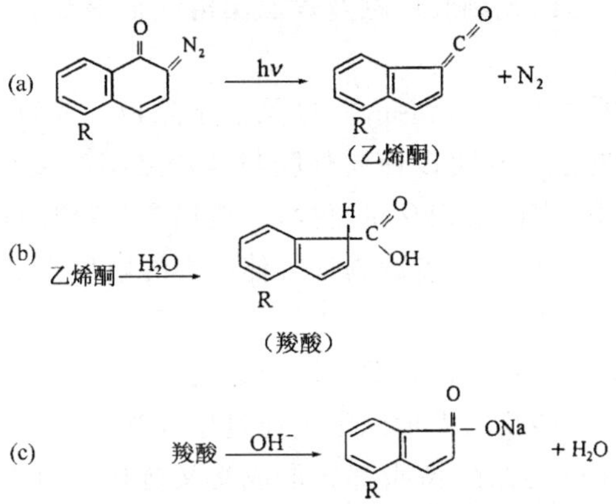

图 8.4 光刻胶曝光、水解和显影过程的化学反应方程

显影后所留下的光刻胶层将在后续的刻(腐)蚀工艺中作为保护层,因此,显影也是一步重要工艺。严格地说,在显影时曝光区与非曝光区的光刻胶都有不同程度的溶解。曝光区与非曝光区光刻胶的溶解速度反差越大,显影后得到的图形对比度就越高。影响显影效果的主要因素包括:① 曝光时间;② 前烘的温度和时间;③ 光刻胶的膜厚;④ 显影液的浓度;⑤ 显影液的温度;⑥ 显影液的搅动情况等。

进行显影的方式有许多种,目前广泛使用的是喷洒/混凝方法[15,16]。这种显影方式可分为三个步骤:① 硅片被置于旋转台上,并且在硅片表面上喷洒显影液;② 硅片将在静止的状态下进行混凝显影;③ 显影完成之后,需要进行漂洗,之后再旋干。显影之后需要对硅片进行漂洗和甩干,是因为显影液在没有完全清除之前,仍然在起作用。喷洒/混凝方法的优点在于它可以适用流水线的要求。

显影之后,一般要通过光学显微镜、扫描电子显微镜(SEM)或者激光系统来检测图形尺寸是否满足要求。需要检测的内容包括:① 掩膜版选用的是否正确;② 光刻胶层的质量是否满足要求(光刻胶有没有污染,划痕,气泡和条纹等);③ 图形的质量(有好的边界,图形尺寸和线宽满足要求);④ 套准精度是否满足要求。如果上述要检测的内容不能满足要求,可以返工,因为显影之后只是形成了三维光刻胶的图形,只需去掉光刻胶就可以重新进行上述各步工艺。

8.1.5 坚膜

显影之后,需要经历一个热处理过程,简称坚膜(例如:正胶的坚膜温度约为120℃～140℃)。坚膜的主要作用是除去光刻胶中剩余的溶剂,增强光刻胶对硅片表面的附着力,同时提高光刻胶在刻蚀过程中的抗蚀能力和保护能力。通常坚膜的温度要高于前烘和后烘焙温度,坚膜温度也称为光刻胶的玻璃态转变温度[17]。在这个温度下,光刻胶将软化,成为类似玻璃体在高温下的熔融状态。这将使光刻胶的表面在表面张力的作用下而圆滑化,并使光刻胶层中的缺陷(如针孔)因光刻胶熔融及表面圆滑化而减少,并可借此修正光刻胶图形的边缘轮廓。

通过坚膜,光刻胶的附着力会得到提高,这是由于除掉了光刻胶中的溶剂,同时也是热融效应作用的结果,因为热融效应可以使光刻胶与硅片之间的接触面积达到最大。较高的坚膜温度可使坚膜后光刻胶中的溶剂含量更少,但增加了去胶时的困难。而且,如果坚膜的温度太高(170～180℃以上),由于光刻胶内部拉伸应力的增加会使光刻胶的附着性下降,因此必须精确控制坚膜温度。

在坚膜之后还需要对光刻胶进行光学稳定。通过光学稳定,使光刻胶在干法刻蚀过程中的抗蚀性能得到增强。光刻胶的光学稳定是通过紫外光(UV)辐照和加热来完成的。正胶在受到 UV 辐照之后,DQ 与酚醛树脂都会形成交叉链接。由于正胶吸收 UV 的能力很强,所以开始辐照时的 UV 主要被表层的光刻胶吸收。经过 UV 辐照和适度的温度处理(110℃)之后,在光刻胶表面上形成了交叉链接的硬壳。在表面形成硬壳之后,进一步的热处理和 UV 照射过程可以使内部的光刻胶形成交叉链接。在加热的同时,需要保持 UV 照射。而光学稳定过程中在光刻胶表面形成的硬壳可以使光刻胶图形在高温过程中不会变形。

光学稳定可以使光刻胶产生均匀的交叉链接,提高光刻胶的抗刻蚀能力,进而提高刻蚀工艺的选择性。经过 UV 光学稳定之后的光刻胶其抗刻蚀能力可以增强 40% 左右。由于热稳定性得到了提高,就可以扩大刻蚀工艺的适用范围,而且使抗刻蚀能力更强。但是 UV 光学稳定处理并不是没有缺点。去除经过 UV 处理的光刻胶需要进行额外的一步工艺,光刻胶首先经过氧等离子的灰化,然后通过湿法除去。

8.1.6 刻(腐)蚀

在完成上述工艺之后,就可以进行刻(腐)蚀。关于刻(腐)蚀的内容,我们将在本章8.11和8.12节中讲述。本书中对刻蚀和腐蚀的分法是:在等离子体中进行的称为干法刻蚀,或称刻蚀,在腐蚀液中进行的称为湿法腐蚀,或称腐蚀。

8.1.7 去胶

刻(腐)蚀之后,光刻胶做为保护层的作用已经完成,因此,可以将光刻胶从硅片表面除去,这一步骤称为去胶。在光刻工艺中,去胶的方法包括湿法去胶和干法去胶,在湿法去胶中又分为有机溶液去胶和无机溶液去胶。

使用有机溶液去胶,主要是使光刻胶溶于有机溶液中,从而达到去胶的目的。有机溶液去胶中使用的溶剂主要有丙酮和芳香族的有机溶剂。无机溶液去胶的原理是利用光刻胶本身也是有机物的特点(主要由碳和氢等元素构成的化合物),通过使用一些无机溶液(如 H_2SO_4 和 H_2O_2 等),将光刻胶中的碳元素氧化成为二氧化碳,这样就可以把光刻胶从硅片的表面上除去。不过,由于无机溶液会腐蚀 Al,因此去除 Al 层表面的光刻胶必须使用有机溶液。

干法去胶则是用等离子体将光刻胶剥除。以使用氧等离子体为例,硅片上的光刻胶通过在氧等离子体中的化学反应,生成气态的 CO、CO_2 和 H_2O,可以由真空系统抽走。相对于湿法去胶,干法去胶的效果更好,但是干法去胶存在反应残留物的沾污问题,因此干法去胶与湿法去胶经常搭配进行。

去胶之后,最终完成了图形转移。也就是把掩膜版上的图形通过曝光先在光刻胶层中形成潜在的图形,再通过显影,使光刻胶中的潜在图形形成三维的光刻胶图形,最后以光刻胶作为保护层通过刻蚀,最终把掩膜版上的图形转移到硅片表面(薄膜)上,完成了图形转移。

8.2 分辨率

分辨率 R 是对光刻工艺可以达到的最小图形尺寸的一种描述。R 实际上是表示每 mm 内能刻蚀出可分辨的最多线条数。在分辨率的描述中,常用线条宽度与线条间距相等的情况标志水平,在这种情况下,R 定义为

$$R = \frac{1}{2L}(\mathrm{mm}^{-1}) \tag{8.1}$$

即分辨率定义为每 mm 内包含可分辨线条的最多对数,例如线宽和间距均为 $1\,\mu m$ 时,R 为 500。很显然,线条越细则分辨率越高。当要加工的线条宽度超过分辨率时,实际得到的线条和间隔是分辨不清的,即相邻的两个条线是模糊的。故分辨率是指线条和间隔清晰可辨时,每 mm 中的最多线条对数。光刻的分辨率受到光刻系统、光刻胶和工艺条件等各方面的限制,这里我们只从物理角度对分辨率进行讨论。在光刻工艺中所用的曝光光源是光子、电子、离子和 x 射线等各种粒子束。从量子物理的角度看,限制分辨率的因素是衍射。

设有一物理线度 L,为了测量和定义它,必不可少的误差为 ΔL,根据量子理论的海森堡测不准关系式,则有

$$\Delta L \cdot \Delta P \geqslant h \tag{8.2}$$

其中 h 是普朗克常数,ΔP 是粒子动量的不确定值。对于曝光所用的粒子束,若其动量的最大变化是从 $-P$ 到 $+P$,即 $\Delta P = 2P$,代入(8.2)式,则有

$$\Delta L \geqslant \frac{h}{2P} \tag{8.3}$$

ΔL 在这里表示分清线宽 L 必然存在的误差。若 ΔL 就是线宽,那么它就是物理上可以得到的最细线宽,因而最高的分辨率 $R_{\max}$ 应为

$$R_{\max} = \frac{1}{2\Delta L} \leqslant \frac{P}{h} \tag{8.4}$$

不同的粒子束,因其能量、动量不同,则 ΔL 亦不同,对于光子来说

$$P = h/\lambda \tag{8.5}$$

代入(8.4)式,得到

$$\Delta L \geqslant \frac{\lambda}{2} \tag{8.6}$$

通常把(8.6)式看做是光学光刻(曝光源是光子)可得到的最细线条,即不可能得到一个比 $\lambda/2$ 还要细的线条。其物理图像是,光的波动性所显现的衍射效应限制了线宽 $\geqslant \lambda/2$,因此最高分辨率为

$$R_{\max} \leqslant \frac{1}{\lambda}(\text{mm}^{-1}) \tag{8.7}$$

这是仅考虑光的衍射效应而得到的结果,没有涉及光学系统的误差以及光刻胶和工艺的误差等,因此这是纯理论的分辨率。

(8.6)式是关于光束的纯理论线宽限制,但对其他的粒子束同样适用。德波罗依指出,任何粒子束都具有波动性,即所谓物质波,其波长 λ 与质量 m、动能 E 的关系描述如下

$$E = \frac{1}{2}mV^2 \tag{8.8}$$

其中 V 为粒子束的运动速度,则其动量 P 为

$$P = mV \tag{8.9}$$

由(8.5)、(8.8)、(8.9)式可以得到

$$\frac{h}{\lambda} = \sqrt{2mE} \tag{8.10}$$

因此粒子束的波长 λ 为

$$\lambda = \frac{h}{\sqrt{2mE}} \tag{8.11}$$

由(8.6)与(8.11)式可以得到用粒子束曝光的最细线条为

$$\Delta L \geqslant \frac{h}{2\sqrt{2mE}} \tag{8.12}$$

从(8.12)式可以得到这样的结论:

(1) 若粒子束的能量 E 给定后,则粒子的质量 m 愈大,ΔL 愈小,因而分辨率愈高。以电子和离子作比较,离子的质量大于电子,所以它的 ΔL 小,即分辨率高。但这个说法有一定的限制,因为离子本身的线度一般大于 1Å,所以用粒子束作为曝光光源时,可达到的最小光刻图形尺寸不可能小于它本身的线度。

(2) 对于 m 一定时,即给定一种粒子,例如电子,则其动能愈高,ΔL 愈细、分辨率愈高。

8.3 光刻胶的基本属性

光刻胶可分为正胶和负胶两类。正胶与负胶经过曝光和显影之后所得到的图形是完全相反的。正胶的感光区域在显影时可以溶解掉,而没有感光的区域在显影时不溶解,因此所形成的光刻胶图形是掩膜图形的正映像,因而称之为正胶。负胶的情况与正胶相反,经过显影后在光刻胶层上形成的是掩膜的负性图形,所以称之为负胶。正胶与负胶图形转移的情况如图 8.5 所示。

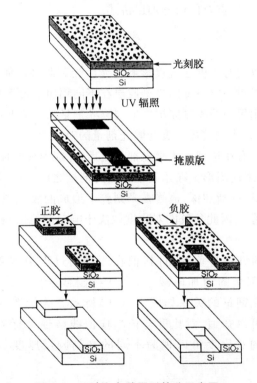

图 8.5 正胶和负胶图形转移示意图

虽然正胶和负胶都可以用于光刻工艺中,但是正胶的分辨率比负胶高,所以用 g 线(波长为 436 nm)和 i 线(波长为 365 nm)进行曝光时通常使用正胶。对于光刻 0.5 μm 以下的线条时,则需要使用经过化学增强的正胶。本节侧重于介绍采用 g 线和 i 线曝光的正胶以及深紫外化学增强正胶的基本属性。在本章的讲述中,如果对光刻胶不作特殊说明均指正胶。

光学光刻胶主要含有三种成分:① 聚合物材料(也称为树脂):聚合物材料在光的辐照下不发生化学反应,其主要作用是保证光刻胶薄膜的附着性和抗腐蚀性,同时也决定光刻胶薄膜的其他一些特性(如光刻胶的膜厚、弹性和热稳定性);② 感光材料:感光材料一般为复合物(简称 PAC 或感光剂)。感光剂在受光辐照之后会发生化学反应。正胶的感光剂在未曝光时起抑制溶解的作用,可以减慢光刻胶在显影液中的溶解速度。在 g 线和 i 线光刻中使用的正胶是由重氮醌(简称 DQ)感光剂和酚醛树脂构成的;③ 溶剂(如丙二醇一甲基乙醚,简称 PGME):溶剂的作用是使光刻胶在涂到硅片表面之前保持为液体状态。

光刻胶的主要特性可以分为三方面:① 光学性质:包括光敏度和折射率;② 力学和化学特性:包括固溶度、粘滞度、粘附度、抗蚀性能,热稳定性,流动性和对环境气氛(如氧气)的敏感度;③ 其他特性:如纯度(所含粒子数),金属含量,可应用的范围,储存的有效期和燃点等。在本节中将就其中重要的内容加以讲述。

8.3.1 对比度

从理论上讲,光刻胶的对比度会直接影响曝光后光刻胶层的倾角和线宽。为了测量正性光刻胶的对比度,可以将一定厚度的光刻胶层在不同辐照剂量下曝光,然后测量显影之后剩余光刻胶的厚度,利用得到的光刻胶层厚度与曝光剂量的对应曲线进行计算,就可以得到对比度。图 8.6 给出的是光刻胶层厚度与曝光剂量的对应曲线。

对于负性光刻胶,只有在达到临界曝光剂量之后,才能形成胶体的交叉链接。小于临界曝光剂量时负胶中不会形成图形。在达到临界曝光剂量之后,随着曝光剂量的增加,在负胶层中形成的胶化图像深度逐渐加深,最终在光刻胶中形成的胶化图像厚度等于初始时负胶的厚度,如图 8.6(a)所示。因此负胶的对比度取决于响应曲线的曝光剂量取对数坐标之后得到的斜率。

测量正胶对比度的方法与负胶相同,但在测量的过程中需要使用显影剂。正胶层的剩余厚度随着曝光剂量的增加而减小,直到在显影过程中被完全除去,曝光区域剩余的正胶层厚度与曝光剂量的关系如图 8.6(b)所示。分析图 8.6 中的光刻胶层厚度与曝光剂量响应曲线可以知道,对比度与该响应曲线线性坐标外推得到的斜率的绝对值有关。负胶和正胶的对比度可以视为不同的光刻胶层厚度与曝光剂量响应曲线的外推斜率[18]。

$$\gamma = \frac{Y_2 - Y_1}{X_2 - X_1} \tag{8.13}$$

对于负胶,$Y_2=1.0$,$Y_1=0$,$X_2=\log_{10}D_g^o$,$X_1=\log_{10}D_g^i$。对于正胶,$Y_2=0$,$Y_1=1.0$,$X_2=\log_{10}D_c$,$X_1=\log_{10}D_0$。其中,D_g^i 为负胶的临界曝光剂量,D_g^o 为负胶的胶化厚度与曝光开始时负胶层的厚度相同时的曝光剂量;D_c 为完全除去正胶膜所需要的最小曝光剂量,D_0 为对正胶不产生曝光效果所允许的最大曝光剂量。通过整理可以得到负胶和正胶的对比度表达式

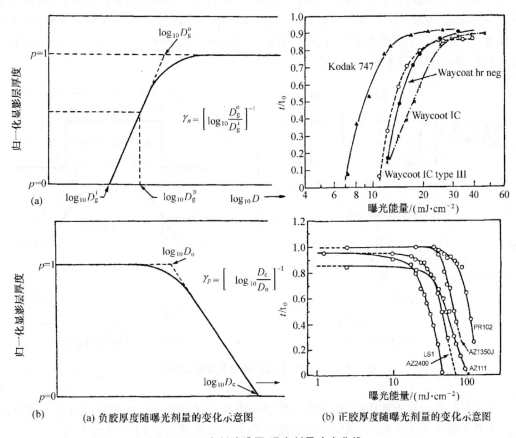

(a) 负胶厚度随曝光剂量的变化示意图　　(b) 正胶厚度随曝光剂量的变化示意图

图 8.6　光刻胶膜厚-曝光剂量响应曲线

(左侧为示意图,右侧为实际的对比曲线)

$$\gamma_n = \frac{1}{\log_{10}(D_g^o/D_g^i)} \tag{8.14a}$$

$$\gamma_p = \frac{1}{\log_{10}(D_c/D_o)} \tag{8.14b}$$

在理想曝光过程中,光刻胶受辐照区域应该与掩膜版透光区域的尺寸、图形形状相对应,其他区域不被辐照。在实际曝光过程中,由于衍射和散射的影响,光刻胶中所接受的辐照能量具有一定的分布。以正胶为例,曝光计量大于 D_c 区域的光刻胶可以在显影过程中除掉。而实际曝光时的对比度是有限的,部分区域的光刻胶受到的曝光剂量可能小于 D_c 而大于 D_o,在此种情况下,显影过程中只有部分溶解。因此经过显影之后留下的光刻胶层的侧面就会有一定的斜坡,如图 8.7 所示。光刻胶的对比度越高,光刻胶层的侧面越陡。由于线宽是通过测量衬底上特定高度的线条间距得到的,光刻胶侧面的陡度越好,与掩膜尺寸相比,得到图形的尺寸的准确度就越高。此外,最终的图形转移是经过刻蚀完成的,就是干法刻蚀在一定程度上对光刻胶也存在侵蚀作用,所以陡峭的光刻胶可以减小刻蚀过程中的钻蚀效应,从而提高分辨率。

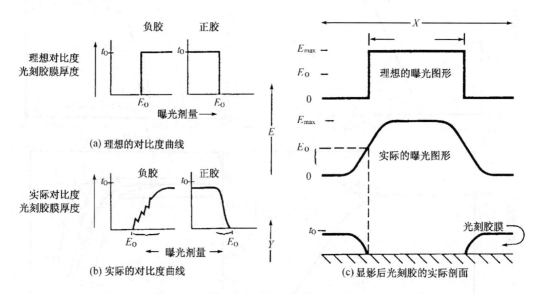

图 8.7　显影后光刻胶的理想与实际剖面图形

在光刻胶厚度接近零的位置,侧墙倾斜的角度与光刻胶的对比度和膜厚有关。理想的光刻胶有无限大的对比度,其响应曲线如图 8.7(a)。实际光刻胶的响应曲线如图 8.7(b)所示,图 8.7(c)给出的其显影后光刻胶的理想与实际剖面图形。通常用于 g 线和 i 线曝光的 DQN 正胶比负胶的对比度大,但是 DQN 正胶的对比度小于化学增强的 DUV 光刻胶。利用光刻胶的对比度可以计算光刻系统所形成的最小图形尺寸。

可以通过调制转移函数(MTF)来描述曝光图形的质量,MTF 的定义表达式为

$$\mathrm{MTF} = \frac{I_{\max} - I_{\min}}{I_{\max} + I_{\min}} \tag{8.15a}$$

其中,$I_{\max}$ 为图形曝光时最大的辐照强度,$I_{\min}$ 为图形曝光时最小的辐照强度。由此定义光刻胶的临界调制转移函数为

$$\mathrm{CMTF}_{光刻胶} = \frac{D_c - D_o}{D_c + D_o} \tag{8.15b}$$

为了使曝光系统能够得到所要求的线条尺寸,对应这些线条尺寸的调制转移函数 MTF 就需要大于或等于所用光刻胶对应的 CMTF。

另一方面,对比度与 CMTF 之间的关系为

$$\text{CMTF}_{光刻胶} = \frac{10^{1/\gamma}-1}{10^{1/\gamma}+1} \tag{8.16}$$

对于曝光系统,如果该系统对各种线条的 MTF 是已知的,那么根据光刻胶的对比度,就可以通过计算得到这一系统可以形成的最小图形尺寸。

8.3.2 光刻胶的膨胀

在显影过程中,如果显影液渗透到光刻胶中,光刻胶的体积就会膨胀,这将导致图形尺寸发生变化,这种膨胀现象主要发生在负胶中。由于负胶存在膨胀现象,因此光刻小于 3 μm 图形时,基本使用正胶。正胶的分子量通常都比较低,在显影液中的溶解机制与负胶不同,所以正胶不会发生膨胀,这方面内容已在显影部分讲过。

因为正胶不膨胀,分辨率就高于负胶。另外,减小光刻胶的厚度有助于提高分辨率,因此使用较厚正胶可以得到与使用较薄负胶相同的分辨率,在分辨率相同的情况下,与负胶相比可以使用较厚的正胶,从而能得到更好的覆盖效果,降低缺陷数量,还能增强抗干法刻蚀的强度。

8.3.3 光敏度

光刻胶的光敏度是指完成对所需图形曝光的最小曝光剂量。对于光化学反应,光敏度是由曝光效率决定的。曝光效率可以定义为参与光刻胶曝光的光子能量与进入光刻胶中总光子能量的比值。通常正胶比负胶有更高的曝光效率,因此正胶的光敏度也就比较高。一般光敏度好的光刻胶曝光效果也比较好,而且通过提高光敏度可以缩短曝光时间。

在光学光刻工艺的曝光过程中(还有 X 射线、电子束等非光学光刻的曝光源),首先要保证有足够的曝光剂量使曝光区的正胶在显影时能够完全溶解,同时还要保证未曝光区的正胶保持原本不溶解的特性,这就涉及到光刻胶与曝光源的光谱波段之间的对应关系。这个问题可以通过频谱响应曲线来说明。频谱响应曲线是用来描述光刻胶对辐射源不同光谱波段响应程度的曲线,通过频谱响应曲线可以给出光刻胶的曝光效率。如果辐射源所发射的光谱波段可以被光刻胶很好地吸收,那么就可以缩短曝光时间。但是频谱响应曲线并不能给出曝光所需要的确切时间。光刻胶与曝光波长之间的对应关系是很重要的,因为其他波长的光线对光刻胶也会产生不同程度的曝光效果。

需要指出的是,实际工艺中对光刻胶光敏度的要求是有限制的。如果光刻胶的光敏度过高,室温下就可能发生热反应,这将使光刻胶的存储时间减少。对光敏度高的正胶曝光时,每个像素点只需要得到少量的光子就可以完成曝光,而每个像素点上接收到的光子数受统计涨落影响,这将对均匀曝光产生影响。

8.3.4 抗刻(腐)蚀能力和热稳定性

光刻胶的抗刻(腐)蚀能力是指图形从光刻胶向硅片表面转移过程中,光刻胶抵抗刻(腐)蚀的能力。通常光刻胶对湿法腐蚀有比较好的抗腐蚀能力。对于干法刻蚀,大部分光刻胶的抗刻蚀能力则比较差。DQN正胶对干法刻蚀还是有比较好的抗刻蚀能力,但光敏度低。此外,还可以针对使用的腐蚀剂来改进光刻胶的抗腐蚀能力,对氯化物的腐蚀剂,可以在光刻胶中添加氟化物来加强抗腐蚀能力[19]。大部分X射线和电子束非光学光刻的光刻胶,抗干法刻蚀的能力比光学光刻胶差。

通常干法刻蚀的温度比湿法腐蚀要高,这就要求光刻胶能够保证在工作温度下的热稳定性。一般要求光刻胶能够经受200℃的工作温度[20]。

8.3.5 粘附力

在光刻工艺中,光刻胶通常是涂在金属、SiO_2、PSG、Si_3N_4等薄层上,并希望光刻胶牢固的粘附在这些物质的表面上。在刻蚀的过程中,如果光刻胶粘附不牢就会发生钻蚀和浮胶,这将直接影响光刻的质量,甚至使整个图形丢失。光刻胶粘附问题在多晶硅、金属层和高掺杂的SiO_2层上最为明显。影响光刻胶粘附性能的因素很多,衬底材料的性质、表面图形的情况,以及工艺条件都会对光刻胶粘附性产生影响。增强光刻胶与衬底表面之间的粘附方法有:① 在涂胶之前对硅片进行脱水处理;② 使用HMDS等增粘剂;③ 提高坚膜的温度。另外,使用干法刻蚀可以降低对光刻胶粘附力的要求。

8.3.6 溶解度和粘滞度

光刻胶是由溶剂溶解固态物质(如树脂)所形成的液体,其中溶解的固态物质所占的比重称为溶解度。光刻胶的溶解度将决定甩胶后所形成的光刻胶膜的厚度以及光刻胶的流动性。对于正胶,PAC在光刻胶存储过程中逐渐分解而形成沉淀物,当从光刻胶中过滤出来之后,就会改变光刻胶的溶解度。光刻胶在使用前往往需要进行过滤,所以光刻胶的溶解度与储存时间和使用情况有关。

光刻胶的粘滞度与溶解度和环境温度都有关系,并且粘滞度是影响甩胶后光刻胶的胶膜厚度的两个因素之一(另一个是甩胶速度)。只有严格控制涂胶和甩胶时的溶解度以及工作的温度,才能得到可重复的胶膜厚度。

8.3.7 微粒数量和金属含量

光刻胶的纯净度与光刻胶中的微粒数量和金属含量有关。为了满足对光刻胶中微粒数量的控制,光刻胶在生产过程中需要经过严格的过滤和包装。通过严格的过滤和超净密封包装,可以得到高纯度的光刻胶。但是,即便是高纯度的光刻胶,在使用前仍然需要进行过滤,这是因为随着存储时间的增加,PAC等在光刻胶中逐渐分解,光刻胶中的微粒数量会不断增加。光刻胶的过滤通常是在干燥的惰性气体(如氮气)中进行的,根据需要选择过滤的级别,一般直径在 0.1 μm 以上的微粒都需要过滤掉。过滤的精度越高,相应的成本也就越高。

光刻胶中的金属主要是指含有的钠和钾,因为光刻胶中的钠和钾会降低器件的性能。通常要求光刻胶的金属含量越低越好,特别是钠原子的含量要小于百万分之 0.5。这种低浓度的钠和钾可以通过原子吸收光谱分光光度计来测量。

8.3.8 存储寿命

光刻胶中的成分会随时间和温度而发生变化。通常负胶的储存寿命比正胶短(负胶易于自动聚合成胶化团)。从热敏性和老化情况来看,DQN 正胶在封闭条件下的储存是比较稳定的。如果储存得当,DQN 正胶可以保存六个月至一年。在存储期间,由于交叉链接作用,DQN 正胶中的高分子成分会增加,这时 DNQ 感光剂不再可溶,结晶成沉淀物。另一方面,如果保存在高温的条件下,光刻胶会发生交叉链接,这两种因素都会增加光刻胶中微粒的浓度。采用适当的运输和存储方式,在特定的条件下保存以及使用前对光刻胶进行过滤,这些都有利于解决光刻胶的老化问题。

8.4 多层光刻胶工艺

通过减薄光刻胶层的厚度可以提高分辨率,但是,在具体工艺中,光刻胶层需要有足够的厚度和致密度,以满足在刻蚀过程中对图形保护的要求,同时还需要克服由于各处光刻胶厚度不均匀所引起的线宽差异。为了得到即薄而又致密的光刻胶层,在光刻工艺中可采用了多层光刻胶(multi-layer resist,MLR)技术[21]。这种想法的来源就是采用性质不同的多层光刻胶,分别利用其抗蚀性、平坦化等特性完成图形转移。举例来说,三层比单层的光刻胶有更好的分辨率,但因工艺复杂难以推广。下面简要讲述一种采用两层光刻胶的工艺。

在双层光刻胶工艺中,顶层光刻胶经过曝光和湿法显影后形成曝光图形,并在后续的刻蚀过程中作为刻蚀的保护层。底层光刻胶是用来在衬底上形成平坦化的表面,但这层光刻胶需要通过干法刻蚀(氧的等离子刻蚀)去掉。在某些双层光刻胶工艺中,需要在顶层光刻胶中加入硅,当底层光刻胶在氧气氛中进行等离子刻蚀时,顶层光刻胶中的硅会与氧反应生成 SiO_2,这样,顶层的光刻胶就不再被氧的等离子刻蚀,起到一个硬保护层的作用。这种在光刻胶中添加硅的方法将在下面进行讨论。

MLR 工艺虽然有很多优点,其代价是增加了工艺的复杂性,不但降低了产量,而且可能增加缺陷和成本。

8.4.1 光刻胶图形的硅化增强工艺

光刻胶图形的硅化增强(Si-CARL)工艺如图 8.8 所示[22]。在 Si-CARL 工艺中,首先在硅片表面甩上双层光刻胶的底层胶(一般采用强交叉链接的树脂材料),其作用是保护衬底上的图形,并在起伏的表面上形成平坦化的光刻胶层。经过前烘之后,在底层胶的上面再甩上一层很薄的正性光刻胶,这层很薄的顶层光刻胶用来作为成像层。顶层胶中含有酐,可以与氨基反应。顶层正胶中的酐经过曝光后转化为羧酸,而非曝光区中的酐被保留下来。在经过曝光和显影之后,在顶层正胶中形成了所需要的图形。然后将硅片浸入到带有氨基的硅氧烷溶液中,硅氧烷溶液中的氨基与顶层未曝光的光刻胶中保留下来的酐反应,使硅氧烷中的硅原子留在顶层胶中[23]。

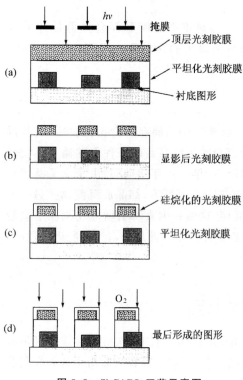

图 8.8 Si-CARL 工艺示意图

经过上述处理,顶层未曝光的光刻胶中含有 20%~30% 的硅。然后在氧的等离子气氛中进行干法刻蚀,光刻胶中的硅与氧反应,从而在光刻胶的表面形成 SiO_2 薄层。这样在刻蚀过程中,氧等离子只刻蚀没有被顶层保护的底层光刻胶。因为顶层剩余光刻胶中的 SiO_2 在刻蚀时不发生反应。经过刻蚀之后,由顶层光刻胶保护的图形被保留下来,图形就转移到底层光刻胶上。利用 Si-CARL 方法可以形成高宽比很大的图形,还可以形成尺寸小于 0.25 μm 的图形[24]。

8.4.2 对比增强层工艺

另一种增加光刻工艺分辨率的方法是使用对比增强层(contrast enhancement layer,CEL)工艺[25]。CEL 工艺与前述的 MLR 工艺不同,在显影过程中 CEL 是全被除去的,而在 MLR 工艺中未曝光的顶层正胶在显影之后仍然保留下来。在 CEL 工艺中,经过甩胶和前烘之后,在光刻胶上甩上 CEL。这一层薄膜通常是不透明的,但是在投影曝光系统中,掩膜图形被聚焦到硅片表面之后,不透明的 CEL 在强光作用下变为透明。这样光线就可以通过因强光作用而变为透明区的 CEL,并对下面的光刻胶曝光。由于 CEL 是直接与光刻胶接触的,它的作用类似接触式曝光中的掩膜版。这样,使用 CEL 就可以充分发挥投影曝光的优点,而又不再受接触曝光的限制,同时还可以达到接触式曝光的效果。曝光之后,先通过湿法显影除去 CEL。去掉 CEL 之后,再对光刻胶进行显影。CEL 对对比度的增强效果如图 8.9 所示。

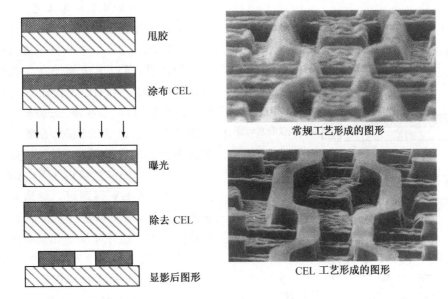

图 8.9　CEL 增强效果示意图

8.4.3　硅烷基化光刻胶表面成像工艺

因为多层光刻胶工艺过于复杂,通过其他工艺方法,也可以达到多层光刻胶的工艺水平。通过对光刻胶所形成的图形进行选择性的硅烷基化,从而使光刻胶顶层的成像层和底层的平面层分离,这样就不需要 MLR 工艺。这种选择性地将硅扩散到成像层中的方法称为扩散增强硅烷基化光刻胶(diffusion-enhanced silylated resist,DESIRE)工艺。通过 DE-SIRE 工艺形成的是负性的图形,而干法刻蚀正胶成像(positive resist image etch,PRIME)工艺能够选择性地形成正性的图形。

1. 扩散增强硅烷基化光刻胶工艺

扩散增强的硅烷基化光刻胶工艺包括四个步骤[26]：① 光刻胶经过曝光之后,在光刻胶上形成隐性的图形;② 在硅烷基化处理之前对光刻胶进行前烘;③ 在光刻胶上形成硅烷基化的图形;④ 干法刻蚀光刻胶,在光刻胶上形成图形。DESIRE 工艺示意图见图 8.10。具体地讲,首先需要在硅片上涂上单层的 DQN 光刻胶,然后进行曝光。在曝光过程中,DNQ 分解,在光刻胶中形成隐性的图形。硅片经过前烘之后,未曝光的 DNQ 形成交叉链接,这样与因曝光已经分解的 DNQ 区域相比,形成交叉链接的非曝光区不容易吸收硅。在高温下将基片在含硅的 HMDS 或者 TMDS 中烘烤,或者放入室温下为液态的六甲基环丙硅烷(HMCTS)中浸泡,都可以使硅扩散进入到曝光区的光刻胶中。随后使用氧等离子刻蚀光刻胶,曝光区光刻胶中的硅在氧等离子体中氧化形成抗刻蚀的 SiO_2 层,而不能形成 SiO_2 保护层的未曝光区的光刻胶将被各向异性地刻蚀掉。由于是各向异性的刻蚀,所以,显影后得到的光刻胶图形的垂直效果非常理想。

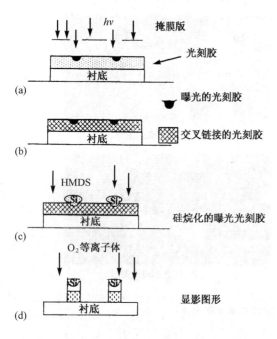

图 8.10 DESIRE 工艺示意图

2. 干法刻蚀正胶成像工艺

干法刻蚀正胶成像(positive resist image etch,PRIME)工艺实际上是 DESIRE 工艺的改进,通过干法刻蚀在光刻胶上形成正性图形。PRIME 中使用的光刻胶与 DESIRE 相同,但是在曝光过程中,曝光区的感光剂发生分解的同时,在曝光区的光刻胶中也形成交叉链接,交叉链接的深度可以达到 30 nm。然后由 UV(紫外线)辐照代替前烘。UV 辐照可以使未曝光区的感光剂分解,从而可使硅扩散到这些未曝光的区域中。这样硅烷基化是在非曝光区进行的,经过干法刻蚀光刻胶之后,就在光刻胶上形成了正性的掩膜图形。

MLR 工艺虽然增加了工艺复杂性,但提高了分辨率和聚焦深度。MLR 与表面成像技术都有可能在光刻工艺中起到重要作用。在表面成像的过程中,光刻胶的底层用来掩盖衬底,光化学反应只在光刻胶的顶层发生。衬底的图形以及衬底对光线的反射对光刻胶的干扰都被减少到最小。这种技术也可以应用于 EUV(极紫外线)曝光和电子束曝光。此外表面成像技术可以与其他的光学增强(如离轴照明和移相掩膜)技术相兼容。此外,能够用干法刻蚀去掉的抗反射光刻胶(ARC)也为光刻胶的干法处理铺平了道路。

8.5 抗反射涂层工艺

在光刻工艺中使用抗反射涂层(anti-reflecting coating,ARC)工艺,可以降低驻波效应的影响[27~29]。ARC 可以淀积在光刻胶的表面,或者淀积在硅片与光刻胶的交界面(也就是光刻胶的底部),具体的细节将在下面讲述。

8.5.1 驻波效应

曝光光线进入到光刻胶层之后,如果没有被完全吸收,没被吸收的光线就会穿过光刻胶层到达衬底表面,如果在衬底表面被反射,那么又会回到光刻胶中。这样,在光刻胶中反射光线与入射光线将发生干涉,从而形成驻波。在曝光中的驻波现象表现为以 $\lambda/2n$(λ 为曝光波长,n 为光刻胶的折射率)为间隔、形成强弱相间的曝光区域,驻波效应的影响见图 8.11[30]。

由于驻波的影响,光强周期性地变化将会引起光刻胶对光能吸收的不均匀,因光刻胶吸收能量存在变化将会导致线宽发生变化,最终降低分辨率。如果光线在衬底是强反射,将会加重驻波效应的影响。

目前,改善驻波效应的方法很多,其中常用的一种方法就是在光刻胶层的底部与衬底表面之间加入抗反射层,以及在曝光后进行烘焙(PEB)。曝光后的烘焙是在显影之前进行的,对于曝光 0.5 μm 以下的线条都需要使用上述技术,否则 0.4 μm 以下的 i 线曝光是不可能实现的[31]。

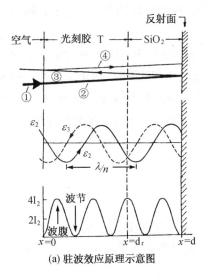
(a) 驻波效应原理示意图

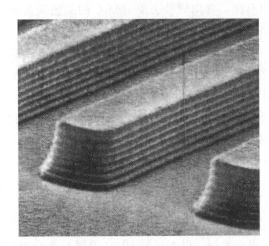
(b) 显影后光刻胶侧墙受驻波影响的照片

图 8.11 驻波效应对光刻胶曝光的影响

8.5.2 底层抗反射层工艺

底层抗反射层(bottom anti-reflecting layers,BARC)工艺,是在衬底表面和光刻胶层之间加入抗反射层,这个抗反射层可以吸收穿过光刻胶层的光线。当曝光光线进入光刻胶层而又没有被吸收的光线,到达光刻胶与 BARC 界面之后,少部分光线被 BARC 反射,又回到光刻胶中,主要部分进入到 BARC 中。进入到 BARC 中的光线将穿过 BARC。穿过 BARC 的光线在衬底表面被反射之后又回到 BARC 中。根据曝光光线的波长,通过调整 BARC 的厚度,使穿过 BARC 的光线,形成 1/4 波长的光程。那么两次通过 BARC 层光波将产生 1/2 波长的光程。那么,由衬底表面反射之又回到 BARC 与光刻胶界面的光波与直接由 BARC 反射的光波有 180° 的相移,它们之间将发生干涉,形成减弱的叠加效果[32]。

如果 BARC 与入射光的匹配很好,那么只有少量的光线由光刻胶与 BARC 界面反射回到光刻胶中,而且反射光的振幅也将减小,也会降低驻波效应的影响。使用 BARC 的代价是增加了工艺复杂性，并且需要有独立的工序来去除 BARC。

BARC 可以通过 PVD 或 CVD 形成。先在衬底表面上淀积 BARC,然后再把光刻胶甩在 BARC 上。早期的有机 BARC 可以采用湿法腐蚀去除。由于湿法腐蚀是各向同性的，对 BARC 进行湿法腐蚀不适用于 0.5 μm 以下的光刻工艺。新型的有机 BARC 可以采用氧等离子体通过干法刻蚀除去，这样，BARC 就可以应用到 DUV 光刻中。但是，如果一些区域的 BARC 比其他区域厚，在硅片平面上使用干法刻蚀去除 BARC 时，就会侵蚀到一些原不该除去的光刻胶，而且剩余的 BARC 仍然需要去掉，这就需要进行各向同性的腐蚀。各向同性去除 BARC 的工艺同时也会作用在光刻胶图形上，这又会影响线宽控制问题。

通过 PECVD 淀积无机电介 ARC 来形成 BARC,这里的 ARC 主要是硅氮氧化物或硅氮化物层，其作用是通过调整膜厚达到与入射光相匹配。无机 BARC 的化学性质一般与其下的覆盖层类似，可以有效地除去。因此，在一些工艺中考虑使用无机 BARC 材料。另一方面，无机的 BARC 比有机 BARC 在刻蚀中有更高的选择性。而且，在刻蚀过程中，无机 BARC 也可以做为硬掩蔽层。

8.6 紫外线曝光

紫外线(ultraviolet,UV)和深紫外线(damaging ultraviolet,DUV)是目前光刻普遍应用的曝光光线。以 UV 和 DUV 发展起来的曝光方法主要有接触式曝光、接近式曝光和投影式曝光。下面我们将分别讲述这些内容。

8.6.1 高压弧光灯

在光学光刻工艺中，多年来最常用的曝光光源就是高压弧光灯，高压弧光灯是目前可获得亮度最高的非相干光源。大多数弧光灯，也称高压水银(汞)灯其灯内含有汞蒸气。在汞灯内有两个分开的电极，汞灯内部充有压力约为 1 atm 的水银气体(灯处于冷却状态时)。如果在汞灯内加入一定的氙气，可以提高波长在 200~300 nm 范围的输出能量。在两个电极之间施加高压脉冲时，脉冲将会使电极间的气体电离，从而形成弧光发射。灯内离化的气体非常热，在工作过程中，灯内的压力可以达到 40 atm。

图 8.12 显示的是典型汞灯的发射光谱。在发射光谱中，有很多尖锐的发射峰，而且波长不同其强度也不相同。在 350~450 nm 的 UV 光谱范围内，有三条强峰：i 线(365 nm)、h 线(405 nm)、和 g 线(436 nm)。由于这些波段是分散的，所以可通过折射透镜进行分离，就可以得到单一波长的光线。每条单一波长的光线含有的能量要低于弧光灯所产生能量的 2%。

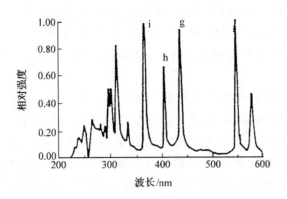

图 8.12 汞弧光灯的发射光谱

为了得到最大的光强,可以使用高能水银弧光灯(输出功率 200～2000W)。高能水银弧光灯发射的大部分为红外光和可见光,因此需要利用多层绝缘过滤器将红外光和可见光从光路中过滤掉。

8.6.2 投影光源系统

投影光源系统就是收集从弧光灯发出的光,并使收集的光通过掩膜版投射到透镜组的入射光孔中。光学收集系统(通常为抛物面反射镜)可以收集到很大角度的弧光光束,达到尽可能多的将发射的光引到需要曝光硅片表面上的目的。在弧光灯发出的光谱中,有些波长的光是不需要的,将由过滤器过滤掉,而通过投影透镜的那束光线就是所选的波长,也就是用于曝光的光线。弧光灯发射的光线一致性并不好,为了满足通过掩膜版的光强波动小于 1%,需要对引出的光使用均匀技术。最常见的方法就是使用蜂窝状透镜,这个光学镜片可以产生出弧光灯的多重图像。从多重图像射出的光被集合在一起,产生了一个平均强度。与灯的发射情况相比,这个平均强度要均匀很多。

8.6.3 准分子激光 DUV 光源

大多数弧光灯在近紫外和可见光范围内是有效辐照源,而在深紫外范围效率不高,准分子激光器的光谱在这一范围内最强,所以准分子激光就成为 DUV 曝光的光源[33]。KrF 准分子激光可以产生波长为 248 nm 的 DUV 光线。ArF 准分子激光可以产生波长为 193 nm 的 DUV 光线。KrF 准分子激光光源目前已经成为光刻工艺中的主要光源(应用于 0.35 μm、0.25 μm、和 0.184 μm CMOS 工艺中)。而 ArF 准分子激光产生的 193 nm 的光源可以应用于 0.2 μm 以下的 CMOS 工艺中。

准分子是由一个惰性气体原子和一个卤素原子组成的特殊分子。这种分子只是在准稳态的激发状态下被约束在一起。这是因为惰性气体原子和卤素气体原子在基态下是不会反应的。如果其中的一个或两个原子处在激发状态下，就可以发生化学反应形成二聚物(二聚物通常是由相同的两个原子组成的，实际的准分子相当于激发的二聚物)。当准分子中的原子的状态衰变到基态时，二聚物就分离成两个原子，在衰变的过程中，会有 DUV 的能量发射。

在 KrF 准分子激光器中，首先是等离子体中产生 Kr^+ 和 F^- 离子，然后对 Kr^+ 和 F^- 离子气体施加高电压的脉冲，就可以使这些离子结合在一起形成 KrF 准分子。在一些准分子开始自发衰变之后，它们发射的光穿过含有准分子的气体时，就会激励这些准分子发生衰变。因此，准分子激光以短脉冲形式发射，而不是连续地发射激光。只要对 Kr^+ 和 F^- 离子气体加以足够高的电压，也就是提供足够的能量，那么激发、脉冲和激光发射就会重复产生。

与水银弧光灯发射的 235~260 nm 谱线相比，KrF 激光器发射的 248 nm 谱线具有更高的有效能量。弧光灯发射的光线是各向同性的，KrF 激光器发射的是准直的激光，所以发射光的强度要比弧光灯高很多。与其他种类的激光相比，准分子激光的空间相干比较低，而它的带宽又相对较宽。为了使 KrF 激光的带宽减少到 1 pm 以下，需要在激光腔内放置用于色散的光学元件(例如棱镜或衍射光栅)。引入这些色散元件会减少激光束的整体能量，同时能量的稳定性也受到影响。带宽经过窄化的激光束的中心波长需要保持恒定，因为一旦中心波长发生微小的移动(千分之几 nm)，透镜的色差所引起的透镜焦距的变化比这个位移要大得多。举例来说，如果中心波长有 1 pm 的变化，那么透镜的焦点就会有大约 0.15 μm 的变化。

使用准分子激光作为光刻光源的另一个问题是准分子激光以脉冲的形式发射能量。准分子激光通常产生频率为 200~2000 Hz 的脉冲，而每一个脉冲的时间长度只有 5~20 ns。这样在脉冲与脉冲之间，就会有一段相对比较长的空闲时间，因此，每个脉冲的峰值能量就会非常高，高峰值的能量可能会对光学系统的表面材料产生伤害。因此，在设计光刻系统时，就需要考虑使各点的能量强度保持在低水平上。

8.6.4 接近式曝光

图 8.13 是接近式曝光系统示意图。它由四部分组成：光源与透镜、掩膜版、硅片(样品)以及对准台。汞灯发射的紫外光由透镜变成平行光，平行光通过掩膜版后在光刻胶上形成了掩膜版图形的像。掩膜版与硅片之间存在一个间隙，间隙 s 很小，通常 $s \approx$ 5~25 μm，所以称这种曝光方式为接近式曝光。在分辨率的讨论中我们知道，光学曝光的理论分辨率为 $1/\lambda$。但在接近式曝光系统中由于掩膜版和硅片之间存在间隙，必须考虑这种情况下衍射对分辨率的影响。

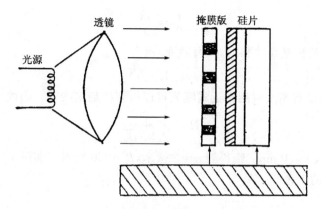

图 8.13 接近式曝光系统示意图

设有一光屏 BB′，上面有宽度为 a 的狭缝，见图 8.14，这相当于我们的掩膜版。狭缝的长度不限，其方向垂直于图面。当光线通过 BB′ 则会在与其相距 s 的 EE′（硅片上的胶膜）上呈像。因衍射效应光强分布如 GG′ 所示。为了描述衍射，我们插入一个透镜 L。如果没有衍射则光线通过 L 会聚于一点；如有衍射，则呈 GG′ 分布。这里我们计算一级衍射极小的像宽度 Δx。设在 EE′ 上有一点 C，则狭缝上下两边的光线到达 C 点的光程差 Δ 为

$$\Delta = a\sin\theta \tag{8.17}$$

其中 θ 为出射光线与轴线的夹角。初位相 δ 与光程差 Δ 的关系为

$$\delta = 2\pi\frac{\Delta}{\lambda} \tag{8.18}$$

所以

$$\delta = 2\pi\frac{a\sin\theta}{\lambda} \tag{8.19}$$

从 (8.19) 式很易得知

(1) $\theta=0$，则 $\delta=0$，此时对应于衍射图形的极大位置。

(2) $\delta=\pm 2k\pi (k=0,1,2\cdots)$，对应于极小。$k=1$ 相对应于第一个极小。第一个极小在中心对称位置的两侧，一边一个，以 C 点为第一极小，则由 (8.17) 式得到

$$\pm 2k\pi = 2\pi\frac{a\sin\theta}{\lambda} \tag{8.20}$$

因 $k=1$，(8.20) 式可改写为

$$\sin\theta = \pm\frac{\lambda}{a} \tag{8.21}$$

由图 8.14 中得知，C 点偏离中心的距离为 $x/2$，并有

$$\frac{x}{2} = s\cdot\sin\theta \tag{8.22}$$

从 (8.22) 和 (8.21) 式得到

$$\frac{x}{2} = \frac{s\lambda}{a} \tag{8.23}$$

令 $x=a$,即像与狭缝尺寸相同,没有畸变,则有

$$a = 1.4\sqrt{s\lambda} \tag{8.24}$$

(8.24)式表示没有畸变时用接近式曝光可以得到的最细线宽。因此分辨率为

$$R = \frac{1}{2.8\sqrt{s\lambda}} \tag{8.25}$$

设 $s=5\times 10^{-4}$ cm, $\lambda=400$ nm。则得到 $a=2$ 微米,$R=250$ 线对。实际上 $s>5$ 微米,因此只能用到 $3\mu m$ 以上的工艺。

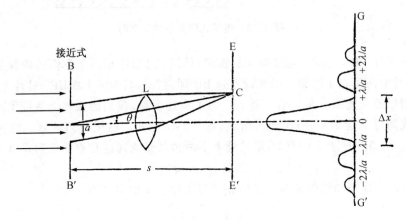

图 8.14　接近式曝光衍射示意图

8.6.5　接触式曝光

接触式曝光系统与接近式相同,唯一的区别就是掩膜版与硅片之间是紧密接触的,因 s 非常小,但不等于 0,因为光刻胶有一定的厚度,而曝光是在胶层中进行。由此看出接触式曝光的分辨率优于接近式曝光。

接触式曝光技术是集成电路研究与生产中最早采用的曝光方法,但目前处于被淘汰的地位,主要原因是掩膜版和硅片之间紧密接触容易引入大量的工艺缺陷,成品率降低,掩膜版也需经常更换。

8.6.6　投影式曝光

投影曝光系统如图 8.15 所示。光源经过第一个透镜变成平行光,然后通过掩膜版,由第二个透镜(物镜)聚焦后投向硅片,并在硅片表面的光刻胶上形成掩膜版图形的像,硅片支架和掩膜版间有一个对准系统。采用投影曝光系统,主要是为了得到接触式曝光的高分辨率,而又不会产生缺陷。投影曝光系统的分辨率主要是受衍射限制。图 8.16 是投影曝光原

理的示意图,其中 f 是透镜的焦距,D 是透镜的直径,$2a$ 是像点的张角。根据雷莱定义的分辨标准,透镜系统对物像的分辨能力,即两个像点能够被分辨的最小间隔 δy 为

$$\delta y = 1.22 \frac{\lambda}{D} f \tag{8.26}$$

在多个光学元件组成的系统中,常引入数值孔径 NA 描述透镜性能

$$NA = n\sin a \tag{8.27}$$

其中 n 是透镜到硅片间的介质折射率。并有

$$n\sin a = \frac{D}{2f} \tag{8.28}$$

由(8.26)和(8.28)式可以得到

$$\delta y = 0.61 \frac{\lambda}{NA} \tag{8.29}$$

通常情况,NA=0.2~0.45,若取 0.40,λ=400 nm,则 δy=0.61 μm,所以投影光刻可以达到亚微米水平。

投影曝光的二个突出优点是:① 样品与掩膜版不接触,所以避免了因接触摩擦引入的工艺缺陷。② 掩膜版不易破损,提高了掩膜版的利用率。由于投影曝光的这些突出优点,已成为≤3 μm 光刻的主要曝光技术。

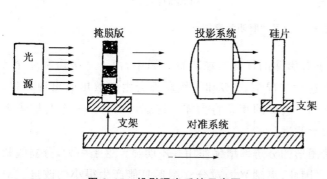

图 8.15 投影曝光系统示意图

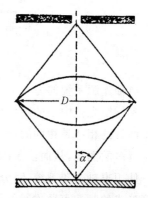

图 8.16 投影曝光原理示意图

8.6.7 离轴照明

采用离轴光源系统可以提高光刻图形的分辨率,但又不需要使用具有更高 NA 的透镜或者更短的曝光波长。在光学显微镜中,这种方法被用来增加图像的对比度[34~37]。离轴光源技术与传统光源技术不同,在传统的光源中,光线在通过投影透镜时是入射在光孔的中心位置,然后以一定的角度照射到硅片上,既有轴上照射光,也有离轴照射光。而在离轴光源技术中,光线在经过投影透镜时,入射在光孔的边缘上,这样就不存在轴上的照射成分。

如图 8.17 所示,在传统的曝光系统中,从光源系统中射出的光线穿过掩膜版之后,射向投影透镜入射光孔的中心。对于一个光栅图形来说,将会发生衍射,如果透镜的 NA 足够大,就可以接收到 +1 级、-1 级以及 0 级衍射斑,这种光学系统也称为三束投影系统。如果使用离轴光源系统,照射光线的 0 级斑打在投影透镜入射光孔的边缘上,而只有一条 1 级斑射到入射光孔的另一个边上,这样只能是两束投影。在这种情况下,角 θ 的值可以大于三束投影的情况,这说明光栅间距可以做得更小。反过来看,使用同样的 NA 和曝光波长的光学系统,就可以得到更高的分辨率。

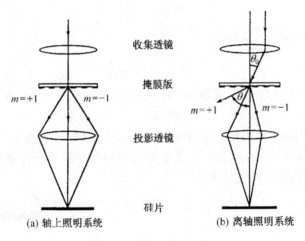

图 8.17 离轴照明示意图

离轴光源系统的另一个优点在于对焦深的优化。在离轴光源中,由于 0 级斑和一个 1 级斑到物镜光孔中心的距离相等,在这种情况下,0 级和 1 级斑都会由于散焦而出现相移,但是两者的相移是相同的,因此 0 级和 1 级斑的相差将为零。这就可以得到一个受散焦影响小得多的图像,从而使焦深得到重大改进。

使用离轴光源系统,对分立线状图形的分辨率增强作用并不明显。这是因为,分立线状图形形成的是非离散连续的衍射斑。因此,离轴光源对分立图形只能产生很小的改进。对于离轴光源系统,由于有一条 1 级斑没有被透镜收集,这就会损失一些曝光能量。

8.6.8 扩大调焦范围曝光技术

扩大调焦范围曝光技术,这种技术主要适用于接触孔或通孔的曝光,因为可以扩展聚焦深度,同时也可以用于曝光硅片表面不平坦引起表面随机变化的区域[38]。在这种方法中,曝光视场中存在有两个焦点,一个位于光刻胶层的中点,另一个位于光刻胶层的表面。因此,每个接触孔的图像包括两个叠加图像,一个在焦点上,一个在焦点外。焦点外的图像可以在一个宽敞的区域上伸展,只对焦点上的图像产生模糊的背景效果。通过选择曝光焦点可以提高接触孔的聚焦深度 3 至 4 倍,而且也可以提高接触孔的分辨率约 20% 左右[39]。

但是对分立线状图形,即便使用 FLEX 焦距深度几乎也得不到提高。这是因为,线状图形在焦点外所成的像不如接触孔的图像那样快速地消退到背景中,因为,线状图形在焦点外的像会干扰焦点内的像。

8.6.9 化学增强的深紫外光刻胶

为了适应 0.35 μm 的工艺要求,需要采用 i 线光源代替 g 线光源,同时使用大 NA 值的 i 线透镜,这就需要对 DQN 光刻胶和光刻工艺都进行改进。但是,对于 0.25 μm 的工艺,即使在使用了增强分辨率技术的情况下,i 线光源也不能满足要求,这样就需要将 i 线光源提高为深紫外光源。由于树脂和 DNQ 对紫外光的 250 nm 波长都存在强吸收,因此 DNQ/树脂光刻胶在 DUV 区不能很好地使用。这就需要使用化学增幅(chemical amplification,CA)的光刻胶材料[40~42]。

在 CA 胶中,吸收到的光子能量可以使光敏酸(photoacid generator,PAG)分解,这就在光刻胶中形成少量的酸。这些酸在曝光之后的坚膜过程中,会在光刻胶中诱发一系列的化学转化。这种转化可以增强光刻胶在显影液中的可溶性。由于此后的反应是催化反应,在每次化学反应中都会生成酸。这样这种酸就可以持续地参加反应。

CA 光刻胶最大的优点在于其相对较高的光敏度,此外相比于 DNQ/树脂光刻胶,CA 胶的对比度也较高。但是,CA 反应过程中的催化作用使反应控制成为一个问题。如果催化反应出现停滞,那么光刻中需要的一系列反应就不会发生,这就会导致光刻胶失效。影响催化反应的一个常见因素是反应环境的污染。当一些挥发性成分形成的蒸气达到一定程度就会导致这一后果。如果周围有这样的成分,光刻胶就会在曝光和后烘的过程中吸收这些杂质成分。这些杂质分子与成像的酸类反应,进而抵消掉这些酸的作用。这样在光刻胶的表面形成酸缺失,会比表面下方含酸的区域难溶。在显影过程中,这些缺酸的区域溶解缓慢,最终形成 T 形结构。因为表面情况不再是可控的,这就使硅片与硅片之间的线宽出现不同。除了气体污染之外,酸类随时间增加而分解。这样,在曝光与 PEB 之间的延时都会增加线宽控制的难度。

在集成电路制造过程中,不可能全在真空中进行,解决的办法是使用活性碳过滤超净室中的空气,这在工业中已经成为标准。同时通过向过滤器添加弱酸来抵消环境中的污染。其他的方法还包括:① 在光刻胶层上涂上一层溶水性的透明聚合物薄层(可以在显影前通过水洗去掉);② 在光刻胶中添加稳定剂;③ 把光刻胶通过韧化提高其硬化程度,进而减小对污染物的吸收率。

对于 0.35 μm 的工艺,通常会使用混合的光学曝光技术,包括使用 i 线和 248 nm 的 DUV 曝光(后者使用单层的 CA 光刻胶)。当器件尺寸达到 0.25 μm 时,就需要完成由 i 线到 248 nm 深紫外光源的过渡。通过采用相转移技术和多层光刻胶技术,248 nm 的光刻将会广泛应用到小尺寸器件的制备中去。而下一代 193 nm 的光刻所需的光刻胶,将依然依赖于 CA 胶。CA 胶的主要问题是胶的成分,由于受气体和衬底的影响而使光刻胶污染,对曝光后的后烘条件的敏感度以及在干法刻蚀中抗腐蚀能力的降低。

8.7 掩膜版的制造

在光学光刻中,掩膜版是用石英玻璃制成的。先在石英玻璃基板上淀积一层很薄的铬层,掩膜图形是由电子束或者激光束直接在铬层上刻写形成的。早期制作的掩膜版,掩膜版上的图形尺寸与要在硅片上要形成的图形尺寸是相同的,也就是说图形从掩膜版 1∶1 的转移到硅片表面上。到了 20 世纪 70 年代后期,一种步进式曝光技术被用到生产工艺中。步进式曝光技术是通过缩小镜头将掩膜版图形转移到硅片表面上,早期镜头缩小率是 10 倍,目前普遍使用的是 5 倍(5X)或 4 倍(4X)的缩小率。通常,制作一个完整的 ULSI 芯片需要数十块图形不同的掩膜版。

8.7.1 石英玻璃基板

ULSI 的掩膜版所使用的石英玻璃是经过高度抛光,表面非常平整,石英玻璃板的表面和内部必须是无缺陷的,这样才能保证光在石英玻璃中的透过效率。早期集成电路工艺中的掩膜版使用的是碳酸钠-石灰玻璃和硼硅酸盐玻璃,由于这些材料的热膨胀系数比较高($93 \times 10^{-7}/℃$),在 VLSI 和 ULSI 中已经不再适用,而石英玻璃的热膨胀系数相对要小得多($5 \times 10^{-7}/℃$)。另外,石英玻璃对 248 nm 和 193 nm 波长的光透过效果是最好的,石英玻璃对这两个波长的透过率分别为 90%/cm 和 85%/cm。石英玻璃的热膨胀系数低,这就使石英玻璃在掩膜版刻写过程中受温度变化的影响最小。但是,即使使用石英玻璃,只要有 0.08℃ 的温度变化也将改变图形的精确性,因此在制造掩膜版时,环境温度的变化范围为 ±0.03℃。

8.7.2 铬层

在准备好的石英玻璃基板上淀积一层铬膜,并在铬膜上形成掩膜图形。在铬膜的下方还需要有一层由铬的氮化物或氧化物形成的薄膜,其作用是增加铬膜与石英玻璃之间的粘附力。在铬膜的上方需要有一层 20 nm 厚的 Cr_2O_3 抗反射层。这些薄膜都是通过溅射法制备的。选择铬膜形成图形,是因为铬膜的淀积和刻蚀都相对比较容易,而且对光线完全不透明。使用溅射方法的优点在于淀积的薄膜粘附力好,而且薄膜厚度的一致性也比较好。

8.7.3 掩膜版的保护膜

为了防止在掩膜版上形成缺陷,需要用保护膜将掩膜版的表面密封起来,这样就可以避免掩膜版遭到空气中微粒以及其他形式的污染。这层保护膜的厚度需要达到足够薄,以保证透光性,同时又要足够的结实,能够耐清洗和手的接触。此外,还要求保护膜长时间在 UV 射线的辐照下,仍然能保持它的形状。目前所使用的材料包括硝化纤维素醋酸盐和碳氟化合物,其薄膜厚度为 $1\sim 2~\mu m$。虽然保护膜可以保护掩膜版不受灰尘微粒沾污,但是,如果保护膜上的灰尘微粒足够大,仍然能够在光刻胶上形成缺陷。因此,在使用前需要检查保护膜,以便保证没有灰尘微粒的存在。

有保护膜的掩膜版可以用去离子水清洗,这样可以去掉保护膜上大多数的微粒,然后再通过弱表面活性剂和手工擦洗,就可以完成对掩膜版的清洁处理。

8.7.4 相移掩膜

当图形尺寸缩小到深亚微米时,通常需要使用相移掩膜(phase-shift masks,PSM)技术[43~45]。相移掩膜与准分子激光源相结合,可以使光学曝光的分辨能力大为提高。

相移掩膜的基本原理是在掩膜版的某些透明图形上增加或减少一个透明的介质层,称相移器,使光波通过这个介质层后产生 180°的相位差,与邻近透明区域透过的光波产生干涉,从而抵消图形边缘的光衍射效应,提高曝光的分辨率。

通过相移层的光波与正常光波产生的相位差可用下式表达

$$Q = 2\pi d/\lambda(n-1) \tag{8.30}$$

式中 d 为相移器的厚度,n 为相移器介质的折射率,λ 为光波波长。相移层材料有两类:① 有机膜,以光刻胶为主,如聚甲基丙烯酸甲脂(PMMA 胶);② 无机膜,如二氧化硅,相移掩膜版的结构示意见图 8.18。

相移的方式有很多,常用的相移掩膜类型包括:① 自对准边缘增锐方式,其特点是采用背曝光/过刻蚀等手段,实现工艺自对准结构,与目前掩膜版制作工艺相容,相移层自含,可用光刻胶本身作相移层,制作简单,可用于任何图形边缘增锐,缺点是图形分辨能力提高有限;② 交变相移方式,其特点是有相移层图形与无相移层图形相间排列,由于光的相干性,在有相移层图形与无相移层图形交界处,因光的相位相反,互相抵消,产生一个光强为零的暗区,相移效果最明显,可使分辨能力提高近一倍,缺点是只适用于周期性较强的图形;③ 衰减相移边缘增锐方式,采用高吸收低透过相移材料实现图形边缘衰减补偿,使边缘光强分布增锐,适用于孤立图形;④ 全透明相移方式,特点是利用透明相移膜边缘的光相位突然发生 180°变化,在相移膜边缘产生一个光强为零的暗区,随着相移膜线宽缩小,则两个暗区靠拢合并成为宽暗区,根据这个原理,设计全透明相移图形,即可实现无铬掩蔽功能,该方法的优点是只用一种透明材料即可制作相移掩膜版,简化制造工艺。可采用二次相移制作密集点图形。缺点是图形设计比较复杂。

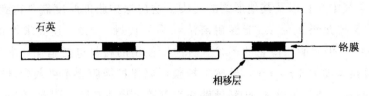

图 8.18　相移掩膜版结构示意图

8.8　X 射线曝光

随着集成电路工艺的发展,目前光学光刻技术水平已经达到 0.10 μm,这已经接近光学光刻的极限。将替代光学曝光技术的主要有 X 射线曝光和电子束曝光等[46]。在本节中先讲述 X 射线光刻[47~49],电子束光刻将在下一节讲述。

8.8.1　X 射线曝光系统

X 射线曝光的 X 射线是利用高能电子束轰击金属靶产生的。当高能电子撞击金属靶时将损失能量,而能量损失的主要机理之一是激发核心能级的电子,当这些激发电子落回到核心能级时,将发射 X 射线。这些 X 射线形成分立的谱线,其能量取决靶材料。在 X 射线投射的路程中放置掩膜版,透过掩膜版的 X 射线射到硅片表面的光刻胶上完成曝光。因为所有 X 射线源必须在真空下工作,所以在 X 射线的投射路程中,必须通过窗口进入到常压环境中进行曝光。因此,窗口材料对 X 射线的吸收要尽量的少,铍是常用的窗口材料,掩膜版材料对 X 射线的吸收量也应少。考虑到吸收问题,X 射线的波长应选在 2～40Å,即软 X 射线区。

8.8.2　图形的畸变

X 射线曝光系统的图形畸变如图 8.19 所示。在 X 射线曝光系统中,所选 X 射线的波长 <40Å,故衍射对分辨率的影响只有当线宽 < 20Å 时才明显。因此,当图形尺寸小于 1 μm,而大于 20Å 时,引起图形畸变和影响分辨率的主要原因并不是衍射,而是半阴影和几何畸变。

电子束轰击金属靶所产生的 X 射线,实际是发散型的点光源,因为没有简单的反射镜和透射镜能够使 X 射线变成平行光。为了减小曝光图形的畸变,只有减小点光源的尺寸才可以降低半阴影 Δ 和硅片表面不同位置的投影偏差。从图中可以看到半阴影 Δ 为

$$\Delta = S(d/D) \tag{8.31}$$

其中 S 是掩膜版与硅片表面之间的距离,d 是靶斑的尺寸,D 是光源到硅片表面的距离(实际是到掩膜版的距离,因为 S 非常小,可以忽略)。如果要使 $\Delta=0.1$ μm,当 $S=10$ μm,$D=40$ cm,则 $d=4$ mm。这几个量是相互制约的,D 大则单位面积上接收到的 X 射线剂量变小,曝光时间加长;d 小对 Δ 有利,但靶斑尺寸减少是非常困难的。在实际应用中通常是采用折衷的方法,力求得到最佳的 Δ。

当硅片表面曝光位置偏离 X 射线的轴心时,则入射的 X 射线与硅片表面的法线有一倾角,因此产生几何偏差 x,不同的位置倾角不同,产生的几何偏差也不相同,从图中很容易得到

$$x = S(W/D) \tag{8.32}$$

其中 W 是硅片表面曝光位置偏离 X 射线轴心的距离,若在样品的边上,则 W 等于样品的半径即 W_r,相应的偏差值 x_m 最大,则有

$$x_m = S\left(\frac{W_r}{D}\right) \tag{8.33}$$

对于 4 英寸的硅片,$W_r = 50.8$ mm,如果 $S = 10$ μm,$D = 40$ cm,得到 $x_m = 1.27$ μm。这个偏差看起来偏大,实际上在多次光刻中只要每次硅片放的位置准确重复,则影响不大。

在几何偏差中另一个值得重视的因素是硅片与掩膜版之间的间隙 S,对同一个硅片不同位置而言并不是完全相同的,原因是硅片表面不是绝对平面,存在有加工偏差引起的随机起伏和多次光刻产生的有规则的图形起伏,由这些因素引起的几何偏差 dx 为

$$dx = ds\left(\frac{W}{D}\right) \tag{8.34}$$

其中 dS 为硅片起伏不平引起的 S 的变化量,如果要求 dx 的最大变化量 $dx_m \leqslant 0.1$ μm,则从(8.34)式得到可以允许的 dS 的相应变化 $dS_m \leqslant 1.05$ μm。在 4 英寸的硅片表面,起伏变化量 $\leqslant 1$ μm 是非常高的技术要求。

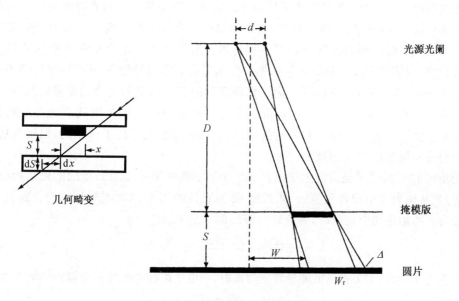

图 8.19 X 射线曝光图形畸变示意图

8.8.3 X射线源

在 X 射线曝光系统中的 X 射线是通过电子碰撞金属靶产生的,另外,可以产生 X 射线的射线源,还有等离子体源和同步辐射 X 射线源(存储环)等。X 射线源在 X 射线曝光技术的研发中,一直是非常活跃的内容,其主要研究内容是如何提高功率和改善 X 射线的平行性。在 X 射线曝光中,对 X 射线源的要求主要有:① X 射线源需要具有很高的辐射功率(要求功率密度大于 $0.1 W/cm^2$),这样才能使 X 射线曝光时间小于 60 s;② X 射线源的尺寸 d 直接影响到半阴影和几何畸变,为了满足高分辨率曝光的需要,要求 X 射线源的尺寸小于 1 mm;③ X 射线的能量要求在 1~10 keV,这样可以使 X 射线对掩膜版中的透光区有较好的透过率,通常选氮化硼和氮化硅作为掩膜版的基体材料,而对掩膜版中的非透光区则选取对 X 射线强吸收的材料,通常选用金作为图形材料,从而满足反差大的要求;④ 希望 X 射线源能产生平行的 X 射线。因为 X 射线难以聚集,所以 X 射线源发射 X 射线的方式就决定了 X 射线的传输和到达硅片表面的形式。在 X 射线源中,电子轰击固体靶形成的 X 射线源(电子碰撞)和等离子体源,基本是点源。而同步辐射 X 射线源(存储环),近乎平行发射的,因而 X 射线束是近于平行地传输,因此目前被广泛关注。

点发射的 X 射线源是最早被考虑的一种产生 X 射线的方法。等离子体 X 射线源按产生的方式可以分为两种:激光等离子体源和高密度等离子体源。激光等离子体源所产生的 X 射线具有高强度和价格低廉的特点,是一种很有吸引力的 X 射线源。用于产生 X 射线的靶材料可以是铁(Fe)到固态氖(Ne)等多种材料。激光等离子体源发射 X 射线的转换效率很高,因此可以满足实际需要的辐射功率。激光等离子体源发射 X 射线的平均功率典型值为几 mW/cm^2,实验发现使用 Cu 等离子体源得到的 X 射线具有更高的能量转换率,并且辐射的射线波长在 1 nm 左右,因此,Cu 被认为是一种比较理想的 X 射线点光源的靶材。高密度等离子体源是通过放电产生 X 射线,其辐射机理与激光等离子体相同,但辐射功率大,是一种很有发展前途的 X 射线源。

同步辐射 X 射线源是高能电子束在磁场中沿曲线轨道运动时产生的电磁辐射(简称同步辐射)。从辐射中引出特定范围、高强度、高准直性的 X 射线对光刻胶曝光。高能电子束在半径为 ρ 的加速器中运动时,每旋转一圈的能量损失 ΔE 为

$$\Delta E = \frac{808.47 E^4}{\rho} (keV) \tag{8.35}$$

其中 E 为电子能量,如果损失的能量转变为辐射,若电子束的电流为 i,则辐射功率 P 为

$$P = \frac{88.47 E^4 i}{\rho} \tag{8.36}$$

在电子以接近于光速作回旋运动时,会产生很强的电磁辐射。同步辐射为连续谱光源,如果可以取出其中特定波长的 X 射线,就可以用于曝光。同步辐射 X 射线曝光的基本系统如图 8.20 所示。电子回旋产生强电磁辐射之后,通过特定的窗口引出 X 射线,通过掩膜版

后就可以进行曝光。

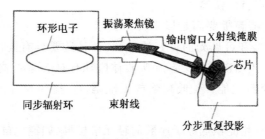

图 8.20　同步辐射 X 射线曝光系统原理图

同步辐射的辐射功率主要集中在电子轨道平面附近，其张角 θ 很小。因此方向性强，准直性好，可以近似看作平行光源。光源的线度尺寸约为 1 mm，所以半阴影效应和几何畸变可以忽略不计。对于 X 射线曝光，即使只取同步辐射中的一部分，也可以得到 1 W 以上的功率。同步辐射源的这些突出优点，使它成为 X 射线曝光工程中重点研究内容。目前同步辐射 X 射线源的主要问题在于同步加速器体积太大，无法实用化，所以设计小型化的加速器是应用开发的主要方向。

8.8.4　X 射线曝光的掩膜版

X 射线曝光用的掩膜版，在功能上与传统的光学曝光掩膜版基本相同。要在掩膜版上形成可透 X 射线区和不透 X 射线区，从而形成所需要的曝光图形，如图 8.21 所示[50]。对 X 射线曝光的掩膜版来说，掩膜版的材料成分、结构形式和制作工艺比普通的光学曝光掩膜版难度要大得多，技术也更为复杂。这是因为大多数固体材料对波长小于 2Å 的 X 射线的吸收都很少，如果是薄膜材料几乎不吸收；当 X 射线的波长大于 40Å 时，大多数材料对 X 射线的吸收又都很强，因而不可能制成具有高反差的掩膜版。只有波长在 2~40Å 之间时，低原子序数的轻元素材料(如氮化硅、氮化硼、铍等)对 X 射线吸收较弱；而高原子序数的重元素材料(如金)对 X 射线的吸收很强，因此，必须选择合适的材料，制成 X 射线曝光用的掩膜版。这也是 X 射线曝光时，波段选择在 2~40Å 的一个重要原因。另一方面，就薄膜材料来说，目前没有理想的材料可以在膜厚比较厚时又能对 X 射线完全不吸收；同时也没有理想的材料在膜厚很薄时可以完全吸收 X 射线，因此，掩膜版材料的选择就变得非常复杂和重要。通常选用低原子序数的轻元素材料，制成约 2 μm 厚的薄膜作为掩膜版的不吸收基体(空白掩膜版)，并用高原子序数的重元素材料形成吸收体，也就是形成 X 射线的不透区，并构成图形。在 X 射线掩膜版的

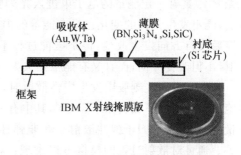

图 8.21　X 射线曝光掩膜版结构示意图

结构中，基体(空白掩膜版)材料主要有硅、氮化硅、碳化硅、金刚石等，而吸收体材料除广泛使用的金之外，还有钨、钽、铑、钛等。

总之，X射线曝光的掩膜版要满足以下几个要求：① 低应力的掩膜版基体，这个薄膜基体不仅要具有对X射线和可见光的良好透过性，而且还要具有高的杨氏模量，以保证足够的强度及机械稳定性，不易破碎，形变小；吸收体应具有对X射线高吸收系数和足够的厚度，以确保良好的曝光掩蔽性能；② 低缺陷或无缺陷；③ 掩膜尺寸的精度要高，稳定性也要高。

通常采用低压化学气相淀积低原子序数的轻元素材料(如氮化硅)，形成对X射线不吸收的掩膜版基体(空白掩膜版)；吸收层则采用常规的蒸发、射频溅射或电镀等方法形成。X射线吸收层的图形一般由电子束扫描和干法刻蚀、精细电镀等图形转移技术完成的。

8.8.5 X射线曝光的光刻胶

由于X射线具有很强的穿透能力，深紫外曝光用的光刻胶对X射线的吸收率很低，因而只有少数入射的X射线对化学反应有贡献，如果用深紫外曝光的光刻胶，在X射线波段内其灵敏度非常低，其曝光效率要下降1～2个数量级。因此提高X射线光刻胶的灵敏度是光刻胶发展的重要方面。提高X射线光刻胶灵敏度的主要方法是：在光刻胶合成时添加在X射线波长范围内具有高吸收峰的元素，从而增强在X射线波长范围内的化学反应。具体地说，针对特定的X射线波长，可以通过在光刻胶中掺入特定的杂质来大幅度提高光刻胶的灵敏度。

8.9 电子束直写式曝光

电子束直写式曝光技术可以完成0.1～0.25 μm的超微细图形加工，甚至可以实现对数十纳米线条的曝光。目前，电子束曝光技术已广泛用于高精度掩膜版、X射线掩膜版等的制造中[51]。

电子束曝光原理就是利用具有一定能量的电子与光刻胶碰撞时发生化学反应完成曝光[52]。具有一定能量的电子束进入光刻胶中，主要会发生三种情况：① 电子束穿过光刻胶层，既不发生方向的变化也没有能量的损失；② 电子束与光刻胶分子碰撞发生弹性散射，碰撞后飞行方向发生改变，但是碰撞过程不损失能量；③ 电子束与光刻胶分子发生非弹性散射，不但改变方向，而且又有能量损失。

电子进入光刻胶中发生弹性散射时，由于电子受到核屏蔽电场作用会引起方向的偏转，绝大多数情况下偏转角小于90°，其中有一些电子会损失1～10 meV能量，可以看成没有能量变化，因此可归于弹性散射。在非弹性散射情况下，散射角 θ 与入射电子的能量损失有关。通过对散射过程的模拟可以发现：对于一束能量相同、均匀平行的电子束(其能量为E)，在进入到作为散射中心的无定型材料之后，如果电子的能量不是很高，那么散射是随机发生的,并且每一次碰撞与其先前碰撞情况无关。一般来说经过多次散射之后,电子束散开的距离约为入射深度的一半,见图 8.22。

8.9.1 邻近效应

我们把电子在光刻胶中的散射分为前散射和背散射,前散射的散射方向与电子束入射方向之间的夹角 θ 很小,对曝光区域的影响不是太大,而在衬底表面处的背散射会使大面积的曝光区产生过曝光(增强曝光)、同时还可能造成不该曝光的区域发生不同强度的曝光,最终导

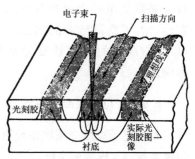

图 8.22 电子束散射效应示意图

致图形模糊,产生图形畸变,这种效应称为邻近效应。邻近效应可分为两种情况:① 因增强曝光引起的图形凸起;② 因减弱曝光引起的图形缺损,下面具体讨论因电子散射对曝光的影响。

假设进入到光刻胶中的电子不发生散射,还假设直接进入到任何一点的电子剂量所具有的能量刚好达到曝光阈值的能量,这种情况下,不但完成曝光,而且整个需要曝光的区域会均匀地完成曝光,不发生图形畸变。但是,实际情况是存在散射的,这意味着,在光刻胶中心区的任何一点,实际吸收的电子剂量还取决于相邻曝光区产生的"邻近效应"。在较大曝光区域中心的任何一点,如图 8.23 中的 A 点,在对 A 点曝光的电子总剂量中,除了直接进入到 A 点的电子剂量,还包含来自周围散射电子的分量,也就是附加剂量。然而在曝光图形的拐角和边缘处没有接受到与 A 点相同的总剂量。例如,边缘 B 点接收的附加剂量为 A 点的一半,而拐角处 C 点所能接收的附加剂量则为 A 点的四分之一。在显影工艺中要求显影后的光刻胶与所设计图形达到最大吻合,只有图形边缘的剂量与其他位置的剂量一致,图形才会被显影出来。图 8.23 给出的是显影图形的示意图,其拐角处均未显影出它们所要求的位置,称这种情况为内部邻近效应,也就是曝光区域内各点吸收的能量密度(电子剂量)不均匀,这种效应降低了图形的保真度。内部邻近效应的另一个例子可以用该图左边表示

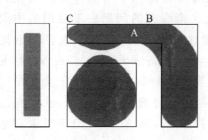

图 8.23 电子束曝光的邻近效应示意图

的窄线条来说明,选用最佳入射剂量和显影条件,如果在 B 点产生正确的边缘,那么在窄线上的曝光将是不充分的,显影之后,线条图形变窄。由于背散射电子扩展的范围较大,当相邻的图形相距很近时,则相邻图形之间会产生共同的曝光效应,这种效应使相邻图形之间彼此向对方凸出和延伸,称之为相互邻近效应。在严重的情况下,这种延伸可能形成桥连现象。邻近效应的作用距离是电子能量的函数。尤其是在高能量下,得到的图形具有较大的曝光拖尾。

邻近效应不可能完全消除,因为不能直接控制电子散射对非曝光区的曝光。邻近

效应是限制电子束曝光分辨率的重要因素,在制作微细图形时,邻近效应的影响更加突出,为了获得精确的图形,必须对邻近效应进行修正。通过选择合适的电子束能量、光刻胶层的厚度和曝光剂量,可以在一定程度上减少邻近效应对图形分辨率的影响。

8.9.2 电子束曝光系统

目前电子束曝光系统主要有以下几类[53,54]:① 改进的扫描电镜(SEM)系统;② 高斯扫描系统;③ 成型束系统。

改进的扫描电镜(scanning electron micoscope,SEM)系统是从电子显微镜演变过来的。通过对电子束进行聚焦,直接在光刻胶上曝光形成图形,其分辨率取决于所选用的SEM,由于工件台的移动较小,一般只适用于研究工作。

高斯扫描系统通常有两种扫描方式:① 光栅扫描方式,采用快速扫描方式,对掩膜上的每一个位置进行扫描,在不需要曝光的位置电子束被消隐(关闭);② 矢量扫描方式,只对需曝光的图形进行扫描,没有图形部分快速跳过。曝光时,首先将图形分割成场,台面在场间移动,每个场再分割成子场。该系统最大的特点是采用高精度激光控制台面,分辨率可以达到几纳米。

在成型束系统中,需要在曝光前将图形分割成矩形和三角形,通过上下两直角光阑的约束形成矩形束,上光阑像通过束偏转投射到下光阑来改变矩形束的长和宽。成型束的分辨率可达到 100 nm,曝光效率高。

8.9.3 有限散射角投影式电子束曝光

有限散射角投影式电子束曝光(scanning with angular limitation projection electron beam lithographytool,SCALPEL)技术[55,56],采用散射式掩膜技术,将电子束曝光的高分辨率和光学分步重复投影曝光的高效率结合起来,其工作原理见图 8.24。有限散射角投影式电子束曝光之前的投影式电子束曝光的原理与普通光学缩倍投影式曝光相似,只是用电磁透镜代替了光学透镜。缩倍投影式电子束曝光的问题在于使用的中间掩膜需要镂空制作,而且厚度为 5~10 μm,制作难度比较大。而 SCALPEL 使用的掩膜版由低原子序数的 SiN_x 薄膜(厚度为 1000~1500 μm)和高原子序数的 Cr/W(厚度为 250~500 μm)组成,电子在 SiN_x 薄膜发生小角度散射,而在 Cr/W 中电子会大角度散射。处于投影系统的背焦平面上的光阑可以将大角度散射的电子过滤掉,从而在光刻胶上形成高对比度的图形。相对于镂空结构的掩膜版[57],SCALPEL 的掩膜版制造更加简单。

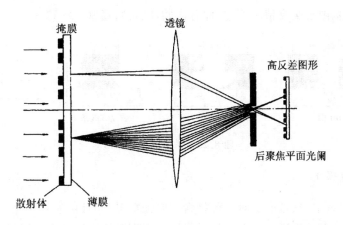

图 8.24 SCALPEL 工作原理示意图

8.10 光刻工艺对图形转移的要求

在光刻工艺中,经过曝光和显影之后,在光刻胶中形成了与掩膜版相对应的图形。为了得到所要制造器件(电路)在该步光刻工艺中的结构图形,必须把光刻胶中的图形转移到其下方的材料上去(往往是各种薄膜材料)。通过刻蚀就可以在光刻胶下方的薄膜层上重现出与光刻胶相对应的图形,实现图形的转移。随着超大规模集成技术的发展,构成各种图形中的线条宽度越来越细,对转移图形的重现精度和尺寸的要求也越来越高。目前在集成电路工艺中应用的刻蚀技术主要包括:液态的湿法腐蚀和气态的干法刻蚀。

8.10.1 图形转移的保真度

经过刻蚀之后,在硅片表面的薄膜层中所形成的立体图形,通常呈现为图 8.25 中所示的三种情况。设纵向腐蚀速率为 V_v,侧向腐蚀速率为 V_l。在图 8.25(a)中,$V_l=0$,表示腐蚀只沿纵向(深度方向)进行。如果方向不同,腐蚀特性不同,这种情况称为各向异性腐蚀。在图 8.25(b)和图 8.25(c)中,在纵向进行腐蚀的同时,在侧向上也发生了腐蚀,若 $V_v=V_l$,说明不同方向的腐蚀特性相同,这种情况称为各向同性腐蚀。在一般的腐蚀过程中,$V_v>V_l>0$,也就是说实际腐蚀是各向异性的,用 A 表示各向异性腐蚀速率之比,A 的定义如下

$$A = \frac{V_l}{V_v} \tag{8.37}$$

如果用被腐蚀层的厚度 h 和图形侧向展宽量 $|df-dm|$ 来代替纵向与横向的腐蚀速率,则(8.37)式可改写为

$$A = \frac{|df-dm|}{2h} \tag{8.38}$$

从(8.38)式可以看出 $|df-dm|=0$ 时,$A=0$,表示图形转移过程中没有失真,若 $|df-dm|$

$=2h$,$A=1$,表示图形失真情况严重,即各向同性腐蚀,通常 $1>A>0$。

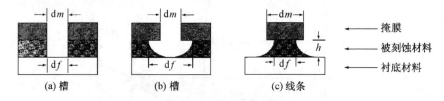

图 8.25 常见的腐蚀图形

8.10.2 选择比

在上面的讨论中,只考虑了对一种材料的腐蚀情况,并且认为衬底在腐蚀过程中没有参与反应,这里的衬底是指腐蚀层下面的材料层。在实际的腐蚀过程中,衬底也会不同程度地被腐蚀。实际上,需要腐蚀的往往是多层不同材料中的表面层材料,有时也可能是表面的第一层和第二层材料。在腐蚀的过程中,为了严格控制图形的转移精度,同时避免对下层材料的腐蚀,需要控制不同材料的腐蚀速率。选择比是指两种不同材料在腐蚀过程中被腐蚀速率之比。通常可以用选择比来描述在图形转移过程中各层材料的相互影响情况。

8.10.3 均匀性

目前在集成电路制造中,所用硅片尺寸主要为 8 英寸或 12 英寸,而图形中的线条尺寸一般小于 μm 量级,也就是说要腐蚀出小于 μm 量级的线条,在硅片上生长(淀积)的薄模厚度又存在起伏,而且同一硅片不同部位的腐蚀速率也并不相同,这些因素都会引起图形转移的不均匀。假设要腐蚀的薄膜平均厚度为 h,硅片上各处薄膜厚度的变化因子为 $0 \leqslant \delta \leqslant 1$,则硅片上最厚薄膜为 $h(1+\delta)$,最薄为 $h(1-\delta)$。设平均腐蚀速度为 V,各处的腐蚀速率变化因子为 $1>\zeta>0$,则最大腐蚀速率为 $V(1+\zeta)$,最小腐蚀速率为 $V(1-\zeta)$。设最厚处用最小的腐蚀速率腐蚀,时间为 t_{max},最薄处用最大的腐蚀速率的腐蚀,时间为 t_{min},则有

$$t_{max} = \frac{h(1+\delta)}{V(1-\zeta)} \tag{8.39}$$

$$t_{min} = \frac{h(1-\delta)}{V(1+\zeta)} \tag{8.40}$$

由(8.39)式和(8.40)式可以看到,对大面积进行腐蚀时,所存在的腐蚀时间差为 $t_{max}-t_{min}$。在极端的情况下,如果腐蚀时间为 t_{min},则厚膜部位没有被完全腐蚀;为了对厚膜部位完全腐蚀,则需要延长腐蚀时间,这将造成较薄部位的过腐蚀,从而影响其图形转移精度。为了获得理想的腐蚀效果,控制腐蚀的均匀性,同时减少过腐蚀是非常重要的。

8.10.4 刻蚀的清洁

ULSI 的图形非常精细,在腐蚀过程中如果发生沾污,既影响图形转移精度,又增加了

腐蚀后清洗的复杂性和难度。举例来说，在干法刻蚀过程中出现的聚合物再淀积将影响刻蚀质量，而重金属沾污在接触孔部位时，将使结的漏电增大。所以防止沾污是对腐蚀工艺的一个重要要求。

8.11 湿法腐蚀

在湿法腐蚀时，通过使用特定的腐蚀液与需要被腐蚀的材料进行化学反应，进而除去没有被光刻胶覆盖区域的薄膜层[58]。湿法腐蚀的优点是工艺简单，但是在湿法腐蚀中所进行的化学反应没有特定方向，所以会形成各向同性的腐蚀效果，如图 8.25(b)、图 8.25(c)所示。各向同性腐蚀是湿法腐蚀固有的特点，也可以说是湿法腐蚀的缺点。由于湿法腐蚀的各向同性性，所以位于光刻胶边缘下方的薄膜材料也会被腐蚀，其后果是线条宽度难以控制。选择合适的腐蚀速度，可以减小对光刻胶边缘下面的薄膜腐蚀。

在进行湿法腐蚀的过程中，腐蚀液里的反应剂与被腐蚀材料的表面分子发生化学反应，生成各种反应产物。这些反应产物应该是气体，或者是能够溶于腐蚀液中的物质。这样，反应产物就不会再沉积到被腐蚀的薄膜上，避免了对腐蚀过程的影响。控制湿法腐蚀的主要参数包括：腐蚀液的浓度、腐蚀时间、腐蚀温度以及腐蚀液的搅拌方式等。由于湿法腐蚀是通过化学反应完成的，所以腐蚀液的浓度越高、腐蚀温度越高，薄膜被腐蚀的速度也就越快。此外，湿法腐蚀的反应通常会伴有放热和放气。反应放热会造成局部区域的温度升高，使反应速度加快；反应速度加快又会加剧反应放热，使腐蚀反应处于不受控制的恶性循环中，其结果将导致图形不能满足要求。反应放气所产生的气泡会隔绝局部薄膜与腐蚀液的接触，造成局部的腐蚀反应停止，形成局部的缺陷。因此，在湿法腐蚀过程中需要进行搅拌。此外，适当的搅拌（例如使用超音波振荡），还可以在一定程度上减轻对光刻胶边缘下方薄膜的腐蚀。

目前采用湿法腐蚀的材料主要包括：Si、SiO_2 和 Si_3N_4 等。下面我们将对此进行简要讲述。

8.11.1 Si 的湿法腐蚀

在各种硅的湿法腐蚀中，大多数都是采用强氧化剂对硅进行氧化生成 SiO_2，然后再利用 HF 酸与 SiO_2 反应去除 SiO_2，从而达到对硅的腐蚀目的。最常用的腐蚀溶剂是硝酸（HNO_3）与氢氟酸（HF）和水（或醋酸）的混合液[59]。化学反应方程式为

$$Si + HNO_3 + 6HF \rightarrow H_2SiF_6 + HNO_2 + H_2O + H_2 \tag{8.41}$$

其中，反应生成的 H_2SiF_6 可溶于水。在腐蚀液中，水是作为稀释剂，但最好用醋酸（CH_3COOH），因为醋酸可以抑制硝酸的分解，从而使硝酸的浓度维持在较高的水平。对于 $HF-HNO_3$ 混合腐蚀液，当 HF 的浓度高而 HNO_3 的浓度低时，Si 的腐蚀速度由 HNO_3 浓度决定（即 Si 的腐蚀速度基本上与 HF 浓度无关），因为这时有足量的 HF 去溶解反应中所

生成的 SiO_2。当 HF 的浓度低而 HNO_3 浓度高时，Si 腐蚀的速度取决于 HF 的浓度（即取决于 HF 与 SiO_2 的反应速度）。

对 Si 的湿法腐蚀还可以采用 KOH 的水溶液与异丙醇的混合液[60]。对于金刚石或闪锌矿结构，(111)面的原子比(100)面排得更密，因而(111)面的腐蚀速度应该比(100)面的腐蚀速度要低，经过 KOH 与异丙醇(IPA)混合溶液腐蚀后的 Si 表面情况如图 8.26 所示。在图 8.26(a)中，采用 SiO_2 层做为掩膜对硅的(100)晶面进行腐蚀，可以得到 V 形的沟槽结构。如果 SiO_2 上的图形窗口足够大，或者腐蚀的时间比较短，可以形成 U 形的沟槽。如果被腐蚀的是硅(110)晶面，则会形成基本为直壁的沟槽，沟槽的侧壁为(111)面，如图 8.26(b)所示。这样，就可以利用腐蚀速度对晶面取向的依赖关系制得尺寸为亚微米的器件结构。不过，这种湿法腐蚀方法主要在微机械元件的制造上应用，在传统的集成电路工艺中并不多见。

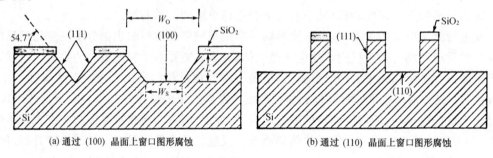

(a) 通过 (100) 晶面上窗口图形腐蚀　　　(b) 通过 (110) 晶面上窗口图形腐蚀

图 8.26　硅的各向异性腐蚀特性

8.11.2　SiO_2 的湿法腐蚀

SiO_2 的湿法腐蚀可以使用氢氟酸(HF)作为腐蚀剂，其反应方程式为[61]

$$SiO_2 + 6HF \longrightarrow SiF_6 + 2H_2O + H_2 \tag{8.42}$$

在上述反应过程中，HF 不断被消耗，因此反应速率随时间的增加而降低。为了避免这种现象的发生，通常在腐蚀液中加入一定的氟化铵作为缓冲剂（形成的腐蚀液称为 BHF）。氟化铵通过分解反应产生 HF，达到维持 HF 的恒定浓度，NH_4F 分解反应方程式为

$$NH_4F \longleftrightarrow NH_3 + HF \tag{8.43}$$

分解反应产生的 NH_3 以气态被排除掉。

在光刻工艺中，除了需要对热氧化生长的 SiO_2 和 CVD 等方法制备的 SiO_2 进行腐蚀外，还需要对磷硅玻璃(简称 PSG)和硼磷硅玻璃(简称 BPSG)等进行腐蚀。因为这些二氧化硅中的组成成分并不完全相同，所以 HF 对这些含硼或含磷的 SiO_2 的腐蚀速率也就不完全相同，通常热氧化法生长的 SiO_2 的腐蚀速率最慢。

8.11.3　Si_3N_4 的湿法腐蚀

Si_3N_4 也是一种经常采用湿法腐蚀的材料。Si_3N_4 可以使用加热的磷酸(130～150℃的

H_3PO_4)来进行腐蚀。磷酸对 Si_3N_4 的腐蚀速度通常大于对 SiO_2 的腐蚀速度[62]。

8.12 干法刻蚀

湿法腐蚀的优点在于可以控制腐蚀液的化学成分,使得腐蚀液对特定材料的腐蚀速率远远大于对其他材料的腐蚀速率,从而提高腐蚀的选择性。但是,由于湿法腐蚀的化学反应是各向同性的,因而位于光刻胶边缘下方的薄膜层就不可避免地遭到腐蚀,因此,湿法腐蚀无法满足 ULSI 工艺对加工精细线条的要求。所以相对于各向同性的湿法腐蚀,各向异性的干法刻蚀就成为了当前集成电路制造中刻蚀的主流工艺[63~65]。因在刻蚀中并不使用溶液,所以称之为干法刻蚀。

8.12.1 干法刻蚀原理

常用的干法刻蚀因其原理不同可分为三种:第一种是利用等离子体激活化学反应完成刻蚀。在这种刻蚀过程中,利用辉光放电产生的活性粒子与需要刻蚀的材料发生化学反应,形成挥发性产物完成刻蚀,也称等离子体刻蚀或称化学刻蚀。第二种干法刻蚀是利用高能离子束轰击被刻蚀物质的表面完成刻蚀。在这种刻蚀中,是通过高能离子轰击需要刻蚀的材料表面,通过溅射过程完成刻蚀,也称为溅射刻蚀或称物理刻蚀。上述两种方法的结合就产生了第三种法刻方法,称为离子增强刻蚀或称反应离子刻蚀(reactive ion ething,RIE)。

在干法刻蚀中,纵向上的刻蚀速率远大于横向的刻蚀速率。这样,位于光刻胶边缘下方的薄膜,由于受光刻胶的保护就不会被刻蚀。不过,在干法刻蚀过程中,离子在对需要刻蚀的薄膜进行轰击的同时,也会对光刻胶进行轰击,其刻蚀的选择性就比湿法腐蚀差。所谓的选择性,是指在刻蚀过程中对被刻蚀材料和对其他材料的刻蚀速率之比,选择性越高,表示刻蚀主要是在需要刻蚀材料上进行。

等离子体刻蚀或称化学刻蚀就是利用等离子体中存在的离子、电子和游离基(游离态的原子、分子或原子团)等。这些游离态的原子、分子或原子团等活性粒子,具有很强的化学活性,如果在这种等离子体中放入硅片,位于硅片表面上的薄膜材料原子就会与等离子体中的激发态游离基发生化学反应,生成挥发性的物质,从而使薄膜材料受到刻蚀,这就是等离子体刻蚀原理和过程。因为等离子体刻蚀主要是通过化学反应完成的,所以具有比较好的选择性,但是各向异性就相对较差。

在溅射刻蚀过程中,等离子体中的高能离子射到硅片表面时,通过碰撞,高能离子与被撞击的原子之间将发生能量和动量的转移,从而使被撞原子受到扰动。如果轰击离子传递给被撞原子的能量比原子的结合能(从几个 eV 到几十个 eV)还要大,就会使被撞原子脱离原来的位置飞溅出来,产生溅射现象。例如,氩气在辉光放电中产生氩离子,氩离子的能量高达 500 eV 以上,这种高能离子束轰击硅片表面时就会形成溅射刻蚀。溅射刻蚀的优点是各向异性刻蚀,而且效果很好,但是刻蚀的选择性相对较差。

反应离子刻蚀是一种介于溅射刻蚀与等离子刻蚀之间的干法刻蚀技术。在反应离子刻蚀中,同时利用了物理溅射和化学反应的刻蚀机制。反应离子刻蚀与溅射刻蚀的主要区别是,反应离子刻蚀使用的不是惰性气体,而是与等离子体刻蚀所使用的气体相同。由于在反应离子刻蚀中化学和物理作用都有助于实现刻蚀,因此就可以灵活地选取工作条件以求获得最佳的刻蚀效果。举例来说,某种气体的等离子体只与 Si 起化学反应,如果存在 SiO_2,SiO_2 就起到化学反应阻挡层的作用,因此,就可以得到良好的 Si/SiO_2 刻蚀速率比,从而保证刻蚀选择性的要求。反应离子刻蚀的缺点在于刻蚀终点难以检测。

综上所述,等离子体刻蚀和溅射刻蚀之间并没有明显的界限,一般来说,在刻蚀中物理作用和化学反应都可以发生。我们分析反应离子刻蚀、等离子体刻蚀和溅射刻蚀三者之间的关系可以看到:在反应离子刻蚀中,物理和化学作用都相当重要;在等离子体刻蚀中,物理效应很弱,主要是化学反应;而在溅射刻蚀过程中,几乎是纯物理作用。比较这三种刻蚀技术我们还可以发现,它们都是利用低压状态下(约 $10^{-4} \sim 10^{+1}$ 托)的气体放电来形成等离子体作为干法刻蚀的基础,其区别是放电条件、使用气体的类型和所用反应系统的不同。刻蚀反应的模式取决于刻蚀系统的压力、温度、气流、功率和相关的可控参数。目前,在集成电路工艺中广泛使用的是反应离子刻蚀技术。下面简要介绍采用干法刻蚀的方法对集成电路制造中常用材料的刻蚀情况。

8.12.2　SiO_2 和 Si 的干法刻蚀

SiO_2 在集成电路工艺中的应用非常广泛,它可以做为隔离 MOSFET 的场氧化层,或者 MOSFET 的栅氧化层,也可以做为金属间的介电材料,直至做为器件的最后保护层。因此,在集成电路工艺中对 SiO_2 的刻蚀是最为频繁的。在 ULSI 工艺中,对 SiO_2 的刻蚀通常是在含有氟化碳的等离子体中进行的。早期刻蚀使用的气体为四氟化碳(CF_4),现在使用比较广泛的反应气体有 CHF_3、C_2F_6、SF_6 和 C_3F_8,其目的都是利用这些反应气体提供的氟原子和碳原子与 SiO_2 进行反应。以 CF_4 为例,当 CF_4 与高能量电子(约 10 eV 以上)碰撞时,就会产生各种离子、原子团、原子和游离基。其中产生氟游离基和 CF_3 分子的电离反应如(8.44)式所示。氟游离基可以与 SiO_2 和 Si 发生化学反应,如(8.45)式及(8.46)式所示。反应将生成具挥发性的四氟化硅(SiF_4)。

$$CF_4 + e \longrightarrow CF_3 + F(游离基) + e \qquad (8.44)$$

$$SiO_2 + 4F \longrightarrow SiF_4(气) + O_2 \qquad (8.45)$$

$$Si + 4F \longrightarrow SiF_4(气) \qquad (8.46)$$

在 ULSI 工艺中对 SiO_2 的干法刻蚀主要是用于刻蚀接触窗口,以 MOSFET 的接触窗口刻蚀为例,如图 8.27 所示。在 MOSFET 的上方覆盖有 SiO_2 层(通常是硼磷硅玻璃,简称 BPSG),为了实现金属层与 MOSFET 的源/漏极之间的接触,需要刻蚀掉位于 MOSFET

源/漏极上方的 SiO_2。为了使金属与 MOSFET 源/漏极能够充分接触,源/漏极上方的 SiO_2 必须彻底清除。但是在使用 CF_4 等离子体对 SiO_2 进行刻蚀时,等离子体在刻蚀完 SiO_2 之后,会继续对 Si 进行刻蚀。因此,在刻蚀 Si 上方的 SiO_2 时,必须认真考虑刻蚀的选择性问题。

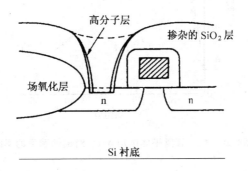

图 8.27 干法刻蚀 SiO_2 形成接触窗口的示意图

为了解决这一问题,在 CF_4 等离子体中通常加入一些其他成分的气体,这些其他成分的气体可以影响刻蚀速度、刻蚀的选择性、均匀性和刻蚀后图形边缘的剖面效果[66]。在使用 CF_4 对 Si 和 SiO_2 进行等离子刻蚀时,如果在 CF_4 的等离子体中加入适量的氧气,氧气也同样被电离。其中,氧原子将与 CF_4 反应生成 CO 和 CO_2,以及少量的 COF_2。另一方面,氟原子在与 SiO_2 反应的同时,还会与 CF_x 原子团($x \leqslant 3$)结合而消耗掉。在纯 CF_4 等离子体中,由于存在使氟原子消耗的反应,造成氟原子的稳态浓度比较低,所以刻蚀的速度也比较慢。如果加入氧,则氧可与 CF_x 原子团形成 COF_2、CO 和 CO_2,造成 CF_x 原子团耗尽,从而减少了氟原子的消耗,进而使得 CF_4 等离子体内的氟原子相对碳原子的比例上升,其结果是氟原子的浓度增加,从而加快 SiO_2 的刻蚀速度。

对于 CF_4 刻蚀 Si 层时,也有相同的情况。在 CF_4 刻蚀 SiO_2 的过程中,当氧的组分大约占 20% 时,刻蚀的速度达到最大值。而使用 CF_4 刻蚀 Si,刻蚀速度最大时,氧的组分大约占 12%。继续增加氧的组分,刻蚀速度将会下降,而且 Si 的刻蚀速度下降程度比刻蚀 SiO_2 要快,如图 8.28 所示。对于刻蚀 SiO_2 而言,氧的组分达到 23% 之前,刻蚀速度都是增加的。在达到氧组分临界值之后,由于氟原子浓度被氧冲淡,刻蚀速度开始下降。另一方面,由于反应是在薄膜表面进行的,在刻蚀 Si 的情况下,氧原子倾向于吸附在 Si 的表面上,这样就部分地阻挡了氟原子加入反应。随着更多氧的吸附,对 Si 的刻蚀影响进一步增加。而在刻蚀 SiO_2 时就不存在类似的效应。因为等效地看,SiO_2 的表面一开始就被氧原子所包围。因此,对 Si 的刻蚀速度最大时,其氧气的组分要小于刻蚀 SiO_2 的情况。

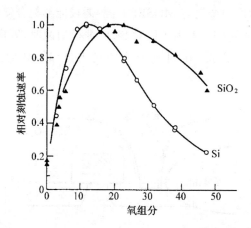

图8.28 CF_4 等离子体中加入 O_2 对刻蚀速率的影响

如果在 CF_4 等离子体中加入氢,情况就会完全不同了[67]。在反应离子刻蚀 SiO_2 的过程中,在相当低的气压下加大氢的组分,SiO_2 的刻蚀速度随氢的组分的增加而缓慢减小,这种情况可以持续到氢的组分大约占 40%。而对于 Si 的刻蚀来说,刻蚀速度随氢组分的增加快速下降,当氢的组分大于 40% 时,对 Si 的刻蚀将停止。在 CF_4 等离子体中加入氢对刻蚀的影响情况,如图 8.29 所示。

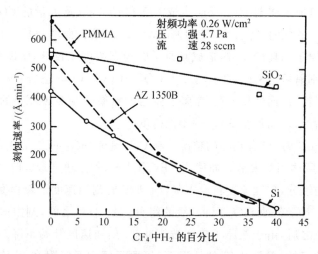

图8.29 CF_4 等离子体中加入 H_2 对刻蚀速率的影响

可以通过 CF_4 等离子体刻蚀 Si 和 SiO_2 的化学反应机制来解释上述现象。在刻蚀 Si 的过程中,氟原子与氢原子发生反应,从而氟原子的浓度下降,因此等离子体中碳的相对含量升高,刻蚀反应就会被生成高分子聚合物的反应所代替,这就减小了对 Si 的刻蚀速度。

另一方面，$CF_x(x\leqslant 3)$原子团也可以与Si反应，生成挥发性的SiF_4，但是反应剩余的碳原子会吸附在Si的表面上，这些碳原子就会妨碍后续反应的进行。对于刻蚀SiO_2的情况，氟原子也会与氢原子发生反应，同样因氟原子浓度的下降也使SiO_2的刻蚀速度减缓。而与刻蚀Si的情况不同的是，在$CF_x(x\leqslant 3)$原子团与SiO_2反应生成挥发性的SiF_4的同时，$CF_x(x\leqslant 3)$原子团中的碳原子可以与二氧化硅中的氧原子结合，生成CO、CO_2以及COF_2气体。因此SiO_2刻蚀速度的减缓程度要小于刻蚀Si的情况。在氢浓度超过40%以后，由于大量的氟原子与氢反应，CF_4等离子体中碳的相对浓度开始上升，这也会在SiO_2的表面形成高分子聚合物，从而使SiO_2的刻蚀速度下降[68]。

总的来看，在CF_4等离子体中添加其他成分的气体，可以影响等离子体内氟原子与碳原子的比例，简称F/C比。如果F/C比比较高（在CF_4等离子体中添加氧气），其影响倾向于加快刻蚀。反之，如果F/C比比较低（在CF_4等离子体中添加氢气），刻蚀过程倾向于形成高分子聚合物薄膜。图8.30显示了F/C比与这两种刻蚀情况的对应关系。

根据上述讨论可以看到，通过在CF_4等离子体中加入其他气体的方法，可以解决刻蚀SiO_2/Si的选择性问题。从图8.28可以看到，如果CF_4等离子体中O_2的含量增加，刻蚀Si和刻蚀SiO_2的速度都会加快，并且Si刻蚀速度的加快程度要大于刻蚀SiO_2的情况。因此，在CF_4等离子体中加入O_2将导致SiO_2/Si刻蚀的选择性变差。从图8.29中还可以发现，在CF_4等离子体中加入氢气对SiO_2的刻蚀影响不大，但是可以减小对Si的刻蚀速度。这说明在CF_4等离子体中加入适量的氢气，将可以增加SiO_2/Si刻蚀的选择性。

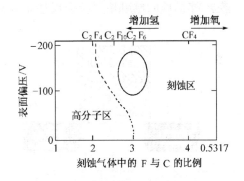

图8.30　F/C比与刻蚀情况的对应关系

当前在干法刻蚀工艺中，通常使用CHF_3等离子体刻蚀SiO_2。有时在刻蚀的过程中还要加入少量的氧气来提高刻蚀速度。此外，SF_6和NF_3可以用来做为提供氟原子的气体。因为SF_6和NF_3中不有含碳原子，所以不会在Si的表面形成高分子聚合物。

8.12.3　Si_3N_4的干法刻蚀

在ULSI工艺中，Si_3N_4的用途主要有两种：一种是在SiO_2层上通过LPCVD淀积的Si_3N_4层，然后经过干法刻蚀形成图形，做为接下来氧化或扩散的掩蔽层，但是并不成为器件的组成部分。这类Si_3N_4层可以使用CF_4、CF_4（加O_2，SF_6和NF_3）的等离子体刻蚀。Si_3N_4的另一个种用途是通过PECVD淀积的，做为器件的保护层。这层Si_3N_4经过干法刻蚀之后，露出其下面的金属化层，形成了压焊点，然后就可以进行测试和封装。对于这类Si_3N_4层，使用CF_4-O_2等离子体或其他含有F原子的等离子体进行刻蚀就可以满足要求。

实际上用于刻蚀 SiO_2 的方法，都可以用来刻蚀 Si_3N_4。由于 Si-N 键的结合能介于 Si-O 键与 Si-Si 键之间，所以 Si_3N_4 的刻蚀速度在刻蚀 SiO_2 和刻蚀 Si 之间。这样，如果对 Si_3N_4/SiO_2 的刻蚀中使用 CF_4 或是其他含氟的离子体，对 Si_3N_4/SiO_2 的刻蚀选择性将会比较差。如果使用 CHF_3 等离子体进行刻蚀，对 SiO_2/Si 的刻蚀选择性可以在 10 以上。而对 Si_3N_4/Si 的选择性则只有 3～5 左右，对 Si_3N_4/SiO_2 的选择性只有 2～4 左右。

8.12.4 多晶硅和金属硅化物的干法刻蚀

早期 MOSFET 的剖面图自上而下是由金属层、二氧化硅层、和硅衬底三层主要材料组成的。因为大多数金属对 SiO_2 的附着能力比较差，所以与 SiO_2 附着性好的多晶硅就被用来取代金属层的作用，如图 8.31 所示。然而用多晶硅代替金属也存在一些问题，即使经过掺杂，多晶硅的电阻相比于金属还是太高。这样就在多晶硅的上方，再加上一层金属硅化物，就形成了由多晶硅与金属硅化物共同组成的复合栅电极。在 MOSFET 中，栅电极的尺寸控制是决定 MOSFET 性能的关键。因此，在刻蚀金属硅化物和多晶硅的过程中，对刻蚀的各向异性和选择性的要求就非常高。在自对准工艺中，如果金属硅化物的刻蚀剖面是倾斜而不是垂直的，在源漏区进行离子注入之后，所得到的掺杂分布情况就与刻蚀剖面的倾斜情况有关，这将引起栅电极长度的改变。另一方面，由于多晶硅的下方是超薄栅氧化层，在刻蚀多晶硅的过程中，如果超薄栅氧化层也被刻蚀损伤，那么器件的性能就会受到影响。因此，在刻蚀多晶硅时，对多晶硅与 SiO_2 刻蚀的选择性要求就比较高。

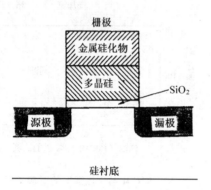

图 8.31 金属多晶硅栅剖面图

对多晶硅和金属硅化物的各向异性刻蚀，通常需要分两步进行，这是因为在目前的干法刻蚀工艺中，单一等离子体的各向异性刻蚀，对金属硅化物和多晶硅的刻蚀速度明显不同。多晶硅的刻蚀速度比金属硅化物的刻蚀速度快得多。在刻蚀复合栅电极时，首先是对多晶硅上方的金属硅化物进行刻蚀。在刻蚀金属硅化物的过程中，还需要除去金属硅化物在空气中自然氧化所形成的氧化层。当上层的金属硅化物完成刻蚀之后，再刻蚀多晶硅。

目前广泛应用的金属硅化物有 WSi_2 和 $TiSi_2$。因氟原子及氯原子都可以与 WSi_2 和 $TiSi_2$ 反应，形成挥发性的化合物（如 WF_4 和 WCl_4）。这样 CF_4、SF_6、Cl_2 以及 HCl 都可以做为刻蚀 WSi_2 和 $TiSi_2$ 的反应气体。但是对于刻蚀多晶硅的情况则不同，氟化物的等离子体在刻蚀多晶硅时，一般为各向同性刻蚀。这就需要使用氯化物的等离子体对多晶硅进行各向异性刻蚀。在多晶硅的各向异性刻蚀中，主要反应气体有 Cl_2、HCl 以及 $SiCl_4$。使用 Cl_2 和 Cl_2-Ar 等离子体反应离子刻蚀未掺杂的多晶硅，刻蚀的各向异性度 A 约为 0。在同样的条件下使用 Cl_2 和 Cl_2-Ar 等离子体反应离子刻蚀重掺杂（$\geqslant 10^{20}\,cm^{-3}$）n 型多晶硅，出现了横向刻蚀现象。如果使用 Cl_2 作为反应气体进行等离子体刻蚀,掺杂和未掺杂的多晶硅都出现了横向刻蚀的现象,而且重掺杂的 n 型多晶硅的刻蚀速度比非掺杂或者 p 型的多晶硅的刻蚀速度高一个数量级以上。此外,使用 Cl 化物的等离子体对多晶硅进行刻蚀,刻蚀对多晶硅与 SiO_2 具有很好的选择性。这样就可以通过过刻来彻底除去多晶硅,同时保证不会对多晶硅下方的二氧化硅造成太大的损伤。Br 化物的气体也可以用于多晶硅的各向异性刻蚀。与 Cl 化物相似,使用 Br 化物的等离子体对多晶硅进行刻蚀,对多晶硅与 SiO_2 也有很好的选择性。

8.12.5 铝及铝合金的干法刻蚀

金属铝的干法刻蚀工艺对 ULSI 制造有着重要的影响,随着铝条宽度的减小,对刻蚀的要求更高。铝合金(例如 Al-Si 和 Al-Cu)可在含氯气体(例如 CCl_4、BCl_3 和 $SiCl_4$)或者在含氯气的混合气体中进行刻蚀,在最佳条件下,刻蚀剖面可以是垂直的,稍有或者没有侧向刻蚀。新鲜铝(表面没有氧化铝:Al_2O_3)的表面可以自发地与 Cl 或 Cl_2 反应,形成准挥发性的 $AlCl_3$。但在通常情况下,铝表面总是覆盖一层很薄(约 30Å)的自然氧化铝层,自然氧化铝层不能和 Cl 或 Cl_2 发生反应。

铝的干法刻蚀是一个很复杂的化学过程。在刻蚀之前,必须除去自然氧化层,可用溅射或化学还原法去掉这层氧化层。刻蚀起始阶段的重复性很差,这因为残余气体,特别是水汽的存在,不同程度的推迟了开始刻蚀时间。水汽等残余气体的来源与刻蚀产物($AlCl_3$)的准挥发性有关,这种准挥发性的 $AlCl_3$ 可能沉积到反应室的器壁上,当反应室暴露在空气中时,凝聚在反应室内壁上的 $AlCl_3$ 就会吸附大量水汽,再次进行刻蚀时,这些水汽就会影响刻蚀。所以,必须将反应室中的水汽排除,才能获得可重复的刻蚀工艺。

刻蚀铝的主要设备是平行板反应器,可实现 RIE 刻蚀或等离子体刻蚀,并能获得各向异性刻蚀剖面,用混合气体(例如 CCl_4-Cl_2 或 BCl_3Cl_2)的刻蚀效果更佳。在很宽的工艺参数范围内,BCl_3 刻蚀剂不产生聚合物,而在 CCl_4 等离子体中,往往产生聚合物膜,影响刻蚀,因此,BCl_3 比 CCl_4 的刻蚀性能更好些。

纯铝的刻蚀比多数铝合金容易。由于硅可用含氯等离子体刻蚀,Al-Si 合金(Si 含量达到百分之几),亦可在含氯气体中刻蚀,形成挥发性的氯化物。然而,对 Al-Cu 合金(一般 Cu 含量≤4%)的刻蚀,由于铜不容易形成挥发性卤化物,故刻蚀之后,有含铜的残余物留在硅片上,这就给刻蚀带来困难,当然,如果用高能离子轰击,可以去除这类物质,或者用湿法化学处理清除。Al-Si-Cu 合金膜可用反应离子刻蚀并能得到各向异性的刻蚀剖面,在低压 CCl_4-Cl_2 系等离子体中,反应生成挥发性的铝和硅的氯化物,不挥发铜的氯化物用溅射法去除,溅射也能部分地去除金属表面的自然氧化层。因为水汽会抑制刻蚀,并引起不可重复的结果,所以,必须将水汽的影响减到最低程度,才能取得满意的刻蚀效果。

在 ULSI 器件制造中,金属铝或者合金如果是在 SiO_2 上,则在对金属铝或者合金刻蚀时,对 SiO_2 的刻蚀选择性也很好。但是,由于氯也能刻蚀硅和多晶硅,故铝对它们的选择性一般较差。因此,金属化薄膜必须覆盖住整个接触窗口,以免刻蚀到硅,这样做的结果必然又限制了金属化导线的密度。

干法刻蚀铝所遇到的另一个问题是刻蚀之后的浸蚀现象。空气中的湿气和含氯的残存物反应,形成 HCl,使铝层受到腐蚀。应当在刻蚀之后立即清除这种物质,最好是就地去除[69]。然而,即使采取这些预防措施,金属线条也难免受到浸蚀,对细线条的影响更不能忽视。更好的方法是在刻蚀之后,随即在碳氟化合物中将残留氯化物转变为无反应的氟化物。Al-Cu 合金的浸蚀特别灵敏,这是由于金属表面的含铜沉积物形成氯化铜所引起的。

8.12.6 其他金属的干法刻蚀

钼(Mo)、钽(Ta)、钨(W)和钛(Ti)这些金属能形成挥发性氟化物,故可以在含氟的刻蚀剂(如 CF_4+O_2)中进行刻蚀。由于这些材料可在圆筒反应室中刻蚀,很可能是些纯化学过程。当在平行板反应器中刻蚀时,大部分材料呈现出明显的负载效应。由于 ULSI 对这些薄膜的尺寸要求不高,膜又很薄,允许有一定的横向刻蚀。由于这些金属可形成挥发性氟化物,因而对 SiO_2 有较高的选择性,但对 Si 不能进行选择刻蚀。

可在含氯的气体中刻蚀包括 Cr、Au 和 Pt 等金属。Au 和 Pt 常用溅射法刻蚀。Cr 和 V(钒)能形成挥发性很强的氯氧化合物,因此,这两种金属可在氧气及含氯的混合气体中刻蚀,刻蚀速率强烈地依赖于金属薄层的淀积方法和淀积条件。在等离子刻蚀中,用铬(Cr)层作为掩膜材料,可获得高分辨率的刻蚀图形。

8.13 干法刻蚀速率

干法刻蚀速率 R 是刻蚀的主要参数,刻蚀速率低,易于控制,但不适合实际生产要求。对于 ULSI 制造中的刻蚀工艺,要求有足够高的刻蚀速率,且能重复、稳定等。这一节讨论几个影响刻蚀速率的主要因素。

8.13.1 离子能量和入射角

因为溅射刻蚀是利用物理溅射现象来完成的,所以,刻蚀速率由溅射率、离子束入射角和入射流密度决定。溅射率 S 定义为一个入射离子所能溅射出来的原子数。离子能量达到某一阈值以后(大约 20 eV),才能产生溅射,要想得到实用的刻蚀速率,离子能量必须比阈值能量大得多(达几百 eV 以上)。在刻蚀工艺中离子的能量一般≤2 keV,在这个能量范围内,大多数材料的溅射率随离子能量的增加单调上升,当离子能量达到某个范围之后,刻蚀速率随能量的增加变得缓慢。对于 ULSI 常用的薄膜材料,当 Ar^+ 离子能量为 500 eV 时,溅射率 S 的典型值为 0.5～1.5。

离子入射角 θ 表示的是离子射向衬底表面的角度(垂直于表面入射时,$\theta=0$),它是溅射率的敏感函数。入射角从零逐渐增加时,溅射率 S 值也随之逐渐增大,在某一角度 $\theta=\theta_{max}$

时,溅射率达到最大值,之后随入射角的增加,溅射率 S 逐渐减小,这是因为入射离子在表面的反射几率增大,当 $\theta=90°$ 时,溅射率减小为零,即 $S=0$。

在等离子体刻蚀或称化学刻蚀中,溅射对刻蚀速率的贡献应该很小,而离子与被刻蚀材料之间的化学反应应该是主要的。但实验证明,由等离子体产生的中性粒子与材料表面之间的作用将加速反应,这种离子加速反应在许多干法刻蚀工艺中都起着重要作用[70]。图 8.32 是离子加速刻蚀的例子,图中分别给出 Ar^+ 和 XeF_2 离子束射向硅表面的情况,每种离子束单独入射时,刻蚀速率都相当低。Ar^+ 离子束是物理溅射刻蚀,XeF_2 解离为 Xe 和两个 F 原子,然后,F 原子自发地和硅反应形成挥发性氟化硅。当 450 eV 的 Ar^+ 离子束和 XeF_2 气体同时入射时,刻蚀速率非常高,大约为两种离子束刻蚀速率总和的 8 倍。

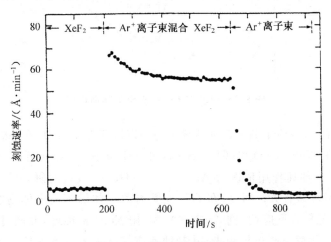

图 8.32 离子加速刻蚀特性

图 8.33 表示的是离子加速反应的另一个例子,图中给出的是有 Ar^+ 存在时,Cl_2 对硅的刻蚀情况。与 F 原子不同,Cl_2 不能自发地刻蚀硅,当用 450 eV 的 Ar^+ 离子束和 Cl_2 同时射向表面时,硅被刻蚀,而且刻蚀速率比 Ar^+ 溅射刻蚀的刻蚀速率高得多。由图中可以看到,大约轰击 220 秒时加入 Cl_2 气,刻蚀速率发生跃变,这是由于大量氯的存在所引起的。

有几种可以解释离子加速刻蚀的机理。① 离子轰击将在衬底表面产生损伤或缺陷,从而加速了化学反应过程;② 离子轰击可直接离解反应剂分子(例如 XeF_2 或 Cl_2);③ 离子轰击可以清除表面不挥发的残余物质。对这些机理及它们的相对重要性的研究仍然是一个重要课题,并存在争论。

在上述的第一种情况中(XeF_2+Si),没有离子轰击时,离解的 F 原子可自发地刻蚀硅,但刻蚀速率很低,在高能离子轰击下,提高了总刻蚀速率;在第二种情况下,没有高能离子轰击,Cl_2 与 Si 是不发生反应的。我们称前者为离子增强刻蚀,后一种情况称为离子感应刻蚀。

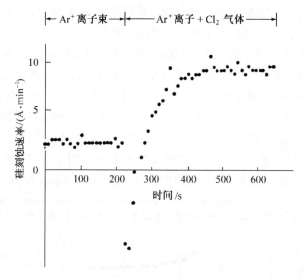

图 8.33 Ar^+ 对 Cl_2 刻蚀 Si 的辅助作用

在这两个例子中,说明了离子刻蚀情况是与物理过程有关的,并不是惰性气体离子的化学反应的贡献。在(XeF_2+Si)和(Cl_2+Si)的加速反应中,若离子能量为 1 keV 时,Ar^+、Ne^+ 和 He^+ 离子的加速作用依次为 $Ar^+>Ne^+>He^+$。大量的研究结果表明,这些离子的加速作用与动量转移有关。但是,在 CF_4 及其有关气体的等离子体刻蚀中,情况又不一样,这里离子本身就含有反应剂(例如 CF_3^+)。在用 XeF_2 刻蚀 Si,并同时进行离子轰击的情况下,若用 CF_3^+ 代替 Ar^+ 进行轰击,其刻蚀速率基本上不发生变化。因此,高能离子通过物理过程可以增强或感应反应过程,与离子的化学反应无关。

对于反应离子刻蚀,等离子体中产生的主要是中性反应物,这些中性反应物先吸附于薄膜表面,再与表面原子反应,反应生成物再解吸成为挥发性物质,整个反应可由等离子体中的高能离子诱发并加速。当然,高能离子提高反应速率的程度取决于所用的气体、材料和工艺参数的选取。

8.13.2 常用的刻蚀气体

刻蚀气体成分在等离子体刻蚀或反应离子刻蚀中是影响刻蚀速率和选择性的关键因素,表 8.1 是 ULSI 工艺中常用材料的一些代表性的刻蚀气体。由表 8.1 可见,除了去除光刻胶和刻蚀有机膜之外,光刻工艺中主要使用的是卤素气体。选择刻蚀气体的主要依据是,在刻蚀温度(室温附近)下,它们是否能和被刻蚀材料形成挥发性或准挥发性的卤化物。由于含卤气体能相当容易地刻蚀 ULSI 制造中所用的无机材料,而且危害性也很小,所以,卤化碳气体占有重要优势。

表 8.1 干法刻蚀的常用气体

刻蚀材料	气体
Si	CF_4, CF_4+O_2, SF_6, SF_6+O_2, NF_3, Cl_2, Cl, CCl_4, CCl_3F, CCl_2F_2, ClF_3, $CClF_3$
SiO_2, Si_3N_4	CF_4, CF_4+H_2, C_2F_6, C_3F_8, CHF_3, $CF_4+O_2+H_2$
Al, Al-Si, Al-Cu	CCl_4, CCl_4+Cl_2, $SiCl_4$, BCl_3, BCl_3+Cl_2
硅化物	CCl_4, CF_4+O_2, SF_6+Cl_2, CF_4+Cl_2, NF_3
金	$C_2Cl_2F_4$, Cl_2, $CClF_3$
难熔金属	CF_4+O_2, NF_3+H_2, SF_6+O_2

在反应刻蚀中,经常使用的是由多种成分组成的混合气体,这些混合气体是在一种主要气体中加入一种或几种其他气体组成的,添加气体的作用是改善刻蚀速率、选择性、均匀性和刻蚀剖面。例如,在刻蚀 Si 和 SiO_2 时,使用的是 CF_4 为主的混合气体。

8.13.3 气体流速

气体流速决定反应剂的有效供给程度。反应剂的实际需要取决于有效反应物质的产生与消耗之间的平衡过程。刻蚀剂损失的主要机制是漂移、扩散、复合以及附着和输运。

在一般工作条件中,气体流速对刻蚀速率 R 的影响不大。在极端情况下,可以观察到气体流速的影响,例如,流速很小,刻蚀速率受反应剂供给量的限制;相反,当流速很大时,输运成为反应剂损失的主要原因。是否发生输出损失取决于泵速、气体和反应室内的材料。在一般情况下,活性反应剂的寿命很短,流速的影响不必考虑;当活性剂的寿命较长时(例如 F 原子),流速会对刻蚀速率 R 产生影响。由图 8.34 可见,R^{-1} 是流速的线性函数,这与反应剂滞留时间与流速的关系一致,说明在所示的条件下,活性剂的寿命由输运损失决定。

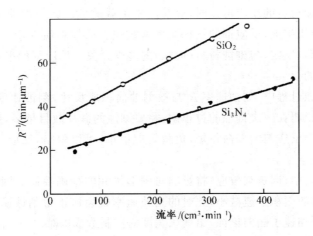

图 8.34 刻蚀速率 R 的倒数与气流速率的关系

8.13.4 温度

在反应刻蚀中,温度对刻蚀速率的影响主要是通过化学反应速率体现的。为获得均匀、重复的刻蚀速率,必须认真控制衬底温度。等离子体加热是衬底温度上升的主要原因;此外,刻蚀过程的放热效应也不可忽视。

8.13.5 压力、功率密度和频率

压力、功率密度和频率都是独立的工艺参数,但实际上它们各自对刻蚀工艺的影响是难以预计的。压力和频率较低,而功率密度较高时,可以提高入射离子能量和电子能量,增加功率也可提高等离子体中活性剂和离子密度。因此,在离子加速反应刻蚀中,降低压力或频率,或增加功率密度,可以获得更好的各向异性刻蚀。

一般刻蚀速率单调地随功率增加而增加,这是因为外加功率几乎都会转变为热量,因此,在功率密度很高时,样品温度升高,这时需要考虑衬底的散热问题,否则,会造成刻蚀速率不可控等有害影响。

系统压力对刻蚀速率的影响,随刻蚀材料及气体的不同而有明显的差异。随着系统压力的增加,刻蚀速率增大,选择合适的刻蚀条件可以获得最大的刻蚀速率。

频率主要是通过离子能量而影响刻蚀速率。放电的工作电压随频率的降低而增加,因而离子的轰击能量在低频时将比高频时要高,又因为刻蚀速率与轰击能量成正比,所以,在低频时的刻蚀速率比高频时要高。

8.13.6 负载效应

在反应离子刻蚀过程中,刻蚀速率往往随刻蚀面积的增加而减小,这种现象称为负载效应。当反应剂与刻蚀材料的反应迅速时,容易产生负载效应。如果刻蚀是反应剂的主要损失机构,则刻蚀的面积越大,反应剂的消耗速率就越快。活性物质的产生率由工艺参数(例如压力、功率、频率等)决定,与刻蚀材料(面积)的多少无关。反应剂的平衡浓度是由产生率和损失率之差决定的。

在反应离子刻蚀过程中,刻蚀速率 R 与被刻蚀面积成反比,刻蚀速率 R 随被刻蚀面积的增加而减小。这说明在一次刻蚀的过程中,需要刻蚀的硅片数目越多,整体的刻蚀速率就越低。若等离子体中反应剂的寿命很短,负载效应很小,可以忽略,反应剂的损失机构主要由刻蚀消耗所决定。

在集成电路工艺中,因负载效应,将影响对图形尺寸的精确控制。因为,随着刻蚀接近终点时,被刻蚀材料的面积迅速减小,此时的刻蚀速率就会比正常刻蚀速率高得多,不但会发生过刻蚀,而且也加速了侧向刻蚀,给线条宽度的控制造成困难。

从某种意义上说,负载效应是一种宏观过程,反应室中某个硅片的存在将影响另一硅片的刻蚀速率,这就意味着等离子体中反应剂的输运过程非常迅速,以致等离子体中的反应剂

并不存在多大的浓度梯度。当然,被刻蚀图形的尺寸和密度不同,也会影响刻蚀速率,这可能是因为反应速率不同,引起反应剂在局部存在浓度梯度。

参 考 文 献

[1] J G Maltabes, et al. Proceedings SPIE, vol. 1262, 1990:84

[2] R H Collins, F T Deverse. U. S. Patent. No. 3, vol. 549, Dec. 22, 1970:368

[3] D Meyerhofer. Characteristics of Resist Films Produced by Spinning. J. Applied Physics, vol. 49, 1978:3993

[4] W C Till, J T Luxon. Integrated Circuits: Materials, Devices and Fabrication. Prentice-Hall, Englewood Cliffs, N. J. , 1982

[5] ibid. Ref. 8: 195~198

[6] B D Washo. Rheology and Modeling of the Spin Coating Process. IBM J. Res. Dev., vol. 21, 1997:190

[7] R R Dammel. Diazonaphthoquinone-based Resists. SPIE, vol. TT11. SPIE, Bellingham WA: 1993

[8] T Ueno. Chemistry of Photoresist Materials. in Microlithography: Science and Technology, Ch. 8, marcel Dekker, New York: 1998: 429

[9] G MacBeth. Prebaking Positive Photoresists. Proc. Kodak Interface Seminar, 1982:87

[10] J A Irvin, T J Weber. Characterization of Baking Operations in Photolithographic Processes. Proceedings Kodak Interface Seminar. 1982:31

[11] ibid. Ref. 15, Chap. 8: 165-188

[12] ibid. Ref. 8: 199

[13] C G. Willson. Organic Resist Materials-Theory and Chemistry. in Introduction to Microlithography. Advances in Chemistry Series 219, Washington, DC: Amer. Chem. Soc. : 1983

[14] P S Gwozdz. Positive vs. Negative: A Photoresist Analysis. SPIE Proceedings, Semi-conductor Microlithography VI, vol. 275, 1981: 156

[15] D Burkman, A Johnson. Centrifugal On-Center, Flood Spray Development of Positive Resist. Solid State Technology, vol. 125, May, 1983

[16] R F Leonard, J A McFarland. Puddle Development of positive Photoresists. SPIE Proceedings. Semiconductor Microlithogmphy VI, vol. 275, 1981

[17] K Massau, R A Levy, D L Chadwick. Modified Phosphosilicate Glasses for VISI Applications. J. Electrochem. Soc. , vol. 132, No. 2, February, 1985: 409

[18] R W Wake, M C Flanigan. A Review of Contrast in Positive Resists. Proceedings SPIE. Advances in Resist Technology and Processing II, vol. 539, 1985: 291

[19] H Gokan, K Tanigaki, Y Ohnishi. Dry-Etch Resistance of Metal-Free and Halogen-Substituted Resist Materials. Solid State Technol, May, 1985: 163

[20] P H Singer. Trends in Resist Design and Use. Semiconductor International, August, 1985: 68

[21] E Ong, E L Hu. Multilayer Resists for Fine Line Optical Lithography. Solid State Technology,

June,1984

[22] R Sezi, et al. Proceedings SPIE, vol. 1262, 1990: 84

[23] Ki-Ho Baik, L Van den Hove, R Borland. Comparative Study Between Gas—and Liquid-Phase Silylation for the Diffusion—Enhanced Silylated Resist Process. J. Vacuum Sci. Technol. B, 9: 3399 (1991)

[24] M Sebald, et al. Proceedings SPIE, vol. 1466, 1991: 227

[25] B F Griffing, P R West. Contrast Enhanced Lithography. Solid State Technology, May, 1985: 152

[26] B Roland, et al. Proc. SPIE., vol. 771, 1987: 69

[27] M W Horn. Anti-reflection Layers and Planarization for Microlithography. Solid State Technology, November, 1991: 57

[28] T Perera. Anti-Reflective Coatings-An Overview. Solid State Technology, July, 1995: 131

[29] P Singer. Anti-Reflective Coating: A Story of Interfaces. Semiconductor International, March, 1999: 55

[30] P Burggraaf. What's Important in Resist Processing: Productivity or Performance. Semiconductor International, July 1995: 100

[31] R DeJule. Resist Enhancement with Antirefledive Coatings. Semiconductor International, July, 1996: 169

[32] M A Listvan, M Swanson, A Wall, S A Campbell. Multiple Layer Techniques in Optical Lithography: Applications to Fine Line MOS Production. in Optical Microlithography III: Technology for the Next Decade. Proc. SPIE, vol. 470, 1983: 85

[33] P Das, U Sengupta. Krypton Fluoride Excimer Laser for Advanced Microlithography. in Microlithography: Science & Technology. J. Sheats & B. W. Smith, Eds. Marcel Dekker, New York: 1998: 271

[34] C Mack. Optimum Stepper Performance By Image Manipulation. KTI Micrelect. Sem. . 1989: 209

[35] D L Fehrs, et al. Illuminator Modification of an Optical Aligner. KTI Microelect. Sem. 1989: 217

[36] M Noguchi, et al. Subhalf Micron Lithography System with Phase-Shifting Effect. Proc. SPIE., vol. 1674, 1992: 92

[37] N Shirashi, et al. New Imaging Technique for 64M-DRAM. Proc. SPIE., vol. 1674, 1992: 741

[38] H Fukuda, et al. Improvement of Defocus Tolerance in a 0.5m Optical Lithography by Focus Latitude Enhancement Exposure Method: Simulation & Experiment. J. Vac. Sci. Technol. B, 7 (4), 1989

[39] H Fukuda. Characterization of Super-Resolution Photolithography. IEDM Technology Digest. 1992: 49

[40] H Ito. Deep-UV resists: Evolution and Status. Solid-State Technology, July, 1996: 164

[41] D Seeger. Chemically Amplified Resists for Advanced Lithography: Road to Success or Detour? Solid-State Technology, June, 1997: 115

[42] ibid. Ref. 9: 450

[43] A Nitayama, T Sato, K Hashimoto, F Shigemitsu, M Nakase. New Phase-Shifting Mask with Self-

Aligned Phase-Shifters for a Quarter-Micron Photolithography. IEDM Technology Digest. 1989: 3. 3.1

[44] B J Lin. Phase-Shifting Masks Gain an Edge. IEEE Circuits & Devices Magine, March,1993: 28

[45] ibid. Ref. 24: 74-82

[46] T Brunner. Pushing the Limits of Lithography for IC Production. IEDM Technology Digest. 1997: 9

[47] T Ueno and J R Sheats. X-Ray Lithography. in Microlithography: Science and Technology, Ch. 7. New York: 1998: 403~427

[48] F Cerrina. X-Ray Lithography. In: Handbook of Microlithograph & Micromachining, vol. 1 Microlithography. Ch. 3, SPIE Press, Bellingturn, WA. New York: 251~319

[49] P Castrucci, et al. Lithography at an Inflection Point. Solid State Technology, November,1997: 127

[50] A R Shikunas. Advances in X-ray Mask Technology. Solid State Technology. J. , vol. 27,1984: 192

[51] P Nehmiz, W Zapka, U Behringer, M Kallmeyer, H Bohlen: Electron Beam Proximity Printing. J. Vacuum Sci. Technol. B 3: 136 (1985)

[52] R DeJule. E-Beam Lithography: The Debate Continues. Semiconduction International, September. , 1996: 85

[53] G Owen, J R Sheats. Electron Beam Lithography Systems, in Microlithography: Science and Technology. Ch. 6, New York: 1998: 376~402

[54] M A McCord, M J Rooks. Electron Beam Lithography. in Handbook of Microlithography, Micromachining and Microfabricafion, vol. 1, Microlithography. Ch. 1, SPIE Optical Engineering Press,Beningham,WA: 1997: 11~138

[55] S Berger, et al. SPIE Proceedings, vol. 2322,1994: 434

[56] L R Harriott, et al. J. Vac. Sci. Technol. , B, 14(6),1996: 3825

[57] J Frosien, B Lischke, K Anger. Aligned Multilayer Structures Generated by Electron Microprojection. Proc. 15th Int. Symp. Electron, Photon, Ion Beam Technol. , 1980: 1827

[58] W A Kern and C A Deckert. Chemical Etching. in Thin Film Processing. J. L. Vossen,ed. , Academic, New York: 1978

[59] B Schwartz and H Robbins. Chemical Etching of Silicon: Etching Technology. J. Electrochem. Soc. , vol. 123,1976: 1903

[60] K E Bean. Anisotropic Etching of Si. IEEE Trans. Electron Devices, vol. ED-25,1978: 1185

[61] W Kern. Chemical Etching of Dielectrics. in Etching for Pattern Definition, Electrochem. Soc. , Pennington, vol. NJ, 1976

[62] L M Loewenstein, C M Tipton. Chemical Etching of Thermally Oxidized Silicon Nitride: Comparison of Wet and Dry Etching Methods. J. Electrochem. Soc. , vol.138,1991: 1389

[63] D M Manos, D L Flamm. Plasma Etching, An Introduction. Academic Press. Boston: 1989

[64] R A Morgan. Plasma Etching in Semiconductor Fabrication, Elsevier. Amsterdam: 1985

[65] A J van Roosmalen, J A G Baggerman, S J H Brader. Dry Etching for VLSI, Plenum, New York: 1991

[66] G Smolinsky, D L Flamm. The Plasma Oxidation of CF_4 in a Tubular, Alumina, Fast-Flow Reactor. J. Applied Physics, vol. 50, 1979: 4982

[67] L M Ephrath, E J Petrillo. Parameter and Reactor Dependence of Selective Oxide RIE in CF_4+H_2. J. Electrochem. Soc., vol. 129, 1982: 2282

[68] J W Cobum. In-situ Auger Spectroscopy of Si and SiO_2 Surfaces Plasma Etched in CF_4-H_2 Glow Discharges. J. Applied Physics, vol. 50, 1979: 5210

[69] P Singer. Plasma Etch: a Matter of Fine Tuning. Semiconductor International. December 1995: 65

[70] D L Flamm. Plasma Etching, an Introduction. Academic Press, 1989

第九章 金属化与多层互连

集成电路工艺中的金属化是指利用金属及具有金属性质的材料,把芯片上相关的元器件连接起来,形成具有一定功能的电路;同时还要形成电路模块与外部连接的键合点。金属化也称金属互连。金属互连在芯片中的作用是对相关器件提供信号、时钟、电源和地线等。

金属及具有金属性质的材料也是集成电路工艺中具有重要功能的一类材料,按其在集成电路工艺中的功能划分,可分为三大类:

(1) MOSFET 栅电极材料:作为 MOSFET 器件的一个组成部分,对器件的性能起着重要作用;

(2) 互连材料:其作用是将同一芯片上独立的元器件根据需要连接成具有一定功能的电路;

(3) 接触材料:直接与半导体接触的材料以及电路模块与外部相连的接触材料。

集成电路工艺中的金属化材料,除了常用的金属如 Al、Cu、Pt、W 等以外,还包括重掺杂多晶硅、金属硅化物、金属合金等具有金属性质的材料。附录 1 给出了常用金属元素材料及其电学特性,附录 2 给出了一些集成电路中使用的金属硅化物、金属合金的电学特性[1]。

对栅电极材料的主要要求是:与栅氧化层具有良好的界面特性和稳定性;并具有合适的功函数,以满足 nMOS 与 pMOS 阈值电压的对称要求。在早期 nMOS 集成电路工艺中,使用较多的是铝栅。由于多晶硅可以通过改变掺杂类型和浓度调节导电类型和功函数,而且多晶硅与栅氧化层又具有良好的界面特性,另外,多晶硅栅工艺还具有源漏自对准等特点,因此成为目前 CMOS 集成电路制造技术中最常用的栅电极材料。

对互连金属材料的主要要求是:首先要具有较小的电阻率,其次要易于淀积和刻蚀,而且还要具有良好的抗电迁移特性,这样才能适应集成电路技术不断发展的需要。集成电路工艺中使用最多的互连金属材料是铝,但是,铝抗电迁移特性不理想,所以,目前在 ULSI 工艺中,铜作为一种新的互连金属材料越来越受到重视并得到越来越广泛的应用。

对与半导体接触的金属材料主要要求是:因为是直接接触,所以要有良好的金属/半导体接触特性,即要有良好的接触界面特性和稳定性、接触电阻要小、在半导体材料中的扩散系数要小,在后续加工中与半导体材料有良好的化学稳定性;另外,该材料的引入不会导致器件失效也是非常重要的。铝是一种常用的接触材料,但目前使用较为广泛的接触材料是硅化物,如铂硅(PtSi)和钴硅($CoSi_2$)等。

本章内容主要是讲述互连金属化材料,首先讲述集成电路制造中对金属材料的要求;然后讲述目前使用最广泛的两种金属材料:铝和铜;接下来讲述多晶硅等栅电极材料及硅化物,最后讲述多层金属互连的工艺。

9.1 集成电路工艺对金属化材料特性的要求

对应用在硅基集成电路中的金属材料或金属合金的基本要求：
(1) 能提供低阻的互连引线，从而有利于提高电路速度，并能传导高电流密度；
(2) 与 n^+、p^+ 硅或多晶硅能形成低阻的欧姆接触，即金属-硅接触电阻要小；
(3) 长时间在较高电流密度负荷下，金属引线不会发生失效，即抗电迁移性能要好；
(4) 与绝缘体，如 SiO_2 有良好的附着性；
(5) 具有很好地抗蚀性，与下层器件区不发生化学反应；
(6) 易于淀积和刻蚀，经过一定温度处理后具有均匀的结构和组分(对于合金)，对高深宽比的间隙或接触孔(或通孔)具有很好的淀积(填充)效果；
(7) 易于键合(易与外部实现电连接)，键合点可靠稳定；
(8) 在多层互连中要求层与层之间的绝缘性要好，不互相渗透和扩散，即要求有一个扩散阻挡层等；
(9) 能经受温度变化的冲击；
(10) 有很好的抗机械应力，具有柔软性和延展性。

以上要求包括了电学特性、机械特性、热力学特性以及化学特性等。另外，金属材料的晶格结构和制备工艺也会对金属材料在集成电路应用中产生影响[1]。

9.1.1 金属材料的晶体结构及制备工艺对金属化的影响

在集成电路工艺中，金属化的薄膜可能淀积或生长在各种衬底材料(半导体、绝缘体、金属)上，其薄膜的晶格结构将决定其特性。通常认为外延生长层或单晶层具有最理想的特性。

影响单晶薄膜层生长的主要因素有：单晶薄膜层和衬底材料的晶格结构匹配程度；界面附着的稳定程度；薄膜晶化特性及稳定性；淀积条件(可能引起热学特性失配)；材料纯净度；以及后续工艺等。

薄膜层和衬底材料晶格结构的匹配程度是影响外延薄膜层生长最重要的因素，附录3给出了常用的金属材料及其合金的晶格结构参数，附录4给出的是半导体材料的晶格结构参数[1]。

通常用晶格常数失配因子(η)来描述晶格结构的匹配程度。其定义为衬底材料的晶格常数 a_f 与薄膜材料的晶格常数 a_s 之差与衬底材料晶格常数之比，如下式

$$\eta = \frac{|a_f - a_s|}{a_f} \tag{9.1}$$

附录5给出的是一些金属薄膜在硅衬底上的晶格常数失配因子，从表中可以看到许多合金材料的晶格常数失配因子非常小。对接触材料和互连材料都希望能有较小的晶格常数

失配因子。

生长理想单晶薄膜层的最好方法是外延生长。采用外延生长可以消除缺陷,并能得到具有很好单晶结构的多层异质外延薄膜层,可以提高金属薄膜的性能,降低电阻率和电迁移率,可以得到良好的金属/半导体接触界面或金属/绝缘体接触界面。

9.1.2 金属化对材料电学特性的要求

金属材料在集成电路工艺中应用时,必须考虑的性能主要包括:电阻率、电阻率的温度系数(TCR)、功函数、与半导体接触的肖特基势垒高度。附录 6 给出了常用的半导体和绝缘介质的电学特性[1]。

对合金和硅化物材料,其性能与材料中掺入相关原子的数量有关,附录 7 给出了在铝、铜、金中加入少量其他金属原子形成合金后的电阻率随掺入原子所占比例的变化关系[1]。

对与半导体接触的金属材料和栅电极材料,其功函数、与半导体材料的肖特基势垒高度,以及接触电阻都是非常重要的参数。肖特基势垒高度(Φ_b)、功函数(Φ_m)以及半导体材料的亲和势(χ)之间满足如下关系

$$\Phi_b = \Phi_m - \chi \tag{9.2}$$

金属/半导体接触的电流密度可用下式来计算

$$J = A^* T^2 \exp\left(-\frac{q\Phi_b}{kT}\right)\left[\exp\left(\frac{qV}{nkT}\right) - 1\right] \tag{9.3}$$

接触电阻的定义如下

$$R_c = \left(\frac{dV}{dJ}\right)_{V=0} \tag{9.4}$$

低掺杂时的接触电阻计算公式,如下

$$R_c = \frac{k}{qA^*T}\exp\left(\frac{q\Phi_b}{kT}\right) \tag{9.5}$$

高掺杂时($N_d > 10^{19}\,\mathrm{cm}^{-3}$)接触电阻计算公式,如下

$$R_c \approx \exp\left[\frac{\alpha(\varepsilon_s m^*)^{1/2}}{\hbar}\left(\frac{\Phi_b}{\sqrt{N_D}}\right)\right] \tag{9.6}$$

其中,k 为波尔兹曼常数、A^* 为理查德逊常数、T 为温度(K)、ε_s 是半导体材料的介电常数、m^* 是有效电子质量。

9.1.3 金属化对材料的机械特性、热力学特性的要求

在多层薄膜体系中,通常存在应力。图 9.1 给出的是如果存在应力,薄膜层淀积(或生长)之后的实际情况,(a)对应存在张力、(b)对应存在压缩力的情形。

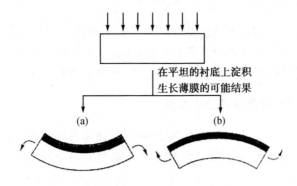

图 9.1　有应力时薄膜淀积的可能结果

通常总应力 σ 可以分为固有应力 σ_i 和热应力 σ_{th}，即

$$\sigma = \sigma_i + \sigma_{th} \tag{9.7}$$

固有应力通常与以下因素有关：薄膜层与衬底晶格失配情况，薄膜层的微结构与纯净度，薄膜中的缺陷，化学反应引入的改变量，各向异性生长，表面效应（如表面张力），静电性质的影响。固有应力很大程度上由薄膜层的淀积或生长条件所决定，在很多情况下已经通过对生长过程的优化被减小到最小甚至被消除。

由于衬底和薄膜层热膨胀系数的不同，以及薄膜层生长（或退火）温度与工作温度的不同，热应力成为非常重要的一个因素，热应力可由下式计算

$$\sigma_{th} = \frac{E_f}{1-V_f}(\alpha_F - \alpha_S)(T_2 - T_1) \tag{9.8}$$

其中 E_f 为杨式模量，V_f 为泊松系数，α_F 为薄膜热膨胀系数，α_S 为衬底热膨胀系数，T_1 为工作温度，T_2 为生长（或退火）温度。可见要减小应力，最重要的是选择热膨胀系数相近的材料。应力的存在对互连体系可靠性产生严重影响，应力可导致互连线出现空洞[2]，互连材料的电迁移也与应力的存在有关。

多层薄膜体系中的应力可以通过淀积（生长）适当的覆盖层来减弱。若第一层薄膜存在张力，当覆盖层也存在张力时，将会导致应力增加，经过退火后情况更加恶化，如果覆盖层存在压缩力时，应力将减小，经过退火后应力转移，主要集中在覆盖层，而原有薄膜层所受应力将减小。当第一层薄膜存在压缩力时，覆盖层的作用与存在张力情形类似。可以看出，选择合适的覆盖层对减小薄膜层中的应力非常重要。

金属材料在半导体材料中的扩散，有可能导致器件失效，金属与半导体接触界面的可靠性与稳定性，与材料的化学反应特性以及热学特性密切相关，因此，材料的热力学特性以及化学反应特性在互连材料的选取以及结构设计时都是必须考虑的问题。

9.2 铝在集成电路工艺中的应用

铝在 20℃时的电阻率仅为 2.65 $\mu\Omega \cdot cm$，与 n^+ 和 p^+ 硅或多晶硅的欧姆接触电阻可低至 10^{-6} Ω/cm^2。铝不但与硅有很好的附着性，而且与磷硅玻璃、SiO_2 和 Si_3N_4 等绝缘层的附着性也很好，铝能够轻易淀积在硅上，并可用湿法腐蚀，而且又不会影响下层薄膜。由于具有上述优点，铝成为集成电路中最早也是目前常用的互连金属材料。本节将具体讲述铝在集成电路工艺中的应用及存在的问题[3]。

9.2.1 铝薄膜的制备方法

铝薄膜可用成熟的真空蒸发方法制备，一般采用电阻加热蒸发法或电子束蒸发法。但随着集成电路的不断发展，对工艺的要求越来越高，真空蒸发方法制备的铝薄膜层，在厚度的均匀性、台阶的覆盖等方面已经不能很好地满足要求，所以目前铝薄膜层主要是采用溅射法制备。

9.2.2 Al-Si 接触中的几个物理现象

在讲述 Al 与 Si 接触之前，我们先讨论几个物理概念作为基础。

(1) Al-Si 相图。Al 与 Si 之间不能形成硅化物，但可以形成合金，这一点 Al 与 Pt、Pd、W、Ni、Cr 等不同，它们可以与 Si 形成硅化物。Al 与 Si 形成合金的熔点很低，同时又与它们的组分有关。当 Al 含量占 88.7%，Si 含量占 11.3% 时的 Al-Si 合金，其熔点为 577℃，是 Al-Si 合金体系的最低熔点，这个温度也被称为共熔温度。基于此特性，淀积铝膜时硅衬底的温度必须低于 577℃。另外，从图 9.2 所示的相图可以看到[4]，Al 在 Si 中的溶解度非常低，以致于在相图中难以表示出来，在多数情况下，可以忽略。但 Si 在 Al 中的溶解度却比较高，例如在 400℃时，重量溶解度为 0.25，450℃时为 0.5，500℃时则为 0.8。因此当 Al 与 Si 接触时，在退火过程中，就会有相当可观的 Si 原子溶到 Al 中。具体溶解量不仅与退火温度下的溶解度有关，而且还与 Si 在 Al 中的扩散情况有关。

(2) Si 在 Al 中的扩散系数。在常用的 400~500℃ 的退火温度范围内，Si 在 Al 薄膜中的扩散系数大约是在晶体 Al 中的 40 倍。这是因为淀积制备的 Al 薄膜通常为多晶，在晶粒间界的扩散系数远远大于在晶体内的扩散系数。

随着集成电路工艺的不断发展，器件特征尺寸不断缩小，Al 引线的宽度也越来越窄，Al 与 Si 的接触孔也越来越小，所以可认为：在退火过程中硅在铝引线中的扩散是一维的，由此可计算出在退火过程中硅向 Al 引线中的扩散数量。在确定的退火温度下，退火时间为 t_a 时，则 Si 原子的扩散距离就为 $L_{Si} = (Dt_a)^{1/2}$，其中 D 为退火温度下 Si 在 Al 薄膜中的扩散系数。例如，退火时间 $t_a = 30$ 分钟、退火温度为 500℃时，L_{Si} 为 55 μm；在相同的退火时间内，退火温度为 450℃时，L_{Si} 为 38 μm；退火温度为 400℃时，L_{Si} 为 25 μm。扩散距离乘上 Al 引线的截面积和 Si 在 Al 中的溶解度，就是 Si 的消耗量。

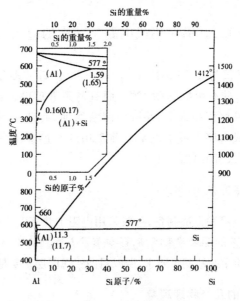

图 9.2 Al-Si 相图

（3）Al 与 SiO_2 的化学反应。Al 容易与 SiO_2 反应生成 Al_2O_3，这个现象对于 Al 在集成电路工艺中的应用是十分重要的。首先是 Al 在与 Si 接触时，Al 可以"吃"掉存在于 Si（或多晶 Si）表面上极薄的自然氧化层（~10Å），从而降低了 Al 与 Si 的欧姆接触电阻；其次 Al 与 SiO_2 之间的化学反应，可改善 Al 引线与 SiO_2 的粘附性。Al 与 SiO_2 的反应式为

$$3SiO_2 + 4Al \longrightarrow 3Si + 2Al_2O_3 \tag{9.9}$$

9.2.3　Al-Si 接触中的尖楔现象

Si 在 Al 中有可观溶解度这一物理现象，将引起 Al 与 Si 接触时的一个重要问题，那就是 Al 的尖楔现象。让我们考虑一条宽度为 w，厚度为 d 的 Al 引线，与 Si 接触的接触孔面积为 A，如图 9.3 所示。当在一定温度下退火 t_a 时间以后，Si 在 Al 中的扩散距离为 $\sqrt{Dt_a}$，如果认为在该距离范围内，Si 在 Al 中是饱和的，则消耗 Si 的体积 V 则为

$$V = 2\sqrt{Dt_a}(w \cdot d) \cdot S \cdot n_{Al}/n_{Si} \tag{9.10}$$

式中 n_{Al} 和 n_{Si} 分别为 Al 和 Si 的密度；S 是该退火温度下 Si 在 Al 中的溶解度（重量百分数）。在 Si 通过接触界面向 Al 引线中扩散的同时，Al 就会通过接触界面向 Si 内运动，填充因 Si 向 Al 引线中扩散而留下的空间。假如 Si 在接触孔内各处消耗是均匀的，那么消耗掉的 Si 层厚度 Z 为

$$Z = 2\sqrt{Dt_a}\left(\frac{w \cdot d}{A}\right) \cdot S \cdot \left(\frac{n_{Al}}{n_{Si}}\right) \tag{9.11}$$

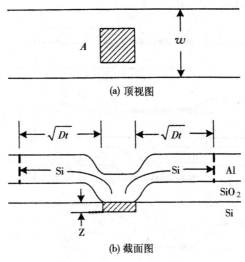

图 9.3 引线孔处的 Al-Si 接触

作为一个例子,当退火温度 $T=500℃$,退火时间 $t_a=30$ min,接触孔面积 $A=4×4$ μm^2,线条宽度 $w=5$ μm,线条厚度 $d=1$ μm,则消耗掉的 Si 层厚度 $Z \cong 0.3$ μm。这相当于一般超大规模集成电路中的结深,因而有可能使 pn 结短路。然而实际情况远比这严重,因为 Si 并不是通过整个接触界面均匀消耗的,往往只是通过接触界面内的几个点消耗,因此有效接触面积 A' 远小于接触孔的实际面积 A,所以 Z 将远大于均匀消耗时的深度。这样,Al 就在某些点,像尖钉一样楔进到 Si 衬底中去,从而使 pn 结失效,如图 9.4 所示。这就是所谓的"尖楔"现象,实际上,"尖楔"深度有时可以超过 1 μm。

影响"尖楔"深度和形状的具体因素很多,其中最主要的是 Al 与 Si 接触界面的氧化层厚度及厚度的均匀性。如果 Al 与 Si 界面的氧化层比较薄(约 10Å),相当于刚清洗完的 Si 片立即进行 Al 的蒸发或溅射时,在 Si 片表面上所生成的 SiO_2 厚度。由于 Al 膜与 SiO_2 接触时可以"吃掉"薄的 SiO_2,使 Al 与 Si 的接触面积较大,因而尖楔的深度就比较浅。相反,如果 Al 与 Si 界面的 SiO_2 比较厚(相当于重掺杂的 Si 衬底,清洗后曝露在大气中几天,在表面生成的 SiO_2 层厚度),那么 Al 与 Si 的接触只限于几个点,不易扩展,但 Si 的消耗体积并不变,因此尖楔深度就比较深。

另外,衬底晶向对"尖楔"的形貌也有影响。由于(111)面是硅原子双层密排面,各双层密排面之间原子间距比较大,因此在晶向为〈111〉的硅衬底上,尖楔就倾向于横向扩展,尖楔形状多半是平底。而在〈100〉晶向的衬底上,则倾向于垂直扩展,更容易使 pn 结短路。我们知道,双极集成电路采用(111)面的 Si 作为衬底,而 MOS 集成电路,为了减少界面态的影响往往采用(100)面的 Si 作为衬底,因此铝的尖楔问题,在 MOS 集成电路中更为突出。

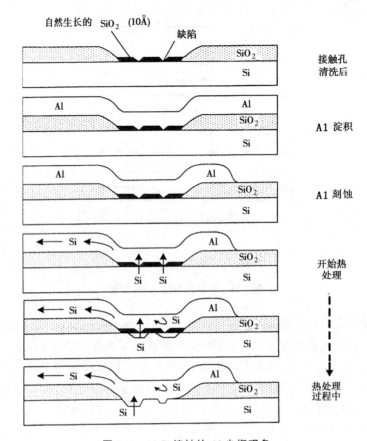

图 9.4 Al-Si 接触的 Al 尖楔现象

9.2.4 Al-Si 接触的改进

1. Al-Si 合金金属化引线

为了解决 Al 的尖楔问题,一般用 A-Si 合金代替纯 Al 作为接触和互连材料。在纯 Al 中加入硅饱和溶解度所需要的足量硅(以工艺中最高 Al-Si 合金温度计算),以形成 Al-Si 合金材料,一般为 1% 的重量硅,在某些情况下也可能高至 4%。

采用 Al-Si 合金后,可以在一定程度上解决 Al 的尖楔问题。但同时将引入另一个问题,那就是 Si 的分凝问题,即在较高合金退火温度时溶解在 Al 中的 Si,在冷却过程中又从 Al 中析出。具体的分凝情况与 Si 在 Al 中含量、合金退火温度和冷却速率等有关。

例如 Al-Si,当加热到 450℃ 时,硅溶解于 Al 中直至饱和时,尚有约 0.5% 以上的 Si 尚未溶解,未溶解的硅是以微粒形式存在于 Al 中,当冷却的时候,这些未溶解的 Si 微粒就成为析出 Si 的凝聚核,并逐步增大成为一个个结瘤。这些结瘤将对可靠性产生严重的影响,特别是对很细的互连引线来说,因为结瘤的尺度接近互连引线的横截面积,当大电流通过互连引线时,就会在结瘤附件产生明显的局部升温,甚至导致互连引线的失效。如果增加退火温度,例如 500℃,几乎所有的 Si 原子都溶解于 Al 中,在冷却过程中,Si 原子将在 Al 膜的晶粒间界析出,因为在那里 Si 的自由能小。这些在晶粒间界析出的 Si 将凝结成原子团,直径一般在 0.5 到 1.5 μm 之间。对于洁净的 Si 衬底表面,析出的 Si 甚至可以在衬底上生长为外延层。由于 Al 是 Si 中的受主杂质,因此这些凝结的原子团是 p 型重掺杂的,如果是在 n 型 Si 与金属之间制作欧姆接触,就等于在 Al 和 n 型 Si 之间增加了一个 p^+-n 结。这个 p^+-n 结将使欧姆接触电阻增大,而对于肖特基结的情况,则将增加其有效的势垒高度。

Si 从 Al-Si 合金薄膜中析出的问题是 Al-Si 合金在集成电路中应用的主要限制。同时 Si 在 Al-Si 表面上的析出凝结,将使引线键合变得困难,这也限制了它的广泛应用。Al-Si 金属化膜的上述问题迫使人们去寻找新的金属化结构。

2. Al-掺杂多晶硅双层金属化结构

为了解决 Al 与 Si 的接触问题,采用 Al-掺杂多晶硅双层金属化结构是一个有效的办法。但是,当 Al 与未掺杂多晶硅接触时,将会发生重组现象。例如,在 SiO_2 衬底上淀积 1000Å 未掺杂多晶硅,接着淀积 6000Å 的铝膜,在 450℃ 退火 60 分钟,当腐蚀掉 Al 膜以后,在 SiO_2 衬底上出现一个个分离的大晶粒,原来连续的多晶硅薄膜不复存在。这是因为当 Al 与多晶硅接触时,因多晶硅晶粒间界处的 Si 原子自由能比较高,所以溶解在多晶硅晶粒间界处的 Al 中的 Si 浓度比较高,因而 Si 原子将通过在 Al 中的扩散,从晶粒间界处向晶粒上的 Al 膜运输,且在那里析出凝聚所致。形成多晶硅重组现象的整个物理过程如图 9.5 所示。这种重组现象就是使用 Al-Si 合金代替 Al 时,也仍然存在。

但是对于重磷或重砷掺杂的多晶硅来说,这种重组现象就不存在了。这可能与磷(砷)在多晶硅晶粒间界中分凝使晶粒间界中 Si 原子的自由能减小,降低了 Si 原子在 Al 中的溶解度有关。因此可以在淀积金属化 Al 层之前,先淀积在一层重磷或重砷掺杂的多晶硅薄膜,从而构成 Al-重磷(砷)掺杂多晶硅结构。这种结构有如下优点:

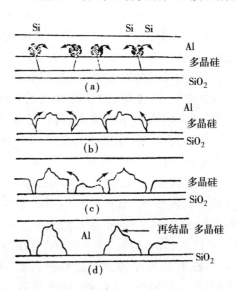

图 9.5 Al-未掺杂多晶硅接触,在退火过程中的硅原子溶解、输运和再结晶过程

(1) 重磷掺杂多晶硅可以提供溶解于铝中所要求的 Si 原子,从而有利于抑制铝尖楔现象。

(2) 由于重磷(砷)掺杂多晶硅的存在,使 Al 中析出的 Si 所引起的 p^+-n 问题得到了抑制。

(3) 重磷(砷)掺杂多晶硅不仅可以作为欧姆接触和互连引线,而且还可以作为掺杂扩散源,磷或砷的驱进扩散可形成浅的 p^+-n 结。

(4) 磷掺杂的驱进工艺,还可以用作为吸杂步骤,有利于改善 p-n 结特性。

但是应用上述工艺,必须注意在淀积多晶硅之前,需要彻底地去除 Si 表面的薄氧化层,以保证较低的接触电阻。

Al-掺杂多晶硅双层金属化结构已成功地应用到 nMOS 工艺中。其工艺参数为 As 结深 $0.25\ \mu m$,栅氧化层厚度 $250Å$,接触孔面积 $1\ \mu m \times 1\ \mu m$,即使在 500℃下退火,也没有观察到 Al 尖楔现象[5]。

3. Al-阻挡层结构

我们也可以在 Al 与 Si 之间淀积一层薄金属层,替代重磷掺杂多晶硅层,阻止 Al 与 Si 之间的作用,从而限制 Al 的尖楔等问题。这层金属我们称之为阻挡层。如果我们还希望把阻挡层同时作为欧姆接触层,那么它必须能与 Si 表面的自然氧化层作用,破坏极薄的自然氧化层从而与 Si 有很好的附着作用和低的欧姆接触电阻。符合上述要求的金属很少,所以一般的典型工艺是采用硅化物,例如用 PtSi、Pd_2Si 或 $CoSi_2$ 作为欧姆接触材料。

在硅和 Al 之间增加一层金属阻挡层,截至目前的研究表明 TiN 适合作为金属阻挡层。PtSi 和 Pd_2Si 已广泛用于双极集成电路中,而 $CoSi_2$ 则是最新发展起来的。图 9.6(a)表示这种结构,而(b)则为有无阻挡层 TiN 时 p-n 结漏电流的对比。从图中清楚地看到,阻挡层结构可显著地减小漏电流。TiN 可以在氮气氛中通过反应溅射淀积,也可以先淀积 Ti 金属,之后在氮气氛中进行快速热退火来形成。对于深亚微米器件来说,接触孔的面积不但很小,而且接触孔的深宽比又很大,对这样的接触孔通过溅射法淀积阻挡层金属,在接触孔底部所淀积的金属是不均匀的,而且互连线的台阶覆盖效果也不好,可改用 CVD 法。

其他解决 Al 尖楔的方法还有很多。我们在上面已讲到,Al 尖楔深度与 Si 溶于 Al 中的体积和 Si 在 Al 中的扩散情况有关,因而抑制 Al 尖楔问题也可以从减小 Al 体积和降低 Si 在 Al 中的扩散系数入手。一种减小 Al 体积的方法是采用 Al/阻挡层/Al-Si-Cu 三层夹心的结构。第一层 Al 直接与 Si 接触,可以薄至 $500\sim1000Å$,从而通过限制溶于 Al 中 Si 原子的数目达到抑制 Al 尖楔深度的目的。在该结构中真正起互连作用的是第三层 Al-Si-Cu 合金,厚度约为 $6000Å$(下面我们将讨论,为了减小 Al 的电迁移现象,第三层往往采用 Al-Si-Cu 合金,而不是纯 Al),中间一层则是为了防止第一层 Al 与第三层中 Al 的相互作用,通常采用 TiW 或过渡金属化合物。至于降低 Si 在 Al 中扩散系数的方法,主要是设法降低 Si 在 Al 晶粒间界的扩散系数和减小扩散通道,往往采取 Al 掺氧和掺 Al_2O_3 的方法。

9.2.5 电迁移现象及其改进方法

1. 电迁移现象的物理机制

金属化引线中的电迁移现象是一种在高电流密度作用下的质量输运现象。质量输运是沿电子流方向,其结果会在一个方向形成空洞,而在另一个方向则由于原子的堆积而形成小丘。前者将使互连引线开路或断裂,而后者会造成光刻的困难和多层布线之间的短路,因此,电迁移现象是集成电路工艺中需要努力解决的一个问题,特别是当集成度增加,互连引线条宽变窄时,这个问题更为突出。

电迁移现象的本质是导体原子与通过该导体电子流之间的相互作用所引起的。当一个金属铝离子被热激发而处于晶体点阵电位分布的谷顶时,它将受到二个方向相反的作用力:

(1) 静电作用力,方向沿电场(电流)方向。

(2) "电子风"作用力,方向是沿电子流方向。由于导电电子与金属原(离)子之间的碰撞引起的相互间的动量交换,我们称之为"电子风"作用力。

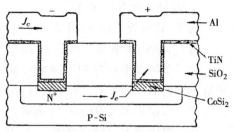

(a) Al/TiN/CoSi$_2$ 多层欧姆接触

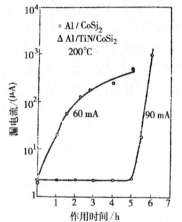

(b) Al/CoSi 和 Al/TiN/CoSi 结构 p-n 结漏电流的对比

图 9.6 Al-阻挡层结构

当金属为良导体时,由于电子对金属离子的屏蔽作用,静电作用力将减弱。在直流电流密度比较大时(例如 10^6A/cm^2 的量级),电子风作用力将是主要的,这时金属原(离)子将沿电子流方向输运,在相反方向因质量消耗而产生空位。当沿着电流方向存在着温度梯度时,这个现象将加剧,在高温区将产生空洞,在低温度区将形成原子的积累。引起温度梯度的原因很多:例如,引线截面存在变化时,如从宽变窄时,窄区电流密度变大,温度就会升高;或是某些区域粘附不好;或是台阶处引线厚度变薄,横截面变小,温度也会升高;或者是与之接触的材料热导率不同;或是结构不均匀等等。电迁移现象严重的地方可使金属引线断裂,从而使整个集成电路失效。与其他薄膜中的电迁移现象一样,导电金属原子在薄膜中的输运过程是扩散过程,对于 Al 引线,通常是多晶结构,扩散过程主要是沿着晶粒间界进行的。

2. 中值失效时间

表征电迁移现象的物理量是互连引线的中值失效时间(median time to failure, MTF),即 50% 互连引线失效的时间。

中值失效时间正比于引线截面积 $A(A = dw, d$ 为引线薄膜厚度,w 是引线宽度),因为引线截面积决定引线断开的最小空洞尺寸;而反比于质量输运率,即质量输运率越低,中值失效时间应当越长。

3. 改进电迁移的方法

对于 Al 引线来说,提高抗电迁移的方法有很多,最常用的有以下几种:

(1) 结构的影响和"竹状"结构的选择。

除了晶粒大小对 MTF 影响外,多晶 Al 的优选晶向也显著影响 MTF 值。实验证明,电子束蒸发的 Al 薄膜,其晶粒的优选晶向为⟨111⟩晶向,它的 MTF 值比溅射的 Al 薄膜 MTF 大 2～3 倍,这是因为溅射的 Al 薄膜更加无序。

在一般情况下,MTF 值随着 Al 线宽度的减小和长度的增加而降低。在 ULSI 设计中引线长度可以超过 1 cm,宽度小于 3 μm 或更小,这时电迁移现象是个严重问题。然而对某些特殊结构的 Al 引线,如图 9.7(a)所示,称为"竹状"结构的 Al 引线,它与图 9.7(b)所示的常规 Al 引线结构不同,组成多晶体的晶粒从下而上贯穿引线截面,整个引线截面图类似有许多"竹结"的一条竹子,晶粒间界垂直于电流方向,因此不存在晶粒间界的扩散,所以在"竹状"结构中的扩散类似于在单晶内的扩散,从而可使 MTF 值提高二个数量级[5,6]。

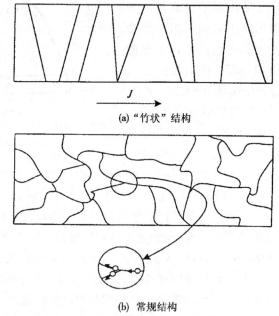

图 9.7 铝引线截面的不同结构

(2) Al-Si-Cu 合金。

另一个提高铝抗电迁移的有效方法是在铝中加入其他金属,以合金 Al 作为引线,例如加 Cu、Ni、Cr 和 Mg 等。但是 Mg 与氧和硅有强烈反应,Cr 等增加 MTF 幅度不大,所以最常用的是 Cu。使金属化材料由纯 Al 变为 Al-Si(1－2%)-Cu(4%)合金,这些加入到 Al 中的 Cu 原子在晶粒间界的分凝可以降低 Al 原子在 Al 晶粒间界的扩散系数,从而可以使 MTF 值提高一个量级。

但是 Al-Si-Cu 合金将使引线的电阻率增加。在纯 Al 中加入少量硅时,每增加 1% 硅,电阻率约增加 $0.7\ \mu\Omega\cdot cm$;而每增加 1% 铜,电阻率约增加 $0.3\ \mu\Omega\cdot cm$。Al-Si-Cu 合金的另一个缺点是不易刻蚀以及易受 Cl_2 腐蚀。

(3) 三层夹心结构。

在两层 Al 薄膜之间加上一个约 500Å 厚度的过渡金属层(如 Ti、Hf、Cr 或 Ta 等)也可以提高抗电迁移的能力。这种三层结构经过 400℃ 退火 1 小时,在二层 Al 之间形成的金属化合物是很好的 Al 扩散阻挡层,可以防止空洞穿透整个 Al 金属化引线的截面;同时在 Al 晶粒间界也会形成化合物,降低 Al 原子在晶粒间界中的扩散系数,从而减少了 Al 原子的迁移率,防止空洞和 Al 小丘的形成。这种方法可以使 MTF 值提高 2~3 量级,但是工艺比较复杂。提高抗电迁移能力的一种有效方法是采用新的互连金属材料,如 Cu。

9.3 铜互连及低 K 介质

随着集成电路技术的不断发展,器件尺寸越来越小,互连引线的宽度也随之减小,其后果是互连引线的延迟时间已经可以与器件门延迟时间相比较。因此降低互连线延迟时间也就成为集成电路发展的重要内容[7]。降低互连线延迟时间的一个重要方法就是使用新型材料,例如使用 Cu 作为互连材料;使用低 K 材料作为介质层。金属 Cu 的电阻率小于 $2.0\ \mu\Omega\cdot cm$,取代传统的金属 Al,可极大的降低互连线的电阻。较低的电阻率可以减小引线的宽度和厚度,从而减小了分布电容,并能提高集成电路的密度。Cu 引线的更大优势表现在可靠性上,Cu 的抗电迁移性能很好,没有应力迁移。在电路功耗密度不断增加、电迁移现象更加严重的情况下,Cu 取代 Al 作为互连材料,其重要性更为显著。使用低 K 材料作为介质层,减小了分布电容,对降低互连线延迟时间同样起到重要的作用。

9.3.1 互连引线的延迟时间

表征互连引线延迟时间的物理量为 RC 常数,R 为引线的电阻,C 为互连系统的电容。互连引线的电阻 R 与互连材料的电阻率 ρ、连线长度 l 和截面积 wt_m 有关,w 为引线的宽度,t_m 为引线的厚度,R 与各量之间的关系如下

$$R = (\rho l)/(wt_m) \qquad (9.12)$$

互连系统的电容 C 与互连引线的几何尺寸以及互连引线下面介质层的介电常数 ε 和厚度 t_{ox} 有关,C 与各量之间的关系如下

$$C = (\varepsilon wl)/t_{ox} \qquad (9.13)$$

由此可以得到互连引线的 RC 常数的表达式为

$$RC = \frac{\rho \varepsilon l^2}{t_m t_{ox}} \qquad (9.14)$$

从 9.14 式可以看到:采用低电阻率的互连材料和低介电常数的介质材料可以有效地降低互连系统的延迟时间。所以 Cu 与低 K 介质的互连体系,就成为集成电路进入深亚微

米阶段以后,为了降低互连线延迟时间的首选材料[8,9]。

在以 Cu 为互连的工艺中,涉及到一系列的关键技术问题,主要包括:① 金属 Cu 的淀积技术;② 低 K 介质材料的选择和淀积技术;③ 势垒层材料的选择和淀积技术;④ Cu 的平整化技术(CMP:化学机械抛光);⑤ 互连工艺中的清洁工艺;⑥ 大马士革(镶嵌式)结构的互连工艺;⑦ 低 K 介质以及 Cu 互连技术中的可靠性问题。下面,我们就这些关键技术问题及所面临的困难和挑战给予综述性的讨论。

9.3.2 Cu 互连的工艺流程

以 Cu 作为互连材料是集成电路制造技术进入到 $0.18~\mu m$ 及其以下时代必须面对的挑战之一。因为在很多方面 Cu 的性质与铝不同,尤其是 Cu 难于刻蚀,所以也就不能采用传统的以铝作为互连材料的布线工艺。对以 Cu 作为互连材料的工艺来说,目前被人们看好并被普遍采用的技术就是所谓大马士革(镶嵌式)工艺[9],也是 Cu 互连得到应用的基础。镶嵌式(damascene)这个词来源于叙利亚的大马士革(Damascene)这一地名,因为古代大马士革的珠宝商利用嵌刻技术把贵重金属镶嵌在首饰上。在集成电路中的镶嵌工艺,则是先在介电层上蚀刻金属引线用的沟槽,然后再填充金属。该工艺的主要特点是在多层互连中,对任何一层进行互连材料淀积的同时,也对该层与下层之间的通孔(via)进行填充(双镶嵌式工艺)。而平整化(chemical mechanical planarization,CMP)工艺只对导电金属层材料进行,因此,与传统的互连工艺相比,工艺步骤得到简化,相应的工艺成本也得到降低,这是 Cu 互连工艺技术所带来的另一优点。图 9.8 给出的是一个典型的镶嵌结构的 Cu 互连工艺流程图。

镶嵌式工艺可分为单镶嵌式和双镶嵌式。在单镶嵌式工艺中,通孔完成后再进行互连金属材料的淀积;而在双镶嵌式工艺中,通孔和互连金属材料的淀积同时进行。

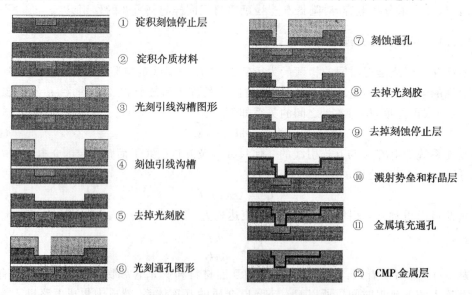

图 9.8 自对准镶嵌结构、低 K 介质与 Cu 互连集成工艺流程图

具体工艺步骤如下：

(1) 在前层的互连层平面上淀积一层薄的刻蚀停止层,如 Si_3N_4,如图 9.8①所示；

(2) 淀积较厚的互连介质(绝缘)层材料,如 SiO_2 或低 K 介质材料,如图 9.8②所示；

(3) 形成刻蚀引线沟槽的光刻胶掩膜图形,如图 9.8③所示；

(4) 以光刻胶作为掩膜在介质层上刻蚀引线沟槽,如图 9.8④所示；

(5) 去除光刻胶,如图 9.8⑤所示；

(6) 形成刻蚀通孔的光刻胶掩膜图形,如图 9.8⑥所示；

(7) 以光刻胶作为掩膜刻蚀通孔,由于刻蚀停止层的高刻蚀选择性,通孔刻蚀过程将在停止层自动停止；如图 9.8⑦所示；

(8) 除去光刻胶；如图 9.8⑧所示；

(9) 除去刻蚀停止层；如图 9.8⑨所示；

(10) 溅射淀积金属势垒(阻挡)层和 Cu 的籽晶层；如图 9.8⑩所示。在溅射淀积金属势垒层和 Cu 的籽晶层之前,必须有效清洁介质通孔、沟槽和表面的刻蚀残留物后(主要是 Cu 离子)；

(11) 利用电镀等工艺进行填充淀积直至通孔和沟槽中填满 Cu 为止；如图 9.8⑪所示；

(12) 利用 CMP 去除沟槽和通孔之外的 Cu,在进行有效清洁后淀积介质势垒层材料,然后开始下一互连层的制备。如图 9.8⑫所示。

图 9.9 给出的是 IBM 利用亚 0.25 μm 技术制备的 6 层 Cu 互连的表面结构和剖面结构的 SEM 图。

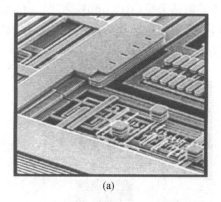
(a)

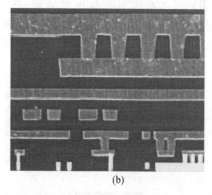
(b)

图 9.9　IBM 利用亚 **0.25 μm** 技术制备的 **6** 层 **Cu** 互连引线剖面结构和表面结构的 **SEM** 图

9.3.3 低 K 介质材料及淀积工艺

低 K 介质材料是指介电常数比 SiO_2(3.9)低的介质材料(电介质的电容与真空电容之比称为介电常数),一般小于 3.5。采用低 K 互连介质可以在不降低布线密度的条件下,有

效的降低寄生电容 C 的数值,减小了 RC 互连延迟时间,从而提高了集成电路的速度。

对于低 K 介质材料,除了要求低 K 值以保证获得较小的互连电容外,还需要满足以下条件:

(1) 具有足够好的材料特性、热性能、介电性能和力学性能等;
(2) 与其他的互连材料,如 Cu 及势垒层材料兼容;
(3) 能够与集成电路工艺兼容;
(4) 可高纯度淀积,且工艺成本低;
(5) 在器件寿命期内高可靠性地工作。

低 K 介质的热性能首先要考虑的是在经历 400℃ 的热处理工艺后,仍保持稳定的性质,而且要具有良好的热导率,以满足器件在工作时的散热要求。在介电性能方面,其漏电流、击穿电压、电荷陷阱效应等方面应该满足器件的要求。而在力学性能方面,需要有低的薄膜应力,在对通孔和沟槽的刻蚀过程中要有良好的保形性,在厚度达 $2~\mu m$ 的情形下,薄膜不发生龟裂。与其他材料兼容性主要包括吸潮性、相互间的粘附性以及化学反应性等特性。在工艺兼容方面,低 K 介质薄膜与后步的清洁、刻蚀、CMP、热处理等工艺兼容。由于通孔和沟槽图形是在介质层中形成的,因此要求在刻蚀过程中,对不同化学刻蚀剂有良好的选择性。

低 K 介质膜的淀积主要有旋转涂布法(spin on)和 CVD 法。其中,旋涂工艺具有工艺简单、缺陷密度比较低、产率高、易于平整化、无需使用危险气体等优点;而 CVD 工艺与集成电路工艺兼容,而且反应剂的成本较旋涂液的成本低,但需要使用价值较高的设备,可适合应用的材料受到限制。

利用旋涂工艺淀积的低 K 介质膜,其主要缺陷包括条痕(striation)、慧尾(comet)、丘胞(pimple)、泡状(bubble)等(图 9.10)。这些缺陷会严重影响芯片的成品率。优化旋涂淀积工艺、采用修补(curing)和淀积覆盖层技术等可有效消除这些缺陷[10]。

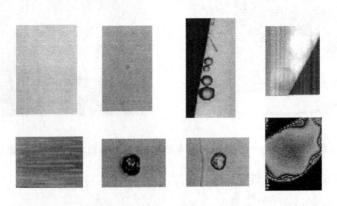

图 9.10 旋涂工艺淀积的低 K 介质膜上形成的条痕、慧尾、丘胞、泡状等缺陷

目前研究的低 K 介质材料,按其 K 值的范围可分为三类:① $K=2.8\sim3.5$;② $K=2.0\sim2.8$;③ $K\leqslant2.0$,它们分别满足不同技术时代的需求。

K 值在 2.8~3.5 之间的材料,主要有 HSQ(hydrogen silsesquioxanes)薄膜、掺氟的氧化物、低 K 旋涂玻璃(spin-on glass,SOG)三种。

K 值在 2.5~2.8 间的材料有许多种,基于旋涂工艺和 CVD 工艺的材料都已经被发展。其中,基于旋涂工艺的低 K 介质材料主要有 PAE(polyalylene ether)、含氟的聚酰亚胺(fluoro-polyimides)、BCB(bis-benzocyclobutenes)、有机硅氧烷聚合物(organo-siloxane polymer)等。PAE 是一种芳香烃结构的材料,其 K 值约为 2.5,具有耐高温的特性。掺氟的 PAE 材料(FLARE)K 值约为 2.8,因其低的除气特性、高的热稳定性和力学稳定性使得其与另一种低 K 介质材料 SiLK 已经被集成到两层 Cu 大马士革互连结构中。BCB 材料是一种丁二烯硅烷与二苯系聚合物混合的聚合物材料,其 K 值约为 2.7,具有间隙填充、粘附性、平整化等性能优异的特点,而且 Cu 在 BCB 中的扩散比在 PAE 中要小很多[11],其缺点是一般不能经受 350℃ 以上的温度过程。但有报道显示,利用 PECVD 方法淀积的 BCB 聚合物薄膜有较好的热稳定性(高于 400℃)、抗 Cu 扩散的能力增强、介电常数减小($K=2.5\sim2.6$)等特点[12]。

目前研究的 K 值小于 2.0 的极低 K 介质材料主要有多孔型气凝胶薄膜材料、石英气凝胶(porous silica aerogel)薄膜材料和多氟的特富龙薄膜材料(polyfluorotetraethylene,PTFE)等。多孔型材料主要是多孔石英气凝胶材料,它的高热稳定性、低的热膨胀率、好的刻蚀选择性等特点,成为很有吸引力的低 K 互连介质材料,而多孔的有机聚合物薄膜也在研究之中。对所有的多孔型材料,必须在经受 CMP、刻蚀、热处理工艺之后不发生结构改变和性能的降低。成功制备极低 K 值($K=1.1$)、漏电流低至 $10^{-6}\,\text{A/cm}^2$、击穿电场可达 2~4 MV/cm 的多孔石英气凝胶也有报道[13]。多氟特富龙材料是一类基于聚四氟乙烯的合成材料,其中含有 CF_2 成份的该类材料的 K 值为 1.9,在 400℃ 下能保持很好的热稳定性,但它与 CMP 和刻蚀等工艺的兼容性、与金属的粘附性等性能还在研究探讨之中。从极低 K 值的介质材料的发展趋势来看,多孔型有机聚合物材料是有希望的候选者之一。

低 K 介质材料在通孔和沟槽刻蚀后的清洗问题,是应用低 K 介质技术中的关键工艺之一。对于介质的刻蚀工艺,要求其① 与低 K 介质材料工艺兼容;② 对刻蚀停止层材料有高的选择性;③ 能形成垂直图形;④ 对 Cu 无刻蚀和腐蚀;⑤ 刻蚀的残留物易于清除。刻蚀的残留物可能是被刻蚀的介质材料,也可能来源于刻蚀工艺,它们需要利用清洁工艺有效去除。

低 K 介质刻蚀后的清洗工艺有干法和湿法两种方法,其清洗机制包括物理和化学清洗两种方式。物理机制的清洗主要是利用清洗剂(如去离子水等)对残留物的物理冲刷作用,清除表面残留物。化学机制的清洗是利用清洗剂与残留物的化学反应,形成易挥发或易溶解的产物。为了获得好的清洗效果,通常需要物理清洗和化学清洗相结合,要求清洗工艺既能有效清除残留物又不对低 K 介质和通孔底层 Cu 表面造成损伤。对于不同的介质材料,清洗的工艺步骤及所用的清洗剂材料的选择需要进行仔细研究和选择优化。

常用的清洗剂有稀释的 HF、F 基的水溶液(如 EKC640™)、水/溶剂混合液(EKC525™ Cu)等。在低 K 介质刻蚀后的清洗工艺中,一方面要对通孔底部的 Cu 表面进行还原处理,以减小通孔的接触电阻;其次,要有效去除介质上的各种残留物;最后,非常重要的是在淀积金属势垒层材料之前,必须要完全去除介质结构中,特别是在侧墙表面的 Cu 离子的污染。在清洗工艺中,清洁剂对暴露的介质和 Cu 薄膜的影响需要仔细研究,特别是在保证有效清除残留物的情形下,清洗工艺对图形的关键尺寸(critical dimension,CD)和侧墙图形要求有尽可能小的影响。对于低 K 介质来说,传统的介质刻蚀设备、刻蚀化学剂以及刻蚀后清洗工艺和所用的清洁剂等都已不适合新的低 K 材料。一个典型的问题是由于化学剂的腐蚀作用,在刻蚀和清洗后会形成一碗状(bowl)图形,如图 9.11(a)所示,这种碗状的图形为后续工艺,如在沟槽中填充金属等带来问题。因此,改善传统的刻蚀和清洗工艺是必须的。图 9.11(b)示出的利用改进的刻蚀和清洗工艺在低 K 介质中加工的大马士革图形,具有极好的刻蚀图形。

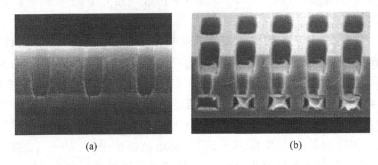

图 9.11 利用普通和改进的刻蚀和清洗工艺在低 K 介质中加工双大马士革图形的比较

在材料研究取得进展的前提下,低 K 介质在镶嵌结构 Cu 互连工艺中的应用研究已经取得重要进展。据 IBM 在 2000 年的报道,他们利用旋涂的有机介质材料 SiLK 作为互连的介质层,已经成功用于 $0.13\ \mu m$ 技术的低 K 介质/Cu 互连集成技术中。利用其他低 K 介质材料集成的 Cu 互连工艺也有所报道,如 B. Zhao 报道了利用旋涂的有机介质材料 ($K=2.2$) 作为互连介质的大马士革 Cu 互连集成技术,早在 1997 年,德州仪器(IT)公司就报道了将 K 值为 1.8 的多孔石英气凝胶成功集成到双镶嵌结构的 Cu 互连系统的实验结果。

9.3.4 势垒层

势垒层包括介质势垒层[14~17]和导电势垒层两种。其主要功能包括防止 Cu 扩散和改善 Cu 的附着性、作为 CMP 和刻蚀工艺的停止层、保护 Cu 薄膜和低 K 介质层不受工艺和环境等因素造成的氧化、腐蚀、以及对电学性能的影响等。介质势垒层材料的介电常数要低、刻蚀选择性和抗扩散性能要好。由于一般介质势垒层材料的介电常数比低 K 介质材料要高，为了尽可能减小因势垒层的引入而带来的介质电容的增加，应尽可能采用低 K 值的势垒层材料。

实际上低 K 介质层是一种多层结构，低 K 介质一般是淀积在 CVD 的 SiN 薄膜上，而且根据工艺和结构的需要，往往在低 K 介质层中需要插入介质势垒层，这些介质势垒层的作用可以防止低 K 介质在工艺过程或环境中吸潮而影响性能。SiN 是常用的介质势垒层材料，SiN 具有很好的介质势垒层特性、较高的刻蚀选择性和 CMP 的选择性、很高的抗 Cu 扩散和氧化的能力、好的钝化能力，但其介电常数比较高（$K \sim 7.8$），使得互连电容增加。因此，必须发展低 K 值的新型介质势垒层材料。SiC 是新的介质势垒层材料的候选者，其介电常数较 SiN 材料要低（$K = 4 \sim 6$），具有作为介质势垒层材料的基本特征，但其抗扩散性能、刻蚀的选择性、介电稳定性和可靠性等性能需要进一步地研究。SiOCH 和 SiOCNH 是新发展的介质势垒层材料，它们的 K 值分别在 $3.9 \sim 4.3$ 和 $4.2 \sim 5.1$ 之间，在 1 MV/cm 场强下漏电流为 $10^{-10} \sim 10^{-9}$ A/cm^2，而且具有良好的抗 Cu 扩散性能，但具体性能有待进一步研究。

金属势垒层材料的作用一方面是为了防止 Cu 的扩散，另一方面则是为了保证有高可靠的电学接触。作为金属势垒层材料，要求具有：① 保形的通孔和沟槽淀积性能；② 好的势垒性能；③ 低的通孔电阻；④ 与 Cu 有良好的粘附性；⑤ 与 Cu 的 CMP 工艺兼容。目前所研究的导电势垒层材料有 WN、TiN、Ta、TaN、TaSi$_x$N$_y$ 等。研究结果表明，这些势垒层材料均具有良好的抗 Cu 扩散性能，在经历 450℃ 的热处理后，仍能掩蔽 Cu 的扩散。比较而言，TaN 和 Ta 比 TiN 有更好的势垒层特性，而 TaN 与 Ta 相比，与介质层有更好的粘附性和防 Cu 的扩散性能。Z-C. Wu 等仔细研究了溅射的 Ta 和 TaN 势垒层的抗 Cu 的扩散、与低 K 介质 PAE 材料之间的粘附性、温度应力特征、电迁移失效的机制等性能[18]。结果显示，Ta 和 TaN 作为扩散势垒层，经过 30 分钟，在 $400 \sim 450$℃ 退火后，仍保持良好的抗 Cu 扩散性能。TaN 比 Ta 有更好的可靠性，这是由于 Ta 与 PAE 之间的粘附性较差从而导致 Ta 的抗电迁移性能变差所致。

对通孔和沟槽淀积金属势垒层和 Cu 的籽晶层时，CVD 淀积比溅射方法具有更好的保形淀积特征，因此，利用 CVD 方法淀积金属势垒层材料的工艺也被研究。Intel 公司的研究人员最近报道了利用 CVD 方法淀积 WN、TaN、TiN 的研究结果。结果显示，CVD 淀积的金属势垒层较溅射淀积势垒层有更好的成核结晶性能、较为平整的表面并改善了粘附性。

9.3.5 金属 Cu 的淀积工艺

Cu 取代 Al 作为互连材料的优点虽然很多，但 Cu 作为互连材料的主要问题之一是目前还缺乏一种刻蚀 Cu 的合适工艺，因此也就不能采用类似于传统的以 Al 作为互连材料的布线工艺。一种被称为大马士革（镶嵌）工艺被用在 Cu 的布线上。该技术是在层间的介质层被平坦化之后，在介质层上刻蚀出金属连线用的沟槽；先淀积一层薄的金属势垒

(阻挡)层,接着再利用溅射方法淀积 Cu 的籽晶层;然后利用 CVD 或电化学方法(如电镀或化学镀)对沟槽和通孔同时进行金属 Cu 的填充淀积,Cu 的淀积厚度要大于沟槽的深度,使沟槽完全被填满;随后是在 400℃ 左右的温度下进行退火,最后进行 Cu 的 CMP 和清洁工艺。

金属势垒层的作用是为了防止 Cu 的扩散和保证具有良好的粘附性,金属势垒层一般是采用 PVD 中的溅射方法淀积的。Cu 的籽晶层是为了激发电镀的开始,以满足利用电镀或化学镀方法淀积 Cu 的需要。为了保证通孔和沟槽有理想的图形结构,溅射淀积势垒层和籽晶层时要求是保形淀积。在对通孔和沟槽的填充淀积时主要采用电镀或化学镀等方法,因为采用 PVD 中的溅射方法对沟槽和通孔进行金属 Cu 的填充淀积,可靠性并不好,容易形成空洞,由电迁移引起的失效几率远远大于电镀或化学镀方法,而且淀积速率也没有电镀或化学镀方法高,电镀等方法的淀积速率与电流密度有关,淀积均匀性较差。尽管 CVD 方法是集成电路工艺中最常用的淀积技术之一,但利用 CVD 方法淀积的 Cu,其可靠性比电镀或化学镀方法淀积的要差,因此在 Cu 的互连工艺中,向通孔和沟槽中填充 Cu 的工艺,目前普遍采用的是具有良好台阶覆盖性、高淀积速率的电镀或化学镀的方法。

在电镀法填充 Cu 的工艺中,一般是采用 $CuSO_4$ 与 H_2SiO_4 的混合溶液作为电镀液,硅片与外电源的负极相接,通电后电镀液中的正离子 Cu 由于受到负电极的作用被 Cu 籽晶层吸引,从而实现了 Cu 在籽晶层上的淀积,一般说来,电镀法具有较高的淀积速率。在硅片表面溅射淀积的 Cu 籽晶层作为导电极板与电镀液接触。为了实现对通孔和沟槽等凹型结构的完全填充,籽晶层的选择非常关键。为了保证高可靠性、高产率及低电阻的通孔淀积,通孔的预清洁工艺、势垒层和籽晶层的淀积工艺,通常需要在不中断真空的条件下、在同一个淀积系统中完成。

化学镀是另一种利用电解液的电化学反应淀积 Cu 薄膜的工艺,但与电镀工艺不同的是无需外接电源,它是通过金属离子、还原剂、复合剂、pH 调节剂之间在需要淀积的表面进行电化学反应实现 Cu 的淀积。其化学反应式为

$$Cu^{2+} + 2HCHO + 4OH^- \longrightarrow Cu^0(固) + 2H_2O(液) + H_2(气) \qquad (9.15)$$

尽管利用 CVD 方法向通孔和沟槽中填充 Cu,可靠性比较差,但与电镀或化学镀工艺相比,采用 CVD 方法与 CMOS 工艺有更好的工艺兼容性。因此,在 Cu 的互连中利用 CVD 工艺,一直进行研究。但由于利用 CVD 工艺淀积很厚的 Cu 薄膜,容易形成空洞,抗电迁移性能较差,因此,优化制备工艺,发展无空洞的厚膜淀积工艺,是 Cu-CVD 工艺的一个重要研究内容。

Cu 填充后的退火工艺非常重要。研究表明,电镀填充的 Cu 金属层存在自退火效应,该效应可导致 Cu 薄膜的电阻率下降 18%~20%[19]。进一步的研究表明,这种自退火效应引起的电阻下降与 Cu 的再结晶有关,并且在经过一段时间以后,电阻率将趋于稳定。对电镀淀积的 Cu 薄膜进行退火处理,观察到了类似的现象。细致的研究表明,方块电阻、表面硬度及 CMP 的磨蚀率等特征受退火温度、时间、气氛等因素的影响,但经过较高温度和较

长时间的退火后,这些指标趋于稳定。实验显示,为了使电镀淀积 Cu 的方块电阻、表面硬度和 CMP 的磨蚀率等性能达到稳定,需要在温度高于 150℃进行 60 秒以上的退火。仔细观察经过自退火效应、炉退火、原位退火等不同的工艺过程的电镀 Cu 薄膜样品,只要具有相同、稳定的电学和力学性能,晶粒尺寸就相同,这说明,电镀 Cu 薄膜的电学和力学性能与其微结构有关,性能稳定的电镀 Cu 薄膜与其最终形成的稳定微结构有关。Cu 的 CMP 是一个关键技术,我们将在第五节加以具体讨论。

9.3.6 低 K 介质和 Cu 互连集成技术中的可靠性问题

低 K 介质/Cu 互连技术中的可靠性是集成电路工艺中一个非常重要的问题。可靠性的研究涉及到电迁移、应力迁移、热循环稳定性、介电应力、热导率等问题。

对互连介质层材料,包括低 K 材料、防止 Cu 扩散的介质势垒层材料、刻蚀停止层材料可靠性的研究,主要包括高电压应力、高温循环应力以及介质导热特性等条件对介电性能的影响。对于互连介质材料来说,希望尽可能低的介电常数和尽可能高的击穿特性。互连介质的可靠性通常与材料性质、制备工艺、材料和工艺的兼容性密切相关。研究介质的失效机制对材料的选择和制备工艺的优化具有重要的指导意义,而研究所选用的材料和制备工艺能否满足电路可靠性的要求,是低 K 介质集成技术必须要研究的问题。对于互连介质材料来说,必须保持稳定的电学性质,如平带电压和泄漏电流。其中研究在高电压应力和温度循环应力的作用下,介质材料的 C-V 和 I-V 特性的变化是研究其电学稳定性的常用手段。研究互连介质层 Cu 的污染、应力迁移、温度循环、时间依赖的介电击穿(TDDB)特性是分析互连介质层可靠性的常用手段。在镶嵌结构中,Cu 引线和通孔的电迁移特性和温度应力特征,是可靠性研究的主要课题。与传统的 Al 互连相比,采用 Cu 互连后,其电迁移特性、应力迁移特性、和温度应力特性得到显著改善,但其改善程度与制备工艺密切相关。

对于 Cu 互连线(包括通孔互连线和沟槽互连线)的电迁移和应力迁移特性、温度循环应力的影响是可靠性研究的主要内容[20~22]。Cu 的电迁移失效研究表明,Cu 比 Al 的电迁移寿命提高了至少一个数量级。通孔和沟槽引线中空洞的形成是引起电迁移失效和应力迁移失效的重要因素,通孔中空洞的形成与其底部的 TaN 势垒层与 Cu 界面的缺陷有关,而在沟槽引线的角部也观察到了空洞的存在。通孔抗电迁移的能力受 Cu 互连后步工艺影响很大。通过优化通孔结构和后步工艺可以大大改善电迁移问题。温度应力实验研究表明,Cu 离子漂移扩散的激活能在 1.1 eV 到 1.4 eV 之间,介质势垒层与低 K 介质层界面是 Cu 离子扩散的主要路径。连线在特定工艺下的电迁移和温度应力特性,对于确认集成技术、预测产品寿命有十分重要的作用,而研究它们的机制和影响因素对优化集成工艺具有重要的指导作用。研究表明,在淀积 Cu 的过程中避免空洞的形成,是避免电迁移失效的重要因素。

9.4 多晶硅及硅化物

多晶硅是 CMOS 技术中运用最多的栅材料,同时也是被用作局域互连的材料。多晶硅栅技术最主要的特点就是具有源漏自对准特性。

9.4.1 多晶硅栅技术

图 9.12 给出的是 CMOS 晶体管典型的工艺流程。其中多晶硅栅的制造过程是先生长栅氧化层,紧接着淀积多晶硅,光刻形成栅极,然后以多晶硅栅及其下面的 SiO_2 绝缘层为扩散(或离子注入)掩蔽层,进行扩散或离子注入,形成源、漏区,同时又对多晶硅栅电极和多晶硅互连引线进行掺杂,因而实现了源、栅、漏区的自动排列,去除了在铝栅工艺中为保证完全覆盖源、漏区而设计的套刻余量所引起的栅/源、栅/漏的重叠部分,只存在横向扩散效应引起的重叠,降低了覆盖电容。如果是采用离子注入技术形成源、漏区,则横向效应引起的覆盖电容将会进一步减小(离子注入的横向分布小于扩散的横向分布)。如果采用 CMOS 工艺加离子注入技术可使器件的上半功率点频率 f_0(即输出功率为输入功率一半时的相应频率)提高 10 倍以上[23]。同样 MOS 器件的充放电时间常数也可相应缩短[24]。

在 MOS 集成电路中,降低 MOS 晶体管的开启电压 V_T 有着重要意义。这不仅是因为降低开启电压可使充放电幅度降低,时间缩短,工作频率得以提高,而且又因为开启电压 V_T 降低,整个电源电压和时钟脉冲电压都可以降低,而集成电路的功耗是与电源电压平方成正比,因此 V_T 的降低可以降低功耗。功耗降低,就可以提高集成度,同时工作电压降低以后,器件尺寸和各种线距,例如引线间距、扩散间距等参数都可以减小,这些都有利于集成度的提高。这也是为什么超大规模集成电路都工作在较低电压的缘故。

我们知道 MOS 场效应晶体管开启电压 V_T 是和栅金属与硅的功函数差 Φ_{MS} 有关的。多晶硅栅使 V_T 降低主要是通过降低 Φ_{MS} 来实现的。广泛一点讲,降低 Φ_{MS} 可以通过改变栅金属材料来实现,虽然 Ni、Au、Ag 等金属材料与半导体硅的功函数差 Φ_{MS} 小于铝与半导体硅的功函数差 Φ_{MS},但金属材料不像高掺杂多晶硅薄膜那样,或者是与 SiO_2 粘附性不好,或者是不可能采用自对准技术,因而很难作为栅金属材料应用于集成电路中。而多晶硅栅可以通过改变多晶硅掺杂浓度来实现 Φ_{MS} 的改变。

由于硅栅可使 p 沟道器件开启电压降低 1.1 V 左右,因此使厚氧化层场区开启电压 V_{TF}(一般为 26 V 左右)和器件开启电压 V_T 之比提高了近 1.6 倍,这有利于提高集成电路的可靠性。另外,硅栅自对准技术解决了光刻工艺中套刻栅时要求的栅/源、栅/漏的重叠,不但可减少栅的面积,同时还可以使器件几何尺寸做得更小,从而可以提高集成电路的集成度和工作速度。

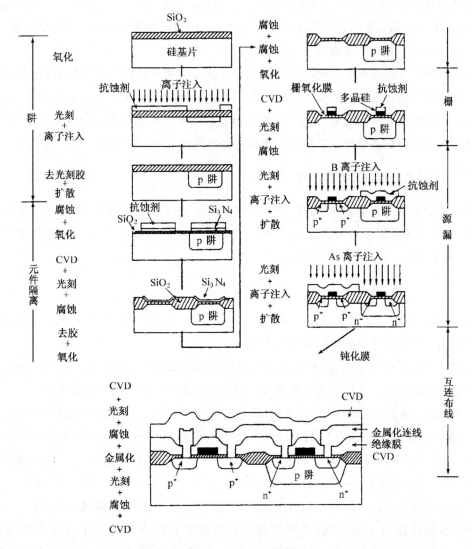

图 9.12 CMOS 工艺流程

9.4.2 多晶硅薄膜的制备方法

多晶硅薄膜可采用 LPCVD 方法,在 600~650℃ 的温度范围内,用硅烷热分解淀积,反应式如下

$$SiH_4 \xrightarrow{600℃} Si + 2H_2 \qquad (9.16)$$

可选用纯硅烷,也可选用被氮或氩气稀释的硅烷。淀积时的压强为 0.2~1 托。温度、压力、硅烷浓度等都是多晶硅薄膜淀积时的重要可变因素。如果淀积掺杂多晶硅薄膜,掺杂剂和掺杂剂浓度也是一个重要的可变因素。

用 LPCVD 方法淀积多晶硅,由于压力很低,所以气相质量转移系数很高,因而多晶硅薄膜的淀积生长过程就由表面反应速率控制。而表面反应速率又主要受温度控制,所以在 LPCVD 系统中,我们可以把注意力主要放在温度控制上。精确控温是很容易实现的,因此用 LPCVD 系统淀积多晶硅薄膜的均匀性和重复性都比 APCVD 的好。

9.4.3 多晶硅互连及其局限性

随着集成电路工艺的发展、器件尺寸不断缩小、薄膜厚度越来越薄,作为互连材料的多晶硅薄膜,过高的电阻率已成为限制提高集成电路速度的重要因素之一。延迟时间常数 RC 与电阻率和方块电阻有如下的关系

$$RC = \rho \cdot \frac{1}{d \cdot w} \cdot \frac{\varepsilon_{ox} l \cdot w}{t_{ox}} = \rho \frac{l^2 \varepsilon_{ox}}{d \cdot t_{ox}} = R_S \frac{l^2 \varepsilon_{ox}}{t_{ox}} \tag{9.17}$$

式中 R_S 为方块电阻,l 为互连引线长度,d 和 w 分别为引线的厚度与宽度,ε_{ox}、t_{ox} 分别为多晶硅互连引线下面绝缘层的介电常数和厚度。

从式(9.17)中可以看到 RC 时间常数与引线的方块电阻成正比,与线长 l 平方成正比,与绝缘层厚度成反比。考虑到边缘效应,RC 时间常数也将随着线宽减小而增加。

同时,随着集成电路集成度的提高,即电路复杂性的增加,互连引线所占的面积也将成为芯片面积的主要部分。图 9.13 给出的是随着集成电路门数的增加,互连引线所占面积的百分数,从图中可看到它可以高达 80%[25],由此可见互连工艺的重要性。而图 9.14 给出的是多晶硅互连,硅化物互连和纯金属互连在三种不同加工尺寸时($5\ \mu m$、$1\ \mu m$、$0.5\ \mu m$)的延迟时间与芯片面积的关系。从图中数据可知,对于 $5\ \mu m$ 加工技术,多晶硅作为互连引线,在所考虑的芯片面积范围内几乎完全与集成电路典型时延 τ_g 相适应,但是,当加工尺寸提高到 $1\mu m$ 时,多晶硅作为互连已经完全不适应需要了,必须采用硅化物互连或纯金属互连技术;而对于亚微米工艺,则几乎所有互连引线都已成为限制速度的因素[26]。

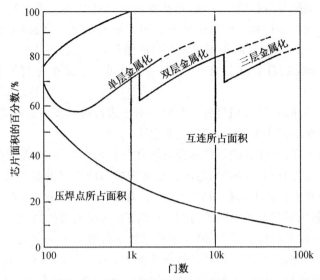

图 9.13 集成电路互连引线所占面积与集成度（门数）的关系

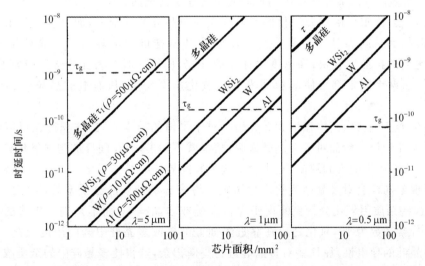

图 9.14 三种不同加工尺寸情况下，多晶硅、硅化物互连和纯金属（W，Al）互连的延迟时间与芯片面积的关系 τ_g—门延时；τ—多晶硅引线的时延；λ—最小加工尺寸

9.4.4 多晶硅氧化工艺

在第二章中所讲述的单晶硅氧化模型，同样适用于多晶硅的氧化情况。事实上，在多数的工艺模拟中也是这样近似的。然而，因多晶硅的结构特点，又使这种近似并不总是合适的。

多晶硅是由许多大小不等、晶向不同的晶粒所组成，因此存在大量晶粒间界。晶粒间界是一个具有高密度缺陷和悬挂键的区域,这些都是多晶硅结构的重要特点。多晶硅薄膜中的晶粒大小依赖于淀积条件和其后的热处理过程。通常情况下,低温淀积时形成小体积的晶粒。在 600℃ 以下淀积,更倾向于形成无定形的结构,而不是多晶硅。在高温下退火有利于晶粒生长,同时晶粒的数量也会减少;高温退火也可以使淀积时的无定形结构转为多晶结构。

多晶硅是由许多晶粒组成,而且各个晶粒相对于多晶硅薄膜表面的晶向又不相同,这将使多晶硅的氧化情况不同于单晶硅,变得更加复杂。

在第二章已经讲到,单晶硅的不同晶面的线性氧化速率常数 B/A 是不同的,(110)面的线性氧化速率介于(111)面和(100)面之间。通常在多晶硅氧化模型中 B/A 值取(110)面的平均值。多晶硅薄膜中的各个晶粒相对于薄膜表面的晶向是不同的,所以,在氧化之后,晶向不同的晶粒,其氧化层厚度是不同的,这将使多晶硅薄膜表面的高低存在差别。对于厚膜氧化的情况,氧化速率差异将会消失,因为抛物型速率常数 B 与晶向无关。

在集成电路工艺中,多晶硅通常是经过重掺杂的,因为它们主要是用来作为局部互连、MOS 器件的栅电极以及双极的发射区。同单晶硅一样,掺杂也会大大增加多晶硅的氧化速率,所以在多晶硅的氧化模型中同样需要考虑掺杂情况的影响。

我们知道,迪尔—格罗夫氧化模型是建立在单晶硅的基础上,而且表面是平坦的。但是,多晶硅的晶粒间界是一个具有高密度缺陷和悬挂键的区域。由于高密度缺陷的存在,使氧化剂的扩散比较快;高密度悬挂键的存在,使氧化时的表面化学反应常数 k_s 的激活能降低,这两个因素都会使晶粒间界处的氧化速率变大,从而造成晶粒间界处的增强氧化。

硅氧化为 SiO_2 时,其体积增大 2.2 倍。对于平坦的硅表面,其体积增大可以从被氧化的硅表面向外延伸。然而对于多晶硅薄膜,情况就不同了,晶粒间界的增强氧化势必挤压周围的晶粒,从而产生应力和缺陷,这也会造成晶粒间界处的增强氧化。

分凝现象同样会对多晶硅氧化产生影响。许多 n 型杂质的分凝系数都大于 1,一般为 10 左右,这些杂质因氧化分凝更倾向于保留在硅或多晶硅中,而不是进入生成的 SiO_2 中。例如磷的分凝系数为 10,氧化之后在靠近界面处的硅或多晶硅中磷的浓度很高。另外,为了提高多晶硅的导电性,往往要对多晶硅进行高磷掺杂,这将使多晶硅中的杂质浓度可能达到磷在硅中的固溶度水平,在极端情况下,会出现磷硅(SiP)相。而 SiP 相的出现会带来一系列问题。在氧化之后,在用 HF 去除氧化层时,而 SiP 也会溶于 HF 中。如果 SiP 溶解掉,在多晶硅层中将会留下孔洞。

温度对多晶硅氧化的影响,可以用描述单晶硅氧化的模型来近似(SUPREM IV)。然而,在某些条件下,由于晶粒间界效应和有限体积效应的影响,使得多晶硅的氧化机制与单晶硅的情况存在很大的不同。对这种情况,还没有普遍适用的模型出现。

9.4.5 难熔金属硅化物及其应用

作为栅和互连材料的电阻率要低。铝(电阻率 2.65 $\mu\Omega \cdot cm$)作为互连材料已经十分广泛地被用于集成电路中,但是 Al/Si 的共熔点很低(577℃),所以只能用于后阶段的金属化。难熔金属 Mo(电阻率 5.65 $\mu\Omega \cdot cm$)、W(电阻率 5.2 $\mu\Omega \cdot cm$)、Ta(电阻率 12.45 $\mu\Omega \cdot cm$)和 Ti(电阻率 43~47 $\mu\Omega \cdot cm$)等作为栅和互连材料,会在未来的集成电路工艺中得到应用,事实上已有不少商品化的钼栅器件。但是它们所要求的工艺与现有 MOS 工艺兼容性差,所以目前主要还处于局部使用和研究之中。

难熔金属硅化物由于具有类金属的电阻率(约为多晶硅的十分之一或更低),高温稳定性好,抗电迁移性能强,且可直接淀积难熔金属于多晶硅上,加热形成硅化物,工艺与现有硅栅工艺相兼容,因而备受重视并被广泛使用在 ULSI 中。

广泛地讲,元素周期表中超过半数的金属元素都可以与硅反应生成硅化物,但是适用于集成电路要求的硅化物必须具有下列性质:① 低电阻率;② 易于生成;③ 易于刻蚀;④ 可氧化,而且生成的氧化层绝缘性能要好;⑤ 应力小,附着性好;⑥ 表面光滑;⑦ 适应于整个集成电路工艺,在整个工艺过程中,包括高温氧化、磷硅玻璃回流、钝化和金属化等过程中,性能稳定;⑧ 与最后金属化铝不易发生反应;⑨ 不沾污器件、硅片和工艺装置;⑩ 有良好的器件特性和长寿命;⑪ 对用于欧姆接触的硅化物还应有低的接触电阻和尽量小的结渗入。适应于上述要求的主要是 IVB、VB 和 VIB 族的难熔金属硅化物和 VIII 族的亚贵金属硅化物。前者适用于做栅电极和互连材料,其中尤以 IVB 族的 $TiSi_2$、VB 的 $TaSi_2$、VIB 的 $MoSi_2$ 和 WSi_2 为最常用。对 $CoSi_2$ 也开展了比较深入的研究。而 VIII 族的亚贵金属硅化物,特别是 PtSi 和 $PdSi_2$ 则主要适用于做欧姆接触材料。

难熔金属硅化物在应用上主要涉及到难熔金属的淀积、形成、组分与晶体结构、多晶硅/硅化物复合栅、互连和工艺等方面[27,28],我们在下面分别予以讲述。

9.4.6 硅化物的制备方法

硅化物的制备方法有很多种,最主要的有:

(1) 共溅射方法。按原子比的要求,从两个不同的元素靶逐次溅射难熔金属和硅,组成精细的多层结构(finelayers),然后退火形成硅化物,这是目前最广泛的制备方法之一。它的优点是不仅能分别控制难熔金属和硅的原子数,从而可得到各种比例的 M_xSi_y 合金,而且可以制备在各种衬底上,如硅、SiO_2 或其他绝缘体上。在溅射之前,还可以进行反溅射,以取得洁净的表面。共溅射法也包括由两个靶同时溅射难熔金属和硅到衬底上的方法。

(2) 共蒸发方法。按原子比的要求,用电子束同时蒸发难熔金属和硅,形成无定型混合薄膜层；或者如同共溅射法一样，逐层蒸发难熔金属和硅，形成多层结构，退火后形成硅化物。这种方法也已被广泛采用，特别是双枪电子束蒸发方法。与共溅射方法一样，它可以控制不同原子比，而且可以蒸发各种金属在各种衬底上，因为真空度较高，可以取得高纯金属膜。但电子束造成的辐照损伤需要在一定温度下退火才能消除。

（3）在多晶硅衬底上溅射或蒸发难熔金属法。就是利用溅射或蒸发法，把难熔金属溅射或蒸发到多晶硅衬底上，在退火过程中，难熔金属与多晶硅衬底反应形成硅化物。这种方法要求衬底表面不能有 SiO_2，因为不能在 SiO_2 上形成硅化物。但是，这一特点却可以被用来制造自对准复合栅。其次，这种方法形成的硅化物与界面情况密切有关，特别是界面自然氧化层的存在对反应有较大影响，而且生长的硅化物，上表面和下表面都显得不如共溅射形成的硅化物表面平整，除非溅射的薄膜很薄（$\leq 1000\text{Å}$）。

需要指出的是溅射（或蒸发）单层难熔金属到多晶硅（硅）衬底上，在退火反应生成硅化物的过程中，必须考虑下面多晶硅（硅）层的消耗。例如 Ti、Si_2 反应形成 $TiSi_2$ 时，我们可以计算，对于每 1Å 厚度的 Ti 金属，要消耗 2.27Å 的硅，形成 2.51Å $TiSi_2$。所以当淀积 1000Å 的 Ti 于多晶硅衬底上时，将消耗掉约 2300Å 厚的多晶硅。

（4）合金靶溅射法。按金属和硅原子数的比例，将难熔金属和硅粉末热压形成合金靶，然后直接溅射到硅（多晶硅）或 SiO_2 上。这种方法简单，易于使用。但是由于粉末在热压制备成合金靶时易于被氧化和沾污，所以一般得到的硅化物薄膜电阻率比较高。而且一旦形成合金靶后金属和硅原子数之比不可调节。一个变更的方法是在合金靶上贴上几块难熔金属块，金属块的大小和数目的多少可以由实验结果来确定和调节，以获得需要的金属与硅原子比。这种方法相当简易，适合实验室中使用。

（5）化学汽相淀积硅化物法。包括 APCVD、LPCVD 和 PECVD。LPCVD 淀积的硅化物台阶覆盖好，PECVD 淀积温度低，它们的产量比较高，因而是有发展前途的方法。LPCVD 生长的 WSi_2 已开始用于实际生产中。

9.4.7 硅化物的形成机制

上面主要讲述的是如何形成难熔金属和硅的多层结构的方法，或者是如何形成难熔金属和硅的混合薄膜层的方法，之后还必须进行高温热处理，使金属与硅反应生成硅化物。下面讲述硅化物的形成机制。

难熔金属和亚贵金属薄膜与硅反应生成硅化物主要是固相反应过程。其反应生成机制有两种类型：

（1）大多数反应生成硅化物的动力学过程和硅与氧反应生成 SiO_2 过程十分相似，也就是在金属层与硅介面均匀反应生成硅化物的过程。硅化物的生成是在远低于金属与硅共熔点的温度下，以热激活的形式进行的。生成过程由两个因素控制：一是硅原子与金属原子在界面的反应速率控制;二是金属或硅反应元素通过已生成的硅化物层扩散到界面的速率控制。如果反应速率大于扩散速率,那么生长机制由扩散控制,生长的硅化物厚度与时间的 1/2 次方成比例;反之,如果扩散速率大于反应速率,那么生成机制是由反应速率控制,生长的硅化物厚度与时间成正比。亚贵金属硅化物,如 Pd_2Si、Pt_2Si、$PtSi$ 和难熔金属硅化物 WSi_2、$TiSi_2$ 等都是属于扩散速率控制的;而 $TaSi_2$ 则属于表面反应速率控制。也有文献报导,相当一部分难熔金属硅化物,如 WSi_2、$MoSi_2$ 等,既有扩散速率控制,又可以有表面反应速率控制,视情况不同而有所不同[29]。

(2) 第二类生成硅化物机制是:先在界面的某些点形成硅化物的核,硅化物的核逐渐长大,这种生成机制受界面成核控制。这种机制沿界面生长并不均匀,反应生成的温度也比较严格,范围很窄,一般在 10～30℃ 范围内。由 NiSi 生长为 $NiSi_2$ 和 Pd_2Si 生成为 PdSi 都属于这一类[30]。

关于硅化物的生成速率虽然有很多实验结果。但是由于影响因素十分复杂,所以数据十分分散。除主要决定于形成何种硅化物以外,淀积方法,界面情况,杂质等都将影响硅化物的生成速率。特别值得指出的是在淀积金属薄膜之前硅衬底表面的自然氧化层将对硅化物生成速率有显著的影响。它可以使硅化物的形成温度显著增高。

9.4.8 硅化物的结构

各种硅化物的晶体结构各不相同,基本上有三种结构,即四方晶系、六方晶系和正交晶系。$TaSi_2$ 和 $NbSi_2$ 属六方晶系,$TiSi_2$ 薄膜属正交晶系,而 $MoSi_2$ 和 WSi_2 则既可以有四方晶系,也可以有六方晶系,依赖热处理温度和掺杂情况。例如化学汽相淀积的 WSi_2,在退火温度低于 600℃ 时表现为六方晶系,但当退火温度高于 600℃,则转化为四方晶系。

9.4.9 硅化物的电导率

绝大部分过渡金属硅化物都有良好的导电性,导电机构类似于金属。体硅化物的电导率一般比相应的金属低,而硅化物薄膜的电导率又往往明显低于体硅化物。硅化物薄膜电导率的变化范围很宽,主要受薄膜的淀积条件、杂质含量以及退火条件等多种因素的影响:

(1) 硅化物薄膜的电学性质受硅与金属原子比例的影响。一般 Si/M 大于 2,电阻率将随 Si/M 比例的增大而增高。

(2) 硅化物薄膜的晶粒尺寸对电阻率的影响。随着晶粒尺寸的增大,晶粒间界就会减少,因而电阻率下降;随着退火温度的升高,薄膜的电阻率也会下降,其主要原因之一是因晶粒尺寸增大。例如,化学汽相淀积 WSi_2 薄膜,退火前是微晶结构,晶粒尺寸约为 30Å,经过 600℃、800℃、1000℃ 退火后,晶粒尺寸分别增大为 200～300Å,400～500Å 和 1000Å,同时电阻率也相应下降。

（3）硅化物薄膜中杂质的影响[31]。在硅化物薄膜制备过程中引进的杂质（主要是 O、N、C、Ar 等）对薄膜的性质有多方面的影响。这些杂质的存在，一般使硅化物薄膜的性能变差，例如电阻率增大。图 9.15 给出的是 Ar 对某些硅化物电阻率的影响，薄膜中 Ar 含量的增加使薄膜的电阻率显著增大。这里 Ar 是由注入引入的，ρ_0 是未注入 Ar 时薄膜的电阻率，ρ 为注入 Ar 后薄膜的电阻率。从图示数据可知，注入 $10^{16}/cm^2$ 剂量的 Ar 可使 $NiSi_2$ 和 Pd_2Si 的电阻率分别增大 8 倍和 3 倍，而使 $CoSi_2$ 的电阻率增大了 80 倍之多。

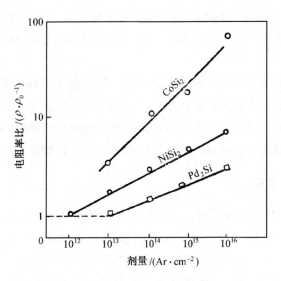

图 9.15　Ar 含量对硅化物薄膜电阻率的影响

在掺杂硅衬底上形成的硅化物，在退火过程中，衬底中的杂质能够以扩散方式进入硅化物，同样硅化物中的杂质也可扩散进入衬底，从而引起硅化物电阻率的变化。具体情况依赖于杂质的种类和硅化物的种类等。

（4）退火条件的影响。退火是降低硅化物电阻率的有效办法。共淀积的硅化物是金属和硅的无定型混合物，或者是小晶粒的多晶结构，退火使它们形成晶相化合物，晶粒也在退火过程中长大，结果薄膜的电阻率会明显下降。电阻率随退火温度和退火时间变化都有饱和特性，参见图 9.16(a)和(b)。退火温度越高电阻率达到极小值所需时间越短。

由于硅化物薄膜的电阻率受许多因素影响，不同制备方法得到的硅化物薄膜电阻率很不相同，即使是同一种方法，由于制备条件和退火条件的差异，薄膜的电阻率也会有很大变化。

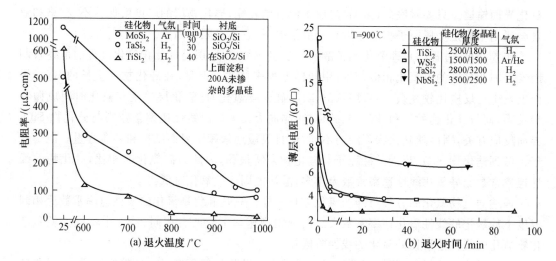

图 9.16 难熔金属硅化物电阻率与退火温度和退火时间的关系

9.4.10 硅化物的氧化工艺

硅化物能被广泛应用在集成电路栅极和互连中的关键原因之一,就是因为难熔金属硅化物也能氧化生成稳定、致密的氧化层。但与硅和多晶硅不同的是,硅化物氧化与衬底条件、硅化物组分,特别是硅与金属原子比、淀积条件以及生成的金属氧化物可挥发性等因素密切相关,这就使得硅化物氧化的具体情况比较复杂。

对硅化物氧化的广泛研究表明,难熔金属硅化物的氧化是硅原子扩散通过硅化物,在硅化物-SiO_2 界面氧化生成 SiO_2,而氧化所需的氧化剂,如同硅氧化过程一样,是氧化剂扩散通过已生成的 SiO_2 层到达 SiO_2-硅化物的界面。

整个氧化过程通过下述四步完成:

(1) 硅衬底释放硅原子的反应过程;
(2) 由硅衬底提供的硅原子扩散通过硅化物层到达硅化物-SiO_2 界面处;
(3) 氧化剂扩散通过已生成的 SiO_2 层;
(4) 氧化剂在硅化物-SiO_2 界面处与硅反应生长 SiO_2。

在高温氧化时,过程(1)是非常快的,它不是限制氧化速度的因素。在硅化物和 SiO_2 界面处与氧化剂反应的硅,可以通过以下几种方式供应:硅原子从硅衬底扩散通过硅化物到达硅化物-SiO_2 界面处;$MSi_x(x>2)$ 中过剩硅原子向硅化物表面输送;界面处硅化物分解;硅化物中的金属原子向衬底方向扩散,留下过剩的硅原子;或者是几种的组合。不同硅化物,具体情况是不同的。后两种情况将引起硅化物分解,而对于前两种情况,硅化物在整个氧化过程中是稳定的。对于难熔金属硅化物(铬除外),在衬底硅(多晶硅)或过剩硅原子 (MSi_x 中,$x>2$) 存在的情况下,氧化过程中主要是硅原子以替位方式扩散通过硅化物层向氧化界面输运。只要衬底硅(多晶硅)原子没有消耗完,硅化物层的厚度就保持不变(铬和亚贵金属则主要是金属原子扩散输运),一般情况下,它不是限制因素。

实验指出,过程(3),即氧化剂扩散通过已生成的 SiO_2 层是硅化物氧化过程的最终限制因素。因此与硅的热氧化相似,并可用同样方程来描述。但是,在硅化物和生长的 SiO_2 界面上发生的反应比较复杂。当过程(3)限制硅化物氧化时,氧化层厚度与氧化时间成抛物型关系,而与硅化物种类和硅(多晶硅)衬底晶向等无关。但线性速率常数则与硅化物-SiO_2 界面反应有关,因而随硅化物不同而不同,而且灵敏地依赖于界面结构和杂质含量。但是由于扩散到硅化物-SiO_2 界面的硅原子与硅化物束缚很弱,因此与硅氧化时相比,硅化物的线性速率常数比硅氧化线性速率常数大得多,激活能则比硅氧化时低得多。

描述硅化物氧化的方程与硅的氧化方程一样。只是硅化物氧化的线性速率常数比相同温度下硅氧化的线性氧化速率常数大。而抛物型速率常数两者相同,另一个不同处就是硅化物氧化的线性阶段比硅氧化的线性阶段短。

上面讨论的结果,对于淀积在硅或多晶硅上的硅化物氧化有了一个较好地说明,只要硅或多晶硅层没有消耗完,这个氧化规律就一直成立。在氧化过程中,除了晶粒略有增大外,硅化物的性质和厚度都没有明显变化。得到的 SiO_2 其介电性能也可以与硅或多晶硅生长的 SiO_2 相比拟。但因硅化物氧化还有许多复杂的因素,并不是这个规律所能完全描述的。

9.4.11 硅化物肖特基势垒

难熔金属硅化物/半导体接触与金属/半导体接触一样,当它们接触时,基于载流子的再分布而使费米能级统一的结果将产生接触势垒,这个势垒我们称之为肖特基势垒。一般来说,当难熔金属的功函数比半导体功函数大时,将形成整流型接触;反之,当半导体功函数大于难熔金属硅化物时,这个接触是欧姆接触。但是具体计算肖特基势垒高度是比较复杂的,它必须考虑半导体表面与界面态,镜像力效应和硅化物/半导体界面层的影响等因素。目前,对于硅化物与硅的肖特基势垒已有不少研究工作,也提出了不少理论模型,然而由于它的复杂性,物理图像还不是十分清楚。

9.4.12 多晶硅/硅化物复合栅结构

金属硅化物在 ULSI 技术中有多方面的应用:

(1) 难熔金属硅化物/多晶硅双层结构应用在栅极和内部互连中,可使互连电阻降低约一个量级。

(2) 某些硅化物同铝的接触电阻率比硅同铝的接触电阻率约低一个数量级,而硅化物的源、漏结构可以使漏、源区的薄层电阻大大降低,从而减少了器件的寄生串联电阻。这对浅结、短沟道 MOS 器件尤为重要。

(3) 用硅化物作肖特基位垒接触材料及 GaAsMESFET 的栅都有非常重要的应用前景。

主要讨论硅化物在多晶硅/硅化物复合栅和互连中的应用。原则上，硅化物可以直接替换多晶硅做为栅极和互连材料，但是，如果硅化物与栅氧化层直接接触，由于硅化物在形成过程中有较大的应力产生（约 10^9N/m^2），容易在栅氧化层中以及栅氧化层与硅衬底界面引入缺陷，因而使 MOS 器件的电学性能和稳定性变坏[32]。目前最广泛采用的是多晶硅/硅化物复合栅结构。它既可以保持已被人们掌握的良好的多晶硅/SiO_2 界面特性、硅栅器件的可靠性和工艺稳定性，又可以使引线电阻降低一个量级以上。

在 ULSI 工艺中，由于台阶覆盖等问题，一般希望多晶硅/硅化物复合栅总的厚度不超过硅栅的厚度，即 4000～5000Å。而且随着器件尺寸的缩小，希望尽可能减小多晶硅厚度，以减小复合栅的总厚度。对于 $1.2 \sim 1.5\ \mu m$ 设计规则的 CMOS 器件来说，其典型数值是在 1500Å 掺杂多晶硅上淀积 2500Å 硅化物。图 9.17 给出的是在多晶硅/硅化物复合栅中，多晶硅厚度/WSi_2 厚度之比改变时，其薄层电阻的变化情况，从图可以看到，应当尽可能降低多晶硅/硅化物的厚度比。但是过薄的多晶硅层将影响多晶硅/SiO_2 界面情况，而不能保持稳定的、良好的多晶硅/SiO_2 界面特性。

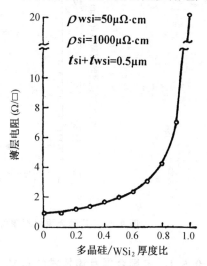

图 9.17　多晶硅/硅化物栅和互连引线的薄层电阻与多晶硅/WSi_2 厚度比的关系[32]（总的厚度≈5000Å）

对于多晶硅/$TiSi_2$ 复合栅来说，存在着一个多晶硅厚度的临界值，低于这个数值，MOS 电容击穿特性和 MOS 器件性能将明显变坏。这个多晶硅厚度的临界值为 1500Å。K. Sakiyama 等采用优化掺杂工艺，即用离子注入对 WSi_2 掺杂，然后扩散驱进到多晶硅层中，得到多晶硅/WSi_2 复合栅的多晶硅临界厚只有为 900Å[33]。

采用多晶硅/硅化物复合栅和互连结构，其工艺过程与现有多晶硅栅器件工艺完全相容，而且不增加光刻次数，只是多了硅化物的淀积、形成、刻蚀和氧化等几种工艺。

9.5　集成电路中的多层互连

集成电路技术按摩尔定律飞速发展，器件特征尺寸不断缩小、电路性能不断完善、集成度不断提高。目前，器件特征尺寸已经进入纳米时代，电路工作频率已经进入 GHz 时代，专用集成电路的集成度已经超过千万门晶体管规模[34]。

随着集成电路集成度的增加，互连线所占面积已经成为决定芯片面积的主要因素，互连线导致的延迟已经可以与器件门延迟相比较，图 9.18 给出了几种金属材料单位长度连线的 RC 常数与器件特征尺寸的关系[35]。互连系统已经成为限制集成电路技术进一步发展的重要因素,单层金属互连已经无法满足需要,必须使用多层金属互连技术。

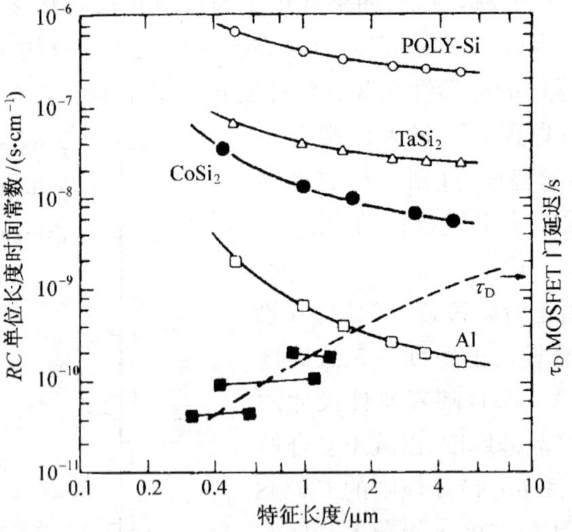

图 9.18 几种金属材料单位长度连线 RC 常数与器件特征尺寸的关系

9.5.1 多层金属互连技术的意义

首先,使用多层金属互连技术可以使 ULSI 的集成密度(单位芯片面积上集成的有效器件数目)大大增加,从而可使集成度进一步提高。互连线的数目是随器件数目增加而增加,而单位面积上可以实现的连线数是有限制的,使用多层互连,可以使单位芯片面积上可用的互连线面积成倍增加,从而可以允许有更多的互连线。其次,使用多层金属互连可以降低互连线过长导致的时间延迟,主要表现在:

(1) 互连线的延迟时间正比于互连线长度的平方,如(9.14)式给出的那样,使用多层互连可以有效降低互连系统中最长互连线的长度。

(2) 使用多层互连时,可以在连线布局中满足所有连线长度都接近于平均长度。在互连系统中,如果连线长度不均匀会使整个系统的延迟增加,甚至可能导致电路工作时序的错误。图 9.19(a)给出了连线电容模型,9.19(b)给出了一个单层金属互连集成电路芯片中连线长度的统计,使用多层互连可以将其中长连线(约占 6%)消除。

(3) 当连线间隔小于 0.6 μm 以后,连线的总电容将随间隔的缩小而增加,从而导致线延迟增加。使用多层互连技术可以降低该效应的影响,如图 9.19(c)所示。

(4) 在多层互连结构中,可以采用一层一个布线方向的结构,从而降低连线之间的干扰,使电路的工作频率更高。

(5) 由于芯片集成度的增加,系统中的芯片数量减少,从而芯片与芯片之间的信息传输可以减少,这可使整个系统工作速度加快。

此外,由于多层互连技术的使用,可以降低具有相同功能电路的芯片面积,这样在相同尺寸的硅片上可制作出更多的电路芯片，从而可以降低单个芯片的成本。当然互连线每增加一层，需要增加两块掩膜板，而且还可能导致总成品率的下降，互连线层数也不是越多越好。

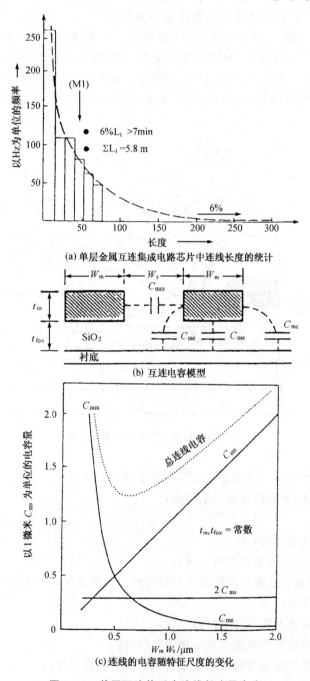

图 9.19 单层互连体系中连线长度及电容

9.5.2 多层金属互连技术对材料的要求

图 9.20 给出了一个双层金属互连体系的示意图[36],多层金属互连结构与双层类似。第一层金属与多晶硅栅/局域互连层之间的绝缘介质层被称作 PMD(前金属化介质层);而金属层之间的绝缘介质被称作 IMD(金属间介质);PMD 上的光刻孔称为接触(contacts),实现第一层金属与栅及硅的连接;IMD 上的光刻孔称为通孔(via),实现金属层之间的连接。

互连体系中使用的材料,包括了金属材料和绝缘介质材料两大类,下面分别讨论多层金属互连对它们的要求。

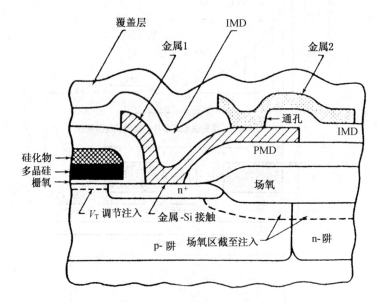

图 9.20 双层金属互连体系示意图

1. 金属材料

金属材料在多层金属互连体系中使用时需要满足以下条件:

(1) 低的电阻率,才能保证好的电性能;
(2) 表面平整;
(3) 抗电迁移性能要好;
(4) 易于键合(多层体系的最后一层);
(5) 稳定性,机械性能和电学性能在经过后续工艺以及长时间工作仍然保持不变;
(6) 抗腐蚀性能强;
(7) 不污染和破坏器件、加工设备;
(8) 淀积的薄膜或生长厚度及其结构的可控性;
(9) 可各向异性刻蚀且对衬底和掩蔽材料有很好的选择性;
(10) 好的台阶覆盖;

(11) 薄膜反射系数可控,以利于进行光刻;
(12) 金属化薄膜最好是化合物形态;
(13) 每层都可以是以合金态淀积生长且合金组分可控;
(14) 淀积过程中无缺陷生成;
(15) 低的薄膜应力,减少硅片的扭曲和电路的失效;
(16) 薄膜淀积(生长)和图形转移过程应该具有经济性。

2. 绝缘介质材料

多层金属互连中使用的介质材料主要包括:以硅烷为源 CVD 的 SiO_2,用 TEOS 通过 PECVD 的 SiO_2,PECVD 的氮化硅,SOG,HDP-CVD 的 SiO_2,低 K 介质。

多层金属互连对绝缘介质材料的要求如下:
(1) 低介电常数;
(2) 高击穿场强;
(3) 低泄漏电流,体电阻率大于 10^{15} Ω·cm;
(4) 低表面电导,表面电阻率大于 10^{15} Ω·cm;
(5) 不吸潮;
(6) 薄膜导致的应力要低;
(7) 与铝膜的附着性要好。对附着性差的金属,在金属层与介质层之间需要使用衬垫层;
(8) 与上下介质层的附着性要好;
(9) 温度承受能力在 500℃ 以上;
(10) 易刻蚀(湿法或干法);
(11) 允许在氢气中处理,不形成电荷或偶极矩的聚集区;
(12) 不引入金属离子;
(13) 好的台阶覆盖且不形成凹角;
(14) 厚度均匀性要好;
(15) 对掺杂的氧化层,掺杂均匀性要好;
(16) 低缺陷密度;
(17) 无挥发性残余物存在。

对于 PMD 介质要求温度承受能力在 800℃ 以上。实际上使用了铝材料以后,后续工艺温度不能超过 450℃。

9.5.3 多层互连的工艺流程

图 9.21 给出的是多层互连的工艺流程示意图。当单个器件制备工艺结束以后,即进入互连工艺,在互连工艺中,首先淀积绝缘介质层;接下来要进行平坦化处理,以消除薄膜上的台阶;然后在介质层上刻出接触孔和通孔;再进行金属化,填充接触孔和通孔,形成互连线;如果不是最后一层金属,则继续进行下一层金属化的工艺流程,如果是淀积钝化层,则互连

工艺完成。

介质淀积以及金属化对绝缘介质和金属材料的要求,我们在前一节已经讲述了。对多层互连工艺,平坦化处理、接触及通孔的形成和填充都是比较关键的步骤,下面我们分别加以讨论。

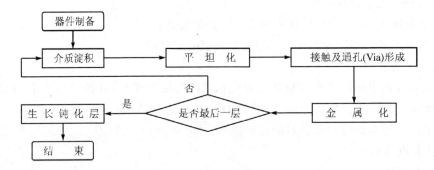

图 9.21 多层互连的工艺流程

9.5.4 平坦化

对于 0.25 μm 工艺的集成电路芯片,将在几个平方厘米的面积上,要制造数千万个晶体管和大约五千万条互连线,这样的芯片只有采用多层金属互连技术才能实现。在多层金属互连技术中,有效地利用了芯片的垂直空间,从而可进一步提高了器件的集成密度。

多层金属互连技术早在 20 世纪 70 年代就已经出现,但因多层技术的应用,使硅片表面变得很不平整。不平整的表面,将导致一些问题的产生。在集成电路制造过程中,经过多步加工工艺以后,硅片表面已经很不平整,特别是在金属化引线孔边缘处会形成很高的台阶,台阶的存在将影响淀积薄膜的覆盖效果。淀积薄膜的厚度沿孔壁随距离的增加而减薄,在底角处,薄膜有可能淀积不到,这就可能使金属化引线发生断路,从而造成整个集成电路失效。台阶还有可能导致在薄膜淀积过程中形成空洞。

硅片表面的不平整性,更严重的后果是无法完成图形的复制,这是因为光刻技术受到光学景深的限制,在成像时表面的这些高低变化将影响聚焦,只能容忍表面有很小的高度变化。

可以采用一些简单的方法改善硅片表面的平整度,例如,对真空蒸发来说,改善台阶覆盖的方法是使用行星旋转式真空淀积装置,通过蒸发源和衬底相对方向的连续改变,有效地消除蒸发死角,增加了淀积薄膜的均匀性;也可采用磷硅玻璃或硼磷硅玻璃回流工艺,可使锐利的台阶变为平滑,从而可以大大改善台阶覆盖状况,但这些方法的平坦化效果都不理想。

为了解决集成电路制造中的平坦化问题,在上世纪 80 年代后期 IBM 公司提出了化学机械抛光(chemical mechanical planarization,CMP)或称平整化技术[37,38],而且 CMP 技术也可用于器件隔离等工艺中。没有 CMP 技术,甚大规模集成电路芯片的生产就不可能。对于大马士革结构的铜布线,CMP 技术是实现多层集成的关键工艺。而且随着图形的尺寸越来越小,对平坦化的要求也越来越高。

图 9.22 给出了不同程度平坦化的示意图。图 9.22(a)是没有平坦化。第一类平坦化技术,只是使锐利的台阶变为平滑,台阶高度没有减小,如图 9.22(b)所示。第二类平坦化技术,不但使锐利的台阶变为平滑,同时台阶高度也在减小。通过再淀积一层半平坦化的介质层作为覆盖层,即可达到这种效果,如图 9.22(c)所示;图 9.23 给出了在多晶硅层上淀积 BPSG 经 900℃,退火 30 min 的结果[39],CVD SiO_2 再回刻也可以实现第二类平坦化。第三类平坦化技术则是使局域达到完全平坦化,使用牺牲层技术可以实现局域完全平坦化,如图 9.22(d)所示,图 9.24 给出了牺牲层技术的流程。第四类平坦化技术则是整个硅片表面平坦化,CMP 方法就是可实现整个硅片平坦化的方法,如图 9.22(e)所示。

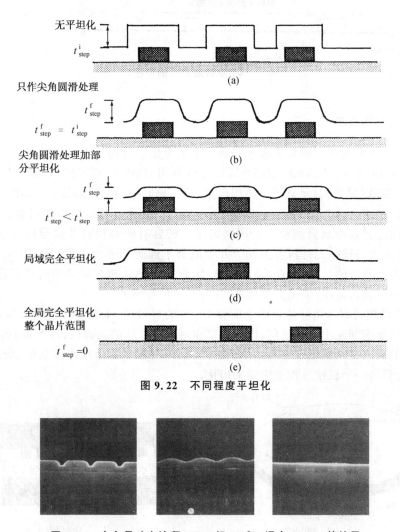

图 9.22 不同程度平坦化

图 9.23 在多晶硅上淀积 BPSG 经 900℃,退火 30 min 的结果

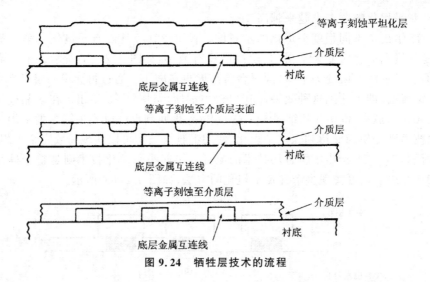

图 9.24 牺牲层技术的流程

9.5.5 CMP 工艺

CMP[40~42]主要是为了满足集成电路制造中平坦化需要而发明的工艺技术。对金属层和层间介质(inter-layer dielectric, ILD)层都可以利用 CMP 技术实现全局平坦化,图 9.25 给出了 CMP 装置(抛光机)示意图。由图可以看到,研磨垫(抛光垫)放在 CMP 装置的研磨盘上,在进行 CMP 时,硅片被压在研磨垫上,在硅片的抛光面与研磨垫之间加上研磨剂,研磨剂是通过滴定方式加到研磨垫上。研磨剂是一种含有研磨材料及化学反应剂的液态物质,化学反应剂可与被抛光材料发生反应并生成易于被研磨掉的薄膜。CMP 不同材料时,其化学反应剂是不同的。另外,在 CMP 过程中,硅片与研磨垫之间的相对运动形式可以是旋转运动也可是轨道运动,根据需要选择,并且是可以控制的。

对 CMP 机理的解释是硅片表面上需要 CMP 的材料层(金属层或层间介质层等)与研磨剂中的化学反应剂发生化学反应,生成一层相对容易去除的表面层,这个表面层在运动中被研磨剂中的研磨材料机械地磨掉,从而完成 CMP。CMP 的微观作用是化学和机械作用的结合,不能只靠一个机械过程来完成平坦化。

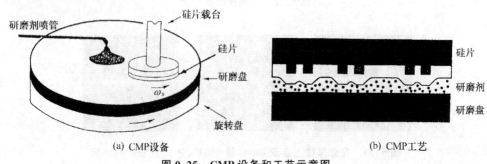

(a) CMP设备　　　　　　　　(b) CMP工艺

图 9.25 CMP 设备和工艺示意图

在 CMP 工艺中,影响抛光速率的主要因素是硅片和研磨垫之间的相对运动速度、硅片与研磨垫之间的机械压力。具体关系(Preston 方程)如下

$$R = kPV,$$

其中,R 为抛光速率(单位时间内磨去的厚度);P 为所加的压力;V 为硅片与抛光垫之间的相对运动速度;K 为 Preston 系数(与设备和工艺有关,如氧化硅的硬度、抛光剂、抛光垫的性质等)。

要指出的是抛光速率和平坦化速率是不同的概念,平坦化速率是指台阶高度下降的速率,可以理解为需要抛光的表面上,高低差的减小速率。

在集成电路制造中,CMP 主要用于对二氧化硅、多晶硅、铜、低 k 介质和钨的清除和平坦化。下面通过两种常用的 CMP 工艺讲述 CMP 的机理和工艺过程。一种是对二氧化硅的 CMP,另一种是对金属的 CMP。

1. SiO_2 的 CMP

对 SiO_2 的 CMP 是在半导体器件制造中应用最早和应用最广,是一种实现全局平坦化的工艺。SiO_2 是金属层之间常用的 ILD。在多层金属布线的集成电路中,金属层之间都需要有层间介质隔离,对这些隔离的层间介质都需要进行 CMP,实现全局平坦化。

对层间介质层 SiO_2 的 CMP 时,研磨剂是含有氧化硅或者氧化铈(CeO_2)等研磨材料的氢氧化钾溶液或者氨水(NH_4OH)等碱性溶液。在机械压力下,碱性溶液软化了需要 CMP 的 SiO_2 薄膜;之后,研磨剂中的研磨材料对软化的 SiO_2 层进行研磨,完成 CMP。

在 CMP 过程中,硅片表面因摩擦而产生热量,这会使研磨剂中研磨材料(如氧化硅)软化,因研磨材料的软化,从而减少了划伤缺陷。硅片表面上的较高区域,受到的局部压力大于较低区域,因此,高处 SiO_2 有较快的抛光速率。

2. 金属的 CMP

金属 CMP 的机理与二氧化硅的机理不同。对金属的 CMP 可用化学氧化和机械研磨机理来解释。金属 CMP 的研磨剂一般是酸性的,金属表面与研磨剂接触时,金属表面会被氧化。例如,在铜的 CMP 过程中,铜被氧化生成氧化铜(CuO 或 Cu_2O)和氢氧化铜($Cu(OH)_2$),表面氧化层被研磨剂中的研磨材料机械地磨掉。一旦这层氧化物被磨掉,研磨剂中的化学成分又会氧化新露出的金属,然后又被机械地磨掉,CMP 过程就是这样重复进行的。又如,在钨的 CMP 工艺中,在酸性的研磨剂里,钨的表面会形成 WO_3 氧化膜。为了增加钨的氧化速度,在 WCMP 的研磨剂中经常加入过氧化氢或硝酸铁氧化剂。研磨材料中的氧化铝(一般不用氧化硅,因为氧化硅很硬)可以去除在钨表面形成的氧化物。如果钨表面的研磨速度比钨表面的氧化速度还要快,则会造成研磨速率的不稳定,因此,必须控制好过氧化氢的滴定速度。

最近对金属 CMP 机理的研究发现,金属的化学氧化和氧化金属层的分解比机械研磨更为重要。这意味着 WCMP 工艺比 ILD CMP 更偏向化学性,因此,必须控制好研磨剂的化学性质。

在 CMP 中,研磨垫材料和研磨剂中的研磨材料是很重要的。研磨垫是由烧铸的聚亚胺酯等薄片(polyurethane)构成,研磨垫的硬度和孔径的大小是重要参数。在许多情况下,

CMP过程中往往使用两个研磨垫,其中较硬研磨垫的作用是形成局部的平整度,而较软研磨垫的作用是保证大面积研磨的均匀度。对于研磨剂中的研磨材料的要求是:研磨速率要高、平整度要好、高的选择性和均匀性。研磨剂中包含有化学反应剂和研磨材料。研磨材料颗粒的硬度一般要与被抛光材料的硬度基本相同。研磨材料的化学成份及其酸碱度,研磨材料颗粒的尺寸、形状、浓度等都是重要的参数。

CMP的基本工艺过程是利用电机装置带动研磨盘转动或轨道运动,同时不断地向研磨垫上滴定研磨剂,通过研磨盘的力学作用和研磨剂中的碱性物质或酸性物质的化学作用,首先在被磨抛材料的表面形成薄膜层,然后利用研磨剂中研磨材料(一些硬度高的微细颗粒)的研磨作用研磨掉薄膜层。CMP中的研磨垫、研磨剂中的研磨材料和化学反应剂与被磨抛材料之间的相互作用机制非常复杂,具体的物理、化学和力学作用机制目前还不十分清楚。为了保证尽可能高的加工效率和尽可能小的工艺缺陷,研磨垫材料和研磨剂中研磨材料的配比成分需要精心选择,对不同金属进行CMP所需的研磨垫材料、研磨剂中研磨材料的成分往往有很大不同。

CMP技术在应用中存在的最主要问题:一是CMP的终点探测,通常需要使用中止层作为CMP的终点标志;二是研磨产物的清洗,目前主要使用刷洗、喷洗、超声波清洗等方法。我们以铜互连工艺中的CMP为例讲述具体过程。

在镶嵌结构的Cu互连技术中,对Cu的CMP是一个较大的技术难点。对Cu的CMP工艺要求是:① 对Cu的磨蚀损伤要小;② 对介质和Cu无腐蚀;③ 对图形的尺寸不敏感;④ 在金属和介质界面有好的工艺停止特性。

为了防止Cu对其他材料的污染,互连的Cu引线和通孔需要用扩散势垒层材料,如金属Ti、Ta或其氮化物:TaN、TiN包封起来。然而,由于Cu本身很软,又容易氧化,需要采用弱氧化剂和弱的研磨剂,而Ta却非常坚硬,又不容易氧化,需要采用强氧化剂和强研磨剂,因此,在CMP过程中,由于Cu和势垒层材料不同的电化学反应,在同时对Cu和Ta进行CMP时,将造成显著的磨痕缺陷。此外,在CMP工艺中,Cu与势垒层材料之间的电化学反应也是一个问题。两种差异很大的金属利用电解方法同时形成电学接触时由于阳极腐蚀会使沟槽中被势垒层包封的Cu暴露出来,而暴露出来的Cu会被CMP刻蚀掉而产生缺陷。为了解决这些问题,一般需要采用多步CMP工艺。在多步Cu的CMP工艺中,需要应用多种CMP研磨材料,不同的研磨材料对不同的材料有不同的刻蚀率和刻蚀选择性。通过改进研磨垫材料和研磨剂的配比成分,以减少CMP步骤对Cu的缺陷损伤,特别是减小研磨材料对Cu的腐蚀是Cu的CMP技术研究的重要课题。

在Cu的CMP过程中,各种缺陷如磨痕(dishing)缺陷、磨损(erosion)缺陷、腐蚀(corrosion)缺陷、划痕(scratch)缺陷、凹陷(pitting)缺陷都有可能发生,如图9.26所示。为了减小CMP过程中对Cu薄膜的损伤,各种优化的CMP被广泛研究和发展。日立公司的研究人员在2000年报道了一种新型的镶嵌结构Cu互连工艺[43]。该工艺将新研发的采用无研磨材料的研磨剂和聚胺亚酯研磨垫的Cu-CMP工艺与金属势垒层的干法刻蚀工艺相结合,其中Cu-CMP具有在势垒层停止的特征,并形成非常清洁、无划痕、抗腐蚀的磨损表面,磨损(erosion)和磨痕(dishing)缺陷也大大减小,磨蚀和磨痕的总深度为 50 nm,仅为传统 CMP 工艺的五分之一。同时 Cu 引线电阻及其偏移也显著减小。日立公司在 2001 年又报道了一种新颖的 Cu-CMP 两步工艺[44]。该工艺通过应用新研发的对 Cu 无腐蚀三种新型研磨材料。在三种研磨材料中通过加入一些腐蚀抑制剂和改进研磨材料成分,大大减小了在 Cu 的 CMP 过程中研磨材料对 Cu 的腐蚀作用。优化的 Cu 的 CMP 可显著改善 CMP 后 Cu 表面的缺陷特征。图 9.27 示出改进的无缺陷产生 CMP 工艺的表面特征。

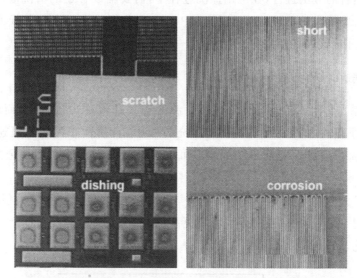

图 9.26 CMP 过程中形成的划痕(scratch)、磨痕(dishing)、腐蚀(corrosion)等缺陷

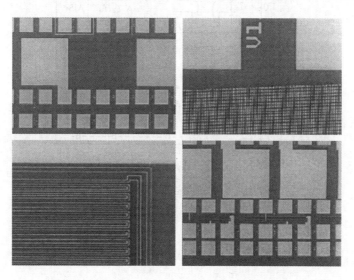

图 9.27 改进的无缺陷产生的 CMP 工艺的表面特征

在 Cu 的 CMP 之后的清洁工艺也是一个重要问题。CMP 过程不可避免地会引入污染,这些污染包括研磨材料的残留成分、研磨掉的金属残留物等。这些污染,必须有效地去除,尤其是对 Cu 离子的污染必须完全去除,否则将会对集成电路的性能、可靠性和成品率产生严重的影响。CMP 的后步清洗工艺在有效地清除研磨材料中残留颗粒、有机物、金属离子等残留物的同时,不能产生新的缺陷。CMP 的后清洗工艺一般采用双边毛刷擦洗与去离子水冲洗相结合的方法进行,在毛刷擦洗过程中,需要辅以合适的清洗液,才能达到理想的清洗效果。需要指出的是,Cu 互连的 CMP 清洗工艺不能在生产工艺线的超净间进行,以免造成 Cu 离子对设备的污染。

9.5.6 接触孔及通孔的形成和填充

在互连体系中,第一层金属与器件的有源区连接孔被称为接触孔,而两层金属之间的连接孔称为通孔。在接触孔和通孔的填充过程中,台阶覆盖问题不可避免。图 9.28 给出了台阶覆盖与通孔深宽比的关系[45],可以看出通孔的形状对后续金属薄膜的淀积有很大的影响。

通孔类型可分为叠置类型和非叠置类型[46],如图 9.29 所示。叠置类型的通孔是指上下层的通孔在同一位置,导致上层金属将有更高的台阶,在整个硅片表面上,通孔的高度将会有很大的变化,如图 9.30 所示[47]。

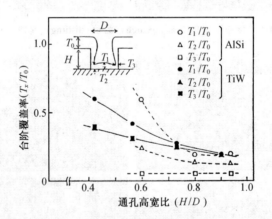

图 9.28 台阶覆盖与通孔高宽比的关系

(TiW 0.6 μm 厚　AlSi 0.9 μm 厚　台阶 1.2 μm)

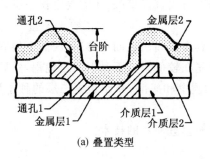 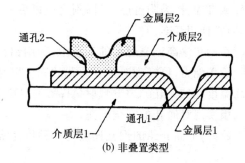

图 9.29 通孔类型

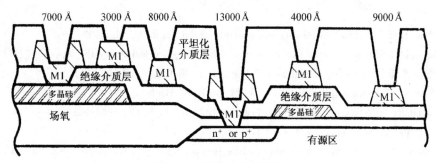

图 9.30 通孔高度的变化

对双层互连的通孔设计需要遵守以下规则：
(1) 对介质层只能使用第一种类型平坦化技术，以保证所有通孔高度的一致性；
(2) 不能使用叠置类型的通孔技术；
(3) 与第二层金属的连接必须通过第一层金属；
(4) 通孔应该是非垂直形状，以取得较好的台阶覆盖。

另外，以下规则必须遵守，以保证互连系统的可靠性：
(1) 下层金属线的宽度必须大于通孔的宽度（孔径），否则该层金属线下的绝缘介质会遭到破坏；
(2) 在遇到最小通孔间距时，通孔边的斜率必须被考虑，需要保证一定的最小通孔间距；
(3) 上层金属线的宽度必须大于通孔的宽度（孔径），以保证对通孔的全覆盖。

随着工艺技术的发展，先进通孔工艺（完全填充的垂直通孔技术）开始运用，使用这种结构可以减小通孔所需要的面积，并且使用完全填充的垂直通孔技术时，对于叠置类型通孔的使用不必考虑前述规则，从而有利于集成度的提高。这种技术的关键在于如何实现对垂直通孔的完全填充，目前使用较多的是 CVD 钨，和两步法高温溅射铝[48,49]。

CVD 钨的方法是通过 CVD 淀积钨薄膜，再进行回刻除去多余的钨，可以实现对垂直通孔的很好填充。为了增加钨与下层金属的附着能力，通常在 CVD 钨之前需要生长一层

TiN 或 TiW 作为附着层,在回刻完成以后,为了避免钨与铝直接接触,还需要生长一层阻挡层,通常使用 TiN。

在两步法高温溅射铝的工艺中,利用铝在高温下具有较高的表面迁移率,因而有很好的台阶覆盖能力,可实现对垂直通孔的完全填充。一般先在较低温度下溅射一层纯铝,然后在较高温度(350~400℃)下溅射 Al;第一层覆盖通孔的侧壁和底部,并作为第二层的种子层,第二层实现对通孔的完全填充。

此外,上面介绍的铜互连也是一种可完实现全填充垂直通孔的技术。

参 考 文 献

[1] S P Murarka. Metallization: theory and practice for VLSI and ULSI. 1993

[2] S Mayumi, T Umemoto, etc. In 25th Annual Proceedings of Reliability Physics. 1987:15

[3] 王阳元,关旭东,马俊如. 集成电路工艺基础. 北京:高等教育出版社,1991

[4] M Hansen. Constitution of Binary Alloys. Mcgraw-Hill Book Co. New York:1958

[5] D Pramanik, A N Saxena. Solid State Technology, vol. 27, No. 3, 1983:131

[6] D Pramanik, A N Saxena. Solid State Technology, vol. 27, No. 1, 1983:127

[7] J A Davis, R Venkatesan, A Kaloyeros, M Beylansky, S J Souri, K Banerjee, K C Saraswat, A Rahman, R Reif, J D Meindl. Interconnect Limits on Gigascale Integration (GSI) in the 21st Century. Proceedings of The IEEE, vol. 89(3), 2001:305

[8] C Verore, B Descouts, P Gayet, M Guillermer, E Sabouret, P Spinelli, E Van der Vegt. Dual Damascene Architectures Evaluation for 0.18(m Technology and Below. Proceedings of International Interconnect Technology Conference (IITC2000), 2000:267

[9] H Kudo, K Yoshie, S Yamaguchi, K Watanabe, M Iked, K Kakamu, T Hosoda, K Ohhira, N Santoh, N Misawa, K Matsuno, Y Wakasugi, A Hasegawa, K Nagase, T Suzuki. Copper Dual Damascene Interconnects with Very Low-k Dielectrics Targeting for 130nm Node. Proceedings of International Interconnect Technology Conference (IITC2000), 2000:270

[10] Zhao Bin. IC Interconnect Technology-Challenges and Opportunities. International Conference on Solid-State and Integrated Circuit Technology Proceedings (ICSICT2001), 2001:337

[11] A L S Loke, et al. Copper Drift in Low-k Polymer Dielectrics for ULSI Metallization. Digest of Technology Papers 1998 Symp. On VLSI Technology. 1998:26

[12] J Kawahara, et al. Highly Thermal-stable, Plasma-polymerized BCB Polymer Film (k=2.6) for Cu Dual-damascene Interconnects. 2000 Symposium on VLSI Technology Digest of Technical Papers, 2000:20

[13] N Kawakami, Y Fukumoto, T Kinoshita, K Suzuki, K Inoue. A Super Low-k (k=1.1) Silica Aerogel Film Using Supercritical Drying Technique. Proceedings of International Interconnect Technology Conference (IITC2000), 2000:143

[14] J Heidenreich, D Edelstein, R Goldblatt, et al. Copper Dual Damascene Wiring for Sub-0.25μm

[14] CMOS Technology. Proceedings of International Interconnect Technology Conference (IITC98), 1998:151

[15] V Blaschke, G Bersuker, R Muralidhar, et al. Integration Aspects for Mamascene Copper Interconnect in Liw K Dielectric. Proceedings of International Interconnect Technology Conference (IITC98), 1998:154

[16] K-L Fang, B-Y Tsui, C-C Yang, S-D Lee. Electrical Reliability of Low Dielectric Constant Diffusion Barrier (a-SiC:H) for Copper Interconnect. Proceedings of International Interconnect Technology Conference (IITC 2001), 2001:250

[17] T Ishimaru, Y Shioya, H Ikakura, M Nozawa, Y Nishimoto, S Ohgawara, K Maeda. Development of Low-k Copper Barrier Films Deposited by PE-CVD Using HMDSO, N2O and NH3. Proceedings of International Interconnect Technology Conference (IITC2001), 2001:36

[18] Z-C Wu, et al. Electrical Reliability Issues of Integrating Thin Ta and TaN Barriers with Cu and Low-K Dielectric. J. Electrochemical Soc., vol. 146(11), 1999:4290

[19] M Chen, H S Shin, R Cheung, R Morad, Y Dordi, S Rengarajan, S Tsai. Novel Post Electroplating In-situ Rapid Annealing Process for Advanced Copper Interconnect Application. Proceedings of International Interconnect Technology Conference (IITC2000), 2000:194

[20] M H Tsai, W J Tsai, S L Shue, C H Yu, M S Liang. Reliability of dual damascene Cu metallization. Proceedings of International Interconnect Technology Conference (IITC 2000), 2000:214

[21] R D Goldblatt, et al. A high performance 0.13(m copper technology with low-k dielectric. Proceedings of International Interconnect Technology Conference (IITC 2000), 2000:261

[22] K Ueno, et al. A high reliability copper dual-damascene interconnection with direct-contact via structure. IEDM 2000, 2000:265

[23] J C Sarace, R E Kerwin, D L Klein, R Edwards. Solid State Electronics, vol. 11, 1968:653-660

[24] J Mavor, M A Jack, P B Denyer. Introduction to MOSLSI Design, Chapter 2. Addison-Wesley Publishing Co. 1983

[25] A N Sexena. VLSI Multilevel Metallizations: Role of Tungsten. Aluminum Metallization for VLSI, Continuing Education in Engineering. University of California, Berkeley, March, 1985:28~29

[26] K Saraswat, F Mohammad. IEEE Trans. on Electron Devices, vol. 29, 1982:645

[27] S P Murarka. Silicides For VLSI Applications. Academic Press. 1983

[28] T P Chow, A J Steckl. IEEE Trans. on Electron Devices. vol. 30, 1983:1480

[29] M E Alperin, T C Hollaway, R A Haken, C D Gosneyer, etc. IEEE Trans. on Electron Devices, vol. 32, 1985:141

[30] Marc-A Nicolet, S S Lau. Formation and Characterization of Transition Metal Silicides in VLSI Electronics Microstructure Materials and Process Characterization. Chapter 6

[31] Chuen-Dee Lien, M A Nicolet. J. Vac. Sci. Technol., vol. 2 (4) 1983:738

[32] B L Crowder, S Zirinsky. IEEE J. Solid-state Circuits. vol. 14, 1979:291

[33] K Sakiyama, R Inoue, Y Matsubara. Analysis of WSi2 polycide MOS gate Structure. Workshop on Refractory Metal Silicide for VLSI, San Juan Bautista, California :1985

[34] International Technology Roadmap for Semiconductors. 1999. Austin, TX: SEMATECH, 1999

[35] A K Sinha. J. Vacuum Science Technology, vol. 19, 1981:778

[36] S Wolf, R N Tauber. Silicon Processing For the VLSI ERA. Lattice Press, 2000:724

[37] S Wolf, R N Tauber. Silicon Processing For the VLSI ERA. Lattice Press, 2000:728

[38] Gopal K Rao. Multilevel Interconnect Technology:56

[39] P B Johnson, P Sethna. Using BPSG as an Interlayer Dielectric. Semicondactor International, Oct. 1987:80

[40] S Wolf, R N Tauber. Silicon Processing For the VLSI ERA. Lattice Press, 2000:742

[41] Gopal K Rao. Multilevel Interconnect Technologyc. McGraw-Hill, New York, 1993. :60

[42] 庄达人. VLSI 制造工艺. 台北：高立图书有限公司, 2000:400

[43] S Kondo, et al. Complete-Abrasive-Free Process for Copper Damascene Interconnection. Proceedings of International Interconnect Technology Conference (IITC2000), 2000:253

[44] N Ohashi, Y Yamada, N Konishi, H Maruyama, T Oshima, H Yamaguchi, A Satoh. Improved Cu CMP process for 0.13(m node multilevel metallization. Proceedings of International Interconnect Technology Conference (IITC 2001), 2001:140

[45] E Korczynski. Low-k Dieclctric Integration Cost Modeling. Solid State Technology, October, 1997:123

[46] S Wolf, R N Tauber. Silicon Processing for the VLSI ERA. 2000:773

[47] D M Brown, et al. Trends in advanced process technology-submicrometer CMOS Device Desing and process requirements. Process IEEE, vol. 74, No. 12, December, 1986

[48] S Wolf, R N Tauber. Silicon Processing For the VLSI ERA. Lattice Press, 2000:776

[49] 庄达人. VLSI 制造工艺. 台北：高立图书有限公司, 2000:450

第十章 工艺集成

硅集成电路的制造过程实际上就是顺次运用不同的工艺技术,最终在硅片上实现所设计的图形和电学结构的过程。通常把运用各类工艺技术实现电路结构的过程,称为集成电路的工艺集成。在前面各章的基础上,本章将主要讲述 CMOS 集成电路和双极集成电路的工艺集成。

10.1 集成电路中的隔离[1~4]

10.1.1 MOS 集成电路中的隔离

我们知道 MOSFET 源、漏是由同种导电类型的半导体材料构成,并和沟道区的导电类型不同,所以 MOSFET 本身就是被 pn 结所隔离,即是自隔离的(self-isolated)。只要维持源-体 pn 结和漏-体 pn 结的反偏,MOSFET 便能维持自隔离。而源漏之间的电流则需要在栅电极的感应下才能形成。因此只要相邻晶体管之间不存在导电沟道,则相邻晶体管之间便不会存在显著的电流。于是 MOS 集成电路的隔离与双极集成电路的隔离是有很大区别的。

MOS 集成电路中的晶体管之间不需要 pn 结隔离,因而可大大提高了集成度。但是由于集成电路是通过金属引线实现互连的,而当金属引线经过两个 MOSFET 之间的区域(场区)时,将会形成寄生的场效应晶体管,如图 10.1 所示,其中金属引线为栅、金属引线下两个 MOSFET 之间的区域为寄生导电沟道、扩散区(2)和(3)为源漏。因此,MOS 集成电路中的隔离主要是防止形成寄生的导电沟道,即防止场区的寄生场效应晶体管的开启。防止场区的寄生场效应晶体管开启的方法之一,就是提高寄生场效应晶体管的阈值电压,使寄生场

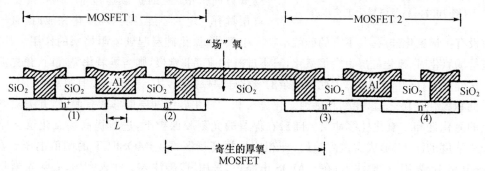

图 10.1 MOSFET 及相邻的寄生场效应晶体管示意图

效应晶体管的阈值电压高于集成电路的工作电压。通常场区的阈值电压需要比集成电路的电源电压高 3～4 V，以使相互隔离的两个 MOSFET 间的泄漏电流小于 1 pA。例如集成电路工作电源为 5 V 时，场区 MOSFET 的最小阈值电压必须维持在 8～9 V 以上。

提高场区的寄生场效应晶体管阈值电压的方法主要有两种：一是增加场区二氧化硅层的厚度；二是增大氧化层下沟道的掺杂浓度，即形成沟道阻挡层。但是过厚的氧化层将产生过高的台阶，从而引起台阶覆盖的问题。在 MOS 集成电路中，如果同时使用上述两种方法进行器件间的隔离，通常采用厚度为栅氧化层厚度 7～10 倍的场氧化层，并通过离子注入的方法提高场氧化层下硅表面区的杂质浓度，从而提高场区晶体管的阈值电压。

厚的场氧化层是采用局部场氧化（local oxidation of silicon，LOCOS）的选择氧化方法和浅槽隔离（shallow trench isolation，STI）的方法实现的。利用局部场氧化（LOCOS）的选择氧化方法所形成的厚二氧化硅层是半埋入式的，这种半埋入式可以减小了表面的台阶高度。在工艺上厚的场氧化层和高浓度的杂质注入是利用同一次光刻工艺完成的。

图 10.2 示出了局部场氧化工艺：首先在清洗后的硅片上热氧化制备 20～60 nm 的 SiO_2 层。这层 SiO_2 称为二氧化硅衬垫或二氧化硅缓冲层（pad-oxide layer）。用于减缓 Si 衬底与随后淀积的氮化硅层之间的应力。通常缓冲层越厚，Si 与氮化硅间的应力越小，但是由于横向氧化作用，厚的缓冲层将削弱作为氧化阻挡层的氮化硅的阻挡作用，同时也会改变了有源区的形状和尺寸。

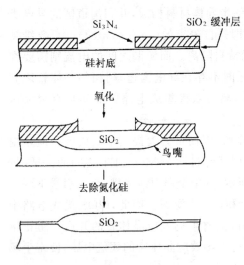

图 10.2 局部场氧化工艺步骤

在二氧化硅缓冲层上，利用 CVD 工艺淀积一层厚度为 100～200 nm 的氮化硅层作为氧化阻挡层。氮化硅层作为氧化阻挡层的机理可从两个方面说明：其一，氧气或水汽等氧化剂在氮化硅中的扩散系数非常小，也就是说氧气或水汽等在氮化硅中的扩散速度非常慢，因此，在进行场氧化时，虽然氧气或水汽也会通过氮化硅层向衬底方向扩散，但因扩散速度非常慢，只要氮化硅层具有一定的厚度，则当场氧化完成时，氧气或水汽没有扩透氮化硅层，其下方的硅就不会发生氧化，氮化硅层起到了阻挡层的作用。其二，在进行场氧化时，氮化硅层也会被氧化，只不过氧化速度非常慢，则当场氧化完成时，预先淀积的氮化硅层没有全部被氧化，因此在剩余的氮化硅层保护下，其下方的硅没有被氧化。

淀积氮化硅层之后，光刻和刻蚀氮化硅层和二氧化硅缓冲层以形成有源区，并去除有源区上的氮化硅和二氧化硅缓冲层。随后在保留的光刻胶保护下，进行提高场氧化层下面沟道杂质浓度的注入，形成沟道阻挡层，即相应地提高场区寄生 MOSFET 的阈值电压。在 n MOS 电路中，采用 p^+ 硼注入；在 p MOS 电路中，采用 n^+ 砷注入。注入完毕，去除光刻胶后进行场区氧化,在已形成的沟道阻挡层上热氧化生长 0.3~1.0 μm 的场二氧化硅层,形成器件间的隔离。该二氧化硅层是生长在没有氮化硅阻挡层的区域上,由于氧化剂能够通过衬底 SiO_2 层进行横向扩散,将会使氧化反应从氮化硅层的边缘横向扩展,在氮化硅的边缘到其内部生成逐渐变薄的二氧化硅层,该部分的形状和鸟的嘴部类似,通常称为鸟嘴(Bird's Beak),如图 10.3 所示。由于鸟嘴的形成,使场氧区向器件的有源区横向扩展。鸟嘴的尺寸和二氧化硅缓冲层厚度、氮化硅厚度以及场氧化层的具体制备条件等因素相关,通常厚度为 0.5~0.6 μm 的场氧化层,每个边缘约有 0.5 μm 的鸟嘴区域。鸟嘴区属于无用的过渡区,既不能作为隔离区,也不能作为器件区,这对提高集成电路的集成度极其不利,同时场氧化层的高度对后序工艺中的平坦化也不利。而且在 n 沟 MOSFET 中通过硼注入形成沟道阻挡层以后,场氧化和其后的高温工艺将会使杂质重新分布,甚至出现窄沟效应等影响器件特性的问题。

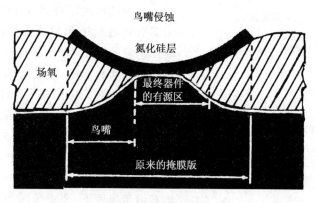

图 10.3　鸟嘴示意图

由于在亚微米集成电路制备中 LOCOS 隔离工艺会带来多种问题,为此对 LOCOS 隔离工艺进行了许多的改进[1,6]。先后出现了回刻的 LOCOS 工艺、多晶硅缓冲层的 LOCOS 工艺、界面保护的局部氧化工艺(sealed-interface local oxidation,SILO)、侧墙掩蔽的隔离工艺(sidewall-masked isolation technique,SWAMI)、自对准平面氧化工艺(self-aligned planar-oxidation technology,)等多种减小鸟嘴,提高表面平坦化的隔离方法。其中回刻的 LOCOS 工艺是减小鸟嘴并能获得较为平坦表面的简单方法,该方法通过回刻除去部分场氧化层,从而使表面平坦并恢复部分被鸟嘴占去的有源区。由于鸟嘴的形成与二氧化硅缓冲层密切相关,减薄二氧化硅缓冲层可以减小鸟嘴的尺寸,因此在多晶硅缓冲层的 LOCOS 工艺中,利用多晶硅层和二氧化硅迭层替代单一的二氧化硅缓冲层(多晶硅 50 nm/SiO_2 5~10 nm)可以大大降低鸟嘴的尺寸。例如利用这种工艺制备 400 nm 的场氧化层所产生的鸟嘴每边尺寸只有 100~200 nm[6]。但是这种方法并不能解决表面平坦化和杂质再分布的问题。界面保护的局部氧化 SILO 是另一种改进的 LOCOS 工艺,这种方法在缓冲二氧化硅层之下先淀积 10 nm 左右的氮化硅薄层,从而保护了 Si 表面,该氮化硅层抑制了氧化气氛的横向扩散,大大降低了鸟嘴的尺寸。

　　侧墙掩蔽隔离是一种无鸟嘴的隔离工艺[7]。在这种方法中缓冲二氧化硅层和氮化硅层的制备和普通的 LOCOS 工艺相同,但在随后的刻蚀过程中,除了刻蚀氮化硅和二氧化硅外,还需要腐蚀硅层,所腐蚀的硅层厚度约为场氧化层厚度的一半。通常采用 KOH 等各向异性腐蚀法,在⟨100⟩硅表面形成倾斜 60°左右的侧墙,利用该侧墙的边缘作用降低场氧化过程中的应力。随后再淀积第二层应力缓冲层和氮化硅层并在其上采用 CVD 方法淀积一层二氧化硅,如图 10.4(a),(b)所示。各向异性腐蚀 CVD 二氧化硅层以后,只剩下侧墙部分,如图 10.4(c)。在二氧化硅侧墙的保护下腐蚀氮化硅和其下的二氧化硅缓冲层直至露出硅,然后再去除 CVD 二氧化硅,形成由氮化硅和缓冲二氧化硅层包围着的平台。这时再进行沟道阻挡层注入和生长场二氧化硅层。最后去除光刻胶、氮化硅和缓冲二氧化硅层。这种方法可以得到比较平坦的表面和几乎无鸟嘴的结构,但是却增加了工艺复杂性。

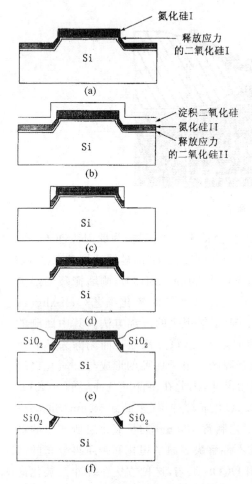

图 10.4　侧墙掩蔽的隔离工艺

　　同时还出现了许多非 LOCOS 的隔离工艺,大多数是槽刻蚀和回填的槽隔离方法。这种隔离工艺除了用于 MOS 集成电路外还广泛用于双极器件隔离和 DRAM 的沟槽电容。

　　浅槽隔离(shallow trench isolation, STI)[5]是一种新的 MOS 集成电路隔离方法,它可以在全平坦化的条件下使鸟嘴区的宽度接近零,目前已成为 $0.25\ \mu m$ 以下集成电路生产过程中的标准器件隔离技术。主要适应小尺寸器件,在亚微米和纳米尺度下,要求场区和有源区的面积非常小;同时,对器件的泄漏电流要求也很高。

　　STI 隔离工艺如图 10.5 所示,首先利用各向异性的干法刻蚀工艺在隔离区刻蚀出深度较浅的($0.3\sim 0.6\ \mu m$)的沟槽,再用 CVD 方法进行氧化物填充,随之用 CMP 方法除去多余的氧化层,达到在硅片上选择性保留厚氧化层的目的。

　　STI 隔离主要有以下的关键工艺步骤:氧化硅和氮化硅生长,浅槽光刻刻蚀,高密度等离子体二氧化硅淀积,二氧化硅化学机械抛光、氮化硅去除等。

　　氮化硅的主要作用是作为介质二氧化硅填充后进行 CMP 研磨的停止层,其厚度由 CMP 的研磨不均匀性和过研磨量所决定,其膜厚大约在 $120\sim 150\ nm$。生长氮化硅的工艺与 LOCOS 隔离工艺中的生长氮化硅工艺完全相同,在生长之前需要热氧化生长二氧化硅薄膜层以缓冲硅衬底与氮化硅薄膜之间的应力。

在传统的 LOCOS 隔离工艺中,在有源区之间的隔离是靠热氧化二氧化硅实现的,在 STI 的隔离工艺中,是靠填充在有源区之间的氧化硅介质层来实现的,因此氧化硅的填充是 STI 隔离的关键工艺。由于隔离的沟槽宽度小而深,利用常规的二氧化硅淀积方法填充容易形成空洞,为此采用高密度等离子体(high density plasma,HDP)CVD 二氧化硅工艺实现 STI 沟槽的填充。HDPCVD 的主要特点是在填充的同时伴随着刻蚀反应,即在不断淀积的同时,对沟槽顶部的淀积物不断地进行刻蚀,以保证沟槽顶部的开阔,使淀积物能够充分进入到沟槽的底部,避免空洞的产生,形成无空洞的、自下而上的完美的沟槽填充。

CMP 是平坦化技术的一个飞跃,它是利用液态的化学研磨液对硅片表面进行微研磨,使得凹凸不平的表面变得平坦化的一种新型工艺,CMP 真正实现了集成电路制造中的平坦化。在 CMP 过程中,同

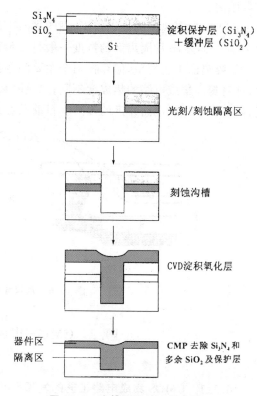

图 10.5 浅槽隔离的工艺步骤

时存在化学反应过程和机械研磨过程,利用高 pH 值的研磨浆料研磨硅片表面使其平坦,并且在研磨浆料和被研磨的介质材料之间存在一些化学反应,极薄的表面层被氢化,并被随后的机械研磨过程去除。CMP 主要是在完成沟槽的填充后,去除表面多余的氧化硅薄膜,并得到表面的完全平坦化。

10.1.2 双极集成电路中的隔离[1,2]

在传统的双极集成电路中的隔离主要是采用结隔离。结隔离已经成为双极集成电路的标准埋收集极工艺(standard buried collector,SBC)的重要组成部分。

如图 10.6 所示,在 p 型衬底上形成 n^+ 埋层和 n 型外延层之后,便可以开始制备隔离区。在外延层上淀积 SiO_2 并进行光刻和刻蚀,去除光刻胶露出隔离区上的 Si,随后进行硼扩散。由于需要扩透整个 n 型层,因此硼的隔离扩散是双极工艺中最费时的。结隔离中隔离扩散区的对准问题是关键。为了提高 pn 结的击穿电压,降低收集区-衬底结的结电容,p

型隔离区不能和 n^+ 埋层相接触,因此在设计规则中必须规定 n^+ 埋层和 p 型隔离区间的最小间距。该距离不仅需要考虑工艺上的套刻误差,还需要考虑 n^+ 埋层和 p 型扩散区的横向扩散距离。

由于 p 型隔离区的推进较深,硼的横向扩散显著,通常横向扩散的距离是纵向扩散距离的 75%～80%,p 型隔离区的宽度一般是 n 型深度的 2 倍。

结隔离的工艺简单,但存在两个主要问题:一是隔离区较宽,使集成电路的有效面积减少,这对提高集成电路的集成度不利;二是隔离扩散引入了大的收集区-衬底和收集区-基区电容,不利于集成电路速度的提高。目前已经逐渐发展起了深槽隔离,参见 10.3.3。

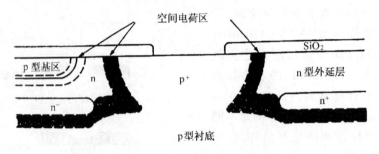

图 10.6 双极集成电路中的隔离

10.2 CMOS集成电路的工艺集成

10.2.1 CMOS集成电路工艺的发展[2,3,4]

虽然 MOS 器件的基本结构和工作原理在过去的将近 50 年内没有根本的改变,但是其结构和制作工艺却发生了巨大的变化。

1963 年 Sah 和 Wanlass 首先发明了互补 MOSFET,即 CMOS 晶体管。在 CMOS 晶体管构成的电路中,一个反相器中同时包含源漏相连的 p 沟和 n 沟 MOSFET。这种电路的最大技术优点是反相器工作时几乎没有静态功耗,特别有利于大规模集成电路的应用。1966 年制成了第一块 CMOS 集成电路,并商品化。最早的 CMOS 集成电路是应用于电子表中的分频电路。由于早期的 MOS 工艺尚不成熟,而和 NMOS 或 PMOS 工艺相比 CMOS 工艺又具有工艺复杂、速度较慢、可能出现自锁及集成度下降等问题,在 20 世纪八十年代以前没有获得广泛的应用,只是应用在电子表、计算器等一些低功耗的领域。

1966 年出现了用掺杂多晶硅替代铝栅电极的多晶硅栅 MOSFET 结构,该结构中源漏是自对准形成的,源漏区域相对于栅是无缝隙的。1969 年发明了离子注入技术,提高了沟道和源漏区域掺杂的控制能力。1971 年 Intel 采用 5 微米 Al 栅 nMOS 技术制成了世界上第一个微处理器。在 20 世纪的整个 70 年代和 80 年代初,nMOS 技术成为集成电路的主流技术。

而随着集成电路技术的发展,电路的集成度逐渐提高,功耗随之增加,于是低功耗的 CMOS 技术的优越性日益显著,同时随着工艺技术的进步,在 20 世纪 80 年代以后 CMOS 技术逐渐成为集成电路的主流技术。

1979 年发明了难熔金属与多晶硅反应形成的能降低栅电极电阻的硅化物栅技术。1980 年出现了带侧墙的漏端轻掺杂结构(lightly doping drain,LDD),以降低短沟 MOSFET 的热载流子效应。1982 年出现了自对准硅化物(salicided)技术,降低了源漏接触区的接触电阻。同年还出现了浅槽隔离(STI)技术,该技术能够替代 LOCOS 技术,提高集成电路的集成度。1983 年出现了氮化二氧化硅栅介质材料,利用这种栅介质材料替代二氧化硅,能够改善器件的可靠性。1985 年出现了晕环(halo)技术,该技术目前被广泛应用于超深亚微米 MOS 技术中,成为沟道工程的重要组成部分。同时出现了双掺杂多晶硅栅 CMOS 结构,即在 CMOS 器件中 NMOS 采用 n^+ 多晶硅栅、PMOS 采用 p^+ 多晶硅栅。而在这之前 CMOS 中的 nMOS 和 pMOS 均采用单一的 n^+ 多晶硅栅。1987 年 IBM 研制成功了 0.1 微米 MOSFET,标志着当代超深亚微米 MOS 技术基本成熟。同年 Intel 在 386CPU 中引入了 1.2 微米 CMOS 技术,至此之后,CMOS 技术占据了集成电路中的统治地位。20 世纪 90 年代以后还相继发明了化学机械抛光(chemical mechanical polishing,CMP)、大马士革镶嵌工艺(damascene)和铜互连技术,使当代 CMOS 工艺技术又前进了一大步。CMOS 集成电路的发展基本遵循"摩尔定律",即每 18 个月集成度增加一倍、器件特征尺寸缩小 $\sqrt{2}$ 倍,性能价格比增加一倍。进入 21 世纪后,硅基集成电路技术发展到了纳米尺度,在最近的十余年集成电路工艺的发展中基本遵循,隔两代左右的开发引入了新的工艺,材料或是结构[8~12]。

2002 年 3 月英特尔推出了 90nm 逻辑 CMOS 工艺,并实现了量产。该工艺首次在量产中使用了应变硅技术,在制造成本仅增加 2% 的前提下,MOSFET 性能提高了 10%~20%。基于该工艺制备的 MOSFET 最小栅长为 50 nm;采用氮氧硅作为栅介质,其等效栅氧化层厚度仅 1.2 nm;并采用了 Low-K 电介质和七层铜互连。2006 年 1 月英特尔推出了采用 65 nm CMOS 量产工艺,其 MOSFET 最小栅长为 35 nm,65 nm 新工艺中采用了第二代高性能应变硅技术,并采用了 Low-K 电介质和七层铜互连。2007 年第四季度英特尔推出了 45 nm CMOS 量产工艺,其中应用了全新的 High-K 栅介质和金属栅电极,是 40 多年来 CMOS 工艺技术的最大突破。英特尔公司 45 nm 工艺技术的主要特点是采用铪基高 K 介电材料,将氮化钛(TiN)用于 pFET 取代栅极,并将 TiN 阻挡层与一种功函数调整金属组成的合金用于 nFET 取代栅极,该工艺又称后栅工艺(gate last)。与之前的技术相比,45 nm 工艺使得芯片上晶体管密度提高两倍,功耗下降 30%,芯片速度提高 20%,栅极漏电流减少至十分之一。2010 年英特尔推出了 32 nm CMOS 工艺,采用了第四代应变硅技术。为了满足光刻工艺高精度的要求,在关键尺寸的光刻上使用了浸没式光刻技术,同时该技术的引入,对于提升芯片良率也有明显好处。英特尔在 2011 年 5 月推出了 22 nm CMOS 工艺,首次在量产工艺中引入了三栅结构的非平面 MOSFET(Tri-gateMOSFET),由于三维结构提供了更强的栅控能力,3D Tri-Gate 能够提供同等性能的同时,功耗降低一半;在同等电压下,新的 22 nm 3D Tri-Gate 晶体管架构性能也可提升 37%。

据美国半导体工业协会(semiconductor industry association,SIA)制定的 2012 版"骆线图"(roadmap)预测[10],2022 年集成电路工艺将进入 8 nm 工艺节点,其高性能逻辑电路芯片中器件的最小栅长将缩小到 9.9 nm。

10.2.2 CMOS 工艺中的基本模块及对器件性能的影响

1. CMOS IC 中的阱

在 CMOS 集成电路中必须在同一硅片上制备 n 沟和 p 沟器件,而众所周知,在给定的某一类型衬底上只可能制备一种类型的器件,即 pMOS 需要在 n 型硅衬底上制备;nMOS 需要在 p 型硅衬底上制备。为解决这一问题必须在衬底上制备掺杂类型与硅衬底原始掺杂类型相反的掺杂区域。这些在硅衬底上形成的、掺杂类型与硅衬底相反的区域称为阱(well)或称为盆(tub)。阱通常是通过离子注入或杂质扩散工艺形成的,掺杂为 n 型称为 n 阱,掺杂为 p 型的称为 p 阱,而在同一硅片上形成 n 阱和 p 阱的称为双阱(twin-well)[13],图 10.7 是这三种阱的示意图。

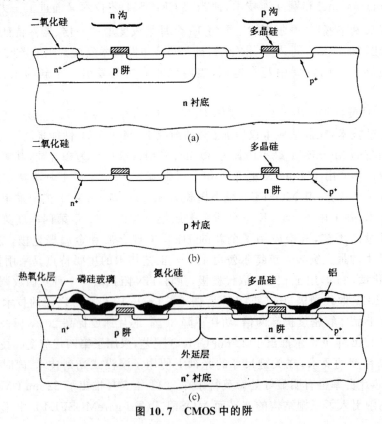

图 10.7 CMOS 中的阱

在 MOS 集成电路中，p 型衬底通常与电路中电压低的部分相连接，n 型衬底通常与电路中电压高的部分相连接，这样可以保证电路正常工作时，pn 结始终反向偏置，从而能够起到有效的隔离。同样，阱区也需要接在相应的偏置上，以避免阱内以及阱与衬底间的 pn 结正向偏置。由于阱与硅片其余的部分之间完全是依靠 pn 结隔离的，因此可靠的阱接触是至关重要的。

由于阱的掺杂浓度总是要比衬底的高，因此阱中的器件沟道掺杂浓度就要比直接制作在衬底上的高，于是体效应随掺杂浓度的增加而增加，而且出现沟道迁移率下降、输出电导下降、结电容增加等的问题。

p 阱 CMOS 是最早应用于集成电路制备工艺中的。原始硅衬底采用 n 型，注入 p 型杂质形成 p 阱，掺入的 p 型杂质浓度应足够高，以使阱区能够被补偿成为 p 型，并能获得好的阈值控制。通常原始 n 型衬底的掺杂浓度为 $3\times 10^{14}\sim 10^{15}\,\mathrm{cm}^{-3}$，而 p 阱的掺杂浓度应比 n 型衬底的高 5~10 倍。但如果 p 阱掺杂浓度过高，将使制作在其上的 n 沟器件的性能退化。但由于 n 沟器件的电子迁移率总是比 p 沟器件的空穴迁移率高，因此 p 阱工艺容易实现两种场效应晶体管间的性能匹配。p 阱 CMOS 工艺适于制备静态逻辑电路。

在 n 阱工艺中，p 沟器件制作在掺杂浓度较高的 n 阱内，而 n 沟器件则制作在掺杂浓度较低的衬底上，因此 n 阱工艺易于获得高性能的 nMOS 器件。在 1~2 μm 工艺中，n 阱工艺常用于微处理器、DRAM 等的设计，但不适于高性能的静态逻辑电路。

双阱 CMOS 工艺在极轻掺杂的硅衬底上分别形成 n 阱和 p 阱。轻掺杂的硅层通常是在重掺杂的 p^+ 型或 n^+ 型硅衬底上外延生长形成的。双阱制备工艺往往是在同一次光刻中完成，图 10.8 示出了典型的双阱工艺流程。首先在硅衬底上生长一层薄氧化层和氮化硅阻挡层，然后进行光刻，露出 n 阱区并离子注入磷，如图 10.8(a)。接着去胶，并在 n 阱区生长约 350 nm 的厚氧化层，由于 n 阱以外的区域有氮化硅覆盖，不会形成厚氧化层。随后去除氮化硅层，露出 p 阱区，而 n 阱区上有厚氧化层覆盖，可以阻挡随后的离子注入。如图 10.8(b)，注入硼，于是便可以自对准地在 n 阱以外的区域形成 p 阱，由于 n 阱区上厚氧化层的阻挡，n 阱区不会形成杂质的补偿。随后进行退火，使双阱中的杂质同时推进，如图 10.8(c)，这样形

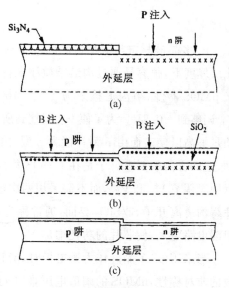

图 10.8 典型的双阱工艺流程

成的双阱只需一次光刻,在简化了工艺的同时还避免了多次光刻间的对准难题。

在通常的工艺中,阱是通过离子注入后推进到所需的深度形成的,但是阱中的杂质在离子注入后的推进过程中,在纵向扩散的同时也存在着横向的扩散,其结果将影响集成度。于是出现了采用高能离子注入将杂质直接注入到所需深度的工艺,从而避免了杂质的严重横向扩散。在利用高能注入形成的阱中,表面处的杂质浓度较低,通常称为反向阱(retrograde well)。除了提高集成度外,反向阱还有助于减少 CMOS 结构中寄生双极晶体管效应,改善阱底部的导电性,从而减少自锁效应(latch-up)的发生。

2. CMOS 集成电路中的栅电极

由于需要在同一衬底上制备 nMOS 和 pMOS,CMOS 集成电路中多晶硅栅电极掺杂类型的选择便成为一个关键问题。多晶硅栅电极掺杂类型对于 MOSFET 的阈值电压控制及器件性能有重要的影响。

对于逻辑电路,希望 CMOSIC 中的 n 沟和 p 沟器件具有数值上相同的阈值电压,同时为了获得最大的驱动能力,阈值电压应尽可能低,在 5V CMOS 工艺中,阈值电压的典型值在 $\pm 0.8\,\text{V}$。

当采用 n^+ 多晶硅作为栅电极,其平带电压为

$$\varphi_{\text{ms}} = -0.56 - \phi_{\text{f}}(\text{V}) \quad \text{p 型衬底}$$
$$\varphi_{\text{ms}} = -0.56 + \phi_{\text{f}}(\text{V}) \quad \text{n 型衬底}$$

其中

$$\phi_{\text{f}} = \frac{kT}{q}\ln\left[\frac{N_{\text{s}}}{n_{\text{i}}}\right]$$

为费米势。

n^+ 多晶硅材料与 n 型衬底和 p 型衬底间的功函数不对称。在典型的沟道掺杂和栅氧化层厚度下,很容易通过沟道杂质注入将 nMOS 的阈值电压 V_{Tn} 调整到所需的值。但是对于 pMOS 器件,当沟道掺杂为 $10^{15} \sim 10^{17}\,\text{cm}^{-3}$ 时,由于功函数的非对称,难以将阈值电压 V_{Tp} 调整到 -0.8V。为了使 V_{Tp} 调整到所需的值,通常需要对沟道注入一浅层硼,硼掺杂必须足够高以使表面由 n 型补偿为 p 型,出现空穴耗尽的情形,这一补偿层将使 V_{Tp} 向正向移动,达到所需的要求。于是在 CMOS 集成电路中,采用 n^+ 多晶硅栅电极后,离子注入硼可以同时调节 V_{Tn} 和 V_{Tp},而不需采用两次注入。但是由于 pMOS 中采用了硼调整阈值,结果使得沟道离开了 Si/SiO_2 界面,通常称为埋沟器件。这类器件的穿透效应显著,使 pMOS 的泄漏电路增大,使芯片的功耗增加。

当采用 p^+ 多晶硅作为栅电极时,pMOS 很容易达到所需的阈值电压,但同样由于功函数的非对称性,nMOS 的阈值电压难以调整,必须采用补偿的方法。同样会引起 nMOS 器

件性能的退化。

理想的方法是采用双掺杂多晶硅栅工艺[14~16],在同一芯片上分别使用 n^+ 和 p^+ 多晶硅栅电极,即 nMOS 采用 n^+ 多晶硅栅电极,pMOS 采用 p^+ 多晶硅栅电极。这样可以使得 nMOS 与 pMOS 在阈值电压、沟道长度、沟道掺杂等多方面对称。在这种工艺中,首先淀积和刻蚀的是非掺杂的多晶硅,随后多晶硅的掺杂是和相应的源漏区域的掺杂同时完成的。但在这种双掺杂的工艺中,p^+ 多晶硅栅中的硼非常容易扩散通过很薄的栅氧化层进入到 pMOS 的沟道中,从而影响器件的阈值电压和稳定性。此外,不同掺杂区域中的杂质还容易出现互扩散问题,当采用自对准的硅化物结构时更容易出现不同掺杂类型杂质的互扩散。杂质的互扩散会引起杂质的补偿甚至掺杂类型的反转,从而影响 MOSFET 的特性。

3. CMOS 集成电路中的源漏结构

虽然在传统的 CMOS 器件中,源漏区只是一个单一的 pn 结,但是在器件的发展过程中,随着器件特征尺寸的不断缩小,源漏区的结构逐渐变得越来越复杂,并经历了如图 10.9 所示的发展过程[8~12]。

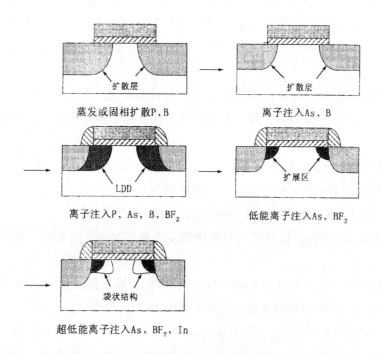

图 10.9 CMOS 集成电路中的源漏结构的发展

最初的发展主要是集中在加工工艺上,从杂质扩散到离子注入,提高了杂质分布的可控性,减小了结深、横向扩散、提高了源漏区的杂质浓度。随后又出现了许多结构上的改进。为了降低漏区附近强电场引起的热电子效应,提高器件的可靠性,出现了轻掺杂源漏结构(low doping drain,LDD)。随着器件特征尺寸的进一步缩小,为了获得更浅的结深和更高的掺杂浓度以改善器件的特性、抑制短沟效应又出现了源漏扩展结构(S/D extension),其中超浅的扩展区用以形成浅结,抑制短沟效应;较深的源漏区用以形成好的欧姆接触、降低接触电阻。在此基础上,为了进一步降低短沟效应、降低源漏扩展区的横扩、提高杂质分布的梯度以降低源漏串联电阻,又出现了利用大角度(large tilt)倾斜注入反型杂质的技术[17],该技术在源漏扩展区周围形成反型的掺杂区,其杂质分布截面类似于晕环和袋状,因此又称为晕环(halo)和袋状(pocket)结构[12]。

随着器件特征尺寸的缩小,也必须缩小器件源漏结的结深以抑制短沟效应并提高器件间隔离的性能。由于 B 的质量较轻,注入 B 后,杂质分布会出现较长的拖尾,即存在沟道效应,因此制备浅的 p^+/n 结要比 n^+/p 结困难。在 $0.25\mu m$ 以下的工艺中通常采用注入 BF_2。BF_2 的分子量比 B 大,沟道效应有所改善。但是即使在很低的注入能量下,仍然存在不可忽略的杂质分布拖尾现象。因此,用 BF_2 替代 B 的浅结注入并不是获得浅结的最好办法。目前正在进行大量的研究以获得超浅的、高激活的、低缺陷的 pn 结。以下是浅结制备的几个例子[2,20,21]。

(1) 采用 Si^+ 或 Ge^+ 注入,使 Si 衬底的注入区预非晶化。由于 Ge 的原子量大,非晶化效率高,通常 Ge 的效果比 Si 好。预非晶化的结果使晶体表面层的原子排列杂乱化从而降低沟道效应。

(2) 极低能量下的 BF_2 或 B 注入(<10 keV)。由于注入 BF_2 时存在氟,通过退火去除缺陷较困难,所以通常选用 B 的极低能注入效果较好。

(3) 通常采用快速热退火(rapid thermal annealing,RTA)。

为了改善 pn 结的性能,控制注入时的深度是非常重要的。在控制深度上通常需要考虑的是:

当非晶和晶体(a/c)界面处的缺陷分布较深时,很难通过退火完全消除,因此非晶化注入的深度必须足够浅,以保证较浅的非晶和晶体(a/c)界面深度 x_a。

B 注入的深度必须小于 a/c 界面的深度,以防止沟道效应,否则非晶化将失去作用。

在退火过程中结深将进一步推进到 a/c 以下约 70 nm 处,于是所有的晶体缺陷都局限在 p^+ 区,这样可以大大降低二极管的泄漏电流。

由于缺陷辅助的增强扩散只是存在晶粒间界处的瞬态效应,因此当结推进到 a/c 界面以下时大部分的晶粒间界消失,增强扩散也不再发生。以下是文献报道的几种制备浅 p^+/n 结的例子,其中 x_j 是最终的结深[20,21]。

工艺 I

Ge 预非晶化,x_a=40 nm

能量 10 keV,剂量 2×10^{15} cm^{-2} 的 BF$_2$ 注入　　→x_j=80 nm

950℃,10 sec 的 RTA

工艺 II

Ge 预非晶化,能量 27 keV,剂量 3×10^{14} cm^{-2}

能量 1.35 keV,剂量 5×10^{14} cm^{-2} 的 B 注入　　→x_j=110 nm

1050℃,10 sec 的 RTA

工艺 III

Si 预非晶化,能量 15 keV,剂量 2×10^{15} cm^{-2}

能量 15 keV,剂量 2×10^{15} cm^{-2} 的 BF$_2$ 注入　　→x_j=120 nm

600℃低温退火 1 小时

1000℃,10 sec 的 RTA

4. 自对准结构和接触

自对准技术(self-alignment technology)是利用单一掩膜版在硅片上形成多层自对准结构的技术。利用该技术,不但简化了工艺,而且也可以消除多块掩膜版之间的对准容差。随着器件特征尺寸的不断缩小,自对准技术已经成为一种常用的工艺方法。最早发展起来和最常用的自对准技术是源漏的自对准注入,即在多晶硅栅的掩蔽下自对准地进行源漏区的离子注入,并同时完成对多晶硅栅的离子注入[19,23]。

在集成电路工艺中,形成良好的欧姆接触,以减少串联电阻也是关键的一环。目前通常采用硅化物形成良好的接触。硅化物(silicide)通常是指硅与难熔金属形成的化合物。这种材料能够有效地降低接触区的接触电阻和掺杂多晶硅的串联电阻。用于形成硅化物的常见金属有 Ti、Co、Ni、W 等,这些金属与硅反应形成相应的硅化物为 TiSi$_2$、CoSi$_2$、NiSi$_2$、WSi$_2$[18,22]。

在自对准硅化物工艺(salicidation, 即 self-aligned silicidation)中,MOSFET 的整个源、漏区和多晶硅栅上全部都形成低电阻率的金属硅化物薄膜。由于该工艺中采用了自对准的方法形成硅化物薄膜,于是无需任何额外的掩膜和光刻。源、漏 pn 结形成之后的 TiSi$_2$ 自对准工艺的过程示于图 10.10。

如图 10.10(a),形成氧化物侧墙之后,进行源、漏区注入以形成 pn 结。

如图 10.10(b),为保证界面干净和平整,HF 清洗之后,马上淀积 50～100 nm 的

Ti 薄膜。

如图 10.10(c)，在氮气氛中，500～600℃ 的温度下退火，金属 Ti 与硅或多晶硅接触的地方发生反应形成金属硅化物($TiSi_x$)，而在金属与非硅的接触区域则不会发生反应。N 扩散进入 Ti 并与之发生反应，能够在氧化层上形成稳定的 TiN 层，该层常用作为扩散阻挡层。高温下，形成硅化物的速度要快于 TiN 的形成速度。而且在高的退火温度下，Si 容易横向从衬底扩散到栅并在氧化物侧墙上与 Ti 反应形成硅化物，出现桥联的问题，从而使栅与源漏短路。因此通常选择较低的退火温度。

随后去除未反应的金属，于是多晶硅栅、源漏区等露出硅层的区域完全被硅化物所覆盖，而其他没有露出硅层的区域则不存在硅化物。从而实现了自对准的硅化物生长。

随后进行第二次高温退火以进一步降低硅化物的薄层电阻，通常最后形成的硅化物的方块电阻在 10～1.5 Ω/□。

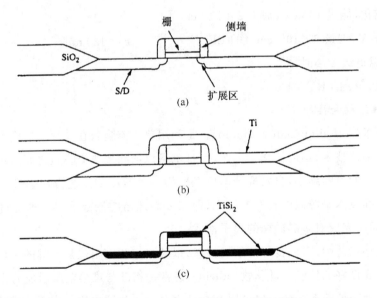

图 10.10　$TiSi_2$ 自对准硅化物工艺的过程

10.2.3　双阱 CMOS IC 工艺流程

CMOS 工艺的种类繁多，以下以 ULSI 技术中较为典型的双阱亚微米 CMOS 工艺为例，简单介绍其工艺流程[2,5]。

图 10.11 为双阱 CMOS IC 工艺流程的示意图。

(1) 硅片准备：一般采用轻掺杂 p 型硅片，晶向为 ⟨100⟩。为了更好地克服寄生闩锁效应,器件可以做在 p^+ 硅片的 p^- 外延层上,但是造价比较昂贵。

(2) 阱的制备:热氧化,形成缓冲层,从而减少下一步淀积 Si_3N_4 在硅表面造成的应力,随后 LPCVD Si_3N_4。→ 第一次光刻形成 n 阱(涂胶,压版,显影,坚膜),如图 10.11(a)。→ n 阱注入,先注入 $^{31}P^+$,然后注入 $^{75}As^+$。两次注入可以保证退火后阱区的均匀性,同时有利于防止穿通以及场区开启。随后对 n 阱进行氧化,形成较厚的氧化层,作为掩蔽层从而阻挡在 p 阱注入时,对 n 阱的注入。→ p 阱的形成,进行 p 阱 B 注入,随后进行第二或第三次深 B 注入以防止器件穿通,并进行退火以使杂质推进到所需的深度。最后双阱的深度约为 1.8 m。

(3) 场区隔离:不同的隔离方式,具有不同的流程。对于 LOCOS 隔离,首先生长缓冲层氧化层并 LPCVD Si_3N_4。→ 第二次光刻形成场区。→ 反应离子刻蚀 Si_3N_4,并可进行场区注入以防止场区开启。→ 场区氧化。对于浅槽隔离 STI,首先进行第二次光刻形成场区,并刻蚀沟槽和场区注入,→ CVD 淀积二氧化硅和阻挡层。→ CMP 平坦化。

(4) CMOS 器件形成。

① 阈值调整注入:首先生长屏蔽氧化层并进行第三次光刻,对 PMOS 进行阈值调整注入,若 PMOS 采用 P^+ 多晶硅栅,则注入离子为 $^{31}P^+$。→ 进行第四次光刻,对 NMOS 进行阈值调整注入。→ 去胶和屏蔽氧化层。

② 形成栅:清洗后生长薄栅氧化层并淀积多晶硅,→ 进行第四次光刻,形成栅电极图形,并刻蚀多晶硅。

③ 源漏形成:光刻 p 型注入区,露出所有 pMOS 有源区,对于 LDD 结构进行 pMOS 的 LDD 注入。对于源漏扩展结构则进行 pMOS 的源漏扩展区注入和 halo 注入。→ 光刻 n 型注入区,露出所有 nMOS 有源区,对于 LDD 结构进行 n MOS 的 LDD 注入。对于源漏扩展结构则进行 nMOS 的源漏扩展区注入和 halo 注入。→ 淀积二氧化硅,并各向异性刻蚀形成侧墙(spacer,sidewall),→ 预非晶化离子注入,注入 Si 或 Ge,以利于浅结的形成。→ p^+ 注入区光刻,并对 pMOS 进行源漏重掺杂注入,同时形成 nMOS 管的 p^+ 体区引出。若采用双掺杂多晶硅栅还形成了 p^+ 多晶硅栅注入。→ n^+ 注入区光刻,并对 nMOS 进行源漏重掺杂注入,同时形成 n^+ 多晶硅栅和 pMOS 的 n^+ 体区引出。→ RTA 退火以进行杂质激活。→ 溅射金属 Ti 或 Co,进行自对准硅化物工艺。形成源漏接触。

(5) 多层金属互联。在第九章中我们已经讲述了。

(6) 后部封装工艺。

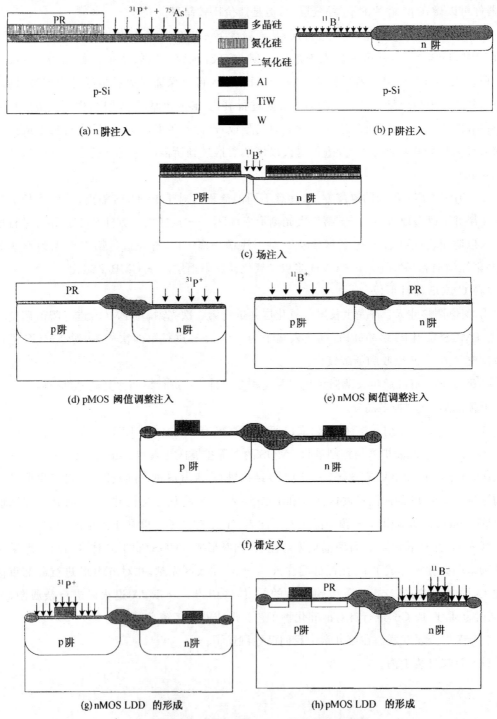

图 10.11 双阱 CMOS IC 工艺流程的示意图

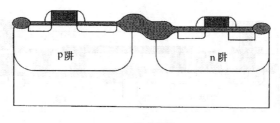

(i) 形成侧墙

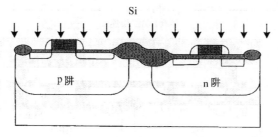

(j) 非晶化注入

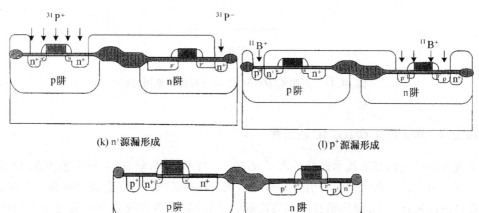

(k) n⁺源漏形成　　　　　　　　(l) p⁺源漏形成

(m) 硅化物形成

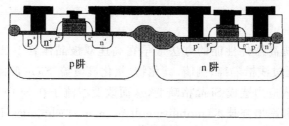

(n) Al 线形成

图 10.11　双阱 CMOS IC 工艺流程的示意图(续)

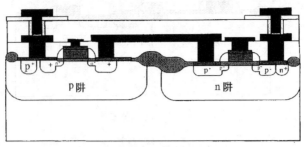

(o) 第二层连线

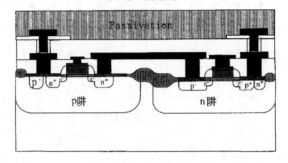

(p)钝化层

图 10.11 双阱 CMOS IC 工艺流程的示意图(续)

10.2.4 纳米尺度 CMOS IC 新工艺

集成电路的电路制造技术已经进入了亚 50 nm 技术时代,新材料,新工艺和新结构层出不穷。新材料工艺方面主要包括引入高介电常数(High-K)栅介质、金属栅电极来解决栅结构中存在的问题;采用应变沟道技术来提高载流子迁移率,有效提高器件的电流驱动能力;采用硅化物源漏、肖特基源漏来减小源漏寄生串联电阻或覆盖电容,以提高器件性能。在新工艺中浸没式 193 nm 波长光刻工艺、双曝光技术等,使得关键尺寸能够达到 22 nm。而三维 FinFET 器件作为 22 nm 以后的主要器件结构,意味着"新器件时代"正式进入产业化阶段。

1. 应变沟道技术[24,25,26]

利用锗硅应变层提高器件性能的方法最早在高速双极晶体管中已经得到了广泛的应用。在 MOSFET 中通过浅槽隔离、侧墙、硅化物、氮化硅覆盖、SiGe 源漏以及在衬底上直接制备应变层等技术引入应力造成 Si 晶格畸变,从而改变载流子在 Si 中的输运特性,提高应变硅材料迁移率的迁移率增强技术(mobility enhancement techniques,MET)已经被工业界广泛接受。

利用应力获得沟道区中载流子有效迁移率增强的方式主要有两大类:一是直接利用 Si

和 SiGe 之间晶格失配形成整个衬底硅片上的应力,这种应力通常是双轴的(biaxial),又称"全局应力"(global strain)。这种方式需要特殊的衬底制备工艺,尤其是特殊的异质外延工艺。而且在后续制备器件的工艺过程中通常存在着应力弛豫问题。二是利用集成电路工艺中浅槽隔离、侧墙、硅化物、氮化硅覆盖以及 SiGe 源漏等技术引入的局部工艺诱生应力,这种应力通常只是沿某一特定方向的,称为单轴应力(uniaxial),又称"局域应力"(local strain)。这类方法工艺灵活而且与传统的 CMOS 工艺兼容,对器件性能的提高效果显著。但是这类方法与工艺条件、器件几何尺寸等因素都存在着非常敏感的问题。

研究表明,对于 n 沟和 p 沟 MOSFET,并不是所有方向的应力都有助于提升迁移率,只有在一些特定方向上施加应力才能有效地提高迁移率。表 10.1 列出了(100)衬底上能够提高 MOSFET 中沟道有效迁移率的应力方向。由表中可见,只有沿沟道宽度方向(横向,即 Y 方向)的张应力才能够同时提高 n 沟和 p 沟 MOSFET 的有效迁移率。而在(100)衬底上的沿沟道方向的压应力将使电子的迁移率退化。图 10.12 为 MOSFET 中的可能应力方向的示意图。

表 10.1 (100)衬底上能够提高 MOSFET 中沟道有效迁移率的应力方向

		nFET	pFET
纵向方向	X	张应力	压应力
横向方向	Y	张应力	张应力
Si 深度方向	Z	压应力	张应力

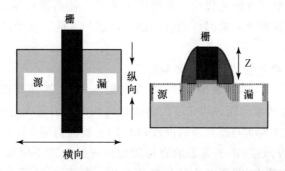

图 10.12 MOSFET 中的可能的应力方向的示意图[25]

通常浅槽隔离、侧墙、硅化物、氮化硅覆盖以及 SiGe 源漏等多种工艺技术均能够在局部引入工艺诱生应力。在众多局域应力工艺技术中,对于 p 沟 MOSFET,通过在源漏采用应变 SiGe 材料,由于晶格常数之间的差别,可以获得沿沟道方向的单轴压应力,从而提升沟道中 Si 的迁移率,这类结构通常称为 e-SiGe MOSFET,其结构如图 10.13 所示。利用 e-SiGe 源漏工艺在 Ge:Si 为 20% 的条件下能够使 pMOSFET 的饱和电流提高 35%。

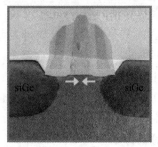

图 10.13 应变 SiGe 源漏
(embedded SiGe S/D,
e-SiGe)MOSFET[26]

然而仅提高 p-MOSFET 的性能还不够,需要在 CMOS 集成工艺中引入同时能够提高 p 沟和 n 沟 MOSFET 性能的应力方法。其中被普遍看好的应力引入方式之一是由 Intel 的 Scott E. Thompson 等人于 2004 年提出的[27]。在他们的工作中,单轴应力被应用到 Intel 的 90nm 工艺中以提升 p-MOSFET 的载流子迁移率。通过在源漏采用 SiGe 材料,p-MOSFET 获得了沿沟道方向的单轴压应力,而通过在器件顶部增加一层 SiN 覆盖层,n-MOSFET 获得了沿沟道方向的单轴张应力,两种应力的大小可以单独调节,互不影响。

IBM 的 dual-stress liner(DSL)方法也是能够同时提高 p 沟和 n 沟 MOSFET 性能的应力方法,适于 CMOS 集成工艺。这种方法使用不同应力作用的氮化硅覆盖层,对于 n MOSFET 通过氮化硅覆盖层引入沿沟道方向的单轴张应力,提升有效迁移率,能够使 nMOSFET 的饱和电流提高 $>12\%$;对于 p MOSFET 通过氮化硅覆盖层引入沿沟道方向的单轴压应力,提升有效迁移率,可以使 p MOSFET 的饱和电流提高 $>20\%$。同样两种应力的大小可以通过调节氮化硅覆盖层的厚度单独调节,互不影响。

此外,随着工艺的发展,出现了 e-SiGe 源漏结构和 DSL 相结合的方法。但是这类方法存在着与工艺条件、器件几何尺寸等因素都非常敏感的问题,以及需要增加额外的工艺步骤而带来的成本与成品率等方面的代价。局部应力的引入使得器件结构设计、器件的版图布局以及工艺过程控制等多种因素都可能引起器件性能的涨落。从而增加了器件优化设计和工艺控制的难度。

2. 金属栅/高 K 栅介质结构与集成工艺[24,28]

CMOS 器件中,随着沟道长度的缩小,为抑制短沟效应,提高器件性能,SiO_2 栅介质层的厚度(称为栅介质等效氧化层厚度 EOT)需要相应减薄。当集成电路技术发展到亚 50 nm 技术节点以后,SiO_2(或 SiON)栅介质的厚度(EOT)需要减薄到 1 nm 以下。对 EOT$<$1 nm 的 SiO_2(或 SiON)栅介质层,由于显著的直接隧穿效应导致的不可接受的高泄漏电流和高功耗,无法满足技术的需求,需要寻求新的解决方案。新型高 K 栅介质研究即是在这种情形下被提出的。所谓的高 K 介质材料是指其相对介电常数(K 值)大于 SiO_2,即 $K>3.9$ 的介质材料。根据 EOT 的定义,在相同的 EOT 下,介质层的物理厚度随 K 值的增加而增加,因此,采用高 K 栅介质替代 SiO_2(或 SiON)后,可有效增加栅介质层的物理厚度,进而显著减小栅介质层的直接隧穿效应。研究表明,采用新型高 K 介质材料替代传统的 SiO_2(或 SiON)栅介质材料后可显著降低栅泄漏电流。此外,在利用高 K 栅介质材料替代 SiO_2(或 SiON)的同时,采用金属栅材料替代多晶硅材料,一方面可以消除多晶硅耗尽效应,另一方面还可以解决高 K 栅介质材料与多晶硅栅之间的兼容性问题,抑制因引入高 K 栅介质材料后,CMOS 器件性能的退化。

要实现金属栅/高 K 栅介质材料在 CMOS 技术中的应用,必须要解决将金属栅和高 K 栅介质等新材料引入到集成电路技术中,面临的材料基础问题、材料和工艺兼容问题、新材料的工艺集成等问题。自 1998 年起开始了高 K 栅介质和金属栅技术研究的,先后经历了材料基础问题研究、材料与工艺兼容性问题研究阶段后,工艺集成技术解决方案和可靠性评估等研究阶段。目前在 45 nm 技术节点的大生产工艺中已经使用了 Hf 基高 K 栅介质材料和金属栅。表 10.2 示出了主要的 Hf 基材料的特性。

表 10.2 主要的 Hf 基材料的特性

材料	相对介电常数	特点
HfO_2	17～25	低温下容易晶化
Hf 基硅酸盐	～11	高温下容易相分离
氮化 Hf 基硅酸盐	9～11	掺氮后高温度稳定性提高
掺铝氧化铪 Hf-Al-	9～25	Al 的掺入可使介电常数在较大的范围内调节

高 K 栅介质和金属栅功函数等物理特性对后续工艺的敏感性,目前工业界主要采取前栅工艺(IBM 联盟的 32 nm 技术)和后栅工艺(英特尔的 45/32/22 nm 技术)两种技术方案。前者需要对栅和侧壁的形成以及退火等工艺进行较为复杂的调整,面临高 K 介质质量退化和器件阈值电压难于控制的挑战,后者对化学机械抛光(CMP)和高 K 栅介质/金属栅填充的工艺水平有严格的要求。2011 年 1 月,IBM 宣布 22 nm 技术节点也将采取后栅工艺。这意味着业界主流对高 K 栅介质和栅金属的要求可以降低(后续工艺的减少后续工艺热预算的影响减小),因此在材料上有较宽的选择范围(如更偏重迁移率和可靠性的影响)。另一方面,后栅路线中去除伪栅步骤(dummy gate replacement)将形成新的器件结构,因而提供新的器件优化空间(例如应力和掺杂分布)。图 10.14 示出了后栅工艺的主要步骤,首先与传统 CMOS 工艺相同完成带有高 K 栅介质和伪栅结构的 MOSFET 并完成源漏结构的制备(如图 10.14(a)、(b)),随后去除伪栅(高 K 栅介质保留),分别淀积、光刻 nMOS 和 pMOS 的金属栅淀积,(如图 10.14(c)、(d)),由于要求的功函数不同,nMOS 和 pMOS 的金属栅采用不同的材料或是不同的栅介质覆盖层,例如:TiN 用于 pMOS,TiAlN 用于 nMOS。

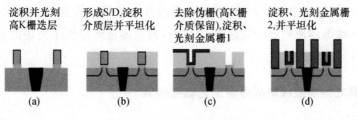

图 10.14 后栅工艺示意图[28]

10.3 双极集成电路的工艺集成

10.3.1 双极集成电路工艺的发展[1~4]

双极晶体管是最早发明的具有放大功能的半导体器件,一直在高速电路、模拟电路和功率电路中占有主导地位。但是双极晶体管的功耗大,而且其纵向尺寸无法跟随横向尺寸成比例地缩小,因此随着 CMOS 集成电路的迅猛发展,双极器件在功耗和集成度方面受到了 CMOS 技术的严重挑战,通常双极工艺要落后于 CMOS 工艺一至两代。双极技术本身也正在经历着迅速的变革。这些变革有望使双极技术得到进一步发展,并在相关领域维持其主导地位。

双极集成电路的基本工艺可以大致分为两大类:一类是需要在器件之间制备电隔离区,如采用前述的 pn 结隔离或介质隔离以及 pn 结-介质的混合隔离。采用这种工艺的双极集成电路如 TTL(晶体管-晶体管逻辑)电路、线性/ECL(射极耦合逻辑)电路、STTL(肖特基晶体管-晶体管逻辑)电路等,它们的工艺基本相同,只是 ECL 工艺比 TTL 工艺少了掺金工艺、STTL 则多了肖特基二极管的制备工艺。另一类是器件之间自然隔离的双极集成电路工艺,I^2L(集成注入逻辑)电路采用了这种制备工艺。采用 pn 结隔离的标准埋层双极集成电路工艺将在下节介绍。

尽可能与 CMOS 工艺相兼容,是双极集成电路发展的一个重要趋势。同时近年来,为了进一步提高电流增益、提高截止频率,双极集成电路的发展也大量地采用了 MOS 集成电路中的新工艺,出现了多种先进的双极集成电路工艺,如:先进的隔离技术、多晶硅发射极、自对准结构和异质结双极晶体管技术等。未来的硅基双极集成电路技术将继续在集成度较小的高性能电路,尤其是通信系统中扮演重要的角色。和 CMOS 技术一样,双极集成电路的发展也将会采用 SOI 衬底,但在 SOI 上的双极工艺必须解决的问题是双极器件高驱动电流带来的热效应。而在 SOA(silicon on anything)材料上制备双极集成电路是近年来出现的新型射频(RF)双极技术,通过采用高热导率的其他绝缘材料替代二氧化硅,能够解决在 SOI 上的双极集成电路所遇到的问题[29]。另外,铜互连也将应用于先进的双极集成电路工艺中。

10.3.2 标准埋层双极集成电路工艺流程(SBC)[1,2]

早期的平面双极集成电路工艺主要采用反偏 pn 结隔离,主要有标准埋层双极晶体管(standard-buried-collector transistor,SBC)、收集区扩散绝缘双极晶体管(collector-diffused-isolation transistor,CDI)以及三扩散层双极晶体管(triple-diffused-transistor,3D)。图 10.15 分别示出了这三种晶体管的结构。本节将主要介绍最为常用的标准埋层双极晶体管工艺。其工艺流程的示意图示于图 10.16。

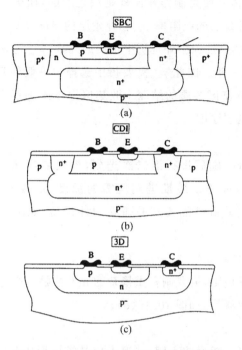

图 10.15 双极集成电路中晶体管的结构

1. 衬底准备

衬底通常采用轻掺杂的 p 型硅,掺杂浓度一般在 10^{15} cm^{-3} 的量级。掺杂浓度希望较低,从而可以减小收集结的结电容,并提高收集结的击穿电压。但掺杂浓度过低会在后续工艺中使埋层下推过多。过去为了减少外延层的缺陷,通常选用偏离 2°～5°的(111)晶向。但是目前为了和 CMOS 工艺兼容,都是选用标准的(100)晶面。

2. 埋层的制备

为了减少双极晶体管收集区的串联电阻,并减少寄生 pnp 管的影响,在作为双极晶体管的收集区的外延层和衬底间通常需要制作 n$^+$ 埋层。首先在衬底上生长二氧化硅,并进行第一次光刻,刻蚀露出埋层区域,然后注入 n 型杂质(磷、砷等),随后退火激活杂质,如图 10.16(a)。埋层杂质的选择原则是:首先是杂质在硅中的固溶度要大,以降低收集区串联电阻;其次是希望在高温下,杂质在硅中的扩散系数小,以减小外延时的杂质扩散效应;此外还希望与衬底硅的晶格匹配好,以减少应力。研究表明,最理想的埋层杂质是 As。

3. 外延层的生长

用湿法去除全部二氧化硅层后,外延生长一层轻掺杂的硅。该外延层将作为双极晶体管的收集区,整个双极晶体管便是制作在该外延层之上的,如图 11.16(b)。生长外延层时需要考虑的主要参数是外延层的电阻率 ρ_{epi} 和外延层的厚度 T_{epi}。为了减小结电容、提高击穿电压 BV_{CBO}、并降低后续热过程中外延层中杂质的外推, ρ_{epi} 应该高一些,而为了降低收集区串联电阻又希望 ρ_{epi} 低一些。因此 ρ_{epi} 需要折中选择。一般外延层的厚度需要满足以下要求:外延层厚度(T_{epi})(基区杂质的结深+收集区厚度+埋层上推距离+后续各工序中生长氧化层所消耗的外延层厚度。

4. 隔离区的形成

再生长一层二氧化硅,随后进行第二次光刻,刻出隔离区,并刻蚀掉隔离区的氧化层。随后预淀积硼,并退火使杂质推进到所需的深度,形成 p 型隔离区。这样便在硅衬底上形成了许多由反偏 pn 结隔离开的孤立的外延岛,如图 10.16(c),从而实现了器件间的电绝缘。

5. 深收集极接触的制备

为了降低收集极串联电阻,需要制备重掺杂的 n 型接触。进行第三次光刻,刻蚀出收集极,注入(或扩散)磷,退火激活,如图 10.16(d)。

6. 基区的形成

第四次光刻,刻出基区,然后注入硼,并退火使其扩散形成基区。由于基区的掺杂及其分布直接影响着器件的电流增益、截止频率等特性,因此注入硼的能量和剂量需要加以特别控制,如图 10.16(e)。

7. 发射区的形成

在基区生长一层氧化层,进行第五次光刻,刻蚀出发射区,进行磷扩散和砷注入,并退火形成发射区,如图 10.16(f)。

8. 金属接触和互连

淀积二氧化硅后,进行第六次光刻,刻蚀出接触孔,用以实现电极的引出。接触孔中溅射金属形成欧姆接触和互连引线。随后进行第七次光刻,形成金属互连,如图 10.16(g)。

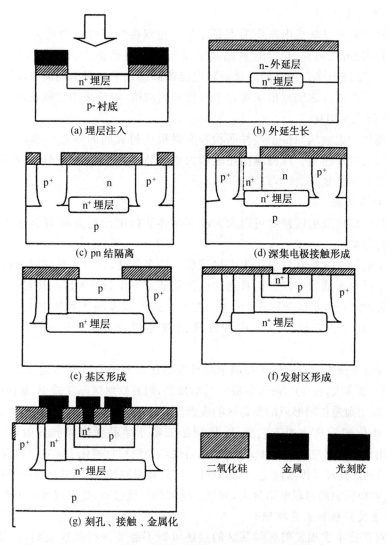

图 10.16　标准埋层双极晶体管工艺流程示意图

9. 后部封装工艺

10.3.3　其他先进的双极集成电路工艺[2,29~32]

如前所述,随着双极集成电路的发展,为了进一步提高电流增益、提高截止频率,大量地采用了 MOS 集成电路中的新工艺,出现了多种先进的双极集成电路工艺。本节将对部分先进双极集成电路工艺进行简单讲述。

1. 先进的隔离技术

器件之间的隔离是集成电路中的重要环节。在双极集成电路中最为常用,也是最简单的手段便是利用 pn 结隔离,但是这种隔离的缺点是所需面积大、寄生电容大,不适合于高速、高集成度的集成电路。先进的双极集成电路的隔离是采用深槽隔离(DTI)[31]。

深槽隔离是在器件之间刻出深度大于 3 微米的沟槽,随后采用二氧化硅或多晶硅回填,并采用 CMP 使之平坦化。

深槽隔离技术大大地减少了器件面积和发射极-衬底间的寄生电容,能显著提高双极集成电路的集成度和速度。深槽隔离还能增大双极晶体管收集极之间的击穿电压。但是深槽隔离的缺点是工艺复杂、成本较高。

2. 多晶硅发射极

采用多晶硅形成发射区接触可以大大改善晶体管的电流增益和缩小器件的纵向尺寸,获得更浅的发射结。

多晶硅发射极技术是在发射区上直接淀积一层多晶硅,并对多晶硅进行掺杂和退火,使杂质扩散到单晶硅形成发射区。而且把这层多晶硅留下作为发射区的接触。这样形成的发射区深度约为 200 nm,基区深度在 100 nm 左右。这类双极晶体管的电流增益通常比常规双极晶体管的高 3~7 倍。并且具有更高的截止频率,17~30 GHz,和更低的门延迟 50 ps[30,31,32]。

多晶硅发射极技术的作用在于控制单晶硅发射区表面的有效复合速率 S_0。采用金属接触的发射区 S_0 非常大,在 10^5 cm/s 量级。其结果是,随着发射区厚度减小,基区电流增加。实验发现,多晶硅中杂质扩散形成的发射区的表面复合速率较低,基极电流较小。多晶硅发射区的 S_0 值的大小依赖于具体的工艺条件,特别是依赖于单晶和多晶硅界面处 SiO_2 的厚度。SiO_2 的厚度由淀积多晶硅之前的 HF 漂洗、随后的热处理和氢钝化表面在氧气氛中的暴露、多晶硅淀积之后的热处理等因素决定。制备器件时需很好地控制这层氧化层的厚度。如果氧化层太厚,则发射极接触的串联电阻过大,如果氧化层的厚度过薄,则电流增益仍然无法提高。

3. 自对准发射极和基区接触[2]

利用自对准技术实现发射区和基区的接触可以不需要进行两次光刻,而是直接自对准形成,从而不存在光刻版之间的套刻问题,有效地减少了器件内部电极接触之间的距离。双极自对准技术采用双层多晶硅,其结构如图 11.17。第一层多晶硅 poly1 是作为基极的 p^+ 多晶硅,第二层多晶硅 poly2 是作为发射区及其接触的 n^+ 多晶硅。

图 10.17 示出了双层多晶硅自对准发射极和基区接触工艺的过程。在隔离完成之后,刻蚀掉有源区的二氧化硅,随后淀积一层多晶硅 poly1,重掺杂 p 型杂质硼。化学汽相淀积一层 SiO_2,如图 10.17(a)。采用各向异性的干法刻蚀去除发射区上的二氧化硅和多晶硅,如图 10.17(b)。高温氧化使发射区窗口和多晶硅侧壁上形成一层二氧化硅,由于多晶硅的氧化速度较快,因此多晶硅上的氧化层较厚,如图 10.17(c)。干法刻蚀形成侧墙,侧墙用于隔离开基极和发射极,所以其厚度和质量非常重要。随后进行基区的硼注入,如图 10.17

(d)。在发射区去除二氧化硅并清洗后,淀积多晶硅 poly2 并进行重 n 型掺杂,形成发射极,通过快速热退火,利用 poly2 中杂质的外推形成发射区如图 10.17(e)。从而实现自对准的发射极和基极接触。目前该技术已经非常成熟,广泛应用于高性能双极集成电路的制备。

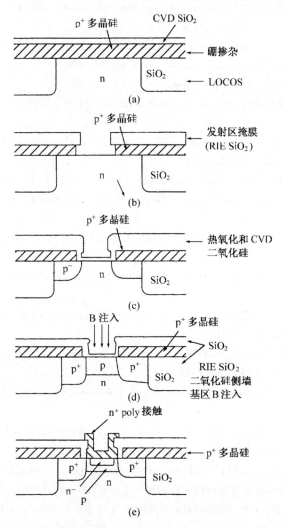

图 10.17 双层多晶硅自对准发射极和基区接触工艺的过程

参考文献

[1] S Wolf. Silicon Processing for the VLSI Era. vol. 2 Process Integration, California Sunset Beach,1990

[2] C Y Chang, S. M. Sze. ULSI Technology. New York: The McGraw-Hill companies, 1996

[3] 吴德馨,钱鹤,等. 现代微电子技术. 北京:化学工业出版社,2002

[4] 朱正涌. 半导体集成电路. 北京:清华大学出版社,2001

[5] H Mikoshiba, T Homma, K Hamano. A new trench isolation technology as a replacement of LOCOS. IEDM Tech. Digest, 1984:578

[6] S H Goodwin, J D Plummer. Electrical Performance and Physics of Isolation Region Structure for VLSI. IEEE Trans. Electron Devices, vol. 31(7), 1984:861

[7] K Y Chiu. IEEE Trans. Electron Devices, vol. 29, 1982:537

[8] Yuan Taur. CMOS Scaling into the Nanometer Regime. PROCEEDINGS OF THE IEEE, vol. 85(4), 1997:86

[9] P M. Solomon Device innovation and material challenges at the limits of CMOS technology Annu. Rev. Mater. Sci. vol. 30, 2000:681

[10] The International Technology Roadmap for Semiconductors (ITRS) Roadmap, ITRS roadmap 2012

[11] Robert W. Keyes. Fundamental Limits of Silicon Technology. PROCEEDINGS OF THE IEEE, vol. 89(3), MARCH 2001:227

[12] C Codella, S Ogura. Halo doping effect in submicron DI-LDD device design. IEDM Tech. Digest, 1985:230

[13] L C Parrillo, R S Payne, et. al.. Twin-Tub CMOS-A Technology for VLSI Circuits. IEDM Tech. Digest, 1980:752

[14] J J Sung, C Y Liu. A comprehensive study on p+ polysilicon gated PMOS devices, IEEE Trans. Electron Devices, vol. 37(11), 1990:2313

[15] J R Pfiester, et. al.. The effects of B penetration p+ polysilicon gated PMOS devices. IEEE Trans. Electron Devices, vol. 37(8), 1990:1842

[16] J R Brews, et. al.. Generalized guide to MOSFET minizturation. IEEE Electron Devices Letters, vol. 1(1), 1980:2

[17] T Hori, Y Odake, T Yasui. Deep submicrometer large angle tilt implanted drain (LATID) technology. IEEE Trans. Electron Devices, vol. 39(10), 1992:2312

[18] C Y Liu, J J Sung, et. al.. High-performance salicide shallow junction CMOS devices for submicrometer VLSI applications in Twin-Tub VI. IEEE Trans. Electron Devices, vol. 36(11), 1989:2530

[19] C K Lau, et. al.. Titanium Disilicided self-aligned source/drain plus gate technology. IEDM Tech. Digest, 1982:714

[20] M C Ozturk, et. al.. Optimization of the Ge preamorphization conditions for shallow junction formation. IEEE Trans. Electron Devices, vol. 35(5), 1988:695

[21] C Carter, et. al.. Residual defects following rapid thermal annealing of shallow B and BF2 implants into preamorphized silicon. Applied Physics Letters, vol. 44(4), 1984:459

[22] C Y Lu, et. al.. Process limitation and devices design trade-offs of self-aligned TiSi2 junction formation in submicrometer CMOS devices. IEEE Trans. Electron Devices, vol. 38(2), 1991:246

[23] W T Lynch. Self-aligned contact scheme in source-drain in submicrometer devices, IEDM Tech. Di-

gest,1987:354

[24] Lan Post. Advanced CMOS Device Technology. VLSI short course, 2013

[25] V Chan, K Rim, et. al.. Strain for CMOS performance improvement. Proc. IEEE Custom Integrated Circuits Conference, 2005:664

[26] T Ghani, et. al.. A 90nm high volume manufacturing logic technology featuring novel 45nm gate length strained silicon CMOS transistors. IEDM Tech. Digest, 2003:11.6.1

[27] S E Thompson, et. al.. A 90nm logic technology featuring strained silicon. IEEE Trans. Electron Devices, vol. 51(11), 2004:1790

[28] T Hoffmann. High K/Metal Gates: Industry Status and Future Direction. IEDM short course, 2009

[29] Tohru Nakamura. Recent progress in bipolar transistor technology. IEEE Trans. Electron Devices, vol. 42(3), 1995:390

[30] T C Chan, K Y Tch, et. al.. A submicronmeter high performance bipolar technology. IEEE Electron Devices Letters, vol. 10(8), 1989:364

[31] A Wieder. Submicron bipolar technology-new chance for high speed applications. IEDM Tech. Digest, 1986:8

[32] G P Li, et. al.. An advanced high-performance trench-isolated self-aligned bipolar technology, IEEE Trans. Electron Devices, vol. 34(11), 1987:2246

第十一章 薄膜晶体管制造工艺

薄膜晶体管(thin film transistor,TFT)是目前有源矩阵显示的核心器件。目前有源矩阵显示主要包括有源矩阵液晶显示(active matrix liquid crystal display,AM LCD)和有源矩阵有机发光二极管(active matrix organic light emitting diode,AM OLED)显示。有源矩阵显示是目前平板显示(flat panel display,FPD)中的主流显示技术。"平板显示"是指显示面是"平面",显示器是"平板"型,即显示器的厚度小于高度和宽度。

显示器的显示方式可分为两大类型:直视式和投影式。直视式又可以进一步分为主动发光(发射)式和被动发光(非发射)式。等离子显示(plasma display panel,PDP)、发光二极管(light emitting diode,LED)显示、电致发光显示(electro luminescense display,ELD)、有机发光二极管(organic light emitting diode,OLED)显示和阴极射线管(cathode ray tube,CRT)显示等都属于主动发光式显示。液晶显示(liguid crystal display,LCD)、电泳显示(electro phoretic display,EPD)则属于被动式发光显示。投影式显示主要包括硅基上的液晶(liguid crystal on sillicon,LCoS)投影显示、数字微镜(digital micro-mirrov device,DMD)投影显示、液晶投影显示和阴极射线管投影显示等。

显示是通过画面(图像、图片)实现的,描述显示质量的指标很多,重要指标之一就是分辨率,分辨率的高低与显示像素数的多少有着直接关系。一个尺寸一定的显示画面,如果所含像素数越多,也就是像素面积越小,画面显示越精细,显示质量就越好。画面中的像素(Pixel)定义为构成画面的最小显示(面积)单元,也称像点。在彩色显示中,一般一个显示像素由三个子像素组成,三个子元素分别显示红、绿、蓝颜色。在平板显示中,分辨率是指每英寸所包含的像素数量,例如,分辨率为 100 ppi(ppi:Pixels Per Inch),就是说显示画面上每英寸所包含的像素数目是 100,或者用 p/i(Pixels/Inch)表示分辨率。

在 20 世纪 60 年代,已经发明了液晶显示技术,很多研究者都努力把该技术应用到图像的显示中。但当时的无源矩阵液晶显示(passive matrix liquid crystal display,PMLCD),也就是简单的 x-y 电极矩阵方式,因为存在串扰(crosstalk),即相邻像素之间存在干扰,将严重影响显示质量。后来,Lechner 等人提出了对每个液晶显示像素都配备一个 TFT 和一个电容,TFT 做为显示像素的控制器件,电容的作用是保持施加在该显示像素上的电压,这就是今天的有源矩阵液晶显示技术。之后探索 TFT 有源层材料就成为热门的研究课题,到了 1979 年,LeComber、Spear 和 Ghaith[1]利用氢化非晶硅(a-Si:H-hydrogenated amorphous silicon)作为有源层材料制备的 TFT,其开态电流和关态电流都达到了图像显示的要求,应用在有源矩阵液晶显示中获得了很好的效果。

在 a-Si:H 中,氢的存在并不改变 a-Si 本身的结构特性,但通过氢的钝化作用可以改善

a-Si 的电学特性。a-Si:H 的载流子迁移率虽然比较低,但是,液晶显示是电压控制型的显示,迁移率低并不是最主要问题。在 1978—1981 之间[2~4],Lueder 和他的研究小组引入一种新的方法制备 TFT,即用光刻工艺替代掩膜工艺(shadow mask process),用阳极氧化材料 TaO₅ 做为器件的栅电极绝缘层。阳极氧化工艺具有自对准的特点,而且制备的薄膜无针孔,因此,利用该工艺制备 a-Si:H TFT 在 20 世纪 80 年代后期受到重视。采用这种工艺制备的 TFT 非常适合用于 AM LCD 中。应用光刻工艺,还有一个重要特点,就是在工艺上可以实现源漏电极与栅电极的自对准,这一特点可以大大减小因栅极与源漏电极的交叠而产生的寄生电容,寄生电容对 TFT 工作速度的影响很大,应尽可能减少寄生电容,提升 TFT 的性能。

在 LCD 和 OLED 显示技术中又可分为无源矩阵显示和有源矩阵显示。无源矩阵液晶显示(passive matrix liquid crystal display,PM)和无源矩阵有机发光二极管(passive matrix organic light emitting diode)显示,由于受到显示原理的限制,即上面提到的相邻像素之间存在干扰,显示效果很不理想,只是在一些对显示质量(如分辨率)要求不高的显示器中应用。有源矩阵显示可实现高分辨率显示,备受重视并得到广泛的应用。在有源矩阵显示中,每个显示单元中的子像素都有独立的开关器件控制,即由 TFT 控制。目前 TFT 有源层材料主要有氢化非晶硅、低温多晶硅和金属氧化物等。对应上述三种有源层材料的有源矩阵液晶显示分别称为:氢化非晶硅薄膜晶体管有源矩阵液晶显示(a-Si:H TFT-LCD)、低温多晶硅(low temperature polysilicon,LTPS)薄膜晶体管有源矩阵液晶显示(LTPS TFT-LCD)、金属氧化物薄膜晶体管有源矩阵液晶显示(Oxide TFT-LCD)。

有源矩阵液晶显示,因可实现大面积、高分辨率、低功耗、工作电压低等优点,是目前应用最广泛的显示器。在 AM LCD 中,目前控制液晶显示像素的器件主要是 a-Si:H TFT,而且 a-Si:H 薄膜主要是采用 PECVD 制备的。PECVD 制备 a-Si:H 薄膜可在低温下完成(低于 400℃),这一点对平板显示的制造来说是非常重要的,因为平板显示的基板目前主要是玻璃,高温时玻璃很容易发生形变,不利于精确对位,低温的 PECVD 工艺很好地满足使用玻璃基板制备平板显示器的需求。另外,PECVD 制备 a-Si:H 可以一次性大面积成膜,工艺简单,均匀性、一致性都非常好,适合制备大面积显示屏。另外,a-Si:H TFT 的制备工艺相对简单,只需要 4—5 次光刻工艺,而且 TFT 的均匀性、一致性也非常理想。PECVD 制备的非晶硅薄膜中含有一定比例的氢原子,这种含有一定数量氢原子的薄膜就是非晶硅-氢合金,常称为氢化非晶硅(a-Si:H),a-Si:H 的密度低于单晶硅密度。对氢化非晶硅来说,可以通过掺杂施主杂质或受主杂质分别形成 n 型或者 p 型半导体材料。氢原子对改善 a-Si 的性能起着重要作用,这是因为氢能钝化非晶硅网络中的悬挂键,这些未饱和的悬挂键能在禁带中形成缺陷态能级,氢的钝化可以使悬挂键饱和,提高载流子的迁移率和改善材料的性能。

随着平板显示技术的发展,以及对显示质量的要求越来越高,a-Si:H TFT 逐渐显露出其局限性,主要是 a-Si:H 的载流子迁移率低(只有 $0.5 \text{ cm}^2/\text{Vs}$ 左右)和不透明性,前者限制了器件的工作速度,后者则降低显示器的开口率。a-Si:H 的另一个突出问题是带隙小(1.7 eV),因此显示器需要黑矩阵来阻挡可见光的照射,以免产生额外的光生载流子,这就增加了工艺的复杂性和成本。另外,在有源矩阵有机发光二极管显示中,每个显示子元素也需要一个控制器件,因 AMOLED 显示是由电流驱动的(发光亮度与注入电流成正比),而 a-Si:H TFT 不可能给出驱动 AMOLED 显示所需要的电流。此外,为了提高分辨率、亮度以及希望把显示屏的外围驱动电路也同时集成在显示基板上,因为低温多晶硅半导体材料和金属氧化物半导体材料都具有高迁移率特性,采用这两种半导体材料制备的 TFT,可以满足高分辨率 AMLCD 的要求及 AMOLED 显示的需要,因此,目前对 LTPS TFT 和氧化物 TFT 的研发备受重视,并快速发展。但是,对于大尺寸、即使是高分辨率的有源矩阵液晶显示,a-Si:H TFT 仍然具有一定的优势。

金属氧化物半导体的载流子迁移率比非晶硅高一到两个数量级,而且对可见光的透明度大于 80%,在未来有源矩阵显示中,是最有希望制备 TFT 的材料之一,因此,近年来引起国内外学者的普遍关注。氧化物 TFT 已经在 AMLCD 和 AMOLED 得到应用,大有发展前途。目前制备金属氧化物 TFT 的半导体材料主要是 IGZO(铟/镓/锌/氧)。氧化物半导体是一种多组分半导体材料,各组分的比例对器件性能的影响很大,所以控制多组分半导体材料的组分是一个非常重要、也是一个困难的问题。研究其他金属氧化物半导体材料是目前一个重要方向。氧化物半导体材料可以一次性成膜,在大尺寸显示上具有与非晶硅相同的优势,所以受到重视。金属氧化物半导体材料的发展,对低温多晶硅的应用前景是一个很大的威胁,因为氧化物半导体材料的载流子迁移率比较高,在高分辨率、大尺寸显示屏中的应用具有非常大的优势。

LTPS 的载流子迁移率比 a-Si:H 要高两个数量级以上,在电性能相同的情况下,LTPS TFT 的尺寸可以比 a-Si:H TFT 小,从而可以提高显示屏的开口率以及可实现更高亮度和更高分辨率的显示。另外,因为多晶硅迁移率高,在 TFT 导通时可以提供较大电流,满足 AM OLED 显示的需要,同时,也可用 LTPS TFT 制备显示屏的外围驱动电路并可以集成在显示基板上。但 LTPS TFT 的制备工艺比较复杂,而且重复性和一致性也存在一定问题。目前 LTPS TFT 的制备工艺基本上都是先在低温下淀积非晶硅,之后再通过激光束进行扫描,使非晶硅晶化为多晶硅。多晶硅是由无数晶向不同的单晶晶粒所组成,因此在多晶硅薄膜中存在大量的晶粒间界,晶粒间界是一个具有高密度缺陷和悬挂键的区域,因此对 TFT 的性能影响很大,而且,TFT 沟道中的晶粒数目的变化对 TFT 性能的一致性也会产生一定的影响,尤其是随 TFT 尺寸的减小,这个问题更加严重。另外,由于受激光束斑尺寸的限制,也就是说激光束照射的区域很小,晶化效率很低,所以,利用激光晶化的方法很难适用于大面积低温多晶硅薄膜的制备,因此低温多晶硅 TFT 用在大尺寸显示上存在比较多的困难和问题。晶粒的均匀性、重复性,甚至晶粒尺寸的大小对 TFT 的性能和显示质量的影响都是需要认真解决的难题。

本章主要讲述 TFT 的结构、a-Si:H TFT 和 LTPS TFT 的制备工艺以及非晶硅和低温多晶硅薄膜的制备工艺。有关 a-Si:H 薄膜和 p-Si 薄膜的结构特点和有关特性分别在第一章和第六章中已经讲述了。

11.1 TFT 结构

11.1.1 TFT 基本结构

TFT 主要由半导体有源层、栅电极、栅电极绝缘层、源电极和漏电极等组成。根据上述各层或电极在 TFT 结构中的相应位置,可把 TFT 结构分为多种形式,相对应的工艺也就会存在一定的差别。常用的分法有:

(1) 根据栅电极在 TFT 结构中所在位置的分法;
(2) 根据源、漏电极和栅电极相对半导体有源层所在位置的分法;
(3) 根据源、漏电极与半导体有源层接触位置的分法。

在根据栅电极在 TFT 结构中所在位置的分法中,可分为顶栅(top gate)结构型 TFT 和底栅(bottom gate)结构型 TFT。顶栅结构型 TFT 是指栅电极在半导体有源层的上面,在这种结构的制备工艺中,在衬底(如玻璃基板)上先形成半导体有源层,后形成栅电极层,如图 11.1 所示。

图 11.1 顶栅、交叠型、底接触 TFT 结构示意图

底栅结构型 TFT 是指栅电极在半导体有源层的下面,在这种结构的制备工艺中,先形成栅电极层,后形成半导体有源层,如图 11.2 所示。

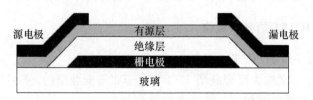

图 11.2 底栅、交叠型、顶接触 TFT 结构示意图

在根据源、漏电极和栅电极相对半导体有源层所在位置的分法中,可分为共面型(coplanar type)结构 TFT 和交叠型(staggered type)结构 TFT。共面型 TFT 是指源、漏电极和栅电极均在半导体有源层的同一侧,示意图如图 11.3 和图 11.4 所示。

图 11.3　共面型、顶栅、顶接触 TFT 结构示意图

图 11.4　共面型、底栅、底接触 TFT 结构示意图

交叠型 TFT 是指源、漏电极与栅电极分别在半导体有源层的两侧,如图 11.1 和图 11.2 所示。实际上交叠型顶栅与顶栅交叠型 TFT 是同一种结构;交叠型底栅与底栅交叠型 TFT 也是同一种结构。当强调的重点不同时,叫法上就不相同。

硅基的 MOSFET 是以衬底的晶体硅作为有源层,也就是说半导体有源层一定在最下面,因此栅电极就在半导体有源层的上面。与硅基的 MOSFET 相比,底栅结构型 TFT 又被称为反交叠型结构,交叠型结构又称为交错型结构,反交叠型结构又称为逆叠型结构或称为反交错型结构。

根据半导体有源层及源、漏电极在工艺上的形成次序不同,又分别有底接触型和顶接触型 TFT 两种结构形式,相对应的工艺也就不完全相同。底接触型 TFT 是指源、漏电极是在半导体有源层的下面与有源层接触,在工艺上要先形成源、漏电极层,后形成半导体有源层,如图 11.1 和图 11.4 所示。顶接触型 TFT 是指源、漏电极是在半导体层的上面与有源层接触,在工艺上要先形成半导体层,后形成源、漏电极层,如图 11.2 和图 11.3 所示。实际上交叠型顶栅、底接触 TFT 结构与顶栅交叠型、底接触 TFT 是同一种结构;交叠型底栅、顶接触 TFT 结构与底栅交叠型、顶接触 TFT 结构也是同一种结构。

11.1.2　a-Si:H TFT 的基本结构

1. 底栅交叠型 a-Si:H TFT 的结构

底栅交叠型 TFT 又称为反交叠型 TFT。对于底栅交叠型的 a-Si:H TFT 来说,按制造工艺的不同又可分为两种结构:一种是背沟道刻蚀(back channel etched,BCE)型结构,如图 11.5 所示;另一种是刻蚀阻挡(etch stopper,ES)型结构,如图 11.6 所示。在有源矩阵液晶显示中,这两种结构都经常被采用。

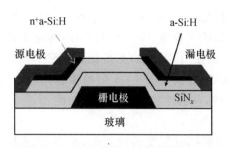
图 11.5 背沟道刻蚀型 TFT 结构示意图

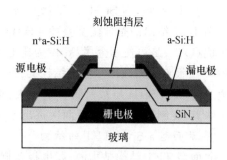
图 11.6 刻蚀阻挡型 TFT 结构示意图

背沟道刻蚀型和刻蚀阻挡型 TFT,因为结构不同,所以在制造工艺上就存在一定的差别。背沟刻蚀型 TFT 在制造上比刻蚀阻挡型 TFT 少了一次光刻工艺。但是,在背沟刻蚀型 TFT 的制造中,由于欧姆接触层与非晶硅半导体有源层的刻蚀选择比较小,一定要保证 a-Si:H 层有足够的厚度,才能保证进行欧姆接触层刻蚀时留有足够的过刻蚀余量,确保沟道中的 n^+a-Si:H 层完全被刻蚀掉,不存在 n^+a-Si:H[5],否则,源、漏电极之间就会存在较大的漏电流,降低 TFT 的开关性能。在刻蚀阻挡型的 TFT 制造工艺中,沟道被刻蚀阻挡层所保护(刻蚀阻挡层一般是 SiN_x),由于欧姆接触层与刻蚀阻挡层的刻蚀选择比好,很容易刻蚀掉 n^+a-Si:H 欧姆接触层,因此,a-Si:H 有源层也可以很薄[6]。然而,与背沟刻蚀型 a-Si:H TFT 制造工艺相比,刻蚀阻挡型 a-Si:H TFT 的制造工艺要复杂些。因为需要进行两次 PECVD,先是连续淀积 SiN_x/ a-Si:H /SiN_x 三层薄膜,之后先刻蚀出阻挡(ES)岛,最后再进行 n^+a-Si:H 层的淀积。刻蚀阻挡层一般是 SiN_x 层。而在背沟刻蚀型 a-Si:H TFT 的制造工艺中,SiN_x 栅绝缘层,a-Si:H 有源层和 n^+a-Si:H 欧姆接触层在 PECVD 系统中依次连续淀积。

在采用刻蚀阻挡型结构制造 a-Si:H TFT 的工艺中,虽然多了一次光刻工艺,但可以降低光泄漏电流,同时,因为 a-Si:H 层可以很薄,非本征迁移率会更高些。如果增加有源层厚度,会导致 n^+a-Si:H 层与沟道之间串联电阻的增加(它由本征 a-Si:H 层的特性及厚度所决定),从而使 a-Si:H TFT 非本征场效应迁移率降低[7]。在刻蚀阻挡型结构的 TFT 中,由于 a-Si:H TFT 中的有源层可以很薄,因此它的串联电阻就会很低。在 a-Si:H TFT 中的光泄漏电流是随有源层厚度的下降而减小,因为更薄的有源层吸收来自背光源的光将减弱[8]。

需要指出的是,所有自对准 TFT 结构都是采用刻蚀阻挡工艺制造的。图 11.6 给出的是一种半自对准 a-Si:H TFT 结构的剖面示意图,其中,应用栅电极作为形成刻蚀阻挡层图形的掩膜,因此,在这种结构中,形成刻蚀阻挡层图形的掩膜版就不需要了。但是,在形成刻蚀阻挡层图形的过程中,由于光刻胶的过刻,造成在栅电极与源漏电极之间有 $1\sim2~\mu m$ 的重叠区。而且,采用背面曝光工艺,有源层的厚度也应该足够薄(低于 30 nm),以便保证曝光的紫外线具有足够高的透过率,完成曝光。

2. 顶栅交叠型 a-Si:H TFT 的结构

图 11.7 给出的是顶栅交叠型 a-Si:H TFT 结构的示意图。顶栅交叠型 a-Si:H TFT 结构的优点之一是可使用金属 Al 做为栅电极；并且和反交叠型 TFT 结构相比，沟道中的 n^+ a-Si:H 层很容易刻蚀掉[9]。该结构的一个缺点，就是在用 PECVD 系统淀积 a-Si:H 和 SiN_x 薄膜之前，n^+-Si:H 层被暴露于空气中，将会影响源、漏极与 a-Si:H 层的接触问题。同时也意味着，在制造过程中需要两次进出 PECVD 系统，从而增加了工艺的复杂性。

3. 共面型 a-Si:H TFT 的结构

共面型 TFT 结构是指源、漏电极及栅电极在半导体有源层的同一侧，如图 11.8 所示。目前共面型结构的 TFT 基本上不被采用，这是因为在共面型 TFT 结构中，应用传统的光刻工艺很难形成栅电极与源、漏电极之间的交叠区。如果采用 MOSFET 和 p-Si TFT 的传统离子注入工艺又不能得到性能良好的 a-Si:H TFT，因为在通过离子注入形成 n^+a-Si:H 区时，离子造成的损伤不能在较低的温度下（约 350℃）通过退火去除，而如果退火温度高于 350℃，又会使 a-Si:H 和 SiN_x 薄膜的性能退化。但是，共面型结构 TFT 的主要优点是栅极与源漏电极之间的寄生电阻很小，这是因为在它们之间没有偏移量[10]。

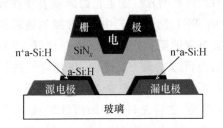
图 11.7 顶栅交叠型 a-Si:H TFT 的结构示意图

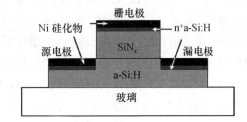
图 11.8 共面型 a-Si:H TFT 的结构示意图

11.1.3 LTPS TFT 的基本结构

在 LTPS TFT 的基本结构中，如果根据栅电极在 TFT 结构中所在位置的不同，也可分为底栅结构和顶栅结构，如图 11.9 和图 11.10 所示。因为结构不同，制造工艺上就会存在一定的差别，TFT 在性能上也可能不完全相同。顶栅结构的 TFT 比底栅结构具有更多的优点。首先，底栅结构很难采用自对准工艺，因此栅电极与源、漏电极之间必然会存在一定的重叠区。由于存在重叠区，必然会增加栅电极与源、漏电极之间的寄生电容，因此对 TFT 的工作速度必然会产生一定的影响。而在顶栅结构 TFT 的制造中，在离子注入时，栅电极可以作为掩膜层，因此可以实现栅电极对源、漏电极的自对准，所以在理论上栅电极与源/漏电极之间就不存在重叠区。在底栅 LTPS TFT 结构中，栅电极绝缘层（如 SiO_2）和有源层一般是连续淀积的，有源层的多晶硅是通过对非晶硅晶化得到的，因此，很难保证栅电极绝缘层与多晶硅有源层之间有良好的界面特性以及界面特性的重复性。另外，在底栅 LTPS TFT 结构中，金属栅电极在有源层的下面，在对非晶硅晶化为多晶硅的过程中，金属栅电极会受到不同程度的影响,从而会影响 TFT 的特性。而在顶栅结构 TFT 的制造中,虽然需要进行两次成膜过程,但可以得到良好的界面特性。由于底栅结构 TFT 存在上述的问题,所以 LTPS TFT-LCD 在显示中基本不被采用,而采用顶栅结构的 TFT。

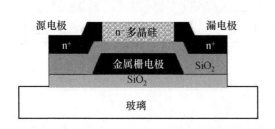

图 11.9 底栅 LTPS TFT 的结构示意图

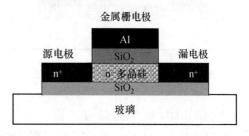

图 11.10 顶栅 LTPS TFT 的结构示意图

为了减小 LTPS TFT 的寄生电容,降低关态漏电流,或者提高开态电流,能更好地满足有源矩阵显示的要求,20 世纪 80 年代后期人们在 TFT 的结构上提出了许多方案。其中具有代表性的并有实际应用价值的 TFT 结构有如下几种。

1. Offset 型 TFT 结构

图 11.11 给出的是 Offset 型 TFT 结构示意图[11]。在这种结构中,在源、漏电极之间的沟道中,靠近源电极和靠近漏电极均有部分沟道区不在栅电极正下方的控制范围,也就是栅电极对沟道没有全覆盖,存在一定的非控区(offset)。在任何状态下,非控区始终处于高电阻状态。在一般 TFT 的结构中,沟道区通常是非掺杂的,在个别情况下,为了调整开启电压,对沟道区进行适度的轻掺杂。因为非控区始终处于高电阻状态,这样就会减小施加在结区域的电场,提高了 TFT 的可靠性,降低了关态电流,虽然也会降低开态电流,但对于提高器件的开关比还是有很大的帮助。这种结构不但常用于像素的控制上,而且显示屏的外围驱动电路也可采用这种结构。在这种结构中,非控区的长度要适当,不能太长。

2. LDD 型 TFT 结构

LDD 型 n 沟 TFT 结构如图 11.12 所示。LDD 型 TFT 结构也是一种常用于像素控制和显示屏外围驱动电路的 TFT 结构[12,13]。在这种结构中,沟道由两部分组成:在栅电极正下方的沟道是本征多晶硅,直接与源、漏电极接触区是轻掺杂 n 型区,而且轻掺杂 n 型非控区不在栅电极正下方的控制范围。通过对轻掺杂非控区的长度、掺杂浓度等的控制,可以调整和改善沟道中靠近漏极附近的电场分布,降低了横向电场的峰值,减小了耗尽层区的最大电场值,降低关态漏电流,但同时也降低了开态电流。这种结构的开态电流大于 Offset 型的开态电流。值得注意的是在 LDD 型 TFT 的结构中,需要精确控制 LDD 的长度和注入剂量。由于 LDD 结构的制造工艺相对简单,能有效地抑制漏电流,因此是一种经常被选用的结构。

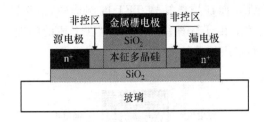

图 11.11　Offset 型 TFT 结构示意图

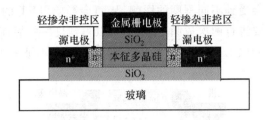

图 11.12　LDD 型 TFT 结构示意图

3. GOLDD 型 TFT 结构

GOLDD(gate overlapped LDD)型 TFT 结构如图 11.13 所示[14]。GOLDD 型 TFT 结构是 LDD 的改进型,在 GOLDD 结构中,栅电极全覆盖沟道区,包括轻掺杂区。GOLDD 结构兼具了 LDD 型结构的优点,也就是说这类结构具有 LDD 型的低漏电流,与 LDD 型结构相比提高了开态电流,又避免了寄生电阻的引入,在开态和关态情况下,都明显的降低了沟道中的横向电场。这种结构的设计比较复杂,当器件尺寸缩小时困难更大。

4. 双栅型 TFT 结构

图 11.14 是双栅型 TFT 结构示意图,双栅是指在 TFT 结构中有两个栅电极,而且两个栅电极分别位于沟道区的上下[15]。由于栅电极数目的增加,增加了栅控能力和控制的灵活性,提升了器件的驱动能力和开关速度。在有效提高开态电流的同时也造成了漏端电场的增加,所以该结构的最大问题是漏电流较大,同时,由于是双栅结构,在设计和制备上较为复杂。

图 11.13　GOLDD 型 TFT 结构示意图

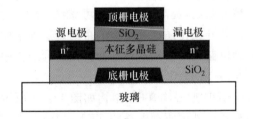

图 11.14　双栅型 TFT 结构示意图

5. 双沟道型 TFT 结构

有上下两层多晶硅有源层的 TFT 结构被称为双沟道 TFT,如图 11.15 所示[16]。在这种结构中使用了 CMOS 制造工艺中的侧墙技术(spacer),该结构可以有效地降低漏端电场、提高了开态电流、增强了驱动能力和提高了器件的开关比。但是,由于器件的上下沟道长度的不同,两个沟道的阈值电压也会有所不同,当器件尺寸缩小时这一问题更加显著。

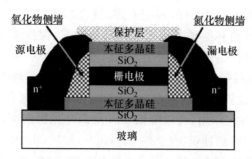

图 11.15 双沟道型 TFT 结构示意图

表 11.1 给出的是 a-Si:H TFT 和 LTPS TFT 性能及相关参数对比表。

表 11.1 a-Si:H TFT 和 LTPS TFT 性能及相关参数对比表

性能、工艺	类型	a-Si:H	LTPS
器件性能	晶粒大小	N	数 μm～数百 μm
	迁移率(cm²/V·s)	约 0.5～1	50～200
	类型	NMOS	PMOS 和 NMOS
	均匀性	较差(阈值电压差异等)	较好
	常用结构	底栅交叉源漏	顶栅自对准源漏
	透光性	差	差
	稳定性	差(阈值电压漂移)	好
	寄生电容	较大的源漏交叉电容	自对准结构寄生电容小
	良品率	高	低
制备工艺	复杂度	4～5 次光刻	8～10 次光刻
	工艺温度	250℃	500℃
	有源层晶化	否	是
	集成驱动电路	否	是

11.2 a-Si:H 薄膜和 LTPS 薄膜的制备工艺

11.2.1 a-Si:H 薄膜的制备工艺

目前制备 a-Si 薄膜主要是采用 PECVD 方法。PECVD a-Si 薄膜的反应气体主要是 SiH_4 或者是 Si_2H_6,而且常用 H_2、He 或 Ar 作为载气或者作为稀释气体。a-Si 的性能取决于薄膜的制备条件,如衬底温度、RF 功率、反应气体的稀释情况以及气体流速等。如果在 a-Si 薄膜淀积过程中存在氧气,那么用这样的薄膜制造的 TFT,其性能将严重退化。

a-Si 结构的主要特点是长程无序,短程有序,这意味着在 2~3 个原子距离的范围内,a-Si 在结构上是对称的、键角和键长都接近晶体硅的情况,保持着周期性的结构。但是,随着范围扩大,偏离晶体硅的周期性结构就会越来越严重,由于不是完整的周期性结构,所以,a-Si 中就会存在大量的悬挂键。而由 PECVD 方法制备的 a-Si 薄膜中,含有 10%~30% 的氢,实际上这种含氢的 a-Si 就是 SiH 合金,也就是通常所说的氢化非晶硅,表示为 a-Si:H。在 a-Si:H 中,通过 H 的钝化作用,可以降低 a-Si 中的悬挂键密度,与用真空蒸镀方法或溅射方法制备的 a-Si 薄膜中的悬挂键密度(约 $10^{20}\,cm^{-3}$)相比,由 PECVD 方法制备的 a-Si:H 薄膜中的悬挂键密度下降到 $10^{15}\sim10^{16}/cm^3$。在 PECVD a-Si 薄膜的过程中,由 SiH_4 或者是 Si_2H_6 分解出的 H 有一部分进入 a-Si 的结构中,与其中 Si 的悬挂键结合,从而使悬挂键饱和;同时氢原子进入 a-Si 的网络中,可以增强网格中硅原子应力的释放,使结构趋向稳定。

在 a-Si:H 薄膜中,氢的含量受淀积时衬底温度的影响最为明显,当增加衬底温度时,薄膜中氢的含量下降。在 a-Si:H 中,H 的钝化作用,其实就是 H 与 Si 形成合金,从而降低了悬挂键密度,但是,随温度的升高,氢的动能增加,扩散能力增强,当温度达到一定时,氢会爆炸式的离开薄膜。一般情况下,a-Si:H 薄膜经过 450℃ 的热处理之后,其氢的含量降至 1%。当增加衬底温度时,薄膜的光学禁带宽度也会下降,因为光学禁带宽度随着 a-Si:H 薄膜中氢含量的增加而增加。未掺杂 a-Si:H 薄膜的淀积温度通常在 200~400℃,薄膜中的氢主要以 SiH 或 SiH_2 基团的形式存在;然而,只含有 SiH 基团的薄膜是最适合于制造 TFT[17]。

在 a-Si:H TFT 的制造工艺中,在本征 a-Si:H 薄膜层与金属电极层之间淀积一层 n^+ a-Si:H 薄膜,称为欧姆接触层。n^+ a-Si:H 薄膜的淀积一般是在 a-Si:H 薄膜的淀积气氛中加入适当比例的掺杂气体,如 PH_3 等。

11.2.2 LTPS 薄膜的制备工艺

LTPS TFT 是实现高分辨率有源矩阵显示的像素最佳控制器件的之一,由于 LTPS 载流子迁移率比较高,更适合电流驱动型的 AMOLED 显示的像素控制器件,同时也可作为有源矩阵显示器的外围驱动电路。因此,低温多晶硅薄膜的制备是制造 LTPS TFT 的关键工艺。

目前平板显示器基本都是以玻璃基板为载体,因为玻璃的软化温度在 550℃ 左右,所以工艺温度要低于 550℃。当温度低于 550℃ 时,采用 LPCVD 和 PECVD 直接淀积的硅薄膜基本都是非晶态。因此,目前在低温下制备多晶硅薄膜的主要途径是在低温下先淀积 a-Si 薄膜,之后再在低温下晶化为多晶硅(p-Si)薄膜。非晶硅是非平衡态,非平衡态不是最稳定的状态,称为亚稳态。在热激活或其他外来因素的作用下,如果达到非晶态向晶态过渡的温度和条件时,非晶硅的结构就会发生变化,结晶或者晶化为多晶硅。

在低温下,非晶硅薄膜晶化为多晶硅薄膜,目前主要可以通过以下三种工艺完成:固相晶化(solid phase crystallization, SPC)法、金属诱导横向晶化(metal induced lateral crystallization, MILC)法以及准分子激光晶化(excimer laser crystallization, ELC)法。

1. 固相晶化法

固相晶化法是指通过热退火，也就是通过热处理完成从 a-Si 薄膜结晶为 p-Si 薄膜的工艺过程。热退火是一种最常用的热处理方式。热退火就是把欲退火的材料(如样品等)，根据需要，利用不同热(能)源和不同方法加热到所需要的温度，在加热和退火过程中，欲退火材料(如样品)始终保持固体状态。由于温度的升高，原子的振动能力和迁移水平增强，从而可消除或释放应力、调整微观结构、消除结构缺陷、原子将重新排列，实现从不稳定的非平衡状态(称为亚稳态)，向稳定的状态过渡，也就是从非晶态向晶态过渡，完成晶化。在热退火过程中可以同时激活掺杂杂质，也就是不在晶格位置上的杂质运动到晶格位置，实现电激活，达到掺杂目的。根据热退火的具体加热情况，可分为一般热退火和快速热退火。

(1) 一般热退火。一般热退火是指加热升温速度比较慢的退火过程。通过对欲退火材料的加热，使欲退火材料升温，原子的振动能力和迁移水平提高，成核能力增强，完成晶化。在热退火过程中，通常是均匀成核，晶化后的多晶硅的晶粒尺寸一般为 0.4～0.8 μm，平均载流子迁移率约为几十 $cm^2/V \cdot s$。

一般热退火过程可以在很宽的温度范围和时间内完成，退火时间与退火温度之间的关系不是唯一的，取决于 a-Si 薄膜的微结构情况[18]。影响晶化的关键因素是成核速率，成核速率又明显地受 a-Si 薄膜的淀积方法和具体工艺的影响[19,20]，a-Si 薄膜结构的有序程度，直接影响了薄膜在热退火过程中形成稳定晶核的能力，而结构的有序度又受淀积参数的影响，如淀积温度、淀积速率等[19,21,22]。随着薄膜淀积温度的降低，薄膜结构的有序度也跟之下降，其结果是更难于成核，降低了晶化速度。

(2) 快速热退火。快速热退火(rapid thermal annealing, RTA)是在一般热退火基础发展起来的一种改进工艺。快速热退火是利用钨卤素灯(tungsten halogen)、氙弧灯(xenon arc lamp)、电子束、激光束等的辐射能直接照射欲退火材料，对欲退火材料快速加热升温完成晶化。

快速热退火的主要优点是工艺简单，退火时间很短，p-Si 薄膜的迁移率可达到几十到上百 $cm^2/V \cdot s$，比热退火的迁移率高，薄膜的微结构也非常均匀。采用快速热退火晶化的 p-Si 薄膜制备的 TFT，非常适合在 AMOLED 显示中应用，因为 AMOLED 是电流驱动型显示器，要求驱动电流必须非常均匀，从而避免各个像素之间发光的不均匀性。

快速热退火可在极短的时间内，以高能量密度加热欲退火的薄膜，完成晶化。快速热退火一般会引起晶化的 p-Si 微结构的问题，在晶化的 p-Si 中观察到了晶粒内部存在密度很高的缺陷，这些缺陷通常是孪晶间界和微孪晶粒的形成物，这些晶粒内的缺陷对 p-Si 薄膜的电学性能是非常不利的，因为它们产生势垒，阻止载流子的传导。

2. 金属诱导横向晶化法

我们知道在非晶硅中存在小量的金属相，能增强晶体硅的生长[23]，这种增强作用的机制归因为金属中的电子与硅共价键在生长界面处相互作用的结果[24]。在金属诱导横向晶化(MILC)过程中,根据所选择的金属材料,又可分为两种类型。一种类型是金属与硅形成共融的晶化方式,如金、铝等金属,在这种方法中就是利用金属原子减弱硅—硅键的键和力达到降低成核能量,从而完成晶化。另一种类型是利用金属与硅形成硅化物的晶化方式,其机制是通过硅化物与硅晶体有类似的晶体结构,配合自由能的移动达到降低成核能量,完成晶化,如钯、钛、镍等都是常用的金属。镍(Ni)的硅化物体系已被广泛研究,当一薄层 Ni 淀积在硅上并通过退火,就形成了硅化物 $NiSi_2$[25],这种二硅化镍化合物是立方晶体结构,与晶体硅的结构参数非常匹配(晶格参数相差大约 0.4%)。实际上,该硅化物在 a-Si 转化成单晶硅(c-Si)的过程中充当了媒介的作用。应当指出的是,在 c-Si 中会残留微量的 $NiSi_2$,如果不能有效的去除,它将对器件性能产生致命的影响。一种去除工艺就是植入磷,之后在低于 550℃ 的温度下进行退火,形成电学上的无活性的化合物。金属诱导横向晶化法的晶化温度比固相晶化法要低,而且晶化速度快,晶粒也较大,多晶硅中的缺陷密度也比较低。

3. 准分子激光晶化原理

准分子激光晶化与热退火(含激光退火)晶化的机理并不完全相同,准分子激光晶化是通过晶体生长完成的。在准分子激光晶化过程中,待晶化的材料受热、升温、熔化,在籽晶引导下完成晶体生长,达到晶化目的。

准分子激光是一种气体激发的激光,波长在光谱的紫外(ultraviolet, UV)波段。在 a-Si 薄膜晶化为 p-Si 薄膜的工艺中,可采用波长为 193 nm、248 nm、308 nm 和 351 nm 的激光,它们分别对应于 ArF、KrF、XeCl、和 XeF 混合激光气体。这些波长的激光都非常适合 a-Si 薄膜晶化为 p-Si 薄膜,因为 a-Si 对 UV 波段的激光吸收能力非常强。因此,当用这些波长的激光辐照 a-Si 薄膜时,其能量在表面受到强烈吸收,入射的激光脉冲能量在薄膜表面很薄的厚度内(表面 5~10 nm 内)几乎就被完全吸收,因此,a-Si 薄膜因为极快地吸收能量、升温、熔化,在籽晶的引导下晶化为 p-Si。a-Si 薄膜层下面的 SiO_2、SiN_x 层或者玻璃载体基本不受影响。

典型的准分子激光以脉冲模式工作,工作频率大约在 300 Hz 左右,脉冲宽度在 10~50 ns 的范围内,准分子激光的输出能量一般在 0.6~2 J 的范围内。一种功率非常强的 XeCl 准分子激光,激光能量可高达 15 J,脉冲宽度约为 220 ns,放电频率约为 1~5 Hz。激光设备的最重要特性就是脉冲之间的重复性,然后依次是放电频率、输出功率和脉冲宽度。

根据激光的能量密度和具体工艺情况,被辐照的 a-Si 薄膜层可能出现三种情况:"部分熔融"、"完全熔融"和"接近完全熔融"。这三种情况的晶化过程并不完全相同[26,27]。

(1) 部分熔融。当激光束辐照 a-Si 薄膜时,因为 a-Si 对 UV 波段的光吸收能力非常强,瞬间就可以产生高温、熔融。当能量密度不是很高时,a-Si 薄膜只是一定厚度的表面层熔化,形成上层为熔融区,下层仍然为连续的 a-Si 薄膜层,在这种情况下,晶化将从未熔化层向上进行,晶化的多晶硅呈圆柱状。这种情况晶化的多晶硅晶粒较小,而且还会有部分非晶硅夹在其中,这就是"部分熔融"情况的晶化过程。

(2) 完全熔融。形成部分熔化的情况是因为能量偏低,如果增加激光能量,当能量达到某个值时,a-Si 薄膜层就会全部熔化。通常 a-Si 薄膜层是淀积在 SiO_2、SiN_x 或者玻璃的衬底上,对于这样的结构,当 a-Si 薄膜层全部熔化时,这意味着不可能发生从衬底表面向上生长的外延过程。在这种情况下,只能靠在熔融硅中随机产生的晶核完成晶化。随机产生的晶核在整个熔融硅中分布比较均匀,晶化的晶粒较小,一般晶粒直径在几十 nm 的数量级,但均匀性很好,非常适合应用在大面积 TFT 阵列的制造中。

(3) 接近完全熔融。介于上述两种情况之间,还存在一种特殊熔融状态,就是"接近完全熔融"的情况。当整个 a-Si 薄膜层几乎全部熔化,只是在衬底上还残留部分、不连续的薄膜,这些残留薄膜呈现分散、岛状的状态,这种情况被称为"接近完全熔融"的状态。这些被完全熔化区域隔离开的固态"小岛",就是晶化的"种籽",也就是"籽晶"或称为"晶核",从这些籽晶开始进行横向生长。在"接近完全熔融"状态下的生长,也被称为超级横向生长(the super lateral growth,SLG),在理想情况下,横向生长形成的是由大小相似的晶粒组成的多晶硅薄膜。但是,实际上这种情况是非常难控制的,因为形成 SLG 情况的激光能量密度需要精确控制。激光能量密度的微小变化(如脉冲之间能量密度的变化),导致要么是部分熔融状态,要么是完全熔融的状态,并因此严重地影响到 p-Si 薄膜的微结构。

(4) 准分子激光晶化工艺。准分子激光晶化就是用高能量密度的激光束,对待晶化为 p-Si 的 a-Si 薄膜层进行辐照,由于 a-Si 对 UV 波段的激光吸收非常强,只要激光能量合适,吸收能量的 a-Si 薄膜层就会快速升温、熔化,在冷却过程中由籽晶引导晶化为 p-Si。在具体晶化过程中,对同一区域,可以进行多次激光辐照,其目的是增大最初生长的晶粒尺寸和提高晶粒尺寸的均匀性。实现这个过程,可以通过对一个区域进行多次静态辐照(激光束和样品相对静止),或者在连续的脉冲之间采用足够宽的重叠区进行动态辐照(激光束和样品相对运动)。静态辐照方法更适合大面积的激光束[28],动态辐照通常是针对较小面积的激光束。在实际晶化工艺中,脉冲激光束之间的重叠区域应该根据对晶化薄膜质量的要求来决定,即重叠区域越小,晶化的薄膜质量可能越差。如果重叠区域越大,生产效率就会很低,需要的晶化时间就越长。

多次辐照的一个缺点就是增加了薄膜污染的概率。随着晶化气体中氧含量的增加,p-Si薄膜表面的粗糙程度将会加重[29,30],因此,必须在真空环境或在惰性气体中进行晶化。为了适应栅绝缘层越来越薄的发展趋势,必须降低和控制 p-Si 薄膜的表面粗糙程度。

准分子激光晶化的 p-Si 薄膜,表面粗糙不平的地方主要出现在晶粒之间的交界处。表面粗糙不平的形成机制很好理解,因为熔融硅的密度为 2.53 g/cm^3(液相)与固态硅的密度为 2.33 g/cm^3 不同。换言之,熔融硅结晶为固态硅的同时会发生膨胀。结晶固化过程开始于各个"种籽"(籽晶),不同籽晶以不同晶向晶化,由于晶化的固态硅比液态硅占用更大的体积,所以只能向上膨胀(也就是垂直薄膜表面的方向),由于各个晶粒尺寸以及具体膨胀等情况的不同,在表面就可能会在两个晶粒的交界(晶粒间界)处出现台阶,引起整个晶化表面粗糙不平。在应用激光晶化的典型工艺中,表面上峰与谷的高度差可能等价于薄膜的厚度。

这意味着,对于 50 nm 厚的薄膜,预期的峰与谷之间的粗糙程度也是在 50 nm 的数量级。如前面所提及的,在晶化过程中,表面粗糙程度能被富氧的气氛额外地增大,其原因可以通过表面亚氧化物的形成来释放[30]。

抑制表面粗糙度的一个有效办法就是采用多次辐照技术。在该技术中,先采用一个最佳的能量密度激光束进行辐照,然后以低能量密度的激光束再进行辐照,使每次熔化的区域更靠近薄膜的表面,从而可实现晶化薄膜的表面更为"平滑"。这种方法可得到低表面粗糙度的 p-Si 薄膜[31]。

准分子激光晶化法制备的 p-Si 薄膜,比传统的 SPC 法制备的薄膜具有更高质量。主要归因于准分子激光晶化的 p-Si 是通过液相生长完成的,晶化生长的晶粒内几乎没有缺陷。这种改善看上去比晶粒尺寸本身更重要,这点从 p-Si TFT 的迁移率作为晶粒尺寸和晶化方法之间的变化趋势中可以得到证实[31],如图 11.16 所示。由图可以看到,在晶粒尺寸一定的情况下,由 ELC 薄膜制造的 p-Si TFT,其性能更好,这是因为 ELC 的晶粒内,缺陷明显降低。准分子激光晶化的 p-Si 薄膜中,稳定的晶粒尺寸一般局限于 0.3～0.6 μm 之间。

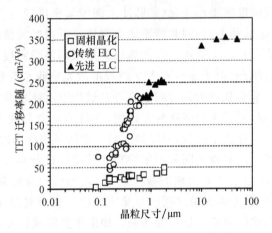

图 11.16　p-Si TFT 迁移率随 p-Si 薄膜晶粒尺寸的变化关系曲线

虽然激光晶化的多晶硅薄膜质量很高,制造的 p-Si TFT 也有满意的特性,并在显示中得到应用。但是,目前准分子激光晶化工艺仍然存在一些缺点,首先是制备的 p-Si 薄膜的性能强烈地依赖于激光脉冲能量密度的均匀性,以及各个激光脉冲能量密度的重复性,激光脉冲能量密度的重复性是一个和设备相关的参数。激光能量应该均匀集中在辐照区内,否则就会影响到 p-Si 薄膜的微结构,并由此影响所制备的 TFT 的性能。另外,激光晶化的多晶硅还受制于激光设备,激光光束宽度一般又很难做的很大,只适合中小面积多晶硅薄膜的制备,一般用于 6G 以下的多晶硅薄膜的制备。6G 基板的尺寸是 1500 mm×1850 mm。

目前准分子激光晶化工艺存在的另一个缺点,就是晶粒的平均尺寸和 TFT 沟道尺寸

(长度)之间的对应关系。这意味着,除非 TFT 的沟道极其短(小于 0.5 μm),TFT 沟道可能由单个晶粒组成,一般是不可能的。因此,一方面由于晶粒尺寸的不均匀;另一方面由于不能精确地控制晶粒间界相对于 TFT 沟道的位置,因此制造的 TFT 性能并不均匀。根据激光晶化的物理机制,完善和提高目前的准分子激光晶化工艺,仍然是平板显示技术发展过程中非常关心的问题。

11.3 非晶硅 TFT 制造工艺

已经讲述了 a-Si:H TFT 的基本结构,下面以底栅背沟刻蚀型 TFT 结构为例,讲述在玻璃基板上制备 TFT 的主要工艺过程。

(1) 因为采用的是底栅结构,所以首先要在玻璃基板上通过溅射工艺,淀积金属栅电极层,如图 11.17(a)所示。金属栅电极材料可选用 Cu/Ti、Al、Al/Mo 或 Cr 等。溅射工艺的基本原理和具体工艺在第五章中已经做了详细讲述。

(2) 在完成栅电极金属层淀积之后,下一步就是要形成具体的栅电极。首先通过涂胶、前烘、曝光、显影工艺之后,先形成与栅电极对应的光刻胶图形,如图 11.17(b)所示。光刻工艺的基本内容我们在第八章中已经详细讲述了。

(3) 在光刻胶的保护下,通过湿法腐蚀工艺,腐蚀出金属栅电极图形,去除光刻胶,完成了栅电极的制备,也就完成了第一次光刻工艺,如图 11.17(c)所示。栅电极金属材料的具体腐蚀工艺,根据所选用的金属材料而定。有关湿法腐蚀的具体工艺,在第八章的 8.11 节已经详细讲述了。

(4) 金属栅电极形成之后,通过 PECVD 连续淀积栅电极绝缘层 SiNx、a-Si:H 有源层和 n^+ a-Si:H 欧姆接触层,如图 11.17(d)所示。采用 PECVD 方法淀积有源层一般是氢化非晶硅,氢化非晶硅中含有一定比例的氢,氢可以钝化非晶硅中的悬挂键,降低悬挂键的密度,改善非晶硅的电性能。淀积 n^+ a-Si:H 欧姆接触层的目的是为了降低源漏金属电极与 a-Si:H 的接触电阻。通常情况下栅电极绝缘层是 SiNx,淀积 SiNx 的气体是 SiH_4、NH_3、N_2 和 He;淀积温度在 250~350℃之间,薄膜厚度一般为 3000~4500Å。a-Si:H 有源层的淀积气体是 SiH_4、H_2 和 He;淀积温度在 250~350℃之间;厚度一般为 500~2000Å。n^+ a-Si:H 的淀积的气体是 SiH_4、PH_3、H_2 和 He;淀积温度在 250~350℃之间,厚度为 500Å 左右。上面给出的工艺参数与 TFT 的具体结构、尺寸等情况有关,仅仅是一个参考值。

(5) 在完成上述三层薄膜淀积之后,通过光刻工艺,保留与源漏电极区对应的光刻胶图形,也就是定义出 TFT 的源漏电极区,其他区域的光刻胶全部去除,如图 11.17(e)所示。

(6) 在光刻胶的保护下,通过反应离子刻蚀(RIE)去掉不被光刻胶保护的 n^+ a-Si:H 欧姆接触层和 a-Si:H 有源层,留下与源漏电极区相对应的 n^+ a-Si:H 欧姆接触层和 a-Si:H 有源层,完成第二次光刻工艺,如图 11.17(f)所示。有关反应离子刻蚀的内容在第八章的 8.12 节已经详细讲述了。

(7) 在完成第二次光刻工艺之后,通过溅射工艺溅射一层将作为源漏电极的金属层,如图 11.17(g)所示。源漏电极金属层一般是通过溅射工艺淀积的,金属材料可选用 Ti/Cu、Ti/Al、Cr 或 Mo/Al 等。

(8) 淀积源漏电极金属层之后,通过光刻工艺,保留与源漏电极对应的光刻胶图形,去掉沟道区和其他区域的光刻胶,完成了源漏电极的定义,如图 11.17(h)所示。

(9) 通过湿法腐蚀,去掉沟道区和其他区域的金属层,形成源漏电极,如图 11.17(i)所示。这步工艺之后,仍然保留与源漏电极对应区域的光刻胶,下一步形成 TFT 沟道的工艺还需要这部分光刻胶作为保护层。

(10) 沟道区的金属层被去掉之后,再以与源漏电极对应的光刻胶作为掩膜,采用反应离子刻蚀工艺对沟道中的 n^+ a-Si:H 欧姆接触层进行刻蚀,如图 11.17(j)所示。需要特别指出的是,对沟道中的 n^+ a-Si:H 欧姆接触层的刻蚀一定要刻蚀干净,其目的是为了降低 TFT 的漏电流。为了确保对 n^+ a-Si:H 欧姆接触层刻蚀干净,一般采用过刻蚀的方式,即刻蚀掉一部分 a-Si:H 层。

(11) 完成对沟道中的 n^+ a-Si:H 欧姆接触层的刻蚀之后,可以去掉光刻胶,到此已经完成第三次光刻工艺,TFT 功能层的制备工艺已基本完成,如图 11.17(k)所示。

(12) 经过上面各步工艺之后,已经基本完成了 TFT 的制造,下一步工艺就是把 TFT 的电极与外部相关区域进行连接,形成具有功能性的 TFT,为此要进行第四次光刻工艺。首先淀积 SiNx 钝化层,如图 11.17(l)所示。SiN_x 钝化层是通过 PECVD 淀积的,淀积气体是 NH_3、SiH_4、N_2 和 He 淀积温度一般在 200~350℃,厚度一般为 1500~3000Å。

(13) 通过涂胶、前烘、曝光、显影工艺之后,在需要引出电极的位置曝光显影掉光刻胶,通过干法刻蚀工艺,刻蚀掉没有光刻胶保护处的钝化层,形成各电极的引线的接触过孔,如图 11.17(m)所示。

(14) 在完成各电极引线孔的刻蚀之后,去除光刻胶。通过溅射工艺溅射一层互连金属层,如图 11.17(n)所示。互连金属层一般是通过溅射工艺淀积的,金属材料可选用 Ti/Al、Mo/Al 等。

(15) 通过涂胶、前烘、曝光、显影工艺之后,保留各电极与外部互连的光刻胶图形,如图 11.17(o)所示。

(16) 通过湿法腐蚀工艺,腐蚀掉与互连无关的金属层。去除光刻胶,完成了 TFT 以及 TFT 相关电极与外部互连的制造工艺,如图 11.17(p)所示。

目前 TFT 主要应用在有源矩阵显示中,包括有源矩阵液晶显示和有源矩阵有机发光二极管显示中。在有源矩阵液晶显示中,每个液晶显示像素都配备一个 TFT 和一个存储电容,TFT 做为显示像素的控制器件,存储电容的作用是保持施加在该显示像素上的电压。一个完整的有源矩阵液晶显示像素的顶视和剖面示意图如图 11.17(q)和图 11.17(r)所示。有关存储电容的制备工艺在上述制造 TFT 的过程中同时完成。

在有源矩阵液晶显示屏的 TFT 阵列制造工艺中,栅电极和栅电极的扫描线是同一金属层,不但是在同一步工艺中制备的,而且栅电极和栅电极扫描线的互连也是在同一步工艺中完成的,如图 11.17(q)所示,在图 11.17(r)中,看不到栅电极和栅电极扫描线的互连。

在 TFT 阵列的制造中,源漏电极和数据线是同一金属层,也是同一步工艺完成制备的,而且源电极与数据线的互连也是在同一步工艺中完成的,如图 11.17(q)所示。在图 11.17(r)中,看不到源电极的引出线,而在顶视图中可以清楚地看到源电极与数据线的连接。漏电极是与像素电极相连接,从图 11.17(q)中可以清楚看到。为了能清楚的看到源电极与数据线的互连情况,在图 11.17(q)中没有画出 SiNx 钝化层。

在液晶显示中,像素电极必须是透明的,这是因为液晶本身并不发光,需要有背光源,所以,像素电极必须是透明的。目前,在液晶显示器制造中都是选用 ITO 透明导电薄膜作为像素电极。在有源矩阵液晶显示制造的实际工艺中,在图11.17(m)中刻蚀出漏电极的引线孔之后,通过溅射工艺淀积的是透明导电薄膜 ITO,而不是金属层,通过湿法腐蚀工艺去掉不需要的 ITO,完成漏电极与像素电极的互连,也就是通过第五次光刻,完成 TFT 漏电极与像素电极的互连,如图 11.17(q)和(r)所示。这样就完成了非晶硅 TFT(包括存储电容)和一个显示单元的完整制造工艺。

(a) 在玻璃基板上溅射淀积金属栅电极层

(b) 形成与金属栅电极对应的光刻胶图形

(c) 金属栅电极图形

(d) 连续淀积栅电极绝缘层、a-Si:H 有源层和 n⁺a-Si:H 欧姆接触层

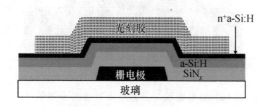

(e) 保留与源漏电极区对应的光刻胶

(f) 与源漏电极区相对应的 n⁺a-Si:H 和 a-Si:H 的图形

图 11.17　制造 a-Si:H TFT 工艺流程

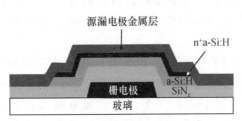

(g) 溅射淀积源漏电极金属层

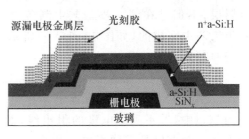

(h) 形成与源漏电极对应的光刻胶图形

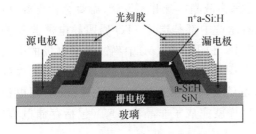

(i) 形成源漏电极后的结构图形

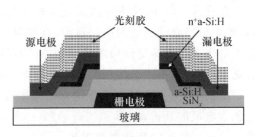

(j) 去掉沟道中的 n^+ a-Si:H 层

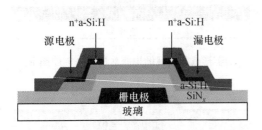

(k) TFT 剖面示意图

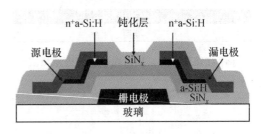

(l) PECVD 淀积 SiN_x 钝化层

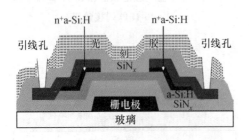

(m) 刻蚀出源漏电极引线孔的剖面示意图

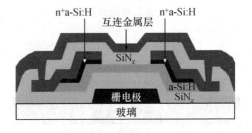

(n) 溅射淀积与源漏电极互连的金属层

图 11.17 制造 a-Si:H TFT 工艺过程(续)

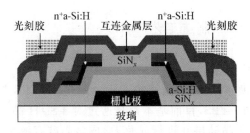

(o) 形成源漏电极与外部互连的光刻胶图形

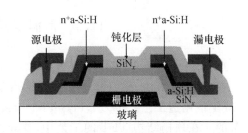

(p) a-Si:H TFT 剖面示意图

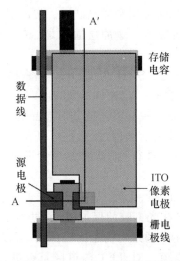

(q) 非晶硅 TFT-LCD 像素单元顶视图

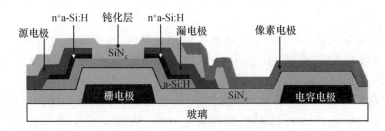

(r) 非晶硅 TFT-LCD 像素单元剖面图

图 11.17 制造 a-Si:H TFT 工艺流程(续)

11.4 低温多晶硅 TFT 制造工艺

1. 低温多晶硅 TFT 单管制造工艺

在 11.1.3 节中,我们讲述了 LTPS TFT 的基本结构,下面将按工艺步骤讲述 LTPS 单管 TFT 的制造工艺。作为 LTPS TFT 有源层的 LTPS,目前基本都是通过对 a-Si:H 晶化制备的。在顶栅结构 TFT 的工艺中,要先淀积非晶硅层并进行晶化,形成多晶硅有源层。在对非晶硅层进行晶化时,TFT 其他各个结构层还没有形成,因此也就不存在影响,所以 LTPS TFT 基本都是采用顶栅结构型。

(1) 首先在衬底上连续淀积缓冲层和非晶硅层。缓冲层是用来阻挡玻璃基板中的杂质扩散进入有源层,同时减小界面应力。缓冲层通常是 SiO_2 或者是 SiO_2 与 SiN_x 的双层结构,如图 11.18(a)所示。

(2) 采用激光晶化工艺,晶化 a-Si:H 为 LTPS,如图 11.18(b)所示。采用 PECVD 方法,淀积的是 a-Si:H,a-Si:H 中含有一定比例的氢,所以在晶化之前必须进行脱氢工艺,防止在晶化过程中发生"氢爆"现象。脱氢工艺就是对非晶硅层进行热处理,使氢排除。脱氢工艺可以在 PECVD a-Si:H 薄膜之后立即进行,也可以在激光晶化前进行。脱氢热处理的温度为 400℃左右,在氮气保护下进行,根据膜厚等情况确定热处理时间,一般在 1 小时左右。

(3) 通过光刻工艺的涂胶、前烘、曝光、显影步骤之后,去掉与沟道区域对应的光刻胶(完成沟道区的定义),其他区域在光刻胶的保护下,通过离子注入工艺,对沟道区进行低浓度 n 型注入,如图 11.18(c)所示。通过对沟道的轻掺杂,可以调整 TFT 器件阈值电压的对称性和均匀性,降低沟道的漏电流。对 TFT 沟道区是否进行掺杂,与 TFT 的具体结构以及应用情况有关。

(4) 对沟道区进行离子注入之后,去除光刻胶,确定了沟道区,完成了第一次光刻工艺,如图 11.18(d)所示。

(5) 沟道区确定之后,下一步工艺就是要确定有源区,也就是要进行第二次光刻工艺。首先,通过光刻胶的涂覆、前烘、曝光、显影工艺后,在对应沟道区的上方保留与有源区对应的光刻胶,如图 11.18(e)所示。

(6) 在与源漏电极区对应的光刻胶保护下,通过刻蚀工艺去除非保护区的多晶硅,再去掉光刻胶,留下的就是与沟道区对应的源漏电极区,到此完成了第二次光刻工艺,如图 11.18(f)所示。

(7) 接着通过 PECVD 淀积栅电极介质层,然后在其上通过溅射工艺淀积金属栅电极层。栅电极介质层一般为 SiO_2 或者 SiO_2 与 SiN_x 的双层结构,薄膜厚度一般为 2000~5000Å;金属栅电极材料可选用 Cu/Ti、Al、Al/Mo 或 Cr 等,厚度一般为 2000~5000Å,形成的截面图如图 11.18(g)所示。

(8) 通过涂胶、前烘、曝光、显影工艺之后,保留与栅电极区相对应的光刻胶图形,定义出 TFT 栅电极的形状和位置,如图 11.18(h)所示。

(9) 在光刻胶的保护下,通过湿法腐蚀工艺腐蚀掉其他区域的金属层,完成金属栅电极的制备,同时也完成了第三次光刻工艺,如图 11.18(i)所示。

(10) 在金属栅电极的保护下,对源漏电极区进行高浓度 B 离子注入,完成对源漏区的 p 型重掺杂。对于顶栅结构的低温多晶硅 TFT 来说,由于离子注入是在栅介质层淀积之后,因此,需要进行高能量和高剂量注入,才能达到对源漏电极区进行掺杂的目的,注入的剂量在 $10^{15}/cm^2 \sim 10^{16}/cm^2$,离子能量在 30~100 keV 左右,离子注入的具体剂量和能量,根据栅电极介质层的厚度等情况而定,如图 11.18(j)所示。

(11) 因为注入的离子并不是都在晶格位置上,同时离子注入时也会产生一些缺陷,所以在完成离子注入后,还需要进行激活工艺。激活后,TFT 各功能性区域的制备已经完成,如图 11.18(k)所示。

(12) 在完成上述工艺之后,通过 PECVD 淀积一层钝化层,钝化层可以是 SiO_2(也可使用 SiN_x 或 $SiON_x$ 或者是上述物质的叠层结构),如图 11.18(l)所示。

(13) 下面进行第四次光刻工艺,这步工艺是形成源漏电极的引线孔。通过刻蚀工艺完成对钝化层的刻蚀,刻出源漏电极的引线孔,如图 11.18(m)所示。

(14) 在完成电极引线孔的刻蚀之后,去掉光刻胶,完成了第四次光刻工艺。之后通过溅射工艺溅射互连金属层,如图 11.18(n)所示。

(15) 接着进行第五次光刻工艺,曝光显影后,保留源漏电极与外部互连的光刻胶,去除其他区域的光刻胶,确定源漏电极与外部互连的图形,如图 11.18(o)所示。

(16) 然后进行刻蚀工艺,在源漏电极与外部互连的光刻胶保护下,去除其他区域的金属层,完成了源漏电极与外部的互连,完成了第五次光刻工艺。经过上述各步工艺,完成了低温多晶硅 p 型 TFT 的单管制造,如图 11.18(p)所示。

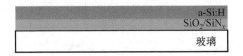

(a) 在玻璃基板上连续淀积缓冲层和非晶硅层

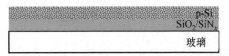

(b) 非晶硅晶化为多晶硅

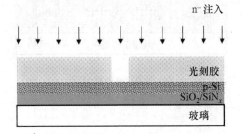

(c) 定义沟道区,并对沟道区进行轻掺杂

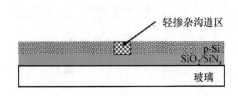

(d) 沟道区位置的确定并完成掺杂

图 11.18　LTPS TFT 工艺流程

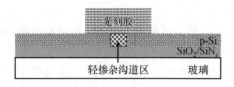
(e) 定义源漏电极区

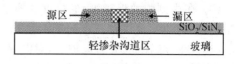
(f) 源漏电极区的确定

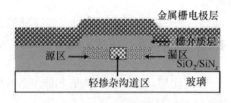
(g) 淀积栅电极介质层和栅电极金属层

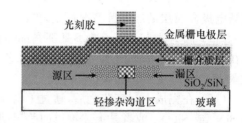
(h) 确定栅电极的位置

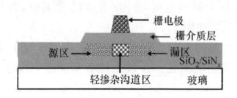
(i) 栅电极形成后的剖面图

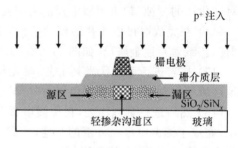
(j) 以金属栅作为注入掩膜,对源漏电极区进行 P^+ 掺杂

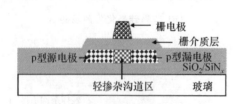
(k) LTPSTFT 剖面图

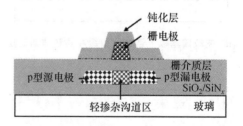
(l) 淀积 SiO_2 钝化层

图 11.18 LTPS TFT 工艺流程(续)

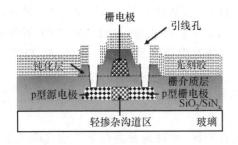
(m) 线孔形成后的 TFT 剖面图

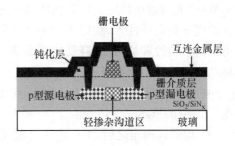
(n) 溅射互连金属层

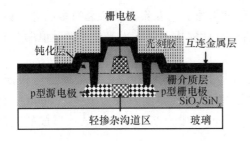
(o) 形成源漏电极与外部互连的光刻胶图形

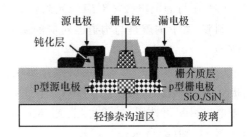
(p) LTPS TFT 剖面图

图 11.18　LTPS TFT 工艺流程(续)

2. LTPS TFT 技术制造 CMOS 电路和像素驱动器件的工艺流程

在采用 LTPS TFT 作为有源矩阵显示像素的控制(开关)器件时,往往也把显示屏的外围驱动电路同时制备在玻璃基板上。外围驱动电路通常采用 CMOS 电路。对于采用 LTPS TFT 工艺制备 CMOS 电路时,需要在同一玻璃基板上制备出 n 型和 p 型的 TFT 器件。

图 11.19(a)～(v)给出的是 LTPS CMOS 制造工艺流程,其中 n 型 TFT 是采用 LDD 结构。图 11.19(a)～(k)与图 11.18(a)～(k)单管 LTPS TFT 的制备工艺基本相同。具体工艺流程如下:

(1) 首先在玻璃基板上连续淀积缓冲层和非晶硅层,缓冲层是用来阻挡玻璃基板中的杂质扩散进入有源层,同时也为了减小界面应力。缓冲层通常是 SiO_2,或者是 SiO_2 与 SiN_x 的双层结构,如图 11.19(a)所示。

(2) 通过激光晶化工艺晶化 a-Si 为 LTPS,如图 11.19(b)所示。采用 PECVD 方法,淀积的是 a-Si:H,a-Si:H 中含有一定比例的氢,所以在晶化之前必须进行脱氢工艺,防止在晶化过程中发生"氢爆"现象。脱氢工艺就是对非晶硅层进行热处理,使氢排除。脱氢工艺可以在 PECVD a-Si:H 薄膜之后立即进行,也可以在激光晶化前进行。脱氢热处理的温度为 400℃左右,在氮气保护下进行,根据膜厚等情况确定热处理时间,一般在 1 小时左右。

(3) 通过第一次光刻工艺中的涂胶、前烘、曝光、显影步骤之后,去掉与沟道对应位置的光刻胶(完成沟道区的定义),其他区域在光刻胶的保护下,通过离子注入工艺,对沟道区进行低浓度 p 型离子注入,如图 11.19(c)所示。通过对沟道的轻掺杂,可以调整 TFT 器件阈值电压的对称性和均匀性,降低沟道的漏电流。对 TFT 沟道区是否进行掺杂,与 TFT 的具体结构以及应用情况有关。

(4) 对沟道区进行离子注入之后,去除光刻胶,确定了沟道区,完成了第一次光刻工艺,如图 11.19(d)所示。

(5) 沟道区确定之后,下一步工艺就是要确定有源区,也就是要进行第二次光刻工艺。首先,通过光刻胶的涂覆、曝光、显影工艺后,在沟道区的上方,保留与有源区对应的光刻胶,如图 11.19(e)所示。

(6) 在与源漏电极区对应的光刻胶保护下,通过刻蚀工艺去除非保护区的多晶硅,再去掉光刻胶,留下的就是与沟道区对应的源漏电极区,到此完成了第二次光刻工艺,如图 11.19(f)所示。

(7) 接着通过 PECVD 淀积栅介质层,然后在其上通过溅射方法淀积金属栅电极层。栅极介质层一般为 SiO_x 或者 SiO_x 与 SiN_x 的双层结构,薄膜厚度一般为 2000~5000Å;金属栅电极材料可选用 Cu/Ti、Al、Al/Mo 或 Cr 等,厚度一般为 2000~5000Å。形成的截面图如图 11.19(g)所示。

(8) 通过涂胶、前烘、曝光、显影工艺之后,保留与栅电极区相对应的光刻胶图形,定义出 TFT 栅电极的形状和位置,如图 11.19(h)所示。

(9) 在光刻胶的保护下,通过湿法腐蚀工艺腐蚀掉其他区域的金属层,完成金属栅电极的制备,同时也完成了第三次光刻工艺,如图 11.19(i)所示。

(10) 以金属栅作为注入掩膜,对源漏区进行低浓度 n 型离子的注入,形成 n 型轻掺杂区,其离子注入能量在 5~20keV 左右,离子注入的具体剂量和能量,根据栅电极介质层的厚度等情况而定,如图 11.19(j)所示。

(11) 因为注入的离子并不是都在晶格位置上,同时离子注入时也会产生一些缺陷,所以在完成离子注入后,还需要进行激活工艺。激活后,TFT 各功能性区域的制备已经完成,如图 11.19(k)所示。

(12) 通过上述各步工艺之后,完成了 TFT 各电极位置的确定,也完成了 LDD 结构的 n 型 TFT 的 n 型轻掺杂区的掺杂。下面通过第四次光刻工艺定义出 n 型掺杂区,在光刻胶的保护下进行 n 型离子高浓度和高能量的注入,完成对 LDD 结构 TFT 的源漏电极区的掺杂,如图 11.19(l)所示。

(13) 在完成上步工艺之后,去掉光刻胶,右边两个 LDD 结构的 TFT 制造工艺基本完成,如图 11.19(m)所示。

(14) 在完成右边两个 LDD 结构的 n 沟 TFT 制造之后,通过第五次光刻工艺形成对右边两个 TFT 的光刻胶保护层。以金属栅作为注入掩膜层,对左边 TFT 的源漏电极区进行 p 型硼离子注入,如图 11.19(n)所示。

(15) 完成注入之后,去掉光刻胶保护层,完成了左边 p 型 TFT 的制备。到此 n 型 LDD 结构的 TFT 和 p 型 TFT 的制备已经基本完成,如图 11.19(o)所示。

(16) 在完成上述工艺之后,通过 PECVD 淀积一层钝化层,钝化层可以是 SiO_2(也可使用 SiN_x 或 $SiON_x$ 或者是上述物质的叠层结构),如图 11.19(p)所示。

(17) 完成钝化层淀积之后,通过第六次光刻工艺,完成对源漏电极引线孔的刻蚀,如图 11.19(q)所示。

(18) 在完成电极引线孔的刻蚀之后,去掉光刻胶,完成了第六次光刻工艺。之后通过溅射工艺溅射互连金属层,如图 11.19(r)所示。

(19) 接着进行第七次光刻工艺,曝光显影后,保留源漏电极与外部互连的光刻胶,去除其他区域的光刻胶,确定源漏电极与外部互连的图形,如图 11.19(s)所示。

(20) 然后进行刻蚀工艺,在源漏电极与外部互连的光刻胶保护下,去除其他区域的金属层,完成了源漏电极与外部的互连,到此已经完成了多晶硅 COMS 结构 TFT 和控制像素的 TFT 的制造工艺,并完成了互连,如图 11.19(t)所示。

(21) 如果制造的 TFT 是作为液晶显示像素的控制器件以及外围驱动电路,那么还需要以下几步工艺。首先通过第八次光刻工艺,刻出像素控制 TFT 的漏电极的引线孔,如图 11.19(u)所示。

(22) 通过溅射的方式淀积透明像素电极层 ITO,并通过第九次光刻工艺,完成像素控制器件与像素电极互连的光刻胶图形,如图 11.19(v)所示。

(23) 在控制像素的 TFT 漏电极与显示像素互连的光刻胶图形保护下,通过刻蚀工艺刻蚀掉未被光刻胶保护的 ITO 导电薄膜层,去掉光刻胶,留下了控制像素的 TFT 漏电极与显示像素互连的 ITO 导电薄膜层,最终完成了用于显示屏的外围驱动电路的 TFT CMOS 电路和控制像素 TFT 的制造工艺,而且也可同时完成像素存储电容的制备,存储电容的制备没有画出,如图 11.19(w)所示。

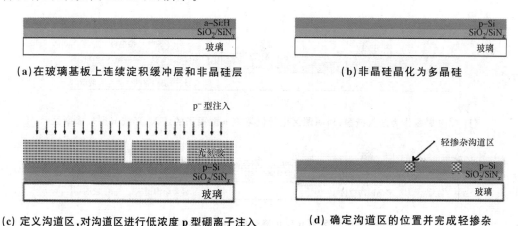

图 11.19　LTPS CMOS 工艺流程图

(e) 定义 TFT 的有源区　　　　　(f) TFT 源漏电极区的确定

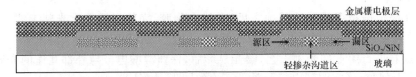

(g) 淀积栅电极介质层和栅电极金属层

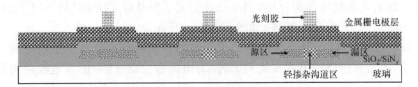

(h) 定义 TFT 栅电极的位置

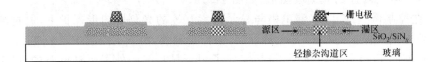

(i) 栅电极形成后的剖面图

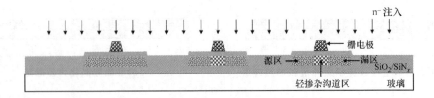

(j) 以金属栅作为注入掩膜，对源漏区进行低浓度 n 型离子的注入，形成 n 型轻掺杂区

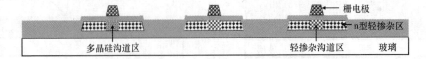

(k) 源漏电极区为 n 型轻掺杂的 TFT 基本结构剖面图

图 11.19　LTPS CMOS 工艺流程图(续)

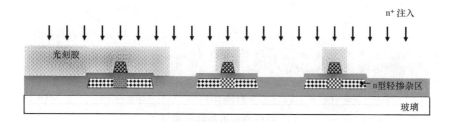

(l) 定义出非控区并完成对 LDD 结构 TFT 源漏电极区的掺杂

(m) 基本完成了右边两个 LDD 结构的 n 沟 TFT 制造

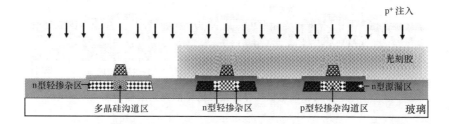

(n) 以金属栅作为注入掩膜层,对左边 TFT 的源漏电极区进行 p 型硼离子注入

(o) 完成了 n 型 LDD 结构的 TFT 和 p 型 TFT 的制备

(p) 淀积 SiO_2 钝化层(或者淀积 SiO_2/SiN_x 双层钝化层)

图 11.19　LTPS CMOS 工艺流程图(续)

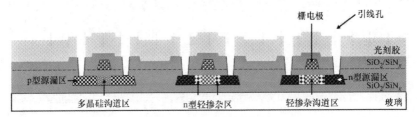

(q) 刻出源漏电极的引线孔

(r) 淀积互连金属层

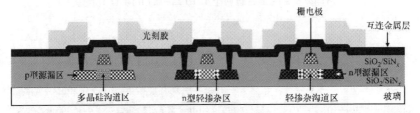

(s) 形成源漏电极与外部互连区域的光刻胶保护层

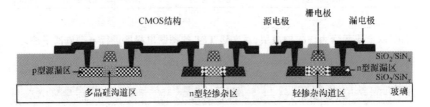

(t) 完成了多晶硅 COMS 结构 TFT 和控制像素的 TFT 的制造工艺,并完成了互连

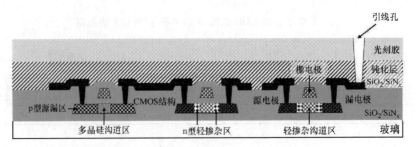

(u) 刻出像素控制 TFT 的漏电极的引线孔

图 11.19 LTPS CMOS 工艺流程图(续)

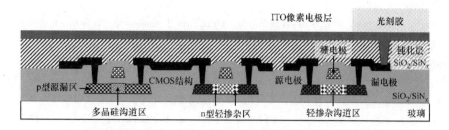

(v) 形成像素控制器件与像素电极互连的光刻胶图形

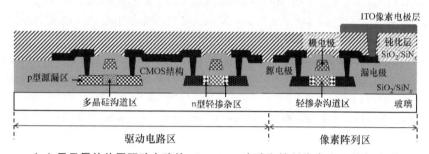

(w) 显示屏的外围驱动电路的 TFTCMOS 电路和控制像素 TFT 的剖面图

图 11.19 LTPS CMOS 工艺流程图(续)

最终完成了驱动电路区和像素阵列区的 TFT 和相关互连的制备。

低温多晶硅 TFT 的制造过程包括了多个与 MOSFET 集成电路类似的工艺流程,尽管有许多相似的工艺过程,但是,这些工艺也有他们特殊之处。如衬底材料不是单晶硅硅片,而是玻璃或其他材料;有源层是非晶硅经过晶化形成的多晶硅。低温多晶硅 TFT 制造工艺总是围绕降低制造温度和减少工艺次数等方面进行研究和开发;有时也会在一些特殊的工艺过程中增加一些工艺步骤,使得整个工艺技术更好地适用于特殊产品的工艺方案。与非晶硅 TFT 制备工艺(4~5 次光刻)相比,低温多晶硅 TFT 制备工艺的光刻次数较多、技术复杂和成本也较高,并且不太适宜于大面积显示屏的制造。但是,随着 LTPS 技术的发展,新的 LTPSTFT 结构、制造工艺以及新材料的研发和完善,对硅基 TFT 在更加广泛的领域中应用具有十分重要的意义。

参 考 文 献

[1] P G LeComber, W E Spear, A Ghaith. Amorphous Silicon Field-Effect Device and Possible Application. Electron Device Letters, vol. 15, 1979: 179

[2] T Kallfass, E Lueder. High-Voltage Thin-Film Transistors Manufactured with Photolighography and with Ta2O5 as the Gate Oxide. Thin Solid Films, vol. 61, 1979: 259

[3] E Lueder. Processing of Thin Film Transistors with Photolithography and Application for Displays.

SID 80 Digest, 118

[4] W Frasch, T Kallfass, E Lueder, B Schaible. Thin Film Transistors(TFTs) with Anodized Ta2O5-Gate Oxide and Their Application for LC Display. Proc. 1st European Display Research Conference Eurodisplay, 81, 220

[5] A Ban, Y Nishioka, T Shimada, M Okamoto, M Katayama. A simplified process for SVGA TFT-LCDs with single-layered ITO source bus-lines. SID 96 Digest, 93

[6] H Maeda, K Fujii, N Yamagishi, H Fujita, S Ishihara, K Adachi, E Takeda. A 15-in. -diagonal full-color high-resolution TFT-LCD. SID 92 Digest, 47

[7] H Kanoh, O Sugiuta, A B Paul, M Matsumura. Optimization of chemical vapor Deposition conditions of amorphous-silicon films for thin-film transistor application. Jpn. J. Appl. Phys., vol. 29, 1990: 2358

[8] N Hirano, N Ikeda, H Yamaguchi, S Nishida, Y Hirai, S Kaneko. A 33-cm-diagonal high-resolution multi-color TFT-LCD with fully self-aligned a-Si:H TFTs. Proc. of International Display Research Conference, 1994: 369

[9] S Martin, J Kanicki, Y Ugai. Electrical instabilities of top-gate a-Si:H TFTs for AMLCDs. AM-LCD 99, 161

[10] J Jang, K W Kim. Silicide electrode technologies for high-performance poly-Si TFT. AM-LCD 99, 235

[11] K Tanaka, H Arai, S Kohda. Characteristics of offset-structure polycrystalline-silicon thin-film transistors. IEEE Electron Device Letters, vol. 9(1), 1988: 23

[12] K Nakazawa, K Tanka, S Suyama, K Kato, S kohda. Lightly Doped Dtain TFT Structure for Poly-Si LCDs. 1990 Soc. Information Display Dig. Tech. Pap., 1990: 311

[13] Shengdong Zhang, Ruqi Han, Mansum J Chan. A Novel self-aligned bottom gate poly-Si TFT with in-situ LDD. IEEE Electron Device Letters, vol. 22(8), 2001: 393

[14] J G Fossum, A Ortiz-Conde, H Shichijo, S K Banerjee. Anomalous leakage current in LPCVD poly-silicon MOSFET's. IEEE Transationson Electron Devices, vol. ED-32(9), 1985: 1878

[15] A Kumar, JKO Sin, CT Nguyen, PK Ko. Kink free polycrystalline Silicon Double Gate Elevated Channel Thin Film Transistors. IEEE Transactions on Electron Devices, vol. 45(12), 1998: 2514

[16] Feng-Tso Chien, Chin-Mu Fang, Chien-Nan Liao, Chii-Wen Chen, Ching-Hwa Cheng, Yao-Tsung Tsai. A Novel High-Performance Poly-Silicon Thin-Film Transistor With a Double-Channel Structure. IEEE Electron Device Letters, vol. 29(11), 2008: 1229

[17] W M M Kessels, A H M Smets, D C Marra, E S Aydil, D C Schram, M C M Van de Sanden. On the growth mechanism of a-Si:H. Thin Solid Films, vol. 383, 2000: 154

[18] A T Voutsas, M K Hatalis. Structure of as-deposited low-pressure chemical vapor-deposition silicon films at low deposition temperatures and pressures. J. Appl. Phys., vol. 59, 1992: 1167

[19] A T Voutsas, M K Hatalis. Deposition and crystallization of a-Si low-pressure Chemical-vapor-deposited films obtained by low-temperature pyrolysis of disilane. J. Electrochem. Soc., vol. 140, 1993: 871

[20] A T Voutsas, M K Hatalis. Structural characteristics of as-deposited and Crystallized mixed-phase silicon films. J. Electron. Mat., vol. 23, 1994: 319

[21] K Nakazawa. Recrystallization of amorphous silicon films deposited by low-pressure Chemical vapor deposition from Si2H6 gas. J. Appl. Phys., vol. 69, 1991: 1703

[22] A T Voutsas, M K Hatalis, J Boyee, A Chiang. Raman spectroscopy of Amorphous and microcrystalline silicon films deposited by low-pressure Chemical vapor depositon. J. Appl. Phys., vol. 78, 1995: 6999

[23] R S Wagner, W C Ellis. Vapor-liquid-solid mechanism of single crystal growth. Appl. Phys. Lett., vol. 4, 1964: 89

[24] F Spaepen, E Nygren, A V Wagner. Crucial Issues in Semiconductor Materials and Processing Technologies. NATO ASI Series E. Applied Sciences, vol. 222, . 1992: 483

[25] R T Tung, F Schrey. Growth of epitaxial NiSi2 on Si(111) at room temperature. Appl. Phys. Lett., vol. 55, 1989: 256

[26] J S Im, H J Kim, M O Thompson. Phase transformation mechanisms involved in Excimer laser crystallization of amorphous silicon films. Appl. Phys. Lett., vol. 63, 1993: 1969

[27] A T Voutsas, M K Hatalis. Crystallized mixed-phase silicon films for thin-film transistors on glass substrates. Appl. Phys. Lett., vol. 63, 1993: 1546

[28] A T Voutsas, C Prat, D Zahorski. Improvement of p-Si film quality and p-Si TFT Characteristics by application of large-area ELA technology. IDRC'00 Conference Record, 451

[29] D J McCulloch, S D Brotherton. Surface roughness effects in laser-crystallized Polycrystalline silicon. Appl. Phys. Lett., vol. 66, 1995: 2060

[30] A T Voutsas, A M Marmorstein, R Solanki. The impact of annealing ambient on the performance of excimer-laser-annealed polysilicon thin-film transistors. J. Electrochem. Soc., vol. 146, 1999: 3500

[31] A T Voutsas. A New era of crystallization: advances in polysilicon crystallization and crystal engineering. Applied Surface Science, vol. 208, 2003: 250

附 录

附录1 常用金属元素材料及其电学特性

金属	20~25℃时电阻率 /$\mu\Omega \cdot$ cm	电阻率温度变化关系 /(10^{-3}/℃)	功函数 /eV	300K时的肖特基势垒高度 /eV		
				n-Si	n-GaAs	n-InP
Ag	1.59	4.1	4.73	0.78	0.88	0.52
Al	2.65	4.29	4.08	0.72	0.80	0.52
Au	2.35	4.0	4.82	0.80	0.90	0.52
Cr	12.9	3.0	4.60	0.61	0.73~0.77	ohmic
Cu	1.67	6.8	—	0.58	0.82	0.44
Ir	5.3	3.925	5.3	—	—	—
Mo	5.2	—	4.20	0.68	0.90	—
Nb	12.5	—	4.01	—	—	—
Os	9.5	4.2	4.55	—	—	—
Pd	10.8	3.77	4.98	0.81	0.93	—
Pt	10.6	3.927	5.34	0.90	0.86	0.54
Rh	4.51	4.2	4.8	—	—	—
Ru	7.6	—	4.52	—	—	—
Ta	12.45	3.83	4.19	—	0.85	—
Ti	42.0	—	~4	0.50	—	—
W	5.65	—	4.52	0.67	0.80	—

附录2 金属硅化物、金属合金的电学特性

金属合金	20~25℃时电阻率 /$\mu\Omega \cdot$ cm	电阻率温度变化关系 /(10^{-3}/℃)	功函数 /eV	300K时的n-Si肖特基势垒高度/eV
$CoSi_2$	10~18	—	—	0.65~0.79
$MoSi_2$	40~100	6.38	4.72~6	0.55
PtSi	28~40	—	—	0.84
$TaSi_2$	35~60	3.32,1.7	4.71	0.59

续表

金属合金	20～25℃时电阻率 /$\mu\Omega \cdot cm$	电阻率温度变化关系 /(10^{-3}/℃)	功函数 /eV	300K 时的 n-Si 肖特基势垒高度/eV
$TiSi_2$	13～25	4.63	3.95～4.18	0.60
WSi_2	30～70	2.91	4.62～6	0.65
Ta_5Si_3	108	—	—	(0.59)
W_5Si_3	—	—	—	(0.65)
TiB_2	6～150	2.0	—	—
ZrB_2	25	2.3	—	—
HfN	32～100	1.5	—	—
Mo_2N	≥19.8	—	—	—
TaN	～198	0.1	—	—
TiN	20～200	2.48	—	—
ZrN	18～100	2.0	—	—
HfC	≥39	1.42	—	—
MoC	≥49	—	—	—
NbC	≥115	1.35	—	—
TaC	≥100	1.07	—	—
TiC	≥61	～1.8	—	—
ZrC	≥49	～1.55	—	—

附录3 常用的金属材料和合金的晶格结构参数

材料	晶格结构参数	材料	晶格结构参数
Ag	FCC,a=4.08	TiB_2	HEX,a=3.03,c=3.22
Al	FCC,a=4.04	ZrB_2	HEX,a=3.17,c=3.53
Au	FCC,a=4.07	HfN	FCC,a=4.50
Co	HEX,a=2.506,c=4.065(<450℃)	Mo_2N	TET,a=4.18,c=4.02
Cr	BCC,a=2.89(<450℃)	TaN	HEX,a=5.181,c=2.902
Cu	FCC,a=3.61	TiN	FCC,a=4.24
Ir	FCC,a=3.83	ZrN	FCC,a=4.63
Mo	BCC,a=3.140	HfC	FCC,a=4.46
Nb	BCC,a=3.294	MoC	HEX,a=2.90,c=2.81
Ni	FCC,a=3.52	NbC	FCC,a=4.424-4.457
Pd	FCC,a=3.88	TaC	FCC,a=4.45
Pt	FCC,a=3.92	TiC	FCC,a=4.32
Rh	FCC,a=3.80	ZrC	FCC,a=4.67
Ta	BCC,a=3.30	Co_2P	ORT,a=6.66,b=5.71,c=3.53
Ti	HEX,a=2.95,c=4.68(<900℃)	Ni_2P	HEX,a=5.865,c=3.387
W	BCC,a=3.16	SmP	FCC,a=5.780
$CoSi_2$	C(CaF_2),a=5.365	PrP	FCC,a=5.872

续表

材料	晶格结构参数	材料	晶格结构参数
$MoSi_2$	TET, $a=3.203, c=7.855$	TbP	FCC, $a=5.686$
$NiSi_2$	$C(CaF_2), a=5.406$	FeAl	BCC, $a=2.913$
PtSi	ORT, $a=5.59, b=3.603, c=5.932$	Fe_3Al	$C(BiF_3), a=5.792$
$TaSi_2$	HEX, $a=4.7821, c=6.5695$	Pt_2Si	TET, $a=2.78, c=2.96$
$TiSi_2$	ORT, $a=8.253, b=4.783, c=8.54$	Al_2Pt	$C(CaF_2), a=5.921$
WSi_2	TET, $a=3.211, c=7.868$,	As_2Pt	$C(FeS_2), a=5.96$
Ta_5Si_3	TET, $a=9.88, c=5.06$	Ga_2Pt	$C(CaF_2), a=5.92$
W_5Si_3	TET, $a=9.605, c=4.964$	Ge_2CO	ORT, $a=5.68, b=5.68, c=10.60$

注：长度单位：Å，FCC：面心立方，BCC：体心立方，DC：金刚石立方，HEX：六角晶系，ORT：长方晶系，TET：正方晶系，C：立方晶系。

附录4　半导体材料的晶格结构参数

材料	晶格结构参数
Si	DC, $a=5.43095$Å
GaAs	DC(ZnS), $a=5.6533$Å
InP	DC(ZnS), $a=5.8686$Å
Ge	DC(ZnS), $a=5.646\,13$Å
SiC	HEX, $a=3.086$Å, $c=15.117$Å
GaN	HEX, $a=3.189$Å, $c=5.185$Å
InSb	DC(ZnS), $a=6.4794$Å
CdTe	DC(ZnS), $a=6.482$Å

附录5　金属材料薄膜在硅衬底上的晶格常数失配因子

金属膜	晶格类型和常数/Å	最佳情形下 $\eta\times100$
$NbAl_3$	TFT, $a=5.43, c=8.58$	0.02
$TiAl_3$	TET, $a=5.43, c=8.58$	0.02
Zr_4Al_3	HEX, $a=5.433, c=5.390$	0.04
Co_4Gd	HEX, $a=5.47, c=6.02$	0.07
Yb	FCC, $a=5.47$	0.07
AlP	C, $a=5.42$	0.2
PrC_2	TFT, $a=5.44, c=6.38$	0.2

续表

金属膜	晶格类型和常数/Å	最佳情形下 $\eta \times 100$
$TaAl_3$	TFT, $a=5.42$, $c=8.54$	0.2
Rh_2B	ORT, $a=5.42$, $b=3.98$, $c=7.44$	0.2
Ce_3Al	HEX, $a=7.04$, $c=5.45$	0.4
NdC_2	TFT, $a=5.41$, $c=6.23$	0.4
$NiSi_2$	C, $a=5.406$	0.46
Cr_5B_3	TFT, $a=5.46$, $c=10.64$	0.5
Pd_3B	ORT, $a=5.463$, $b=7.567$, $c=4.852$	0.6
CeC_2	TFT, $a=5.48$, $c=6.48$	0.9
$TiPd_3$	HEX, $a=5.48$, $b=8.96$	0.9
$CoSi_2$	C, $a=5.365$	1.2
Cu_4Fe	HEX, $a=5.510$, $c=4.102$	1.5
$GdNi_4$	HEX, $a=5.35$, $c=5.83$	1.5
Rh_2P	C, $a=5.51$	1.5
Ir_2P	C, $a=5.54$	2
Mo_2B	TFT, $a=5.54$, $c=4.74$	2
W_2B	TFT, $a=5.56$, $c=4.74$	2.4
CoP	ORT, $a=5.59$, $b=5.07$ $c=3.27$	2.9

附录6 常用的半导体和绝缘介质的电学特性

材料	20～25℃时电阻率/($\mu\Omega \cdot cm$)	击穿场强/($V \cdot cm^{-1}$)	电离能/eV	25℃时禁带宽度/eV	迁移率 e/($cm^2 \cdot V^{-1} \cdot s^{-1}$)	迁移率 h/($cm^2 \cdot V^{-1} \cdot s^{-1}$)	介电常数
Si	2.3×10^5	$\sim 3 \times 10^5$	4.05	1.12	1500	450	11.9
GaAS	10^8	$\sim 4 \times 10^5$	4.07	1.42	8500	400	13.1
InP	$\sim 10^7$	—	4.38	1.35	4500	100	12.4
SiO_2	$10^{14} \sim 10^{16}$	10^7	—	9	—	—	3.9
Si_3N_4	$\sim 10^{14}$	10^7	—	~ 5.0	—	—	7.5
Al_2O_3	10^{16}	—	—	~ 10	—	—	10.5～12
Y_2O_3	5×10^6 at 723℃	—	—	—	—	—	>10
La_2O_3	10^8 at 560℃	—	—	5.4	—	—	21
$B-Ga_2O_3$	—	—	—	~ 5.5	—	—	~ 10
Ta_2O_5	$\sim 10^5$	—	—	~ 4.5	—	—	~ 15

附录7 铝、铜、金合金电阻率随杂质原子数比的变化率

金属	杂质元素	固融度(原子百分比)	$\Delta\rho/\Delta c$ ($\mu\Omega \cdot$ cm/百分之一杂质原子)
Al	Ag	0.18 at 150℃	1.2
	Au	不融	—
	Cr	0.078 at 300℃	8.3 at 0 K
	Cu	0.19 at 300℃	0.7
	Ga	≈9 at 27℃	0.25
	Ge	0.5~0.6 at 294℃	0.73
	Mg	7.4 at 300℃	0.43~0.46
	Si	0.16 at 350℃	0.6
	Ti	≈0.04 at 400℃	—
Au	Ag	任意比例	0.2
	Al	6 at 300℃	1.86
	Co	≈0.2 at 400℃	5.8
	Cu	任意比例	0.45
	Ga	9.4 at 300℃	~1.8
	Ge	0.9 at 300℃	5.1
	In	10.36 at 406℃	1.35
	Mg	—	1.3
	Pt	任意比例	0.83
	Ti	1.8 at 500℃	12.9
Cu	Ag	≈0.06 at 200℃	0.2
	Al	≈19 at 300℃	1.25
	Au	任意比例	0.55
	Cr	0.06 at 500℃	4.0
	Ga	18.6 at 200℃	—
	Ge	9.5 at 300℃	3.7
	Tn	1.2 at 300℃	—
	Mg	≈3.1 at 300℃	~1
	Ni	任意比例	1.1
	Pt	任意比例	2
	Si	≈8 at 400℃	5
	Ti	0.5 at 300℃	—
	Zr	0.2 at 300℃	11

附录8 物理常数

名称	符号	量值
万有引力常数	G	6.67×10^{-11} Nm^2/kg^2
阿伏伽德罗常数	N_0	6.0222×10^{23} mol^{-1}
玻尔兹曼常数	k	1.3806×10^{-23} J/K
		8.617×10^{-5} eV/K
	$\dfrac{1}{k}$	11605 K/eV
宏观气体常数	R	8.314 J/(mol K)
电子电荷	e	1.60219×10^{-19} C
		4.8033×10^{-10} esu
法拉第常数	F	9.6487×10^{4} C/mol
		2.8926×10^{14} esu/mol
真空介电常数	ε_0	8.85419×10^{-12} C^2/(N m^2)
	$4\pi\varepsilon_0$	1.112650×10^{-10} C^2/(N m^2)
	$\dfrac{1}{4\pi\varepsilon_0}$	8.98755×10^{9} N m^2/C^2
真空磁导率	μ_0	$4\pi \times 10^{-7}$ N/A^2, 1.256637×10^{-6} N/A^2
	$\dfrac{\mu_0}{4\pi}$	10^{-7} N/A^2
光速	c	2.997925×10^{8} m/s
普朗克常数	h	6.6262×10^{-34} Js
		4.1357×10^{-15} eV s
	$\hbar$	1.05459×10^{-34} J s
		6.58217×10^{-16} eV s
电子荷质比	$\dfrac{e}{m_e}$	1.75880×10^{11} C kg
		5.2728×10^{17} esu/g
电子质量	m_e	9.1096×10^{-31} kg
		5.4859×10^{-4} amu
质子质量	m_p	1.67261×10^{-27} kg
		1.007 276 6 amu
		1836.11 me
中子质量	m_n	1.67492×10^{-27} kg
		1.008 665 2 amu
		1838.64 me
电子本征能	$m_e c^2$	0.511 00 MeV
质子本征能	$m_p c^2$	938.27 MeV
中子本征能	$m_n c^2$	939.55 MeV

附录9 部分常用材料的性质

表1 半导体与绝缘体

	Si	GaAs	Ge	αSiC	SiO$_2$	Si$_3$N$_4$
密度/(g·cm^{-3})	2.33	5.32	5.32	3.21	2.2	3.1
击穿场强/(MV·cm^{-1})	0.3	0.5	0.1	2.3	10	10
介电常数	11.7	12.9	16.2	6.52	3.9	7.5
禁带宽度/eV	1.12	1.42	0.67	2.86	9	5
电子亲和能/eV	4.05	4.07	4		0.9	
折射率	3.42	3.3	3.98	2.55	1.46	2.05
熔点/℃	1412	1240	937	2830	~1700	~1900
比热容/J·(g·℃)$^{-1}$	0.7	0.35	0.31		1	
热导率/W·(cm·℃)$^{-1}$	1.31	0.46	0.6		0.014	
热扩散系数/(cm^2·s^{-1})	0.9	0.44	0.36		0.006	
热膨胀系数/(×10^{-6}·K^{-1})	2.6	6.86	5.6	2.9	0.5	2.7

表2 金属材料

	Al	Cu	Au	TiSi$_2$	PtSi
密度/(g·cm^{-3})	2.7	8.89	19.3	4.043	12.394
电阻率/(μΩ·cm)	2.82	1.72	2.44	14	30
温度系数	0.0039	0.0039	0.0034	4.63	
对 n-Si 的势垒/eV	0.55	0.60	0.75	0.60	0.85
热导率/(W·(cm·℃)$^{-1}$)	2.37	3.98	3.15		
熔点/℃	659	1083	1063	1540	1229
比热容/(J·(g·℃)$^{-1}$)	0.90	0.39	0.13		
热膨胀系数/(×10^{-6}·K^{-1})	25	16.6	14.2	12.5	

附录10 硅片鉴别方法(SEMI 标准)

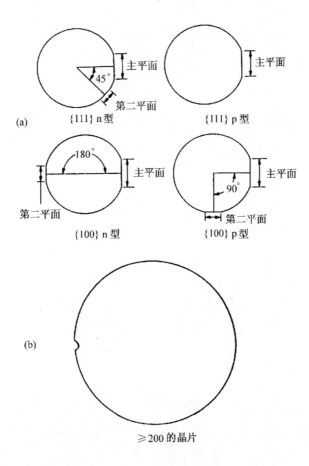